丝绸之路数学名著译丛

名誉主编 吴文俊　主编 李文林

算术之钥

(1427年3月)

〔伊朗〕阿尔·卡西　原著
依里哈木·玉素甫　译注

本书受吴文俊数学与天文丝路基金资助

科学出版社
北京

内 容 简 介

本译著（书）含有阿尔·卡西的两部代表性数学名著《算术之钥》和《圆周论》。其中《算术之钥》一书成书于1427年3月，共5卷37章，涉及算数学、代数学、几何学、三角函数、数论、天文学、物理学、测量学、建筑学和法律学（遗产分配问题）等内容，被称为当时的百科全书。

《圆周论》一书成书于1424年，包括十部内容和阿尔·卡西本人补充的小结，主要是计算圆周率 π 和 $\sin 1°$ 的近似值。阅读本书的学者会发现，阿尔·卡西不但具有惊人的计算能力，而且在某些领域取得了突破性的成就，大大超越了其前辈和同时代的其他学者。

图书在版编目(CIP)数据

算术之钥／（伊朗）卡西原著；依里哈木·玉素甫译注.—北京：科学出版社，2016.1

（丝绸之路数学名著译丛）

ISBN 978-7-03-046099-8

Ⅰ.①算… Ⅱ.①卡… ②依… Ⅲ.①算法–研究 Ⅳ.①O24

中国版本图书馆 CIP 数据核字（2015）第 252631 号

责任编辑：孔国平　侯俊琳　朱萍萍　卜　新／责任校对：张怡君　何艳萍
责任印制：徐晓晨／封面设计：可圈可点工作室

科 学 出 版 社 出版
北京东黄城根北街 16 号
邮政编码：100717
http://www.sciencep.com

北京虎彩文化传播有限公司 印刷
科学出版社发行　各地新华书店经销

*

2016年1月第 一 版　开本：720×1000　B5
2018年6月第五次印刷　印张：34 1/8
字数：646 000

定价：168.00 元
（如有印装质量问题，我社负责调换）

《丝绸之路数学名著译丛》编委会*

名誉主编：吴文俊

主　　编：李文林

委　　员：(按姓氏笔画为序)

　　　　刘　钝　　刘卓军　　李　迪　　阿米尔　　沈康身

---

* 本编委会成员即"吴文俊数学与天文丝路基金"学术领导小组成员。

总　　序

李文林同志在本译丛导言中指出，古代沟通东西方的丝绸之路，不仅便利了东西方的交通与商业往来，"更重要的是使东西方在科学技术发明，宗教哲学与文化艺术等方面发生了广泛的接触、碰撞，丝绸之路已成为东西方文化交汇的纽带。"特别是在数学方面，"沿丝绸之路进行的知识传播与交流，促成了东西方数学的融合，孕育了近代数学的诞生。"

在李文林同志的精心策划与组织带动之下，我国先后支持并派出了几批对数学史有深厚修养的学者们远赴东亚特别是中亚亲访许多重要机构，带回了一批原始著作，翻译成中文并加适当注释。首批将先出版5种，具见李的导言。它们的深刻意义与深远影响，李文言之甚详，不再赘述。

2007.9.30

丝路精神　光耀千秋

——《丝绸之路数学名著译丛》导言

李文林

吴文俊院士在 2002 年北京国际数学家大会开幕式主席致辞中指出："现代数学有着不同文明的历史渊源。古代中国的数学活动可以追溯到很早以前。中国古代数学家的主要探索是解决以方程式表达的数学问题。以此为线索，他们在十进位值制记数法、负数和无理数及解方程式的不同技巧方面做出了贡献。可以说中国古代的数学家们通过'丝绸之路'与中亚甚至欧洲的同行们进行了活跃的知识交流。今天我们有了铁路、飞机甚至信息高速公路，交往早已不再借助'丝绸之路'，然而'丝绸之路'的精神——知识交流与文化融合应当继续得到很好的发扬。"[1]

正是为了发扬丝路精神，就在北京国际数学家大会召开的前一年，吴文俊院士从他荣获的国家最高科技奖奖金中先后拨出 100 万元人民币建立了"数学与天文丝路基金"（简称"丝路基金"），用于促进并资助有关古代中国与亚洲各国（重点为中亚各国）数学与天文交流的研究。几年来，在吴文俊丝路基金的支持、推动下，有关的研究得到了积极的开展并取得了初步的成果，《丝绸之路数学名著译丛》就是丝路基金首批资助项目部分研究成果的展示。值此丛书出版之际，笔者谨就"丝路基金"的创设理念、学术活动、课题进展以及本丛书的编纂宗旨、内容和所涉及的中外数学交流史的若干问题等作一介绍和论述。

（一）

两千多年前，当第一批骆驼队满载着货物从长安出发，穿过沙漠向西挺进的时候，他们大概并没有意识到自己正在开辟一条历史性的道路——丝绸之路。千余年间，沿着不断延拓的丝绸之路，不仅是丝绸与瓷器源源流向中亚乃至欧洲，更重要的是东西方在技术发明、科学知识、宗教哲学与文化艺术等方面发生了广泛的接触、碰撞，丝绸之路已成为东西方文化交汇的纽带。

特别是就数学而言，沿丝绸之路进行的知识传播与交流，促成了东西方数学的融合，孕育了近代数学的诞生。事实上，诚如吴文俊院士自 20 世纪 70 年代以来的数学史研究所揭示的那样，数学的发展包括了两大主要活动：证明定理和求解方程。定理证明是希腊人首倡，后构成数学发展中演绎倾向的脊梁；方程求解则繁荣于古代和中世纪的中国、印度，导致了各种算法的创造，形成了数学发展中强烈的算法倾向。统观数学的历史将会发现，这两大活动构成了数学发展的两大主流，二者相辅相成，对数学的进化起着不可或缺、无可替代的重要作用，而就近代数学的兴起论之，后者的影响可以说更为深刻。事实上，研究表明：作为近代数学诞生标志的解析几何与微积分，从思想方法的渊源看都不能说是演绎倾向而是算法倾向的产物。

然而，遗憾的是，相对于希腊数学而言，数学发展中的东方传统与算法倾向并没有受到应有的重视甚至被忽略。有些西方数学史家就声称中国古代数学"对于数学思想的主流没有影响"。要澄清这一问题，除了需要弄清什么是数学发展的主流，同时还需弄清古代中国数学与天文学向西方传播的真实情况，而这种真实情况在许多方面至今仍处于层层迷雾之中。揭开这层层迷雾，恢复中西数学与天文传播交流历史的本来面目，丝绸之路是一条无可回避和至关重要的线索。

中国古代数学在中世纪曾领先于世界，后来落后了，有许多杰出的科学成果在 14 世纪以后遭到忽视和埋没，有不少甚至失传了。其中有一部分重要成果曾传到亚洲其他国家，特别是沿丝绸之路流传到中亚各国并进而远播欧洲。因此，探明古代中国与亚洲各国沿丝绸之路数学与天文交流的情况，对于客观地揭示近代数学中所蕴涵的东方元素及其深刻影响，无疑具有正本清源的历史价值。

当今中国正处在加快社会主义现代化建设、赶超世界先进水平的重要历史时期。我们要赶超，除了学习西方先进科学，同时也应发扬中国古代科学的优良传统。吴文俊院士获得国家最高科技奖的两大成就是拓扑学和数学机械化研究，其中数学机械化是他在 70 年代以后开拓的一个既有强烈的时代气息、又有浓郁的中国特色的数学领域。吴先生说过："几何定理证明的机械化问题，从思维到方法，至少在宋元时代就有蛛丝马迹可寻。"他在这方面的研究"主要是受到中国古代数学的启发"。数学机械化理论,正是古为今用的典范。吴文俊先生本人这样做,同时也大力提倡年轻学者继承和发扬中国古代科学的优良传统,并在此基础上做出自己的创新。要继承和发扬,就必须学习和发掘。因此,深入发掘曾沿丝绸之路传播的中国古代数学与天文遗产,对于加强我国科学技术的自主创新同时具有重要的现实意义。

这方面的研究以往由于语言和经费等困难在国内一直没有得到应有的开展,而推动这方面的研究,是吴文俊先生多年来的一个夙愿。他设立的"数学与天文丝路基金",必将产生深远影响。丝路基金旨在鼓励支持有潜力的年轻学者深入开展古代与中世纪中国与其他亚洲国家数学与天文学沿丝绸之路交流传播的研究,努力探讨东方数学与天文遗产在近代科学主流发展过程中的客观作用与历史地位,为我国现实的科技自主创新提供历史借鉴,同时通过这些活动逐步培养出能从事这方面研究的年轻骨干和专门人才。为了具体实施"吴文俊数学与天文丝路基金"的宗旨与计划,根据吴文俊院士本人的提议,成立了由有关专家组成的学术领导小组。该小组负责遴选、资助年轻学者立项研究,并在必要时指派适当人员赴中亚、日本与朝鲜等地进行专门考察,特别是调查中国古代数理天文典籍流传这些地区且幸存至今的情况;负责审议当选项目的研究计划,并争取与有关科研、教育部门联合规划,多渠道多途径地支持、保证计划的落实;负责评价资助项目的研究报告,支持研究结果的出版;赞助有关的国际会议,促进围绕丝路项目的国际合作,等等。

(二)

丝绸之路之起源,最早可以追溯到商周、战国,其基本走向则奠定于汉代:以长安城为起点,向西穿过河西走廊,经新疆、中亚地区而通往欧洲、北非和南亚。在以后的数千年中,丝绸之路虽然历经拓展,但其主要干线却维持稳定。人们习惯上称经中亚通往欧洲和北非的路线为西线;称经中亚而通往南亚的路线为南线。另有自长江与杭州湾口岸城市(扬州、宁波等)东渡日本或从辽东陆路去朝鲜半岛的路线,亦称丝绸之路东线。吴文俊"数学与天文丝路基金"支持的研究对象,原则上包括所有这三条路线,战略重点则在西线。目前已支持的研究项目有：
  1. 中亚地区数学天文史料考察研究；
  2. 斐波那契《计算之书》的翻译与研究；
  3. 中世纪中国数学与阿拉伯数学的比较与交流研究；
  4. 中国朝鲜数学交流史研究；
  5. 中国数学典籍在日本的流传与影响研究；
  6. 中国传统数学传播日本的史迹调研
以下根据各项目组的汇报简要介绍研究进展。

1. 中亚地区数学天文史料考察研究（新疆大学：依里哈木、阿米尔）

阿拉伯文献蕴涵着了解、揭示沿丝绸之路数学与天文交流实况的丰富史料和重要线索。新疆大学课题组的任务就是要深入调研中亚地区数学与天文学原始资料。该组具有地理上的优势，两位成员均能接触阿拉伯数学与天文学文献。到目前为止他们已调研了包括历史名城萨马尔罕在内的乌兹别克斯坦和哈萨克斯坦多个城市图书馆收藏的1000余份原始资料，带回2000余幅照片和下列作者的17本书：

   al-Khowarizmi （783—850）
   al-Farabi （870—950）
   lben Sina （980—1037）
   al-Biruni （973—1048）
   al-Kashi （1380—1429）
   Ulugh Beg （1397—1449）

该课题组与乌兹别克科学院及中国科学院的研究人员合作，已完成 al-Khowarizmi 两部著作（《算法》与《代数学》）的翻译，目前正在研究 Al-Kashi 及其代表性著作《算术之钥》并将其译中文（带评注）。课题组成员关于 Ulugh Beg 天文著作的研究显示了中国与伊斯兰世界天文与历法的许多相似性。

2. 斐波那契《计算之书》的翻译与研究（上海交通大学：纪志刚）

斐波那契及其《计算之书》（亦译作《算经》或《算盘书》）对于了解中世纪中国与欧洲之间数学知识的传播具有重要意义。然而长期以来中国学者却只能利用一些数学通史和原著选集中摘录的片段。上海交通大学课题组的任务是对中国古代数学典籍与斐波那契《计算之书》中的数学进行全面的比较研究。作为第一步，该课题组已完成

《计算之书》的中文翻译，同时通过对原著的认真研读，做出了许多比较性评注，涉及三次方程的数值解、盈不足术、分数运算及一些典型中肯的相似性讨论。相信该项研究对于揭示欧洲近代数学兴起的东方元素是有意义的。

3. 中世纪中国数学与阿拉伯数学的比较与交流研究（辽宁师范大学：杜瑞芝）

俄罗斯学者对于伊斯兰数学与天文学已有大量研究，这些研究对于丝路基金的研究计划是很有帮助和借鉴作用的。辽宁师范大学课题组在充分利用俄文资料的基础上，对世界各大图书馆收藏的阿拉伯数学文献的情况开展了调研，并进行了中世纪中国与伊斯兰数学若干问题的比较研究，特别是关于 Al-Samaw'al（1125—1174）及其代表著作《算术》的研究。

4. 中国朝鲜数学交流史研究（内蒙古师范大学：郭世荣）
5. 中国数学典籍在日本的流传与影响研究（清华大学：冯立升）
6. 中国传统数学传播日本的史迹调研（天津师范大学：徐泽林）

以上三个课题组均属于所谓"东路"的范畴，但各有不同的重点。清华组主要从事中国古代数学经典在日本流传及影响的调研，天津组侧重于幕府时期数学著作的比较研究，而呼和浩特组则集中挖掘中国与朝鲜半岛数学交流的原始资料并进行比较分析。三个课题组对现存于日本和韩国下列图书馆的中国古代数学经典开展了较为彻底的调研：

日本的东京大学图书馆、日本学士院、日本国会图书馆、宫内厅书陵部、东京理科大学、早稻田大学、庆应义塾大学、京都大学、东北大学、同志社大学；韩国的延世大学、首尔大学、汉阳大学、高丽大学、梨花女子大学、奎章阁图书馆、藏书阁图书馆。

同时根据调研结果，相互合作编纂完成了一部日本和韩国图书馆中国古代数理天文著作藏书目录，收录了日本各主要图书馆收藏的2000余种、韩国各主要图书馆收藏的100余种著作，其中有一些是珍本甚至是在中国本土已失传的孤本（如韩国延世大学藏《杨辉算法》新抄本、日本幕府时期的刘徽《海岛算经》图说本等）。笔者相信，这部目录提供了关于中国古代数学与天文历法著作流传日本和朝鲜半岛情况的迄今最完全的信息。除此以外，上述三课题组的成员还在原著调研的基础上完成了若干研究专著。

（三）

作为吴文俊丝路基金资助项目部分研究成果的《丝绸之路数学名著译丛》（简称《译丛》），首批计划出版5种，它们分别是：

(1) 阿尔·花拉子米：《算法与代数学》

本书由阿尔·花拉子米的两部著作《算法》、《代数学》的中文译本组成。花拉子米（al-Khowarizmi，约公元780—850）是中世纪阿拉伯的领头数学家，他的名字已跟现代数学两个最基本的术语——"算法"（Algorithm）与"代数"（Algebra）联系在一起。《算法》一书主要介绍十进位值制算法，而十进位值制的故乡恰恰是中国。该书原无书名，国外文献习称《印度计算法》，系西方学者所生加。《代数学》一书阿拉伯文原名《还原与对消计算概要》，系统讨论一元二次方程的解法，在西方文献中，它已成为以解方程为主题的近代代数学之滥觞，而代数方程求解正是中国古代数学的主要传统。

(2) 阿尔·卡西：《算术之钥》

阿尔·卡西（Al-Kashi，? -1429）领导的著名的撒马尔罕天文台聚集了来自欧亚各地的学者，应该也有中国历算家。在已公开出版的传世阿拉伯数学著作中，阿尔·卡西的《算术之钥》是反映中国古典数学传播与影响信息最为丰富的一部。

(3) 斐波那契：《计算之书》

斐波那契（Leonardo Fibonacci，约1170—1250）是文艺复兴酝酿时期最重要的欧洲数学家。他所生活的意大利地区作为通向欧洲的丝绸之路的终点，成为东西文化的熔炉。斐波那契的《计算之书》可以说正是中国、印度、希腊和阿拉伯数学的合金。即使是西方学者，也早有人指出："1202年斐波那契的巨著中所出现的许多算术问题，其东方来源不容否认。"[2] 中文全译本使我们能发掘其中更多、更明显的东方元素。总之，斐波那契《计算之书》对于揭示文艺复兴近代数学的东方来源和中国影响，具有特殊的意义。

(4) 婆什迦罗：《莉拉沃蒂》

婆什迦罗（BhaskaraII，1114—约1185）的《莉拉沃蒂》是古典印度数学的巅峰之作。从这部12世纪的印度数学著作中，人们不难看到《九章算术》的影子。这部有着美丽的名字及传说的著作，也是反映沿丝绸之路南线发生的数学传播与交流情况的华章。

(5) 关孝和等：《和算选粹》

和算无疑是中国古代数学在丝绸之路东线绽放的一朵奇葩。以关孝和、建部贤弘等为代表的日本数学家（和算家），他们的著述渗透着中国古代数学的营养，同时也闪耀着和算家们在中国传统数学基础上创新的火花。《和算选粹》是经过精选的、有代表性的和算著作（以关孝和、建部贤弘的为主）选集。

上述五种著作，都是数学史上久负盛名的经典、丝绸之路上主要文明数学文化的珍宝。此次作为《丝绸之路数学名著译丛》翻译出版，特就丛书翻译工作及中外数学交流的若干问题作如下说明：

首先，这五种著作都属首次中译出版，除最后一种外，在国外均有多种文本存在。各课题组在中译过程中都遵循了尽量依靠原始著作的原则。五种著作中有的（《算术之钥》、《和算选粹》）是直接根据原始语种文本译出；有的则通过与外国有关专家的国际合作做到最大程度接近和利用原始语种文本，《算法与代数学》和《莉拉沃蒂》的翻译就是如此；《计算之书》的翻译虽是以英译本为底本，但同时认真参校了拉丁原文。当然目前国内学者尚不能直接阅读梵文原著，利用阿拉伯文献的能力也还相当有限，但上述努力使中译本有可能避免第二语种译本中出现的某些讹误。另外可以说，各课题组的翻译工作是与研究工作紧密结合进行的。事实上，如果没有这种研究作基础，整个丛书的编译是不可能的。

其次，《译丛》为了解中外数学交流的历史面貌和认识中国古代数学的世界影响提供了原始资料和整体视角。

中国古代数学具有悠久的传统与光辉的成就。经过几代中外数学史家的探讨，现在怀疑中国古代存在有价值的数学成就的人已大为减少，但关于中国古代数学的世界影响特别是对数学思想主流的影响，则仍然是学术界争论的问题。这方面问题的解决，有赖于文献史料的发掘考据，更依靠科学观点下的理论分析和文化比较研究。丝路基金鼓励这样的发掘和研究。这套《译丛》，也正是为这样的发掘和研究服务，提供原始资料和整体视角。这方面的内涵当然有待于读者们去评析研讨，这里仅根据初步的通读举例谈谈笔者的感受。

古代印度和阿拉伯数学著作乃至文艺复兴前夕意大利斐波那契等人的书中存在着与《九章算术》等古代中国数学著作的某些相似性，

这已被不少学者指出。但以往知道的大都是个别的具体的数学问题（如孙子问题、百鸡问题、盈不足问题、赵爽弦图等等），并且是从第二手的文献资料中获悉的片段。《译丛》提供了相关原著的全豹，使我们不仅可以找到更多的、具体的、相似的数学问题，而且可以进行背景、特征乃至体系上的比较，而后者在笔者看来是更为重要的。当我们看到《莉拉沃蒂》与《九章算术》相同的体系结构和算法特征，当我们意识到花拉子米《代数学》中处理一元二次方程的似曾相识的出入相补传统与手法……所有这一切难道能简单地一言以蔽之曰"偶然"吗？当我们考察分析花拉子米《算法》中所介绍的系统而完整的十进位值制算法时，难道能像那些抱有偏见的西方学者那样给这本原本没有书名的著作冠名以"印度计算法"吗？（其实，正如该书中译序言所指出的那样，花拉子米这本书的核心内容是介绍十进位值制算法。尽管印度记数法在 8 世纪已随印度天文书传入阿拉伯世界，但并未引起人们的广泛注意，花拉子米这本书的拉丁文译稿中几乎所有数码都采用的是当时在欧洲流行的罗马数码而非印度数码，由此可以看出欧洲人在 14 世纪以后才接受印度数码，同时也说明在最初的传播中，起实质性影响的并非数码符号而是十进位值制系统。）

笔者在这里特别想提一提《和算选粹》。和算的基础是中算，这一点是没有疑义的。但我们通过《和算选粹》所选录的关孝和、建部贤弘等人的著述可以看到，和算家们是怎样在中国古代割圆术与招差法的基础上开创了可以看做是微积分前驱的"圆理"研究；又怎样通过对天元术、四元术的接受与改造，建立他们自己的行列式展开理论与多项式消元理论。一个意味深长的事实是：和算家对曲线求积方法的不断探索，显示出企图复原祖冲之"缀术"方法的努力。总之，我们可以说：和算家们站在中国古代数学家的肩膀上接近了近代数学的大门。我们为中国古代数学的成就和发展势能感到自豪，同时也为明代以后中国传统数学的衰落而深陷反思。

在整个《译丛》的编译过程中，编译者们对"欧洲中心论"者们所表现的西方偏见感到惊讶。他们看到，在以往的一些西方文献中，这些著作所反映的大量的东方元素或中国元素是怎样被视而不见或轻描淡写。他们发现，执"欧洲中心论"的学者们，在评判东西方数学的价值问题上，所持的往往是双重标准。即以上面提到的"相似性"

论之：按照正常的逻辑，当不同的文明在某个知识点上出现相似性时，最有可能和合理的解释应当是从年代久远者向晚近者传播，从高文化向低文化传播。然而有人却不可思议地提出"对于这些相似性的唯一合理解释是共同起源"，即把这种相似性归结为所谓数学的"共同起源"（the common origin）——一种"口口相传的算术、代数和几何"[3]，并把这个源头设定在新石器时代的欧洲。真是荒唐的逻辑和地道的子虚乌有，既没有任何实证和凭据，连备受欧洲中心论者们顶礼膜拜的欧几里得几何演绎法则也被抛到了九霄云外！

《译丛》的编译使我们认识到科学文化的欧洲中心论史观的劣根性，对于这类偏见的回答只能是：数学知识的传播，既不是将一杯水从 A 处移到 B 处，更不是虚无缥缈的"口口相传"，而是遵循着文化发展自身的规律，对这种规律的认识，不能是沙文主义的臆造，而应该是客观的科学探讨。我们不赞成狭隘民族主义的文化观。问题是一元论的科学史观恰恰是一种与历史真相不符的文化沙文主义，因此从根本上是对科学发展的障碍。只有探明科学的多元文化来源，才能恢复历史的本来面目，古为今用，促进科学的共同繁荣与真正进步。这正是丝路基金的初衷。

（四）

我们已经做的工作只能说是迈出了第一步。吴文俊数学与天文丝路基金倡导的是一项任重道远、伟大艰巨而又功及百世的事业，不可能毕其功于一役，甚至需要几代人的努力。但重要的是脚踏实地地开始行动。下一阶段，我们将计划做好以下几件事：

首先是继续进一步开展原始资料的调研、挖掘。古代中外数学与天文交流的文献资料浩如烟海，《译丛》展示的不啻是沧海一粟。我们面临的是更为艰巨的任务。各课题组根据以往的调研经历认识到，泛泛而查好比大海捞针，何况一些失传已久的古代经典的重新发现，往往是可遇而不可求。我们需要从实际出发，从具体目标出发，有计划地进行工作。克莱茵曾这样谈论过"数学发现的奥秘"："选定一个目标，然后朝着它勇往直前。您也许永远不能抵达目的地，但一路上却会发现许多奇妙有趣的东西！"文化的探究又何尝不是如此。像《缀术》这样的失传名著，也许将永远密藏在地下的宝库，但发掘它们的努力，将会引导饶有意义甚至是重要的研究成果。

其次是在调研、积累的基础上大力开展比较研究。在笔者看来，用正确的观点和科学的方法对所获得的原始资料进行整理、分析和比较研究，在某种意义上说更为重要。即使如已译出的《译丛》各书，其比较研究也亟待深入。丝路基金将鼓励撰写中外数学天文交流史的比较研究专著，并着力组织，尽可能形成系列丛书。

最后是重点加强丝绸之路西线的工作，特别是着眼于人才培养。如前所论，古代中国与中亚各国乃至南欧国家的数学交流，对于揭示中国古代数学的主流影响，具有关键的意义。在过去几年里，相关课题组已作出很大努力，但这方面的研究依然薄弱，亟待加强。为此，已初步组建了丝路基金"西线工作小组"，以具体任务带动人才培养，特别是建立能较熟练地掌握阿拉伯语种的中青年专家队伍。

在前一阶段的工作中，我们得到了国际同行学者的热情帮助和广泛支持。他们或提供信息、资料，或帮助校订译文，有的甚至慨允参考自己尚未公开发表的论著。《译丛》各书序言中已对这些分别作有鸣谢。进一步加强国际合作，无疑是我们在今后的工作中将要始终坚持的方针。

"千里之行始于足下"。希望《丝绸之路数学名著译丛》的翻译出版，能成为良好的开端，引导更多的有志之士特别是年轻学者投身探索，引起社会各界普遍的关注与支持，为弘扬中华科学的光辉传统与灿烂文化，同时也为激励更多具有中国特色的自主科技创新而作出重大贡献。

值此《丝绸之路数学名著译丛》出版之际，我们谨向吴文俊院士表示衷心的感谢和致以崇高的敬意。

丝路精神，光耀千秋！

参 考 文 献

[1] Wu Wen Tsun. Proceedings of International Congress of Mathematicians. Vol. I. Beijing. Higher Education Press. 2002, 21-22.

[2] Louis C. Karpinski. The History of Arithmetic. New York. Rand Mcnally, 1925.

[3] B. L. van der Waerden, Geometry and Algebra in Ancient Civilizations, Springer, 1983.

[4] 顾今用. 中国古代数学对世界文化的伟大贡献,《数学学报》, 1975, 第 18 期.

[5] 李文林. 古为今用的典范——吴文俊教授的数学史研究,《数学与数学机械化》(林东岱、李文林、虞言林主编), 济南：山东教育出版社, 2001, 49-60.

译 者 序

阿尔·卡西是14世纪末15世纪初活动在中亚地区的著名数学家、天文学家和医生,被兀鲁伯①指派修建撒马尔罕②天文台的领导人之一。他的全名为 Ghiyāth al-Dīn Jamshīd ibn Mas'ūd ibn Mahmud al-Kāshī,或 al-Kāshānī③,约1380年出生于卡尚市④,约1416~1417年应兀鲁伯的邀请,离开自己的家乡,到撒马尔罕定居,并参加那里的学术团队⑤,1429年6月22日(另一说法为1436年)卒于⑥撒马尔罕。

对于阿尔·卡西的生平和学术活动,没有详细的记载,我们从他现存的一些作品和写给父亲的一封信(1421年)中得知,阿尔·卡西在自己的整个一生中研究天文学和数学,并撰写许多优秀的著作,主要有:《可汗历法表》(Az-Zij al-Hakani,约1413~1414年)、《简化表》(Zij at-Tasihilat,写作年代不详)、《论天体》(Sullam as-Sama,写作年代不详)、《圆周论》(Ar-Risāla al-Muhitiyya,约1424年)、《算术之钥》(Miftāh al-hisāb,1427年3月)、《论弦与正弦》(Risāla al-Bater wa'l-jtaib,写作年代不详)、《花园散步》(Nuzhat al-Hadaik,1416年2月10日)等。这些作品的不同抄本现分别收藏在德国、英国、土耳其、伊朗、苏联、印度等国家的图书馆,另外,他还发明了一种叫"带状盘"(Tabak-al-Manatik)的天文测量仪器⑦。

目前已传世《算术之钥》的五种阿拉伯文抄本:第一,荷兰莱顿大图书馆收藏的抄本(收藏号:185),叫莱顿版本;第二,以萨利提科夫瓦-锡德里娜

---

① 兀鲁伯:当时中亚地区的统治者,帖木儿(Timur,1336~1405年)的孙子。

② 撒马尔罕:中亚历史名城,古称马拉干达(公元前329年有记载),为古代索格德、帖木儿帝国的古都。1868年并入俄国。1924~1930年为乌兹别克行政中心。作为世界著名的古城之一,撒马尔罕与罗马、雅典、巴比伦同龄,有2500多年历史,在古阿拉伯文献中被称为东方璀璨的明珠,今位于乌兹别克斯坦境内。

③ Ghiyāth 是他的名字,Mas'ūd 是他父亲的名字,Mahmud 是他爷爷的名字,Kāshān 是他的家乡,al-Kāshī 和 al-Kāshānī 两种称呼都有卡尚人之意,另一方面 Kāshān 一词来源于波斯语中表示许多数字之意的 Kāsh 一词。

④ 卡尚:位于伊朗中部干旱沙漠地区的绿洲城市,距伊朗首都德黑兰约240公里。

⑤ Ахмедоф А. Улугбек(乌兹别克文). Ташкент:Уэбекстон ССЖ "фан". Нащрияти,1991:50.

⑥ 阿尔·卡西的出生年代没有确切的记载,但大多数学者都认同约1380年出生的说法(Suter H. Die Mathematiker und Astronomen der Araber und ihre Werke. Reprint der Ausgabe Leipzig:Teubner,1900:173-174.)。

⑦ 阿尔·卡西. 算数之钥(阿拉伯文手稿). 1427:1σ-2(或本译注第3页).

（М. Е. Салтыкова-Щедрина）为名的列宁格勒①公共图书馆收藏的抄本（收藏号：131），叫列宁格勒版本；第三，柏林综合图书馆收藏的抄本（Б. Прусскои гасударстненнои Библиотеки, 收藏号：Spr. 1824），叫柏林版本；第四，柏林大学医学与自然科学史学院图书馆收藏的抄本（收藏号：1，2）；第五，巴黎国家图书馆收藏的抄本（收藏号：5020），叫巴黎版本。这五种版本中最完整、最古老的版本是莱顿版本。该版本于回历965年8月2日在伊朗加兹温市抄写完毕，这相当于1558年5月20日星期五，但《算术之钥》俄文译本的前言部分中误写成1554年7月3日，也许他们把回历转换成公历时出现了失误。列宁格勒版本于1789年12月24日抄写完毕，柏林版本于约1886年抄写完毕，其他两种版本未注明抄写时间。这五种版本的内容大体一致，但都有不同程度的遗漏现象，主要是一些图片和表，苏联学者在译成俄文时，首先对上述五种版本加以比较，通过复印的方法来填补这些遗漏的图片和表，并且在插入页码后装订成一个完整的版本，然后进行翻译。本人根据苏联学者重新装订的阿拉伯文完整本、在此基础上翻译的俄文译本、1967年的开罗石印本（阿拉伯文），将其译成中文。

1967年的开罗石印本

有关阿尔·卡西作品的研究起步较晚一些，他的一些作品直到19世纪末20世纪初才开始引起学术界的重视。最近的研究表明，阿尔·卡西不但具有惊人的计算能力，而且在有些领域中取得了突破性的成就，如二项式展开、十进制分数

---

① 列宁格勒：1914年前称圣彼得堡（Sankt Pitersburkh, Sankt Peterburg），1914~1924年改名为彼得格勒（Petrograd），1924~1991年称为列宁格勒（Leningrad），1991年又改称圣彼得堡（Sankt Peterburg）。

的运算和表示、圆周率的计算等方面,大大超越其前辈和同时代的其他学者。

本译注含有阿尔·卡西的两部代表性数学名著《算术之钥》和《圆周论》。其中,《算术之钥》一书成书于1427年3月,共五卷37章,涉及算术学、代数学、天文学、几何学、三角函数、测量学、数论、建筑学、物理学、法律学(遗产分配)等内容,被称为当时的百科全书。《圆周论》一书成书于1424年,共十部,主要是计算圆周率 π 的值和 $\sin 1°$ 的值。

帖木儿军队于1402年7月20日在安卡拉战役大败奥斯曼帝国,使其帝国疆域扩展从印度德里到小亚细亚和美索不达米亚,首都撒马尔罕成为中亚伊斯兰文化的重心。

帖木儿汗国在经济发展的基础上,吸收不同民族的优秀文化成果,交融汇合,展现了具有突厥特色的文化新貌。在兀鲁伯统治时期,采取提倡、保护和赞助学术文化的政策,东西方的学者、诗人、工匠云集撒马尔罕市,设立了学校、图书馆和观象台,并从事科学研究和著书立说,在文学、诗歌、绘画、建筑、史学、天文学、数学、语言学等方面都有建树。与此同时,他们为了研究的需要,把许多重要著作译成阿拉伯文,其中包括古希腊、印度和中国的作品。遗憾的是,随着时间的流逝,由汉文书籍译成阿拉伯文的作品未能流传到今天,但其中一些内容可散见于部分阿拉伯学者的文献中。众所周知,中国古代数学在中世纪曾领先于世界,后来落后了,有许多杰出的科学成果在14世纪以后遭到忽视和埋没,甚至有一些极其珍贵的科学文献未能流传至今,如贾宪的《黄帝九章算经细草》一书在国内早已丢失(所幸该书的部分内容被杨辉摘录)。如果读者仔细研读本译注正文,不难发现,不但古代中国的"百鸡问题"、"盈不足术"、"高次开方法"、"高次方程解法"、"二项式展开"、"比例算法"、"十进制分数的运算"等许多重要数学成果都出现在《算术之钥》一书中,而且阿尔·卡西把其中的有些成果加以补充和推广,所以在某种意义上,《算术之钥》是对中国古代数学的一种成功注释,而阿尔·卡西本人也是与刘徽并列的注中国数学的第一个外国人。

难怪把阿尔·卡西的《算术之钥》译成俄文的前苏联学者尤什凯维奇(А. П. Юшкевич)和罗森菲尔德(Б. А. Розенфельд)说:"《算术之钥》是中亚科学与中国科学之间有着紧密联系的又一个物证①。"

尽管阿尔·卡西编辑、采用古代中国的许多数学成果,但不知什么原因,他在自己的作品中一次都没有提到过中国或与中国有关的任何一词,甚至他在《算术之钥》前言中承认"幂指数的元素表"(二项式系数表)不是他发现的(见

---

① Al-Kashi. Ключ Арифметики. (译者) Розенфельд Б. А, Юшкевич А. П. Москва:Государственное издательство технико-теоретической литературы, 1956:320.

xviii 页)。另外，他在《算术之钥》中给出了求 $\sqrt[5]{44240899506197}$ 的例子（见第 34 页例子），该例子的后部专门强调："当幂的指数较大或底数数位较多时，按照前辈使用过的方法来计算幂的底数，其计算难度较大，对此我们又发明了一种方法，这一方法将在第二卷中介绍。"（见第 80 页。）在这一段中用"前辈"一词，也没有提到中国。那么阿尔·卡西在自己的作品中为什么没有提到中国？这是一个等待解开的谜。

近年来，中国越来越多的数学家加入数学史研究的行列，而阿拉伯数学是中国数学家在研究数学史时遇到的一大难题。由于资料短缺，再加上语言方面的障碍，研究进展缓慢，译注者翻译本书的目的就是想向感兴趣的学者提供第一手资料。

本书是应中国科学院数学与系统科学研究院吴文俊院士和李文林教授倡议而立项的，这两位数学家对于本书从原始资料的收集整理到定稿出版一直都给予了热情鼓励和鼎力支持，如果没有他们的殷切关注、大力支持和资助，本人不可能承担并完成这项任务，本人愿借此机会表示最诚挚的谢意。另外，原新疆大学物理学院教授吐尔地阿訇，把本译注与俄文译本一一校对。新疆伊斯兰教经学院的几名阿拉伯语言专家把本译注与阿拉伯文手稿校对，并提出了不少宝贵意见。我愿在此一并致谢。

感谢科学出版社的编辑，他们自始至终关注本书的出版工作，如果不是他们的大力支持，也许本书很难按期顺利出版。

感谢吴文俊"数学与天文丝路基金"与国家自然科学基金（11161043）的资助。

依里哈木·玉素甫
2013 年 10 月 29 日于乌鲁木齐

前　言

阿尔·卡西

奉至仁至慈的真主之名！①

仁慈的真主！我们需要您的支持！

真主是含的一个数之意（甚至含的一个数之意的每一位上数字）和它们形状的唯一创造者，我们应赞颂真主，应赞颂其使者穆罕默德的著作②，祈祷他的好友、助手的复活日，祈祷沿着他救援之路前行的筋疲力尽的子孙后代。

最后，万能的真主所缔造并请求真主宽容的以贾米西提·伊本·麦素地·伊本·马赫木德·大夫③·阿尔·卡西为名（外号）的赫亚斯这样说：我已学到算术运算和几何学的所有法则，并掌握了它们的本质和细致的含义，揭开了它们的复杂之处，解决了难题，发现了许多规律，算出了许多从事算术运算的学者未能算出的难题，重新详细地算出了在《伊利罕历法表》（Az-Zij al-Ilhan）中所叙述的所有算术问题④，与此同时本人亲自编制了《可汗历法表》（Az-Zij al-Hakani）⑤。其中，汇聚了本人发现的与天文有关的所有运算，给出了他人的历法表中没有给出的那些运算的几何证明，本人又编制了一些《简化表》（Zij at-Tasihilat）和其他表。

另外，本人还撰写了一些学术著作。《论天体》⑥（Sullam as-Sama）一书中解决了别人在计算天体之间的距离时遇到的困难；《圆周论》⑦（Ar-Risāla al-

---

① 所有穆斯林做事时，由此句开头，尤其是写书时由此句开头，然后按顺序赞颂真主，赞颂穆罕默德，赞颂穆罕默德的亲朋好友和当时当地的统治者，阿尔·卡西也不例外。

② 这里是指《古兰经》。

③ 由此看来阿尔·卡西也研究过医学，当过大夫。

④ 《伊利罕历法表》（Az-Zij al-Ilhan）是摩洛哥天文台的奠基人、著名阿塞拜疆天文学家穆罕默德·纳斯尔丁·艾提·图斯（Muhammad-Nasiridin at-Tusi, 1201～1274年）编制的历法表，图斯被当时成吉思汗的后代、伊朗的统治者、伊利罕朝代的创始人胡拉古重用，"伊利罕"是胡拉古授予他的称号。

⑤ 《可汗历法表》（Az-Zij al-Hakani）是阿尔·卡西编制的历法表（1413～1414年），现收藏于伊斯坦布尔市"阿依–苏菲亚"图书馆（收藏号：2692），该历法表的另一抄稿收藏于伦敦图书馆印度馆（India Office）（收藏号：430）。阿尔·卡西完成后，将该历法表赠送给当时胡拉散的统治者夏胡如克，该人是帖木儿的儿子、兀鲁伯的父亲。

⑥ 《论天体》：这一学术著作的抄稿现收藏于牛津大学图书馆（收藏号：1, 40, 881）、英国莱顿图书馆（收藏号：1141）和伦敦图书馆印度馆（收藏号：755）。

⑦ 见本译注附录《圆周论》译文。

Muhitiyya）是一部关于圆的直径与周长之间关系的书；《论弦与正弦》①（Risāla al-Watar wa-l-Jaib）是关于利用弦与正弦来确定三分之一弧段的一本书，这也是过去的学者未能解决的问题，甚至《大成》（Almagest）的作者也认为："无法确定。"②

本人发明了一个叫"带状盘"（Tabak-al-Manatik）的测量仪器，并且就该仪器的制造方法和性质专门撰写了《花园散步》③（Nuzhat al-Hadaik）一书。用这台仪器可测出恒星［行星和其他天体］的经纬度以及它们与地球的距离，又可确定它们的运动规律，并可测出月食和日食等。本人又回答了一些计算能手的以学习或检验为目的的提问，虽然对有些问题仅仅靠六种代数方程④来寻找答案是无法成功的，但我在运算过程中发现了许多规律，并依据这些规律用简捷的计算程序求出了这些代数问题的答案，收获很大，而且叙述也清晰易懂。

为了亲朋好友和聪明人士的学习，本人着手详细地解释和叙述这些规律并撰写成一本书。现已完成这本书，囊括了从事计算的人士所需要的一切。另外，话多会令人厌烦，短缺粗糙的叙述又不能令人信服，为简化计算过程，我编制了许多几何数据表。本书给出的所有表都是本人亲自编制的，所以不管它们是美妙的，还是令人辛酸的，都属于我。但其中只有七个表不属于这个范围，它们分别为：

(1) 十以内数的乘法表；
(2) 格子乘法表；
(3) 幂指数的元素表；
(4) 分数的通分表以及有关的例子；
(5) 确定积与商的数位表；

---

① 阿尔·卡西的《论弦与正弦》一书原著未能流传至今，但马里阿木-齐鲁比在《运算规则和表的改正》一书中记载了阿尔·卡西的《论弦与正弦》一书中通过 sin3°来确定 sin1°的方法，马里阿木-齐鲁比的上述著作现收藏在大英博物馆，我在本译注附录第三部分中，在马里阿木-齐鲁比上述文献基础上，撰写通过 sin3°来确定 sin1°的方法，并命名为"关于阿尔·卡西在总结部分中给出的证明以及一些数据的说明"。

② 《大成》：希腊天文学家托勒密（Claudius Ptolemy，公元 100～170 年）的著作。托勒密在《大成》第一卷第十章（第一卷第 42 页）写道："若已知弦所对应的弧为一又二分之一度，则该弧的三分之一所对的弦无法确定。"这里，阿尔·卡西指出托勒密的上述论断。

③ 《花园散步》一书的手稿现收藏在伦敦图书馆印度馆（收藏号：210），关于这一本书的参考文献有：Kennedy. E. S, A Fifteenth Century Lunar Eclipse Computer. Script Math. , 17（1/2），1951：91-97.

④ 六种代数方程. 阿拉伯数学家阿尔·花拉子米（al-Khowarizmi，公元 783～850 年）在《还原与对消计算概要》（简称《代数》）一书中给出的六个方程，即一个线性方程和五个二次方程：$bx=a$, $cx^2=a$, $cx^2=bx$（三种简单类型）；$cx^2+bx=a$, $cx^2+a=bx$, $cx^2=bx+a$（三种复合类型）。花拉子米的《印度计算法》与《还原与对消计算概要》两本书由依里哈木·玉素甫和武修文译成中文，并由科学出版社出版。（阿尔·花拉子米. 算法与代数学. 依里哈木·玉素甫，武修文，编译. 北京：科学出版社，2008：36-37.）

（6）正弦表；

（7）确定积与商的种类表。

我这样做是为了伟人之伟，正义者之最，正人君子之最，启蒙者之最，人民的统治者、管理者，阿拉伯人和阿加木人①的苏丹中的佼佼者，两东之苏丹，东西方的皇帝，诸苏丹的膜拜对象，真主在地上的影印，所有田地、水域的管理者，真主在世上的标志，给安乐和饶恕倡铺地毯者，正义和善事的传播者，暴力和压迫的根治者，真主在陆地海域之城的维护者，真主在东西方庶民的管理者，天穹为他而周转，在战斗中用一把剑就能翻天覆地，他的所作所为得到了真主的维护、支持。在真主的鼓励下，他团结部众，战胜了敌人，他具有玉洁冰清之心，具备人间的完美无缺，具备皇帝的气质，像穆罕默德般的公道、雄壮、勇武、大胆、满怀信心，他是一名拥有强有力的后盾②和最好助手的苏丹，是伟大苏丹的亲儿子③，又是伟大苏丹的维护公道、维护子民的孙子兀鲁伯–库拉干④的父亲。

愿真主给予以他为哈里发和苏丹的约占世界四分之一的地区永恒与安宁，愿人们咏叹他的公道和公平。真主啊，请您驱赶他的宫廷内所有野心家，让他们走向死亡，让他们双目失明，杜绝他们把灾难之手伸向他统治下的领土。

尊敬的陛下，请您接受我这一部拙作。若有错误之处，恳请您改正；若有错误之处，求您宽恕；若有不足之处，诚恳希望您补充。

现已写完这一本书，并给它起名为《算术之钥》⑤，愿真主避免出现错误，并把我引向正确之路。

若在书中有表达不清或错误之处，希望读者不要责备我，因为本人自己也知道在表达方面有不少欠完善之处。

本书由引言和五卷正文组成。引言叙述了有关算术的定义、数和数的种类等内容。

---

① 阿加木人初期，阿拉伯人把非阿拉伯人称为阿加木人，到了中世纪后演变成中亚地区人和伊朗人的统一称呼。

② 后盾是指帖木儿。

③ 这里是指河中地区的统治者帖木儿的儿子。

④ 兀鲁伯–库拉干（Uluhk Bek-Kuragan, 1394～1449 年）——帖木儿的孙子；1409～1449 年以撒马尔罕为中心的河中地区统治者，著名的天文学家、阿尔·卡西等撒马尔罕科学家的拥护者，公元 1428 年在撒马尔罕修建了兀鲁伯天文台，观测星位、月亮、太阳等天体，并确定 1018 座星体的坐标，著有《兀鲁伯新天文表》。其中，详细介绍了中国的汉族和维吾尔族历法。

⑤ 除本书引言所提到的三部抄本之外，还发现了四部抄本：第一，柏林综合图书馆收藏的 1824 年抄稿，这是一本 200 页的小册子。第二，柏林大学医学与自然科学史学院图书馆收藏的抄稿（收藏号：1，2）。第三，巴黎国家图书馆收藏的抄稿（收藏号：5020）。第四，伦敦大英博物馆收藏的抄稿（收藏号：419）。另外，阿尔·卡西的这一本书在各抄稿中的名称也有区别。例如，在一个抄稿中写成"计算者之钥"，而在另一个抄稿中则写成"计算家的算术之钥"，等等。

引言：论算术的定义、数和数的种类。

第一卷：论整数的算术运算（共六章）。

第一章，论数的表示和数位的确定；第二章，论乘二、除二与加减运算；第三章，论乘法；第四章，论除法；第五章，论幂底数的确定；第六章，论准数。

第二卷：论分数的算术运算（共十二章）。

第一章，论分数的定义及其种类；第二章，论分数的写法；第三章，论倍分性、同度性、对立性以及重合性的确定；第四章，论带分数化假分数和假分数化带分数；第五章，论分数通分（即把不同分母的分数化成相同分母的分数）；第六章，论混合分数的简化；第七章，论乘二、除二与加减运算；第八章，论乘法；第九章，论除法；第十章，论幂底数的确定［论开方］；第十一章，论分数分母的转换；第十二章，论"当葛"、"塔苏吉"与"夏依尔"① 的相乘。

第三卷：论天文学家的算法（共六章）。

第一章，论"驻马拉"数字的确定和表示法；第二章，论乘二、除二与加减运算；第三章，论乘法；第四章，论除法；第五章，论幂底数的确定；第六章，论六十进制数字翻译［转换］成印度数字，反过来把印度数字翻译［转换］成六十进制数字，分数分母的转换与六十进制分数的确定。

第四卷：论测量（由引言和九章组成）。

引言，论测量的定义。第一章，论三角形的测量及其相关的三个部分。第一部，论三角形的定义及其分类；第二部，论三角形面积的计算与用已知量来求未知量；第三部，论等边三角形的测量，特别是用已知量来求未知量。第二章，论四边形的测量及其相关的五个部分。第一部，论四边形的定义；第二部，论正方形和长方形的测量以及用已知量来求未知量；第三部，论菱形和双手形的测量以及用已知量来求未知量；第四部，论近似菱形型与梯形的测量以及用已知量来求未知量；第五部，论双腿形型与斜四边形的测量。第三章，论多边形的测量及其相关的五个部分。第一部，论有关定义；第二部，论多边形测量的一般方法以及用已知量来求未知量；第三部，论等边等角多边形［正多边形］的其他性质以及用已知量来求未知量；第四部，论等边等角六边形［正六边形］的其他性质；第五部，论等边等角八边形的其他性质以及相关距离的求法。第四章，论圆及其部分的测量（即扇形、弓形、圆环等部分的测量）和相关的五个部分。第一部，论有关定义；第二部，论圆的测量，由直径来确定其周长以及相反的问题，前言以及求面积的例子；第三部，论扇形和弓形的测量以及用已知量来确定未知量；第四部，论由我们在前面提到的各种弧线所围成图形面积的测量；第五部，论正

---

① "当葛"、"塔苏吉"与"夏依尔"：中世纪在中亚地区特别是在伊朗流行的质量和货币单位，1迪纳尔=6当葛=24塔苏吉=96夏依尔。

弦表及其用法。第五章，论我们在前面没提到的其他平面图形（即圆形、鼓形、阶梯形、弧边多边形、齿轮形等）面积的测量。第六章，论圆柱面、圆锥面、球面和其他类型曲面面积的测量（共六个部分）。第一部，论定义；第二部，论圆柱侧面的测量；第三部，论圆锥侧面的测量；第四部，论球表面积的测量以及直径的确定；第五部，论球缺球面部分表面积的测量以及用已知量来求未知量；第六部，论球切体球面部分表面积的测量。第七章，论物体的测量（共八个部分）。第一部，论圆柱的测量；第二部，论圆锥的测量和圆锥高的确定；第三部，论圆台的测量；第四部，论余圆锥与余菱形体的测量；第五部，论球体的测量；第六部，论球扇形体与球缺的测量；第七部，论等边多面体［正多面体］的测量；第八部，其他物体的测量。第八章，由重量来确定一些物体的体积及其相反问题。第九章，论房屋建筑的测量（共三个部分）。第一部，论弓形门的测量；第二部，论球形穹顶的测量；第三部，论钟孔石形表面积的测量。

第五卷：论用还原与对消法、双假设法①来求未知数和其他算术法则（共四章）。

第一章，论还原与对消②法（共十个部分）。第一部，定义与例子；第二部，论含有数、物、平方、立方等式子和其他式子的加法；第三部，论（多项式）减法；第四部，论（多项式）乘法；第五部，论（多项式）除法；第六部，论（多项式）开方与其他幂底数的确定；第七部，论代数方程的种类；第八部，论上面提到的六种方程的解法；第九部，论把问题化成含有上述量的六种方程之一及未知数的特征；第十部，论被我们发现的并且已承诺要介绍的问题。第二章，用双假设法来求出未知数的值。第三章，求未知数的过程中需要的算术法则（共五十道法则）。第四章，有关热门问题的几个例子。第一部，共二十五个例子；第二部，论遗嘱（共八个例子）。第三部，为了吸引初学者以及使学数学成为其一种习惯，将通过八个例子来介绍用几何法则来求出未知数的方法。

---

① "双假设法"是指中国的"盈不足数"。
② 还原与对消来源于阿拉伯数学家阿尔·花拉子米的《还原与对消计算概要》一书。

目 录

总序 ·· 吴文俊（i）
导言 ·· 李文林（iii）
译者序 ·· 依里哈木·玉素甫（xiii）
前言 ·· 阿尔·卡西（xvii）

引言　论算术的定义、数和数的种类 ··· （1）

第一卷　论整数的算术运算（共六章）

第一章　论数的表示和数位的确定 ·· （5）
第二章　论乘二、除二与加减运算 ·· （7）
第三章　论乘法 ··· （10）
第四章　论除法 ··· （18）
第五章　论幂底数的确定 ··· （25）
第六章　论准数 ··· （47）

第二卷　论分数的算术运算（共十二章）

第一章　论分数的定义及其种类 ·· （51）
第二章　论分数的写法 ··· （55）
第三章　论倍分性、同度性、对立性以及重合性的确定 ··························· （61）
第四章　论带分数化假分数和假分数化带分数 ······································ （62）
第五章　论分数通分（即把不同分母的分数化成相同分母的分数） ············· （63）
第六章　论混合分数的简化 ··· （68）
第七章　论乘二、除二与加减运算 ·· （72）
第八章　论乘法 ··· （75）
第九章　论除法 ··· （79）
第十章　论幂底数的确定［论开方］ ··· （80）
第十一章　论分数分母的转换 ·· （85）
第十二章　论"当葛"、"塔苏吉"与"夏依尔"的相乘 ···························· （90）

第三卷 论天文学家的算法（共六章）

第一章　论"驻马拉"数字的确定和表示法 …………………………（97）
第二章　论乘二、除二与加减运算 ……………………………………（100）
第三章　论乘法 …………………………………………………………（105）
第四章　论除法 …………………………………………………………（113）
第五章　论幂底数的确定 ………………………………………………（118）
第六章　论六十进制数字翻译［转换］成印度数字，反过来把印度数字
　　　　翻译［转换］成六十进制数字，分数分母的转换与六十进制分
　　　　数的确定 ………………………………………………………（123）

第四卷 论测量（由引言和九章组成）

引言　　论测量的定义 …………………………………………………（141）
第一章　论三角形的测量及其相关的三个部分 ………………………（144）
　　第一部　论三角形的定义及其分类 ………………………………（144）
　　第二部　论三角形面积的计算与用已知量来求未知量 …………（144）
　　第三部　论等边三角形的测量，特别是用已知量来求未知量 …（157）
第二章　论四边形的测量及其相关的五个部分 ………………………（159）
　　第一部　论四边形的定义 …………………………………………（159）
　　第二部　论正方形和长方形的测量以及用已知量来求未知量 …（162）
　　第三部　论菱形和双手形的测量以及用已知量来求未知量 ……（162）
　　第四部　论近似菱形型与梯形的测量以及用已知量来求未知量 …（167）
　　第五部　论双腿形型与斜四边形的测量 …………………………（168）
第三章　论多边形的测量及其相关的五个部分 ………………………（170）
　　第一部　论有关定义 ………………………………………………（170）
　　第二部　论多边形测量的一般方法以及用已知量来求未知量 …（170）
　　第三部　论等边等角多边形［正多边形］的其他性质以及用已知量来
　　　　　　求未知量 …………………………………………………（171）
　　第四部　论等边等角六边形［正六边形］的其他性质 …………（180）
　　第五部　论等边等角八边形的其他性质以及相关距离的求法 …（181）
第四章　论圆及其部分的测量（即扇形、弓形、圆环等部分的测量）和
　　　　相关的五个部分 ………………………………………………（182）
　　第一部　论有关定义 ………………………………………………（182）

	第二部	论圆的测量，由直径来确定其周长以及相反的问题，前言以及求面积的例子	（183）
	第三部	论扇形和弓形的测量以及用已知量来确定未知量	（194）
	第四部	论由我们在前面提到的各种弧线所围成图形面积的测量	（197）
	第五部	论正弦表及其用法	（198）
第五章	论我们在前面没提到的其他平面图形面积（即圆形、鼓形、阶梯形、弧边多边形、齿轮形等）的测量	（200）
第六章	论圆柱面、圆锥面、球面和其他类型曲面面积的测量（共六个部分）	（201）
	第一部	论定义	（201）
	第二部	论圆柱侧面的测量	（206）
	第三部	论圆锥侧面的测量	（207）
	第四部	论球表面积的测量以及直径的确定	（209）
	第五部	论球缺球面部分表面积的测量以及用已知量来求未知量	（212）
	第六部	论球切体球面部分表面积的测量	（212）
第七章	论物体的测量（共八个部分）	（214）
	第一部	论圆柱的测量	（214）
	第二部	论圆锥的测量和圆锥高的确定	（214）
	第三部	论圆台的测量	（218）
	第四部	论余圆锥与余菱形体的测量	（218）
	第五部	论球体的测量	（219）
	第六部	论球扇形体和球缺的测量	（220）
	第七部	论等边多面体［正多面体］的测量	（221）
	第八部	其他物体的测量	（234）
第八章	由重量来确定一些物体的体积及其相反问题	（235）
第九章	论房屋建筑的测量（共三个部分）	（245）
	第一部	论弓形门的测量	（245）
	第二部	论球形穹顶的测量	（267）
	第三部	论钟孔石形表面积的测量	（269）

第五卷　论用还原与对消法、双假设法来求未知数和其他算术法则（共四章）

第一章	论还原与对消法（共十个部分）	（283）
	第一部　定义与例子	（283）

第二部	论含有数、物、平方、立方等式子和其他式子的加法	(284)
第三部	论（多项式）减法	(285)
第四部	论（多项式）乘法	(289)
第五部	论（多项式）除法	(295)
第六部	论（多项式）开方与其他幂底数的确定	(296)
第七部	论代数方程的种类	(302)
第八部	论上面提到的六种方程的解法	(304)
第九部	论把问题化成含有上述量的六种方程之一及未知数的特征	(306)
第十部	论被我们发现的并且已承诺要介绍的问题	(306)

第二章 用双假设法来求出未知数的值 (308)

第三章 求未知数的过程中需要的算术法则（共五十道法则） (311)

第四章 有关热门问题的几个例子 (338)

 第一部 共二十五个例子 (338)

 第二部 论遗嘱（共八个例子） (387)

 第三部 为了吸引初学者以及使学数学成为其一种习惯，将通过八个例子来介绍用几何法则来求出未知数的方法 (404)

附　录

附录Ⅰ 《圆周论》 (421)

 第一部 论确定小于半圆周的圆弧所对弦、小于半圆周的圆弧与余弧的一半之和构成的圆弧所对弦之间的关系 (425)

 第二部 论确定圆内接任意多边形的周长和圆外切相似多边形的周长 (428)

 第三部 论为了得到与圆的周长之差小于马鬃之粗的多边形周长，应把上面提到的圆周几等分以及计算到几位［六十进制］数 (430)

 第四部 论运算 (436)

 第五部 确定圆内接正1、2、8、16、12、48边形的边长 (452)

 第六部 论确定圆内接和外切相似正805306368边形的周长 (455)

 第七部 论在上述运算中位于后面数位上的那些小分数的忽视及其意义 (464)

 第八部 半径为一的周长值转换成印度数字 (466)

 第九部 论以上两张表中的算法 (467)

第十部　论确定被学者们通常使用的数据与我们得到的数据之间的
　　　　　差别 …………………………………………………………………… (476)
　　总结　论艾布·瓦法和阿布·热依汗（阿尔·比鲁尼）所犯错误的
　　　　　证明 …………………………………………………………………… (477)
附录Ⅱ　译注者补充Ⅰ　论《算数之钥》中第四类球形穹顶的测量 …… (493)
　　第一部　第四类球形穹顶的表面积与直径平方之比的计算………… (493)
　　第二部　球形穹顶的体积与直径立方之比的算法…………………… (497)
附录Ⅲ　译注者补充Ⅱ　关于阿尔·卡西在总结部分中给出的证明以及一
　　　　　些数据的说明……………………………………………………… (501)
　　第一部　论《圆周论》中 $\left(\frac{3}{2}\right)^{\circ}$ 圆弧所对弦长的算法 …………………… (502)
　　第二部　艾布·瓦法给出的半度圆弧所对弦长和阿尔·卡西的证明 … (504)
　　第三部　阿尔·卡西求二分之一度圆弧所对弦长的过程分析………… (505)
　　第四部　二度圆弧所对的弦长与阿尔·比鲁尼的失误………………… (509)
　　第五部　论式（10）解的存在性 ……………………………………… (510)
参考文献…………………………………………………………………………… (513)

引言　论算术的定义、数和数的种类

算术——把未知数的值用与之对应的已知数来确定时所需要的有关法则的科学。算术的对象是数，即在计算过程中所出现的单位数以及单位数的组合。若单独地去看一个数，它是一个量，即当一个量不与其他数量相比时，就称为整数，如一、二、十、十五、一百等。一个量对另外一个量的比值，就称为分数。当我们说出一个量与另一个量的比值时，另一个量称为分母。例如，一与二之比，就称为一半；三与五之比，就是以五为分母的三单位。数由简单数和复合数构成。所谓简单数，是指只有一个数字来确定的数，如一、二、十、九十、三万等①。由一来确定的数，称为纯数，如一、十、一千等②。所谓复合数，是指两个或两个以上的数字来确定的数③，如十一、一百三十三等。数分成偶数与奇数。当一个数除以二时，得到整数，则称其为偶数；不能被二整除的数，叫做奇数。偶数分为三类："偶-偶"型数——当一个数连续除以二时最后得到的商为一，如八、十六等，"偶-偶-奇"型数——当一个数连续除以二时最后得到的商为奇数，这类数与上面不同，但除二运算多于一次，如十二、二十等；"偶-奇"型数——只能一次被二整除的数，如十、三十等④。

---

① 这里所说的简单数，实际上是指位于最高位上的数字不为零，而位于其他数位上的数字均为零的数，如1，2，10，90，30000，…由此看来，阿尔·卡西没有把"零"加到数字里面，这一点在后面也可以看出。

② 按照阿尔·卡西的定义，纯数是指最高位上的数字为一，而其他数位上的数字都是零的数，如1，10，1000，…。

③ 除了位于最高位上的数字不为零之外，其他数位上还有非零数字的多位数。

④ 阿尔·卡西把偶数分成偶-偶、偶-偶-奇、偶-奇等方法在以往的古典作品中均未出现。

第一卷

论整数的算术运算

(共六章)

第一章 论数的表示和数位的确定

印度科学家把下面给出的九个符号作为九个数字来使用①。

۱ ۲ ۳ ۴ ۵ ۶ ۷ ۸ ۹

用这些数字来表示一个数时，其数位应是从右到左的顺序，按照这个数位顺序，其第一位是个位，个位左边的第二位是十位，紧靠十位左边的位置是百位，前三个数位以后的第一个位置是千位，然后十千位、百千位、千千位、十千千位、百千千位，…每增加一个周期，就加一个"千"字，即最前面的三位之后每增加三位就加一个"千"字，等等。若这九个数字中的每一个在个位上，则表示这九个数字中单独的那一个；若这九个数字中的每一个在十位上，则表示十至九十的十类数中的一个，若这九个数字中的每一个在百位上，则表示一百至九百的百类数中的一个；等等。当某个数位上缺乏数字时，即在某一个数位上没有数字时，为了避免出现错位，我们可以把符号"0"填补在那个数位上②，所以把三百六十五写成365，而把四十三千千千八百二十三千千四千六十五写成43823004065。

在你知道这些以后，为了进行算术运算，即进行乘二、除二③、加减、乘除运算等，需要背熟一至十的[乘法口诀]所有数字的写法，才能够算出上面的运算。

---

① 阿尔·卡西在阿拉伯文手稿中给出并称为印度数字的九个符号的形式是

۱ ۲ ۳ ۴ ۵ ۶ ۷ ۸ ۹
1 2 3 4 5 6 7 8 9

东阿拉伯数字的形式与当时印度人所使用数字的形式大不相同。当时的印度数字传播到中亚地区的阿拉伯国家以后，演变成上面的形式，所以这些数字被称为东阿拉伯数字。在15~16世纪的手稿中所使用的东阿拉伯数字的形式与9世纪的手稿中所使用的数字的形式是完全一致的。目前少数东方国家仍然使用东阿拉伯数字，其形式与上面给出的形式没有任何区别，而今天我们所通用的数字是从东阿拉伯数字演变过来的，所以被称为阿拉伯数字。古代印度数字演变成东阿拉伯数字，东阿拉伯数字演变成目前我们通用的阿拉伯数字，这是一个漫长、复杂的过程。有兴趣的读者请参阅下面的文献：
阿尔·花拉子米．算法与代数学．依里哈木·玉素甫，武修文，编译．北京：科学出版社，2008：3-6；
依里哈木·玉素甫．数学中一些概念的来源．乌鲁木齐：新疆科学技术出版社，2007.

② 从这一段可看出，阿尔·卡西没有把"零"看成数字，只是把它看成表示空位的一种符号。另外，从这一段还可看出，在15世纪时，已经用"小圈"来表示数的空位，而不用点"·"来表示空位。

③ 二倍运算、二等分运算。当时的所有阿拉伯学者把二倍运算、二等分运算看成专门的算术运算，他们这样的看法可能来源于古埃及，因为古埃及人把乘法运算通过连续二倍后乘得的积相来实现，把除法运算通过二等分来实现。（见：阿尔·花拉子米．算法与代数学．依里哈木·玉素甫，武修文，编译．北京：科学出版社，2008.1.）

إلى جملة سميها كالواحد والاشرين والجمسة عشر والمائة وغاعبار
كىة الاضافه اى يكون مضافا الى جملة يسمى كىرا واجلى المسوا لبسا سميها
جا كالواحد مرارا سى هوالصف وكالىسى عمر وم مىه احاس
الواحد والقعد اه اما مىرد والمركب ما هو ماد وقع فى مرتبه واحدة
كالواحد والاشن العشرة والىمس لها هى احد وسى الواحد اى
جريك كان بالمفرد كالواحد والعشرة والالف المرك ما وقع فى مرتىين
اوازىد كاحد عشر وكاسه وطسه كس والقمد الواسع الما وع وسا هم
مما وستم عن الما ورد و هو ما اسم بها والزوج لما سام
روج الروج وسما حاصل الضعىى الواحد كالما ىة وسبر عشر وزوج
روج الزوج وما هام حبل ذلك كلك ضعف الكرم وه واحد وكا
عشرين وزوج الزوج وهوما ضعف عزدة واحدة معط كالعسرة والماى
المقاد الاول قى حسا ب الصحاح وسى حط سىا ابوا ب اب
الاول فى صور الاعداد وما ىىا اعلم حكاه العدد وصوا الأىام
المىود المسور على عمزة الصور هى 9 8 7 6 5 4 3 2 1 ولا

987654321

الماس فى واضم الارام المعيل الى السار فى العنوم
سوا الموضع الأول هسرا لأحد والموى ىسار وه زنه عسرته الاخرى
قرىسا رد عره اىا لم تم لعد ذلك عد المسو اسع فى عبد الصا
اجاد الالوف وه عشرة اها وسا بالم تم احاد الوف الالوف وهمد
الون الوف وهما ىلف اون الاوف وكمد لك مر الد لعبه الا لوف
حاح الاعداد لاىها فواتىع العبد الا ستعمل اى مالى مالم ىاىع
ىا كل صورة عىالمصود الىسع اذا وقعت فى المرارب كاه ىم عيارب

第二章 论乘二、除二与加减运算

乘二运算是指某一个数加到与自身相等的另外一个数。首先，把被乘二数写成一行，并从右边起按照数位的顺序依次取位于每一位数字的二倍，即取个位数字的二倍。若所得的结果小于十，则把它直接写在个位下面或者上面；否则（所得结果大于十）所得结果的个位上数字写在个位下面，而应把十位上数字记住。若被乘二数的十位上有数字，则取它的二倍，再把记住的数加到所得的结果，若被乘二数的十位上没有数字，即个位左边没有数字，则把记住的数字写在这个空位上。若乘二后所得的结果为十（不多不少，刚好为十），则个位下面写零，并把一记住。

例子：我们来求 652078 的二倍。

$$652078$$
$$1304156$$

从个位上的八算起，八的二倍为十六。其中，个位上的六写在八的下面，同时要记住十位上的一，七的二倍为十四，把已记住的一加到十四，得十五，其个位上的五写在七的下面，十位上的一写在位于七左边的零下面，二的二倍为四，把四写在二的下面，五的二倍为十。其中，个位上的零写在五的下面，为了加上下一个结果，应要记住十位上的一，六的二倍为十二，再加上已记住的一得十三①，把三写在六的下面，而把已记住的一往左移动一位后写在三的左边，这样位于下行的数就是我们所要求的数②。

求出已知数的一半就是除二运算。首先，把被除二的数写成一行并从左边起按照数位的顺序依次取其位于每一位上数字的一半。若取一半的数字为偶，则它的一半直接写在该数字的下面；若取一半的数字为奇数，则其一半的整数部分写在该数字的下面同时应要记住其分数部分。若下一位上有数字，则把已记住的分数部分，即把五加到位于下一位上的数字的一半，也就是把它加到位于已取一半数字的右边数字的一半；若下一位上是个零，则把零下面直接写成五即可。若该数字右边没有数字，则把表示一半的符号 $\frac{1}{2}$ 写在该数字下面即可。

---

① 某位上的数字满10，要向比它高一位进1。
② 阿尔·卡西的乘二运算方法与花拉子米的方法不同，阿尔·卡西从右边起算，而花拉子米从左边起算，阿尔·卡西的算法与现代算法完全一致。

例子：我们来求 4090527 的一半。

$$4090527$$
$$2045263\frac{1}{2}$$

从四算起，取四的一半，得二，把二写在四的下面，下一个是零，因为"零"没有一半，所以在零的下面直接写零，再取下一位上九的一半，得四又一半，把四写在九的下面，其分数部分的五写在零的下面，（即九右边零的下面），然后取五的一半，得二又二分之一，其中的二写在五的下面同时记住其分数部分的五，再取位于下一个数位上二的一半，得一，然后把已记住的五与一相加，得六，把六写在二的下面，最后取七的一半，得三又二分之一，把三写在七的下面同时把表示一半的符号 $\frac{1}{2}$ 写在三的下面，位于下行的数就是我们所要求的商①。

相加——一个数加到另外一个数。这里相加的两个数写成上下两行。其中，个位与个位对齐，十位与十位对齐，等等，相同的数位相互对齐，然后从右边起按照数位的顺序依次把位于对齐数位上的数字相加，其和写在对齐数位的下面，若位于某一对齐数位上数字的和等于十或大于十，则把个位上的零或把大于零的数字写在该数位的下面，类似于乘二运算，把十位上的数字加到位于该数位左边数位上的数字，若在某一个数位上没有对应数位上的数字相加的数字，则有数字的数位上的数字直接写在该数位的下面。和数与相加的数之间画一条横的割线。

例子：我们来求 67024 与 5294853 的和。

把相加的两个数写成上面所述的一样上下两行，进行相加运算后得到的结果写成下表的形式：

相加的两个数	67024
	5294853
和	5361877

若我们想把三个数或更多的数相加，则应按照它们的数位顺序写成竖式的形式并对齐相同数位，然后从个位算起有数字的数位上的数字相加。即位于个位上的数字相加，其和写在个位的下面；位于十位上的数字相加，其和写在十位的下

---

① 阿尔·卡西的二等分运算方法与花拉子米的方法不同，阿尔·卡西从左边起，而花拉子米从右边起，阿尔·卡西的算法与现代算法完全一致。

面；等等。若和大于十，则把和的十位上的数字加到位于该数位左边的比它大一阶的数位上的数字①，对其他数位上的数字继续重复上述方法。

例子：

相加的三个数	9845
	1423
	7906
和	19174

减法是指把一个数从不小于该数的另外一个数中减去。在这里把这两个数写成像加法运算的竖式形式，然后从右边起按照数位的顺序依次从位于下行的数字减去位于上行对齐数位上的数字，若剩下一些余数，则把余数写在对应数位的下面，若没有剩下任何余数，则把零写在对应数位的下面。若从位于下行个位上的数字不能减去位于上行个位上的数字，则从位于下行十位上的被减数字中借一，即从位于被减数个位左边数位上的数字中借一，因为这个一位于个位左边的数位上，所以它在个位上表示十，再从十减去减数，剩下的余数与被减数位上的数字相加，若被减数十位上没有数字，则从百位上借一，它在十位上表示十，再从十借一并把九留在十位上②，即为了从十位借一，我们在纸上或在记忆中这样做，然后再重复上述的方法。

例子：从 985792 中减去 7026。

它们写成上面所述的形式，再进行减法运算，得到下表：

减数	7026
被减数	985792
余数	978766

---

① 某位上的数字满 10，要向比它高一位进 1；某位上的数字满 20，要向比它高一位进 2；等等。这与现代算法完全一致。

② 退位减法，即个位不够减，先从十位退 1 到个位上加 10 再减，这与现代算法完全一致，但减数与被减数的位置恰恰倒过来。花拉子米把加法与减法均从高位算起，这一点与阿尔·卡西不同。

第三章 论 乘 法

两个整数相乘——其中的一个整数连续自加,直到另一个整数的一次数为止。其中一个称为乘数,而另一个称为被乘数。乘法的一般定义:相乘得到的乘积与其中一个乘数之比等于另一个乘数与一之比[①]。

下面用表的形式给出了一至十数字的乘法,乘数和被乘数分别写在行和列格子内,它们的乘积写在乘数和被乘数所在的行与列相交处的单元之内。

一至十数字的乘法表

	1	2	3	4	5	6	7	8	9
1	1	2	3	4	5	6	7	8	9
2	2	4	6	8	10	12	14	16	18
3	3	6	9	12	15	18	21	24	27
4	4	8	12	16	20	24	28	32	36
5	5	10	15	20	25	30	35	40	45
6	6	12	18	24	30	36	42	48	54
7	7	14	21	28	35	42	49	56	63
8	8	16	24	32	40	48	56	64	72
9	9	18	27	36	45	54	63	72	81

每个从事计算的学者应背熟该表,因为多位数相乘时还要用到这一法则。

大于十的两数相乘时,若两个因数之一是简单数,则用这一简单数去乘另一个因数的每一位上的数字。若被乘数的每一位上的数字都大于一,则乘数与被乘数的每一位上数字相乘时得到积的个位上的数字写在被乘数对应数位的下面,并且因数与乘积用横线来隔开,而把十位上的数字向左移动一位后写在个位的左边。若乘数与被乘数的每一位上数字相乘时得到积的十位上有数字,则每一个积的个位上的数字写在被乘数对应数位的下面,这样在隔线的下面应有两行数,再把位于这两行的数按加法的运算法则相加。若乘数或被乘数的个位上有零,则把

---

① 乘法的第一个定义是古希腊学者提出来的。(Vogel K. Beiträge zur griechischen Logistik. München: B. Math. -nat. Abt. Bayer, 1936: 384.)第二个定义是各因数与乘积的比例关系 $a \times b = c \Leftrightarrow \dfrac{c}{a} = \dfrac{b}{1}$,这是乘积的一种性质,因此先给出除法运算和比例运算,再给出这个定义才符合逻辑。

这些零添加在积的右边。

例子：求用 4 去乘 547800 的积。

$$\frac{\begin{array}{r}547800\\1632\end{array}}{2028}$$

用四乘八，得 32，把二写在八的底下，三写在七的底下，继续用四乘七，得 28，把八写在七底下的三底下，把二写在八的左边，然后用四乘四，得 16，其中六写在四的底下，把一写在六的左边，再用四乘五，得 20，其中零写在五底下的一的底下，二写在零的左边，这样在横线底下面形成两行数，把这两行数按加法的运算法则相加，再把两个零添加在得到和的右边，得到的乘积为 2191200①。

若简单乘数不在个位上，如四千，则把积的右边直接添上三个零即可，即把简单乘数四千中的三个零直接写在乘积的右边，得 2191200000。

若乘数为由一来确定的纯数，则我们把其中的几个零直接添在乘积的右边即可②。

若相乘的两个因数都是非简单数，则我们先画一个矩形，并在其长度上插入与这两个因数之一的位数相等的分点，其宽度上也插入与另一个因数的位数相等的分点，然后用竖线和横线来连接这些分点，这样大矩形分成若干个小矩形，通过画互相平行的斜线把这些小矩形分成上下两个三角形③，于是每一个小矩形分成左上三角形和右下三角形，称这个图形为网格。把因数中的一个数按照其数位顺序写在网格的上面，把另一个因数的每一个数位上的数字写在网格的左侧边，其顺序为十位在个位的上面，百位在十位的上面等等。网格两边的简单因数相乘，得到的乘积写在位于这两个简单因数所对应的行与列所交处的单元内，其个位写在右下三角形之内，十位写在左上三角形之内，若因数的某一位上有零，则该位对应的行与列所交处的方格留空或将一个零写在右下三角形之内，这是因为任何数与零的乘积仍是零。然后将位于网格右下角小矩形右下三角之内的数字，即两个因数的个位对应的行与列所交处的方格的右下三角形之内的数字写在网格的下面，这就是积的个位上的数字。再把位于两条斜线之间［斜行］的数字相加，若乘积小于十，则把它写在刚才写的积的个位上数字的左边；否则，把个位

---

① 阿尔·卡西的用一位数乘多位数的方法与现代乘法基本一致，但乘法的竖式在形式上与现代写法不同。另外从上面的例子可以看出，他在计算过程有时用东阿拉伯数字，有时用文字写出来。由此可见，15 世纪中亚地区的学者还没有完全摆脱用文字叙述所有计算过程的老习惯。

② 纯数：1，10，100，1000，…所有纯数与其他任何数的乘积相当于被乘数右边添上纯数中的零。

③ 把每一个小矩形用其对角线来分成上下两个三角形。

上的数字写在积的个位上数字的左边,而十位上的数字与下一个斜行内的数字之和相加,把斜行内数字的相加运算进行到底,若某个斜行内没有数字,则积的对应数位上写零。

例子:求用175去乘7806的积。

按照上面所述画出网格,把两个因数分别写在网格的上面和左侧边,然后用位于千位上的七乘个位上的一,得七,把七写在左上方格的下三角形之内,即位于它们(7与1所对应的列与行)相交处的方格的下三角形之内,然后用七乘七,得49,把49写在7与7所对应的列与行相交处的方格内。其中,个位上的写在下三角形之内,十位上的写在上三角形之内,然后用七乘五,同样,得到的积写在(7与5所对应的)列与行相交处的方格内,用类似的写法,用于位于百位上的8与位于个位上的6,零所对应的列内一律写上零或留空,最后得到的结果是网格下面的一行数。下面就是所述网格乘法图:

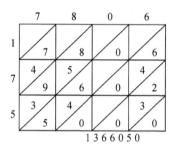

若一个因数的个位上有零,或两个因数的个位上都有零,或个位、十位上都有零,或个位、十位、百位上都有零,甚至当从个位起到某一高位都是零时,没有必要对这样的乘数和被乘数的所有数位编制网格。有些学者认,为这是一种技巧,可先把前几位上的零扔掉,对后面的数字按数位顺序编制网格,得到的乘积所在行的右边添上我们已扔掉的所有零,即可。

乘法的另一种:先编制斜网格,其中每一个方格用竖的对角线分成左右两个三角形,然后把因数的一个写在网格的右上侧,而另一个写在网格的左上侧,用一个因数中的每一个简单因数去乘另一个因数的每一个简单因数,得到的积写在对应的两个斜行相交处的斜单元内,其中个位写在右三角形之内,十位写在左三角形之内,这样的运算进行到底,在网格下面画一条横线,位于网格最右边三角形内的数字写在横线下面,然后位于这个三角形左边的两个竖线之间的数字相加,其和写在刚才横线底下写过的数字左边,接着该数的左边把数字的和写在刚才求和的竖线左边的两个竖线之间,这个运算进行到底。

例子:我们用358去乘624。斜网格的编制和计算方法如下:

另一种乘法:在这一方法中不需要编制像上面例子中的网格,方法是这样,

第一卷 论整数的算术运算

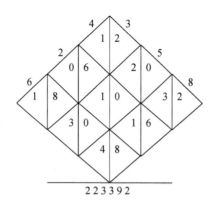

先把一个因数首位上的数字与另一个因数每一位上的数字相乘，即按从右到左的方向用乘数最右边的数字依次去乘被乘数的每一位上的数字，得到的第一组乘积写出来，若乘积［乘得的积］的十位上没有数字，则在十位上写个零，每一次进行乘法运算时得到积的空位上应写个零。再把得到的第二个乘积的个位上的数字写在第一个乘积的十位下面，第三个乘积个位上的数字写在第二个乘积的十位下面。依此类推，每一个乘积个位上的数字写在前一个乘积的十位下面，然后用乘数第二位上的数字依次去乘被乘数的每一位上的数字，把第一个乘积的个位上的数字写在第一组的第一个乘积的十位上面。将这类运算进行到底。然后类似于上面所述用乘数第三位上的数字依次去乘被乘数的每一位上的数字，把第一个乘积的个位上的数字写在上一组中第一个乘积的十位上面，如此进行到底。这样我们得到像加法的位于另一行上面的几行数，然后把这些数按加法原则加起来，就得到想要的乘积。

例子：求在上例中提到的两个数的乘积。

358
624

首先八与四相乘，得 32，然后八与二相乘，得 16，把 16 写在 32 的下面，其中个位上的 6 与 32 中的 3 对齐，再把八与六相乘，得 48，把 48 写在 16 的下面，其中八对齐于一的下面，然后把五与四相乘，得 20，把 20 写在 32 的上面，其中个位上的零与 32 中的 3 对齐，把五与二相乘，得 10，把 10 写在 20 的下面，其中的零对齐于 2 的下面，再把五与六相乘，得 30，把 30 写在 10 的下面；其中的零对齐于一的下面，把三与四相乘，得 12，把 12 写在 20 的上面，其中个位上的 2 与 20 中的 2 对齐，把三与二相乘，得 6，把 6 写在 12 的下面并 6 与 12 中的 1 对齐，把 6 的右边数位上添补一个零，三与六相乘，得 18，把 8 写在已添补零的下面，这样我们得到像加法的位于另一行上面的几行数。

$$\begin{array}{r}12\\0620\\181032\\3016\\48\\\hline 223392\end{array}$$

乘 ——— 积（位于 223392 左右两侧）

另一种乘法：用乘数的每一位上的数字依次去乘被乘数的每一位上的数字，因为乘数的每一位上的数字是简单数，所以这一数字与被乘数的乘积在多数情况下构成双行数，在这双行数底下画一条横线，然后用乘数的第二位上的数字乘被乘数的每一位上的数字，得到的双行数写在横线下面，最后得到的双行数底下画一条横线，每一对双行数的写法都是这样，下一双行数的个位数字对齐于上一双行数字的十位上的数字，这样我们得到像加法的一个位于另一个上面的几行数，然后把这些数按加法原则相加。

例子：我们用 456 去乘 2783，得

$$\begin{array}{r}4218\\1248\\\hline 3515\\1040\\\hline 2812\\832\\\hline 1269048\end{array}$$

乘 ——— 积

这种乘法对聪明人士来说并不是秘法，甚至相对于其他算法容易一些，但对初学者来说还是用网格法方便。

若乘数和被乘数均为多位数，则其中的一个数连续自加至八次或九次，得到的所有和写成竖式的形式，并且它们的个位以及其他所有数位上的数字应摆在正确的位置上，把竖式左边的列格上写成表示 1 至九的数字。这样每一个数连续自加后得到的和对应于这九个数字中某一个数为因数的乘积，这就是已知的数与一至九这九个数字的乘法表。首先在表内选取与个位上数字的乘积相对应的连加之和，其次选取与十位上数字的乘积相对应的连加之和，再次选取与百位上数字的乘积相对应的连加之和，等等。将这样的取法进行到底。它们的写法是这样，下一行个位上的数字与上一行十位上的数字对齐，位于第三行和的个位与第二行的十位对齐，并将这样的写法进行到底，然后把这些和都加起来，就得到所要求的乘积。我们在上面所提到的两个因数（2783 与 456）之一的乘法表和它们的乘法如下：

1	2783
2	5566
3	8349
4	11132
5	13915
6	16698
7	19481
8	22264
9	25047
10	27830

连加六次之和　　16698

连加五次之和　　13915

连加四次之和　　11132

得到的积　　　　1269048

在本章中除了第一个表外，其他表被本人亲自发现①。

---

① 阿尔·卡西认为亲自发现了乘法的上述几种形式，但其中一些形式已出现在比他早几个世纪的科学家的作品中。例如，12 世纪印度数学家巴哈斯卡拉已给出乘法的网格法。另外，属于中世纪的许多作品也记载了有关乘法的好几种形式。

第四章 论 除 法

整数的除法运算 当以除数为单位时，为了求出被除数等于该单位的几倍[或几部分]，把被除数分解成等于该单位的几个部分。

这相当于求这样一个数，使该数与一之比等于被除数与除数之比。

具体算法是这样：

首先，把被除数所有数位上的数字写成一行，在它们的上面画一条横线。从横线出发在每两位数字之间画竖线，把除数写在被除数下面的某个空位上。若除数最高位上的数字小于位于它上面的被除数的最高位上的数字，并不必关注它上面（即位于除数的上面）的被除数其他数位上的数字，则除数的最高位与被除数的最高位对齐，否则除数向右移动一位使除数的最高位与被除数的第二个最高位对齐，这样除数的每一位上的数字位于被除数的对应数位的下面。

其次，寻找一个与除数的每一个数位上的数字相乘的最大数，使这个数与除数的乘积能够从位于除数上面的被除数中减去。若被除数比除数的最高位向左突出一位的位置上有数字，且从这个被除数（包括向左突出一位的数字）中能够减去最大数与除数的乘积，则这样的最大数写在表上方的横线上面，并且该数与除数的个位对齐，然后用它去乘除数的所有数位上的数字，通过口算或在纸上计算，从位于除数上面的被除数中或包括向左突出一位的数中减去得到的乘积，若剩余了一些数，则把它写在被除数的下面，再把余数下面画一条标志性的横线，这条横线表示应删除横线上面的数字并保留横线下面的数字，这样得到的余数应位于某一行内，但不保留被减数字。为了避免计算者费力，拟使用的方法恰恰与以往学者的相反，位于除数上面的被除数的一部分，即小于除数的余数和除数向右移动一位，并在它们的上面画一条横线，删除横线上面的数字，保留横线下面的数字，在这一运算中除数位于横线下面，而被除数位于横线上面，得到的余数可向左移动一位，再在得到的数字下面画一条标志性横线，然后又寻找具有上述特征的最大数，确定的最大数写在上次确定的最大数的右边，并且该数与移位后除数的个位对齐。再重复上述计算过程，若找不到这样的数，则在该位置上写个零，再把除数的每一个数位上的数字向右移动一位或者把相除后得到的余数向左移动一位，这种算法重复到除数与被除数的个位对齐为止，否则算法不能终止。

写在横线上面的数字，即所谓的表外面一行数，在特殊情况下是一个整数，在这一种情况下不能忽视所有数位上的数字，若在被除数中还剩一些小于除数的数，则它就是余数，在这种情况下才出现以除数为分母的分数。

例子：用 475 除 3565908。

首先画出像上面所述的表并写出被除数和除数，其次确定具有上述特征的第一个最大数，现已确定该数为 7，把 7 写在表外面的横线上面并与除数的个位对齐，然后用七去乘四，得 28。通过口算或在纸上计算，从位于 4 上面的数字和它左边的数字构成的数中减去 28，把得到的 28 写在 35 的下面，从 35 减去 28，得 28 的四分之一，即得 7，这个 7 写在 5 的下面，然后它（7）与 35 之间画一条横线，用七去乘位于 4 右边的七，得 49，从对齐于 7 上面的数字和它右边的数字构成的 76 中减去 49，得余数 27，把 7 写在 6 的下面，表示 20 的 2 写在 7 的下面，在 27 上面画一条横线，然后用七去乘五，得 35，从对齐于 5 上面的数字和它左边的数字构成的数中减去 35，即从 275 中减去 35，按上述方法写出余数。现在到了该把除数向右或把被除数的余数向左移动一位的时候，在表一中除数上面画一条横线，并把除数向右移动一位，在表二中把被除数中剩下的余数下面画一条横线，并把余数向左移动一位。现在该确定商的具有上述特征的下一个最大数字，现已确定该数为 5，把 5 写在 7 的右旁边，并与已经移位过来的除数的个位对齐，然后又按上述算法进行计算，类似于表一中的方法，把除数向右移动一位或类似于表二中的方法，把被除数中剩下的余数向左移动一位，再确定商的具有上述特征的下一个最大数字。但现无法确定这样的数字，因为被除数中没有与它对齐的数字，所以把一个零写在位于表外面数的右边，类似于表一中的方法，把除数向右移动一位或类似于表二中的方法，把被除数中剩下的余数向左移动一位，再确定具有上述特征的商的下一个最大数字，现已确定该数为 7，然后又按上述算法进行计算，计算一直进行到整个计算结束为止。

位于标志性横线下面的被除数中剩下的余数为 83，这个数小于除数，得到的商为七千五百零七又四百七十五分之八十三。

如果我们把它看成整除，并把除数 475 看成一个单位，则被除数等于该单位的 7507 倍。

须知：当除法运算只有整除运算时，被除数才等于除数的倍数。

这两种表式除法也有其他形式的方法，具体方法为：为了减轻初学者的负担，类似于上述两种表式除法，按被除数的位数引竖线，但把除数写在表下面，得到商的余数部分写在表下面的除数上面，把商的整数部分仍按上述方法写在被除数上方的横线上面。

另一类：用具有上述特征已确定的写在横线上面的数字去乘除数，这里的乘法类似于上面所述的因数中有一个是简单数的情况，所得的结果，即把得到的积写在被除数的下面。并且积的个位与商的个位对齐。然后从被除数中减去所得到

表一							表二						
			7	5	0	7				7	5	0	7
3 2	5 8	6	5	9	0	8	3	5 7	6	5	9	0	8
		7 4	9						7 4	0			
		2	7 3	5						5 3	4		
		2	4 3	0 5							6 1	1	
			5 2	5							8	3	
			3 2	4 8									
			6 4 1	9 1 3	5								
				8 4	3 7	5					4 4	7 7	5 5
			4	7	5					4	7	5	

的乘积，其他算法与上面类似，即可得到所要求的商[1]。

表一							表二						
			7	5	0	7				7	5	0	7
3 2	5 8	6	5	9	0	8	3	5 7	6 2	5 7	9 4	0 0	8
		7 4	9				2	4	0 5 3	9 4	0	8	
		2	7 3	5				3 3	4 4	0 8	8		
			4	0				6 1	1				
2 2	4 0	0 4 3	9	0	8			8	3				
			5 5 2	5									
			3	4									
		3	4	0	8								
3 2	4 8	6 4	9										
		1	1 3	5						4	7	5	
4	7	5											

---

[1] 这一方法所对应的表见第 22 页。

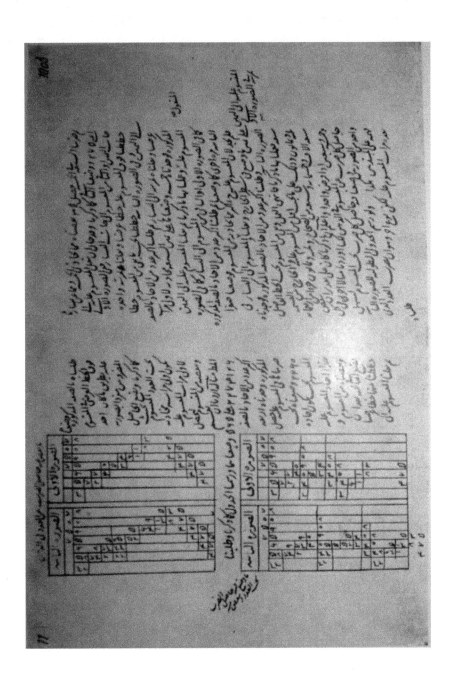

例子：用 565 除 2274126。

首先，画像上面所述的表并写出被除数和除数，其次确定具有上述特征的商的第一个最大数，现已确定该数为 4，然后用四乘除数，得 2260，这个数的个位上的数字与商的第一个数字对齐后写在被除数的下面，从被除数减去这个数，把余数写在 2260 的下面，并在它们之间画一条横线。然后类似于表一中的方法，把除数向右移动一位或类似于表二中的方法，把被除中剩下的余数向左移动一位，再求商的下一个具有上述特征的最大数，但我们无法确定这样的数字，因此把一个零写在 4 的右边，再进行移位程序，然后确定具有上述特征的商的下一个最大数，这个数为 2，把 2 写在零的右边并用它去乘除数，得 1130。按上述方法把它写在被除数的下面，从被除数中减去它，类似于表一把除数向右移动一位或类似于表二把余数向左移动一位，然后确定具有上述特征的商的下一个最大数，这个数字为 5，再对这个 5 重复上述运算，这样整个计算就结束。

在这一类中，最好把位于上行商的数字与除数每一位上数字相乘时得到结果的个位写在与除数的该数位对齐的位置上。

			表一							表二			
			4	0	2	5				4	0	2	5
2	2	7	4	1	2	6	2	2	7	4	1	2	6
2	2	6	0				2	2	6	0			
		1	4						1	4			
		1	1	3	0			1	4	1	2	6	
			2	8	2		1	4	1	2	6		
			2	8	2	6	1	1	3	0			
						1			2	8	2		
				5	6	5	2	8	2	6	5		
							2	8	2	6	5		
			5	6	5					1			
		5	6	5					5	6	5		

另一类：若所得到的商是多位数，或除数的每一位上的数字都大于被除数的对应数位上的数字，则先把除数相加，得到的和与原除数相加，再把得到的和与原除数相加，把除数连续相加至八次，得到的九个数写成竖式的形式，并且它们的个位和其他所有相同数位上的数字相对齐。这类似于上面的已知数与九个数字的乘法表，然后在这九个数中寻找能够与被除数相减的最大数。如果我们能找到这样的数，则把它写在被除数的下面，并从被除数中减掉它，而在一至九的数字中与找到数并排的数字写在找到数个位对齐的位置上，类似于上述方法来继续完成其他运算。在这一例子中，虽然我们没有画出与上面类似的竖线，所要求的商

仍可求出来①。

上述两类都是被我们发现的，因为我担心它们都没有依据，所以我详细介绍了上述第一种情况。

须知：商与除数的乘积等于被除数，两个数的乘积除以其中一个因数得到的商等于另一个因数。

---

① 阿尔·卡西没有给出有关这一类的具体例子，也没有给出其算法的表格形式，但根据他的叙述，我们自己可以取一个具体例子来了解它的算法。例如，用475除345325。把除数475连续自加至八次，得到的九个数写成竖式的形式，这相当于求475分别与1，2，3，…，8，9的乘积。因345小于475，所以用475除3453，在这一表格中不超过3453的最大整数是3325，因此所求商的第一位是7，从3453中减去3325，得128，但128比除数475小，所以用475除1282，在这一表格中不超过1282的最大整数是950，因此所求商的第二位是2，从1282中减去950，得332，同样用475除3325，得商为7，因此最后得到的结果为727。

727	
345325	
3325	
12825	
950	
3325	
3325	
0	

475	1
950	2
1425	3
1900	4
2375	5
2850	6
3325	7
3800	8
4275	9

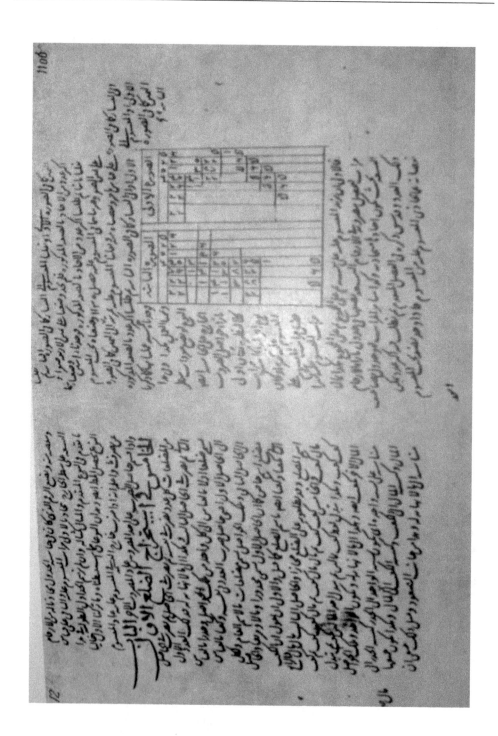

第五章 论幂底数的确定

如果把某一个数自乘，得到的乘积与原数相乘，得到的二次乘积与原数相乘，然后得到的三次乘积与原数相乘，等等，依此类推，则称这个原数为每一个乘积的底数，特别是对第一个乘积，即对自乘来说称其底数为根，对第二个乘积来说称其底数为立方。统称这些乘积为幂，每一个幂都有自己专门的称呼。即称第一个乘积为平方（根，物）；第二个乘积为立方（在上面也称其底数为立方），最好把二次幂称为立方，但作为其转移称呼也称其底数为立方[①]；第三次乘积为平方–平方；第四次乘积为平方–立方；第五次乘积为立方–立方。依次称其为平方–平方–立方，平方–立方–立方、立方–立方–立方，然后依次用平方–平方来代替立方，用立方来代替两个平方之一，用立方来代替第二个平方，依此类推。

这些幂都可以由原数来唯一确定并可逐步求得，就像由原数来确定其根，由根来确定平方，由平方来确定立方，由立方来确定平方–平方，等等，直到无穷大，这些都有比例关系并可逐步求得，这好像是爬山和下山一样。另外，根的倒数与平方的倒数之比，平方的倒数与立方的倒数之比，立方的倒数与平方–平方的倒数之比，等等，直到无穷大，都有相同的比值，这些比值都等于原数，这似乎朝着一个方向不断升高[②]。

显然底数本身就是一次幂，平方是底数的二次幂，立方是底数的三次幂，等等。如果想知道几个相乘的同底幂的指数是多少，则以二来代替每一个平方取二，以三来代替每一个立方，等等，然后把它们相加，得到的和就是该幂的指数。

如果你想由幂的指数来知道这个幂的称呼，则要看其指数的三分之一是否为整数（如果幂的指数被三整除），再按这个整数次取立方并把它们写成一个接着一个的形式，这就是该幂的称呼[③]。如果幂指数的三分之一不是整数，则从指数

---

① 根据上面的叙述，阿尔·卡西把 a^n 与 $a^{\frac{1}{n}}$ 的称呼不加区别。

② 阿拉伯原文中的"دل ﺗﺎوﻭﺍل"是一个组合名词，其中的"دل"表示正方形的边，立方体的棱，甚至表示任何一个正多边形的边，正多面体的棱，等等，而"ﺗﺎوﻭﺍل"则表示首先、最初、基本的意思，阿尔·卡西把这一几何名词推广成任何一个乘幂的名称，我在这里把阿拉伯文中的"دل ﺗﺎوﻭﺍل"直接译成幂的底数。另外我把阿拉伯原文中的"موﺩالا"一词翻译成乘幂或幂。阿尔·卡西用"ﺟﺰر"或"دﺭﺟﻪ"一词来表示具有底数的（具有边或棱）乘幂的底数或平方根。

③ 据阿尔·卡西的叙述，只能重复应用平方和立方两个词来称呼任何一个高次幂，如果幂的指数能被3整除。例如，我们在确定幂 a^9 的称呼时，用3除9，得3，再把 a^9 写成 $a^3 a^3 a^3$ 的形式，这样这个幂的称呼是：立方–立方–立方。

减去二并把剩下的余数除以三，如果余数被三整除，则取这个整数次幂的立方并把它与平方相乘；如果余数不能被三整除，则从余数中又减去二并把剩下的余数除以三，再取这个整数次幂的立方并把它与平方-平方相乘。最后把余数次立方写成一个接着一个的形式，把平方写在立方的前面，这就是已知幂的称呼①。

须知：能够用底数的乘积来表示的幂称为有理数②，不能够用底数的乘积来表示的幂称为无理数③。

任何有理幂在个位上是有理的，有理平方在十位上不是有理的，而在百位上是有理的，在千位上不是有理的，而在万位上是有理的，有理立方在千位和千千位上是有理的。确定这些数位的方法如下：

在已知的底数中，从个位起选取与该底数指数相等的数位，其中，第一位叫做第一个有理周期，其余数位叫做无理周期。再取与已知底数指数相等的第二个周期，⋯。幂在每一个周期的首位上是有理的，其余数位上是无理的，这样就知道平方在每一个周期的首位上是有理的，但在第二个数位上是无理的；立方在每一个周期的首位上是有理的，但在另两个数位上是无理的；平方-平方在每一个周期的首位上是有理的，但在另三个数位上是无理的④，依此类推。

求根方法如下：首先把所求根的数写成一行，在它的上面画一条横线；其次用竖线来隔开每一位上的数字，这相当于除法运算时的做法。为了区别其有理数位，把每一个奇数数位上打一个识别标记或把各周期之间的竖线改成双竖线。然后作为所求根的第一个数字去找一个最大数，使它自乘后的乘积能够从位于最后一个有理数位上的数字中减去，减掉后没有剩余任何数或余数小于减数。如果它[最后一个有理数位上的数字]的左边有数字，则能够从该数字[最后一个有理数位上的数字]与其左边的数字构成的两位数中减去该[自乘后的]乘积。确定了这样的最大数之后，就像除法运算，按照计算的要求，把它[已确定的最大数]写在位于最后的有理数位上数字的上面，同时又把它[已确定的最大数]写在同一个竖格[最后的有理数位所在的竖格]之内在它[最后一个有理数位

---

① 据阿尔·卡西的叙述，如果幂的指数不能被 3 整除。例如，我们在确定幂 a^{10} 的称呼时，因为 10 的三分之一不是整数，故从 10 中减去 2 得 8，但 8 的三分之一也不是整数，故从 8 减去 2 得 6，再用 3 除 6，得 2，因此把 a^6 写成 $a^3 a^3$ 的形式，最后把 a^{10} 写成 $a^2 a^2 a^3 a^3$ 的形式，这样这个幂的称呼是：平方-平方-立方-立方。

② 阿拉伯语中的"مؤنتاك"来源于希腊语"$\rho\eta\tau\delta\varsigma$"（能够表达，有理之意思），我在这里把它翻译成有理数。它在拉丁语中译成"rationalis"。

③ 阿拉伯语中的"ناصسامم"来源于希腊语"$i\lambda o\gamma o\varsigma$"（不能够表达、无关、无理之意思），我在这里把它翻译成无理数。它在拉丁语中译成"irrationalis"。

④ 阿尔·卡西所写的这一段很模糊，本人是这样理解：1 的任何次幂是有理数，10 的平方根是无理数，100 的平方根是有理数，1000 的平方根是无理数，10000 的平方根是有理数，1000 的立方根是有理数，10000 与 100000 的立方根是无理数，1000000 的立方根是有理数。

上的数字]的下面，再把位于上面[已确定的最大数]和下面[已确定的最大数]的数字相乘，或口算已求过数字的自乘，得到的乘积写在最后一个有理数位的下面，从已求过的数对齐的数中，或由该数字左边的数字构成的两位中减去它，得到的余数写在它的下面并在它们之间画一条横线，然后把已求的且位于上面的数与下面的数相加得到的和向右移动一位，使它的个位与位于最后的有理数位右边的无理数位对齐，在它的下面画一条横线，这一条横线表示放弃位于它下面数的一种标志。然后寻找已位于标志线上面数字的右边数位上的最大数字[第二个最大数字]，把它[已确定的第二个最大数字]写在位于最后一个有理数位前面[右边]的有理数位的上面，同时又把它[已确定的第二个最大数字]写在同一个竖格[最后一个有理数位前面的有理数位所在的竖格]之内已向右移过数的右边。再把位于上面的简单数[已确定的第二个最大数字]与位于下面的数[已向右移过的数]相乘，从位于该数下面的数字和位于其左边的数中减去乘积结果，确定了这个数字并完成上述操作之后，把位于上面的数与下面的数相加，并把得到的和向右移动一位且写在下面。如果我们未能找到这样的最大数字，则在标志线上面向右移过数的右边写一个零，再把它向右移动一位。类似于其他数位上的运算，这样的操作进行到第一个有理周期为止。如果横线下面没剩任何数，则位于外行的数就是已知数的根，这样我们就知道已知数是有理的，如果在横线下面还剩一些数，则这个已知数是无理数①。

在后一种情况下，为了求出位于两个平方数之间的数，即位于已求过数的平

---

① 阿尔·卡西求平方根的上述方法相当于用下面的关系式：$(a+b+c+\cdots)^2 = a^2 + (ca+b)b + (2a+2b+c)c+\cdots$据我们所知，阿尔·卡西的这一作品不是介绍求平方根方法的最早手稿。实际上阿尔·卡西求平方根的上述原理与古代中国的数学名著《九章算术》中所适用的原理是完全一致的，而《九章算术》的成书年代至迟在 1 世纪，因此中国的《九章算术》才是真正介绍求平方根方法的最早手稿。其次这一方法也出现在 4 世纪的数学家铁拿-安德累维斯基（Teona-Aliksandriyckogo）的作品（Выгодский М Я. Арифметика и Алгебра в Древнем Мире. Москва-Ленинград：Изд-во Технико-Теорет，1941：238–243.）和 5 世纪的印度数学家阿里-阿伯哈塔（Ary-Abhatta）的作品（The Aryabhatiya of Aryabhatta. An Ancient Indian Work on Mathematics and Astronomy. Trans. by Clare W E. Chicago：University of Chicago Press，1930：22–26.）中，这一方法也出现在 9 世纪的阿拉伯数学家阿尔·花拉子米的名著《印度计算法》中，遗憾的是该作品中介绍求平方根的部分早已失传。（Юшкевич А П. Арифметический трактат Мухаммеда бен Муса ал-Хорезми. Москва：Труды Института Истории Естествознания и Техники，вып. 1. 1954：85–127；阿尔·花拉子米. 算法与代数学. 依里哈木·玉素甫，武修文编译. 北京：科学出版社，2008.）阿尔·卡西求平方根的上述方法与目前我们所采用的方法之间有一定的差别，如果所求的根多于两位数字，则在确定根的第三个或更后面的数字时，目前采用的方法是：先取已确定的前两个数字的和 $a+b$ 的两倍后再取 [2($a+b$)+c]c，而阿尔·卡西不取 $a+b$ 的两倍，但用 $2a+b$ 与 b 的和得到关系式 {[($2a+b$)+b]+c}c。显然这两种方法本质上是一致的，这种通过计算 [($2a+2b$)+c]c 和 {[($2a+b$)+b]+c}c 来求出具有两位数或更多位数的平方根的方法与古代中国的《九章算术》中的做法是一致的。古代中国人发明了一个非常有效的和高度机械化的算法，可适用于开任意高次方，这种随乘加减，能反复迭代计算减根运算方法，与现代通用的"霍纳算法"（1819）已基本一致。

方和已求过数放大成一个单位后所得到数的平方之间的数，应取位于第一个有理数位上面的数与位于下面的数之和，即应取位于外行数的二倍，再把这个数与一相加，所得到的数字作分数的分母，剩下的余数（求根运算结束后剩下的余数）作分数的分子，则这个分数就是已知数的近似根①。

例子：求 331781 的平方根。

制作表并将已知数据写入表内，按照上述打一些识别标记，然后寻找具有上述特征的最大数，这个数为 5，把 5 写在最后的有理数位的上面，同时也写在它下面的同一个竖格之内的某一处，上下两个数相乘得 25，从对齐于 5 和 5 的左边数位上的数字构成数中减去 25，即从 33 中减去 25，得 8，把 8 写在 3 的下面，并在它们之间画一条表示减法的横线，把上面的数与下面的数相加，得 10，把 10 向右移动一位，在位于下面的 5 上面画一条表示放弃的横线。然后又寻找具有上述特征的另一个最大数，这个数为 7，把 7 写在从后面数起第二个位置的有理数位的上面，同时把它写在该数位下面的已向右移过的 10 的右边。先把七与下面的一相乘，得 7，从对齐于 1 的 8 中减去 7，得，1，把 1 写在位于横线下面的 8 的下面，因为七与零的乘积还是 0，所以我们可省略这个运算。然后把七与位于 0 右边的七相乘，得 49，从偏左对齐它的 117 中减去 49，得 68，把 68 写在 117 的下面，位于 117 的数位与旁边的数位用分割线来划分。然后把位于上面的数与下面的数相加，得 114，把 114 向右移动一位，在位于下面的 107 上面画一条横线，然后又寻找具有上述特征的另一个最大数，这个数为 6，把 6 写在第一个有理数位的上面，同时把它写在已移过数的右边，然后把六分别与最后的一，在它前面的一，然后四，然后六相乘并从对齐的数中减去得到的乘积（即从 6881 中减去乘积结果），得到的余数为 5，再把上面的 6 与下面的 1146 相加，所得到的和再加 1，得 1153，这就是分数的分母，而余数 5 是分数的分子，位于表

---

① 阿尔·卡西在这里所给出的无理平方根的近似值具有一定的不足之处，11 世纪的中亚数学家艾合买提·安·纳萨维（出生于中亚地区的纳萨市，今位于土库曼斯坦的阿什哈巴德市）也给出求无理平方根近似值的同样表达式，但他当时也意识到该表达式的不足之处。阿尔·卡西的上述做法相当于下面的运算，$a<\sqrt{A}<a+1$，得 $0<\sqrt{A}-a<1$，令 $r=\sqrt{A}-a$，则 $\sqrt{A}=a+r$，故 $r=\frac{A-a^2}{2a+r}\approx\frac{A-a^2}{2a+1}=\frac{A-a^2}{(a+1)^2-a^2}$。这就是无理根的一个偏小的近似，而 $\frac{A-a^2}{2a}$ 则给出了一个偏大的近似，古代巴比伦学者也已掌握了无理根的上述近似法。2 世纪的数学家格隆-亚历山德罗夫斯基也记载了无理根的上述近似值，另外生活在 12 世纪的伊安·茨维拉（Ioani Sevilsky）写的《花拉子米的算术运算概要》（Liber algorismi de practica arismetrice）一书被称为花拉子米作品的复原，伊安在自己的这一作品中也给出了无理根的上述表达式，这一本书被巴尼可帕尼（Boncompagni）出版。（Trattaty d'Aritmetica de Baldassare Boncompagni, Algoritmi de Numero Indorum, Ioanni Hispaleensis Liber Algorizmi de Pratica Arismetrice, Roma：1857：25-90.）同样的结论也出现在 3 世纪的中国数学家和评论家刘徽的《九章算术注》一书中。（Юшкевич А П. О достижениях Китайских Ученых в Области Математики. Москва: Историко Математические Исследования. М. Вып. 1955：СТР. 150. ）

上面的是一个整数，运算结束后所得到的根为 $576\frac{5}{1153}$①，下面表格就是计算程序表。

计算得到的结果						口算得到的结果					
	5		7		6		5		7		6
3	3	1	7	8	1	3	3	1	7	8	1
2	5						7				
	8						1				
	7							6	8		
	1	4	9						2		
		6	8							4	
		6	6								5
			2								
			2	4							
				4							
				3	6						
					5			1	1	4	6
		1	1	4	6		1	0	7		
		1	0	7			5				
5											

	5		7		6
3	3	1	7	8	1
2	5				
	8				
	7	4	9		
		6	8		
		6	8	7	6
					5
		1	1	4	6
		1	0	7	
		5			

下面将叙述求更准确无理根的方法。

如果我们用位于外行的每一个简单数字去乘位于表下面的数字，则这个简单数字与下面数的乘积直接写在已知数的下面，并按下列表中的方法从位于上面的数中减去它②。

---

① 按现在的写法，这相当于分数 $576\frac{5}{1153}$。

② 这里所叙述的运算与上面叙述的运算有所不同。例如，用 6 乘 1146 时，按照上面叙述的运算法从左边的数位起，用 6 分别乘 11、4、6，并把它写成 $24\overset{66}{}\underset{36}{}$ 的形式。按照下面的表格法从右边的数位起，用 6 分别乘 11、4、6，并把它直接写成 6876 的形式。

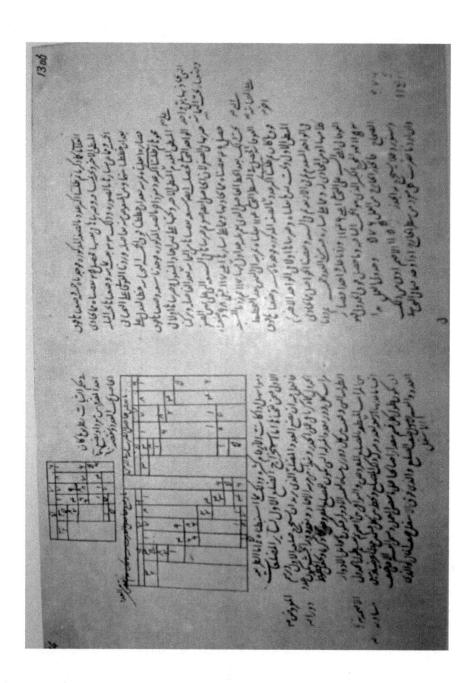

这一方法最适合于求多位数的根，这就是被我们发现的第一种方法。

用下面的方法来求其他任意幂的底数：首先把所求底数的数写出来，用类似于求平方根的方法制作表。类似于上面的叙述，从个位起按照已知底数指数的数量来分解幂的周期，为了便于区别，在各个周期之间引双竖线，这样每一个周期的首位是有理的，而其他的均为无理的。然后把所有列格按适当的长度拆分成与幂的指数相等数量的部分单元，这些单元用横线来隔开，使每一个单元有足够的运算空间，最上面的部分称为数值行，最下面的部分称为底数行，底数行上面的部分称为平方行，平方行上面的部分称为立方行，依此类推，直到数值行为止，数值行的上面，也就是表的上外部，称为外行，数值行下面的部分也称为第二数值行，第二数值行下面的部分称为第三数值行，依此类推，一直到底数行为止。

从最后一个周期开始，寻找对应于该周期的最大简单数字，这个数字可通过位于该周期内的数中，即位于最左边周期内的数中，即从位于最后周期内的数中减去所求简单数字的已知次幂来确定。因此，为了简化寻找上述简单数字的程序，把一位数的连续幂从平方起直到平方-平方-立方-立方①为止写在表内。确定的最大数写在外行内最后有理数位的上面，同时又把它写在其最下面的底数行内，使位于外行的数字与位于底数行的数字对齐，然后把位于上下的简单数相乘，得到的乘积，即得到的平方，写在下面的平方行内，使它的个位对齐于底数行内的数字，即对齐于位于最后一个有理数位上的数字，它的十位位于其左边的列内。然后用上面的简单数字去乘下面平方行内的数，得到的乘积，即得到的立方，写在下面的立方行内的对应位置，如此继续下去，一直到我们命名为第二数值行为止。就这样得到的位于各个数值行的数，是上面简单数的各次乘幂的序列，最后用上面的简单数去乘第二数值行的数，得到的乘积就是该简单数的指定乘幂，从位于这个幂上面的数中减去这个幂，再把上面的简单数与位于下面底数行内的数相加，为了求第二数值行的数，把上面的简单数与已得到的底数行的数相乘，得到的乘积与位于平方行的数相加，然后把上面的简单数与位于平方行的数相乘，并把得到的乘积与位于立方行的数相加，如此继续下去，一直到第二数值行为止。再把上面的简单数与位于下面底数行的数相加，为了求第三数值行的数，把上面的简单数与已得到的底数行的数相乘，得到的乘积与位于平方行的数

---

① 平方-平方-立方-立方相当于现代的 10 次方，直到 15 世纪欧洲人仍在使用这样的老称呼，15 世纪末才开始广泛地使用现代称呼。（Tropfke J. Geschichte der Elementar Mathematik. vol 7. 2nd ed. Berlin-Leipzig, 1921: 104.）

相加，如此继续下去，一直到第三数值行为止。再把上面的简单数与位于下面底数行的数相加，求第四数值行的数，等等，直到底数行为止。把上面的简单数与底数行的数相加，然后把第二数值行的数向右移动一位，第三数值行的数向右移动二位，其下方数值行的数向右移动三位，如此继续下去，一直到底数行为止，其余的所有数按照它们所在的数值行次数移位，这样该数最后的数位位于最后的有理数位前一个有理数位上。

须知：求上面的简单数与各个数值行内数的乘法、得到的乘积与位于该数下面的每个数的加法以及位于数值行的数与得到和的减法的方法如下：把上面的简单数与每一个数值行内数相乘，类似于上述乘法中的两个因数中有一个为简单数的情况，得到的乘积（乘积结果）写成一行，使它的个位对齐于上面的简单数，即把它放置在第一列的数字上面，然后在它们之间画一条横线，这一条横线表示放弃位于该横线下面的数。因为我们把乘积结果直接写在下面并从其上面的数中减去它，所以剩下的余数写在前面已提到过的横线下面，这样我们在上面得到的数都应位于这一条横线下面，而其他情况下也可以位于横线上面，因为我们在有些情况下对横线上面的数据进行运算，在有些情况下对横线下面的数据进行运算。

再从最后周期的前一个周期中寻找对应于该周期的最大简单数字，这个数字写在该周期最右边的有理列格上面，同时又写在其下面，即把它写在已放置在底数格内的分割线上面数的右边数位上，然后用该数去乘位于底数格内数的所有数位上数字，得到的积与位于平方格内的数相加，然后又用上面的简单数去乘位于平方格内数的所有数位上的数字，得到的积与位于立方格内的数相加，依次类推，直到第二数据格为止。然后用上面的简单数去乘该数据格内数的所有数位上的数字，从对应的数据格内的数中减去得到的乘积，下一个数（下一个最大简单数字）写在该周期最右边的有理列格上面，同时又写在其下面，即把它写在已位于底数行内位于分割线上面数的右边数位上，又对已得到的数重复上面所述的计算过程。当减法运算完成之后，把上面的简单数与底数行内位于分割线上面的数相加，对于每一个数值行内的数重复上面的计算过程，然后把数据行内的所有数按指定方向移动一位，如果找不到这样的简单数，则把一个零写在有理列的上面，并再一次把数值行内的所有数按指定方向移动一位，然后再对下一个有理列重复上述方法，一直持续到第一个有理列为止。然后又对这一列上的数字重复上述运算直到从上面的数中减去得到的乘积为止。若在分割线下面的数值行内没有剩余任何数，则这个数应是有理数，位于外行的数应是这个幂的底数①，如果还剩余一些余数，则这个幂的底数应是无理数，这时余数为分数的分子，但其分母可近似计算，即已求过的底数放大成一个单位后所得到数的已知次幂与底数本身的已知次幂之间的差作为分母的近似值。其具体计算方法为：位于第一个有理数位上面的简单数，以及把数位右移后得到的位于每一个数据行内分割线上面的数，相加后得到的和再加一，这就是两个幂之差，即分数的分母，这里我们所采

---

① 阿尔·卡西开 n 次方的上述程序与目前西方国家被称为"霍纳"方法的程序完全一致，该方法用于解高次方程，假如我们要求如下 n 次方程的根：
$$f(x) = a_n x^n + a_{n-1} x^{n-1} + \cdots + a_0 = 0 \tag{1}$$
首先估计所求根的位数和位于各位上的数字，例如，所求的根是三位数字，而它的百位、十位、个位上的数字分别为 p、q、r，这里 $p \neq 0$，则取变换 $X = 100p + y$，并代入式（1），得
$$f(x) = f(100p + y) = \varphi(y)$$
对应于如下关于 y 的多项式，
$$\varphi(y) = A_n y^n + A_{n-1} y^{n-1} + \cdots + A_0 = 0 \tag{2}$$
其中，系数 A_0，A_1，A_2，A_3，A_4，A_5 由以下表中所描述的程序来确定。

		10^2	10^4	10^6	10^8	10^{10}
	a_5	a_4	a_3	a_2	a_1	a_0
		pa_5	pa'_4	pa'_3	pa'_2	pa'_1
p	a_5	a'_4	a'_3	a'_2	a'_1	$a'_0 = \underline{A_0}$
		pa_5	pa''_4	pa''_3	pa''_2	pa''_1
p	a_5	a''_4	a''_3	a''_2	$a''_1 = \underline{A_1}$	
		pa_5	pa'''_4	pa'''_3		
p	a_5	a'''_4	a'''_3	$a'''_2 = \underline{A_2}$		
		pa_5	pa''''_4			
p	a_5	a''''_4	$a''''_3 = \underline{A_3}$			
		pa_5				
p	a_5	$a'''''_4 = \underline{A_4}$				
	$a_5 = A_5$					

再估计所求根十位上的数字，假设该数字为 q，则取变换 $y = 10q + z$，并把它代入式（2），得
$$\varphi(y) = \varphi(10q + z) = \varphi(z)$$
得到新方程系数由上表中所述的程序来确定，重复上面的程序，每次得到新方程的系数由上表中所述的程序来确定，直到所求根的所有数位上数字确定为止。

阿尔·卡西作为解高次方程的特殊情况来求出 n 次方根，如他在求 $\sqrt[n]{N}$ 时，先假设为 $x = \sqrt[n]{N}$，再把它看成 $f(x) = x^n - N = 0$ 形式的 n 次方程，然后用上面所述的方法来求出该方程的解。

用的方法类似于开方时所采用的方法。这一方法专门为了初学者简化学习而叙述。

例子：下列数是一个平方-立方次幂，求它的底数。

$$44240899506197$$

该乘幂的指数是5。按上面所述的方法制作表，并把上面给出的数据写在其内部，即四十四千千千千二百四十千千千八百九十九千千五百零六千一百九十七[①]，然后用双竖线来隔开它的所有周期，每一个周期的位数应等于乘幂的指数。然后去寻找对应于该平方-立方次乘幂的最大简单数字，即对应于上面给出数的最大简单数字，这个数字是5，所以把5写在外行内的对齐于最后有理数位上面的位置，同时又把它写在其最下面的底数行内对应的位置，然后把该简单数字的各次乘幂写在其下面的对应的各次数据行内。即其平方25写在平方数据行内，其立方125写在立方数据行内，其平方-平方625写在平方-平方数据行内，其平方-立方3125写在平方-立方数据行内，所有这些数据的个位都对齐于位于最后一个周期的有理数位上数字。然后从位于已得到乘幂上面的数中减去这个乘幂，并且把余数写在其下面，然后在它们之间画一条横线，这一条横线表示放弃位于该横线上面的数。再把上面的简单数5与位于下面底数行内的5相加，得到的和，把10写在位于底数行内5的上面，在它的下面画一条表示放弃该数据的横线，再把上面的简单数5与已得到的底数行内的和相乘，得到的积写在已位于平方行内数据的上面，使它的个位位于最后有理数位列的内部。然后把得到的积与已位于平方行内的数相加，并且画一条分割线，得到的和写在分割线的下面，再把上面的简单数与已得到的和相乘，并把得到的乘积与位于立方行的数相加，用得到的和去乘上面的简单数，并把乘积与位于平方-平方行内的数相加。为了得到立方行的数据，把上面的简单数5连续两次加到底数行的5，再用得到的和去乘简单数5，得到的积与已位于立方行的数据相加；然后为了得到平方行的数据，把上面的简单数5连续三次加到底数行的5，再用得到的和去乘简单数5，得到的积与已位于平方行的数相加；然后为了得到底数行的数据，把上面的简单数5连续四次加到底数行的5，这样如下的数据位于分割线上面，底数行内是25，平方行内是250，立方行内是1250，平方-平方行内是3125。

现在该到移动数位的时刻，即位于平方-平方行的数据向右移动一个数位，位于立方行的数据向右移动两个数位，位于平方行的数据向右移动三个数位，位于底数行的数据向右移动四个数位。这样位于底数行的数据移动后，其个位位于倒数第二个周期内的第一列格的下一列格内，然后寻找具有上述特征的最

[①] 这里，阿尔·卡西把数44240899506197用当时的读法，用文字写成：四十四千千千千二百四十千千千八百九十九千千五百零六千一百九十七。

大简单数字，这个数字是3，把3写在外行，对齐于倒数第二个有理数位上面的位置，同时又把它写在位于最下面底数行内25的右边位置上，所以在底数行上得到253。然后用三去乘二百五十三，得到的积与位于平方行上的数字相加，得到的和写在位于平方行内数字的上面，依次继续，一直到平方-平方行为止。然后用三去乘位于平方-平方行的数字，得到的积写在位于数据行内数字的下面，并且从上面数字中减去下面的数字，为了得到平方-平方行的数据，把上面的简单数3与底数行的数据相加，再用得到的和去乘简单数三，得到的积与已位于其上方行的数据相加，然后按上述法则一直进行到平方-平方行为止。为了得到立方行的数据，应把上面的简单数3连续两次与底数行的数据相加，依次继续。为了得到底数行的数据，应把上面的简单数3连续四次与底数行的数据相加，这样在分割线上面得到如下的数据，底数行上是265，平方行上是28090，立方行上是1488790，平方-平方行上是394512405。

  又到了移动数位的时刻，按照上述法则移动数位，再求出具有上述特征的最大简单数字，这个数字是6，把6写在外行，对齐于第一个有理数位上面的位置，同时又把它写在位于最下面基础格内5的右边位置上，基础格上的数据变成2656，用上面的简单数字六去乘二千六百五十六，得到的积与位于平方格的数据相加，等等，一直到平方-平方格为止。然后用六去乘平方-平方格的数据，得到的积写在已位于数据格内数的下面，再从上面的数中减去下面的数，这样剩余的21位于数据格的分割线上面。

  假如没有剩余任何余数，则该幂是有理数，并且位于外行的536应是已知平方-立方次幂的底数，此时应终止计算，但现已剩余21，所以该幂是无理数。其分数部分的分子为21，其分母为537的平方-立方次方与536的平方-立方次方之差，为了确定其分母，把位于第一个有理数位上面的简单数6与位于底数行的数相加。得到的和与简单数六相乘，得到的积与位于平方行的数据相加；再将得到的和与简单数六相乘，得到的积与位于立方行的数据相加；再将得到的和与简单数六相乘，得到的积与位于平方-平方行的数据相加。然后上面的简单数6连续两次与位于底数行的数相加。得到的和与简单数六相乘，得到的积与位于平方行的数据相加；再将得到的和与简单数6相乘，得到的积与位于立方行的数据相加，按照上述法则，依次继续，直到确定最后的结果为止。

  把上面四个数据行上得到的数据写在另一个表内，并且把它们相加，再把得到的和与1相加，这就是两个连续有理幂之差，即537的平方-立方次方与536的平方-立方次方之差，这就是所求分数的分母，该分数的具体表达式在下面表内给出：

平方-平方格的数	4	1	2	6	9	4	9	5	8	0	8	0
立方格的数			1	5	3	9	9	0	6	5	6	0
平方格的数						2	8	7	2	9	6	0
基础格的数									2	6	8	0
上面四行数的和与1之和	4	1	4	2	3	7	7	4	0	2	8	1

  这样上面所进行的运算结果即已知平方-立方次幂底数的近似值为还有一种更准确地算出无理幂底数的方法，但这一方法我们将留在下一卷中叙述，因为用这一方法来确定无理幂的底数时，要知道有关分数运算的一些法则，该方法是被我们发现的。又因为当幂的指数较大或底数数位较多时，按照前辈使用过的方法来计算幂的底数，其计算难度较大，对此我们又发明了一种方法，这一方法将在第二卷中介绍。

  我们在上面提到的一位数的各次幂表①如下。

$$
\begin{array}{r}
536 \\
21 \\
414237740281
\end{array}
$$

  还有一种可求出两个连续有理幂之差的方法，不过求出有关数据之前我们需要确定幂指数的元素②。如果位于最后一个有理数位上面的简单数是"一"，则用下面的方法得到各个数据行内的数据。

  例子：我们来求平方-立方幂指数的元素。

  用上面的方法画出数据表，把简单数一写在外行内，同时把它抄写在下面的底数行内，然后用上面所述的方法，即按照外行的下一个简单数复制到底数行之前确定各个数据行内数据的方法来进行计算，这时在底数行上得到五，平方行上得到十，立方行上也得到十，平方-平方行上得到五，得到的这四个数就是所求的平方-立方幂指数的元素③，其中每一个数据应位于对应的数据行内。

---

  ① 在阿拉伯文手稿里，本表与第37和第38页的表都画在同一页上（见：第39页图）。
  ② 阿尔·卡西把二项式的系数称为幂指数的元素，但是他所说的幂指数的元素不包括展开式中的第一项系数 C_n^0 和最后一项的系数 C_n^n，因为他写道：在平方只有一个幂指数的元素，在立方只有两个幂指数的元素，等等。
  ③ 这里算出的数据相当于二项式 $(a+1)^5 = a^5 + 5a^4 + 10a^3 + 10a^2 + 5a + 1$ 的系数，但不包括最高次项系数与常数项。

底数的确定表

简单数	1	2	3	4	5	6
平方-平方-立方-立方	1	1024	59049	1048576	9765625	60466176
立方-立方-立方	1	512	19683	262144	1953125	10077696
平方-立方-立方	1	256	6561	65536	390625	1679616
平方-平方-立方	1	128	2187	16384	78125	279936
立方-立方	1	64	729	4096	15625	46656
平方-立方	1	32	243	1024	3125	7776
平方-平方	1	16	81	256	625	1296
立方	1	8	27	64	125	216
平方	1	4	9	16	25	36
基础	1	2	3	4	5	6

7	8	9
282475249	1073741824	3486784401
40353607	134217728	387420489
5764801	16777216	43046721
823543	2097152	4782969
117649	262144	531441
16807	32768	59049
2401	4096	6561
343	512	729
49	64	81
7	8	9

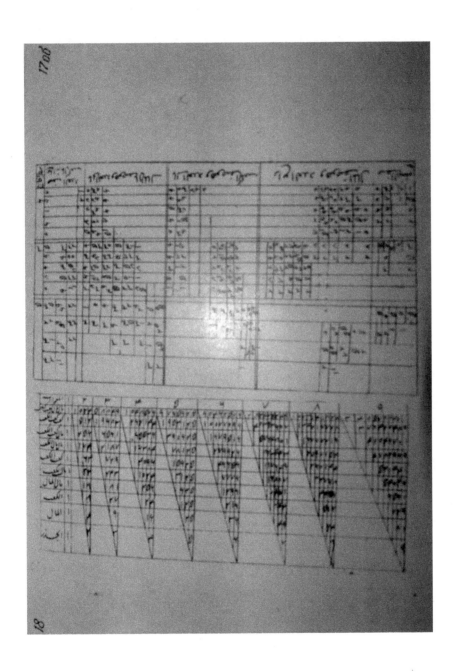

外行	1
平方-平方行	5
	4
	1
立方行	10
	6
	4
	3
	1
平方行	10
	6
	4
	3
	3
	2
	1
底数行	5
	4
	3
	2
	1

很显然，在计算对应于每个外行数的平方-立方次幂的底数时，先把外行数的各次幂搬到对应的数据行，再算出位于各次数据行的数，这些数就是对应于该外行数的幂指数的元素。例如，外行的数搬到底数行后产生五，外行数的平方搬到平方行后产生十，外行数的立方搬到立方行后产生十，外行数的平方-平方搬到平方-平方行后产生五，如果这些数的和再加上一，则得到外行数与一之和的平方-立方次幂与外行数的平方-立方次幂之差，而上面得到的和再加上一，就得到外行数与一之和的平方-立方次幂①。

须知：当幂的指数为二时，其幂指数的元素只有一个，它就是二②，当幂的指数为三时，其幂指数的元素只有两个，即三与三③。即幂的指数每增加一个单

---

① 在这里所叙述的运算为 $(1+1)^5 - 1^5 = 32 - 1 = 31 = (5+10+10+5) + 1$，而 $(1+1)^5 = [(5+10+10+5) +1] +1 = 32$。

② 阿尔·卡西所说的乘幂指数的元素（二项式系数）就是在展开式 $(a+b)^2 = a^2 + 2ab + b^2$ 中的第二项系数 $C_2^1 = 2$，而不包括第一项系数 $C_2^0 = 1$ 和最后一项系数 $C_2^2 = 1$。

③ 这里所说的乘幂指数的元素（二项式系数）就是在 $(a+b)^3 = a^3 + 3a^2b + 3ab^2 + b^3$ 中的第二项系数 $C_3^1 = 5$ 和第三项系数 $C_3^2 = 3$，而不包括第一项系数 $C_3^0 = 1$ 和最后一项系数 $C_3^3 = 1$。

位，其幂指数元素的数量也增多一个，也就是随着幂指数的增大，幂指数元素的数量也增多。如果我们把一个幂指数的任意两个相邻元素相加，则得到的和等于下一个幂指数所对应的三个元素的中间一个①。

例子：立方次幂指数的元素为三与三，它们的和等于六，这个六就是平方-平方次幂指数的三个元素的中间那一个，这里平方-平方次幂指数的三个元素为四-六-四。四与六是平方-平方次幂指数的两个元素，它们的和等于十，这个十就是平方-立方次幂指数的对应三个元素的中间那一个。另外，六与四也是平方-平方次幂指数的另两个元素，它们的和等于十，这个十也是平方-立方次幂指数的另三个元素的中间那一个，以此继续进行到无穷大，得到幂指数元素表中的所有元素②。

---

① 阿尔·卡西在这里用文字叙述了二项式公式：$C_n^{m-1}+C_n^m+C_{n+1}^m$。

② 印度学者辛格在1936年发表的文章中指出：约公元前2世纪印度数学家在解决一些问题的时候已得到二项式的系数表。(Singh A N. On the use of series in Hindu mathematics. Vol. 1. Chicago：The University of Chicago Press, 1936; Chakrabarti G. Growth and development of permutations and combinations in India. Bull. Calcutta：Calcutta Math. Soc. , 1933, 24：78-88.) 但辛格举出的例子中乘幂的最高指数为3，所以未能得到大多数学家的认可。

中国数学家贾宪在1050年完成的《黄帝九章算经细草》一书中，给出了乘幂指数为6的二项式系数表，并将此结果应用到开任意高次方。另外，1303年左右中国数学家朱世杰在研究垛积问题时也给出了乘幂指数为8的二项式系数表。(Needham G. , Wang Ling. Science and civilization in China. Vol. 3. Mathematics and the Sciences of the heavens and the earth. Cambridge University Press, 1959：90-373.)

阿尔·卡西在本书中给出了乘幂指数为9的二项式系数表，他详细地叙述了计算二项式系数的迭推法则，因此大多数学者认为阿尔·卡西给出了指数为任意自然数情况的二项式公式，但他给出的二项式系数表中不包含最高次项系数和常数项，因为阿尔·卡西本人在本书前言写道：他所给出的二项式系数表不是他发明的。所以，有些苏联学者认为，阿尔·卡西在本书中给出的二项式系数表很可能来源于11世纪的波斯数学家奥马尔·海亚姆（Omar Khayyam, 1048～1131年）的《还原与对消问题的论证》（原书已失传）或《算术中的难题》（Mushkulat al-hisab）一书，但本人认为，阿尔·卡西给出的二项式系数表很可能来源于中国的古代名著《九章算术》，因为11世纪的阿拉伯数学家安·纳萨维，11世纪的波斯数学家海亚姆等在自己的作品中介绍过开平方根和立方根的方法，但他们的作品未能流传到至今，现无法猜测是否用到了二项式定理，也无法猜测其中的具体计算过程，不过我们可以肯定，他们当时采用特殊的方法去开平方根和立方根，其方法无法推广到开任意高次幂，因为他们研究开平方根和立方根是为了求解二次方程和三次方程，另外他们往往把解二次方程和三次方程的问题与几何图形联系在一起，因此这种方法无法推广到三次以上的情况，也未必使用二项式定理。而恰恰相反，数学家贾宪的"增乘开方法"是以二项式系数表为基础，更与几何曲线无关，而贾宪给出 $n=6$ 的二项式系数表已经被朱世杰推广到 $n=8$ 的情况，也就是说已经有了一个推广先例，所以一般的数学家都可按照其规律推广到任意阶，另外现有证据表明，当时撒马尔罕的统治者兀鲁伯（1394～1449年）从世界各地邀请了一些有影响的天文学家和数学家来撒马尔罕工作，其中包括中国学者，阿尔·卡西也许从他们那里学到了这一方法。著名的乌兹别克历史学家阿得拉·亚库夫在自己的《兀鲁伯宝库》一书中描述兀鲁伯天文台的书房时写道："棱边上刻有野兽和鸟类雕像的大型书架上摆满了从中国和印度带来的珍贵的书籍，每一本书用蓝色或黄色的丝绸布包了起来。"

	立方-立方-立方乘幂指数的元素	平方-立方-立方次幂指数的元素	平方-平方-立方乘幂指数的元素	立方-立方乘幂指数的元素	平方-立方乘幂指数的元素	平方-平方乘幂指数的元素	立方乘幂指数的元素	平方乘幂指数的元素
平方-立方-立方行	9							
平方-平方-立方行	36	8						
立方-立方行	84	28	7					
平方-立方行	126	56	21	6				
平方-平方行	126	70	35	15	5			
立方行	84	56	35	20	10	4		
平方行	36	28	21	15	10	6	3	
底数行	9	8	7	6	5	4	3	2

阿得拉·亚库夫还写道:"夏胡如克·米尔扎(兀鲁伯的父亲,1447年3月13日去世)去世以前,兀鲁伯花了不少的金币从印度和中国请来了两名著名的学者,其中印度来的学者还未能完成印度天文学家的《细尼-印尼》一书的翻译就去世了,而中国来的学者是一名留小胡子的名嘴,他在兀鲁伯学府学了几年波斯语、突厥语和阿拉伯语,能流利地说出突厥语,后来他把中国带来的几本书译成了波斯语和突厥语,因怀念故乡,他也未能继续下去,就跟着到中国的驼队回到了故乡。"(Яакупоф А. Улугбек газиниси. Ташкант: адабиият-санат Наширяатй, 1980: 42.)

阿得拉·亚库夫在上述两段中,虽然未能提供当时从中国来到撒马尔罕工作的那些学者的姓名和摆在书架上的是那些书,但上述信息足以说明当时确实有中国学者来到撒马尔罕工作,并且随身带去了中国的作品。

兀鲁伯1449年惨遭自己的儿子杀害,兀鲁伯天文台包括所有设施和书籍一起被烧毁,只有极少数手稿(包括阿尔·卡西的《算术之钥》)被兀鲁伯的学生艾里·库西奇隐藏起来,后来他把这些手稿带到土耳其,才得以保存。这很可能是由汉文书籍译成阿拉伯文的译本失传的主要原因。读者在本书的其他部分也可看出类似于《九章算术》的有关内容。

阿尔·卡西在1410年编制的《可汗历法表》(Зижи Хаконий)就是以中国历法为基础,由此看出,阿尔·卡西不但精通中国数学,而且也精通中国历法。

另外,1544年欧洲数学家斯蒂菲尔(M. Stifel)在叙述开平方运算时,第一次给出了乘幂指数为17的二项式系数表,不过斯蒂菲尔在编制自己的二项式系数表时采用了阿尔·卡西的迭推方法(Cantor M. Vorlesungen über Geschichte der Mathematik. Heidelberg: Leipzig Press, 1907: 433-434.)

在西方文献中称二项式系数表为帕斯卡(Blaise Pascal)三角形,是因为帕斯卡在1654年完成名叫《论算术三角》的一本书,他在该书中详细地研究了二项式系数表的许多性质及它们在组合分析、概率论、二项式展开等许多方面的有价值的应用,这使他的名字在西方文献中仍然与这种三角形联系在一起。但帕斯卡并不是所谓帕斯卡三角形的最早发现者,中世纪中国和阿拉伯数学家早就知道二项式系数构成的这种三角形。(李文林. 数学珍宝. 北京:科学出版社,2000:432.)

著名的英国物理学家和数学家牛顿(Isaac Newton, 1643~1727年)将二项式定理推广到任意实数幂的情况。(李文林. 数学珍宝. 北京:科学出版社,2000:443.)

如果我们想要求出两个连续有理幂的差，则用其中较小的底数去乘这个幂指数底数行上的元素，其平方去乘这个幂指数平方行上的元素，其立方去乘这个幂指数立方行上的元素，等等，一直到去乘位于该幂指数的所有行上的元素为止。然后把各个数据行上得到的积相加，再把得到的和与1相加，得到的数就是该两个连续有理幂之差。

　　例子：我们来求四的平方-立方次幂与五的平方-立方次幂之差。

　　制作适合于平方-平方的数据表并将其幂指数的元素写在对应的位置，然后把较小的底数，即把四写在底数行内，其平方写在平方行内，其立方写在立方行内，其平方-平方写在平方-平方行内，在它们与幂指数的元素之间画一条竖线。然后用位于每一个数据行的幂指数元素去乘对应的幂，并且把乘积写在并排列格的对应位置，然后把乘积格上的数据相加后得到的和再加一，得2101。这就是四的平方-立方次方与五的平方-立方次方之差①。

乘积格	用幂指数元素去乘的较小底数的幂	平方-立方次幂指数元素	数据格
1280	256	5	平方-平方行
640	64	10	立方行
160	16	10	平方行
20	4	5	底数行

　　如果我们想要求出两个不连续的有理幂之差。如四的平方-立方次方与七的平方-立方次方之差，则在上面表的基础上还增加两个并排列格，其中一列格上写出幂底数之差的各次方，即直到三的平方-平方次方为止，其（底数之差的）本身写在平方-平方行上，其（底数之差的）平方写在立方行上，其（底数之差的）立方写平方行上，其（底数之差的）平方-平方写在底数行上，用位于平方-平方行上的底数之差去乘对应乘积格上的数据，用位于立方行上的底数之差平方去乘对应乘积格上的数据，用位于平方行上的底数之差立方去乘对应乘积格上的数据，用位于底数行上的底数之差的平方-平方去乘对应乘积格上的数据，把乘积结果分别写在二次乘积格上的对应位置。然后把位于二次乘积格上的数据，即位于最后一列格上的数据相加，再把得到的和与底数之差的平方-立方相加，

---

① 阿尔·卡西手法如下：
$$(a+1)^n - a^n = C_n^1 a^{n-1} + C_n^2 a^{n-2} + C_n^3 a^{n-3} + \cdots + C_n^{n-1} a + C_n^n$$
当 $a=4$, $n=5$, 有 $5^5 - 4^5 = 5 \cdot 4^4 + 10 \cdot 4^3 + 10 \cdot 4^2 + 5 \times 4 + 1 = 5 \times 256 + 10 \times 64 + 10 \times 16 + 5 \times 4 + 1 = 2101$。

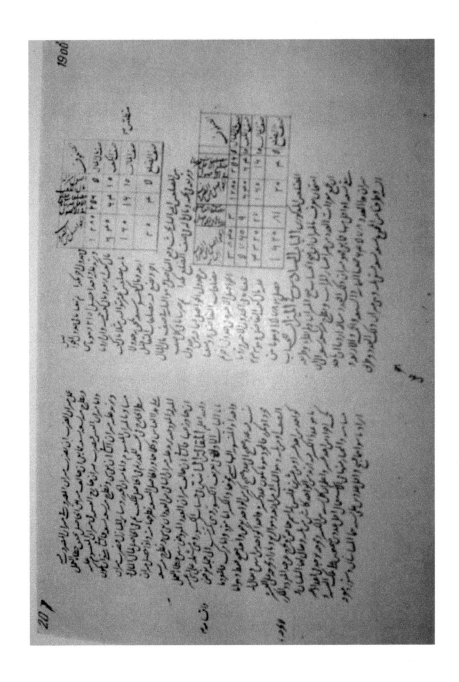

即得到的和与 243 相加，得 15783 [1]，这就是已知的两个幂之差。

二次乘积格	用乘积去乘的底数之差的幂	乘积格	用幂指数元素去乘的较小底数的幂	平方-立方次幂指数元素	数据格
3840	3	1280	256	5	平方-平方行
5760	9	640	64	10	立方行
4320	27	160	16	10	平方行
1620	81	20	4	5	底数行

---

[1] 阿尔·卡西在此处用到了下面的公式：
$$(a+b)^n - a^n = C_n^1 a^{n-1} b + C_n^2 a^{n-2} b^2 + C_n^3 a^{n-3} + \cdots + C_n^{n-1} ab^{n-1} + b^n$$
当 $n=5$，$a=7$，$b=4$ 时，有 $7^5 - 4^5 = (4+3)^5 - 4^5 = 15783$。

第六章 论 准 数

在算术中，我们通过准数来验证所进行算术运算的正确性，即可扔掉验出的错误结果。

方法是这样：首先，不管数位顺序如何，把已知数的所有数位上的简单数字相加；其次从得到的和中连续减九，一直到剩下的余数等于九或小于九为止；最后，剩下的余数就是该数的准数。

例子：求 64578 的准数。

把八、七、五、四、六相加，从得到的和中连续减九，得余数三，这个三就是该数的准数。

在乘法运算中准数的用法是这样：用乘数的准数去乘被乘数的准数，从得到的积中连续减掉九，如果这样确定的数与乘积的准数不相等，就知道计算结果有错误。

在除法运算中，用商的准数去乘除数的准数，得到的积与余数的准数相加，从得到的和中连续减掉九，则剩下的数应等于被除数的准数。

验证求平方根运算和其他乘幂运算的方法：验证求平方根运算时，把外行数的准数自乘；在验证求立方运算时，外行数的准数自乘得到的积与外行数的准数相乘；在验证求平方–平方运算时，已得到的积与外行数的准数相乘，依此类推。如果得到的积大于九，则用从得到的积中连续减掉九的方法得到已知幂的准数，如果有余数，则把余数的准数与幂的准数相加，若得到的和大于九，则从得到的和中连续减掉九，若由此得到的数与幂底数的准数不相等，则知道所进行的计算是错误的①，只有真主才能最了解这一点。

---

① 在这里阿尔·卡西叙述用9来验证所做算法的正确性，这一方法的依据是：把任何一个整数除以9以后得到的余数（被验证的数）等于从该数位于所有数位上的数字之和中连续减掉九之和的余数（即所谓的准数），古希腊和古印度数学家早已使用过这一方法，中世纪的阿拉伯数学家阿尔·花拉子米用这一方法来验证乘法运算结果的正确性，在那里花拉子米把准数称为余数的表达式。12世纪的数学家茨维拉在自己的《花拉子米的算术运算概要》一书中第一次用9来验证所求平方根的正确性，而数学家——比萨的列昂纳多（Leonardo of Pisa）第一次给出了该方法正确性的证明（1202年）。

中世纪的数学家在叙述用9来验证所作运算的正确性时，只强调在验证过程中得到的有关等式成立时计算结果是正确的，其实在验证过程中得到的这些等式是结论成立的必要条件，但它不是计算结果正确性的充分条件。

第二卷

论分数的算术运算

(共十二章)

第一章 论分数的定义及其种类

分数 一个整数的部分单位。我们说哪一个整数的部分单位，就称这个整数为分母。分数有真分数与假分数两类。真分数是指整数与该整数已估计部分之比。另外，分数有纯分数与倍分数两类。分子为一的分数称为纯分数，如二分之一（称为一半）、三分之一、四分之一（即一刻）。当分数的分母大于十时，如十一分之一、二十分之一等，没有专门的称呼，所以由简单数字变迁构造的分数名单中没有这些分数的称呼①。分子大于一的分数称为倍分数，如三分之二（即二与三之比）或十一分之五等。

须知：同一个分数能够用无穷多个整数之比来表示，但最恰当的是它们当中由最小的两个整数之比构成的分数，而其余情况相对于它来说比较复杂。构成分

---

① 阿拉伯语中把分数称为 "kasr"（部分）与 "kasara（折断），在拉丁语中把分数称为 fractiones，这是阿拉伯语中的 "kasr"（部分）与 "kasara（折断）的直接翻译，自阿尔·花拉子米的《算法》一书的拉丁文译稿面世以后，在欧洲 fractiones 这个名词就变成表示分数的专用名词。在阿拉伯语中分子为 1 的在 $\frac{1}{3}$ 与 $\frac{1}{10}$ 之间的分数都有专用名词，它们按照一定的规律与位于分母上的整数的名称相对应。例如：

整数	称呼	分数	称呼
3	*salasa*	$\frac{1}{3}$	*suls*
4	*arbaa*	$\frac{1}{4}$	*rub*
5	*hamsa*	$\frac{1}{5}$	*hums*
6	*sadasa*	$\frac{1}{6}$	*suds*
7	*saaba*	$\frac{1}{7}$	*sub*
8	*samai*	$\frac{1}{8}$	*sumn*
9	*tisa*	$\frac{1}{9}$	*tus*
10	*ashara*	$\frac{1}{10}$	*ushir*

除此之外，像 $\frac{m}{n}$ 等一般情形的分数，读做 "n 部分之 m 部分"。

数的两个最小数,称为对立数。

下面我们将讨论两个数的对立关系①、同量关系、倍数关系以及更复杂的结构关系,也就是讨论分数的合并、分解、构成、相比运算以及它们的结构。

分数的合并——一个分数与另一个分数的合并,也可以指两个或更多的分数合并,如二分之一与三分之一的合并、五分之三与四分之一以及七分之一的合并②。

分数的分解——从一个分数中分解出另外一个分数,也可以在两个或更多的分数之间进行。例如,从三分之二中分解出五分之一,从二分之一中分解出五分之一、十一分之一、二十分之一,等等③。

构成分数——构成分数也是一种分数,首先已知分数的分母等于一还是大于一的其他数,这无关紧要,现在该分数的分母由其他几个分数分母的乘积构成,如六分之一的一半、五分之三的四分之一等。构成分数在大多数情况下重复多次,如二分之一、五分之三、九分之四、十分之一的构成分数等④,即取两个单位中的一个,取五个单位中的三个,取九个单位中的四个,取十个单位中的一个,即把一分成十个相等的部分后取它的一部分,把这一部分分成相等的九个部分后取它的四个部分,把这四个部分分成相等的五个部分后取它的三个部分,把三个部分二等分并取其一,等等,这就是所谓的构成分数。在进行分数的构成与合并运算时最好把大的分数写在前面。

分数之比——分数之比也是一个分数,即一个分数与另外一个分数之比。如二分之一与三之比、九与四又二分之一之比、一又二分之一与五之比、四分之一与五分之三之比等⑤。

除了上面四种情形之外,还有更复杂的情形。例如,三分之一与二又二分之

---

① 阿尔·卡西所说的两个数的对立关系相当于两个数的互素关系。

② 合并:分数与分数相加。例如,$\frac{1}{2}+\frac{1}{3}$、$\frac{3}{5}+\frac{1}{4}+\frac{1}{7}$。为了方便起见,将用加或相加来代替合并。

③ 分解:从一个分数中减掉另外一个分数。例如,$\frac{2}{3}-\frac{1}{5}$、$\frac{1}{2}-\frac{1}{5}-\frac{1}{11}-\frac{1}{20}$、……为了方便起见,将用减或相减来代替分解。

④ 构成分数:分数相乘。例如,$\frac{1}{2}\times\frac{3}{5}\times\frac{4}{9}\times\frac{1}{10}$、……为了方便起见,将用乘或相乘来代替构成。

⑤ 分数之比:分数的除法。例如,$\frac{\frac{1}{2}}{3}$,$\frac{9}{4\frac{1}{2}}$,$\frac{1\frac{1}{2}}{5}$,$\frac{\frac{1}{4}}{\frac{3}{5}}$、……为了方便起见,将用除或相除来代替之比。

一之比加上二分之一与六分之一的乘积减去十分之一①，等等。在大部分情况下，分数的分子和分母都含有上面的四种分数，即分数与分数之和，分数与分数之差，分数与分数之积，分数与分数之商。当然（分数的分子和分母）还有其他形式，如分数与整数之积、分数与整数之商、整数与分数之商、分数的方根等。

须知：从事计算的学者在计算过程中为了避免忽视一些分数，首先把已知的分数用一些简单的真分数来表示，因为他们不可避免的遇到结构较为复杂的一些分数，即遇到含有和、差、积以及商的形式的分数。天文学家们常用以分数为项的级数，即分母为某一个数的连续次幂构成的分数级数，尤其是有些分数级数的分母是由六十的连续次幂构成，他们将这些级数中的项保留到自己需要为止，而后面其他的项都要扔下，并按照六十的次幂分别称这些级数的项为分、秒等②。

类似于天文学家的做法，我们引进了以十以及十的各次幂为分母的分数项级数，并将这些级数中的项保留到我们自己需要为止，分别称该级数的项为十进制

---

① $\dfrac{\frac{1}{3}}{2\frac{1}{2}}+\dfrac{1}{2}\times\dfrac{1}{6}-\dfrac{1}{10}$。

② 六十进制记数法起源于古代巴比伦，后来从巴比伦传播到了埃及的亚历山大，再从亚历山大传播到印度，又从印度传播到了巴格达，于是六十进制记数法以及相应的计算方法可以说又回到了自己的故乡巴比伦（古巴比伦城的遗址位于距巴格达150公里处）。从巴格达传播到了中亚地区，后来又从中亚地区传播到了整个欧洲，在一些领域至今还在使用。阿拉伯人把六十进制表示数的整数部分称为度（درجة），而其余的小数部分用表示60各次幂的序数词来称呼，拉丁语中的称呼是阿拉伯语称呼的直接翻译。

$$a+\frac{a_1}{60}+\frac{a_2}{60^2}+\frac{a_3}{60^3}+\cdots+\frac{a_n}{60^n}+\cdots$$

汉语	度	分	秒	分秒	毫秒	第五位	第六位	第七位	第八位
阿拉伯语	درجة	دقيقة	ثانية	ثالثة	رابعة	خامسا	سادسا	رابا	ثامنة
拉丁语	gradus	minuta	secunda	tertia	quarta	quinta	sexta	septima	octava
分数	1	$\dfrac{1}{60}$	$\dfrac{1}{60^2}$	$\dfrac{1}{60^3}$	$\dfrac{1}{60^4}$	$\dfrac{1}{60^5}$	$\dfrac{1}{60^6}$	$\dfrac{1}{60^7}$	$\dfrac{1}{60^8}$
数位	a_0	a_1	a_2	a_3	a_4	a_5	a_6	a_7	a_8

分，十进制秒，十进制分秒，十进制毫秒等①。

用"斯亚克"②来调解双方的纠纷者。在速记双方的口述时，通常用"迪纳尔"、"当葛"、"塔苏吉"和"夏依尔"③等度量单位。现已知一［迪纳尔］等于六当葛，一当葛等于四塔苏吉，一塔苏吉等于四夏依尔，他们在处理过程中需把每一个夏依尔重新转换成当葛或塔苏吉等，这时就出现了合并形式的分数，但在大多数情况下出现简单形式的分数④。

---

① 在这里阿尔·卡西引进了十进制分数的概念，并利用六十进制小数各小数部分的名称来命名十进制小数的对应项的称呼，如十进制分、十进制秒、十进制分秒、十进制毫秒等。

$$\frac{a_1}{10}+\frac{a_2}{10^2}+\frac{a_3}{10^3}+\cdots+\frac{a_n}{10^n}+\cdots = 0. a_1 a_2 a_3 \cdots a_n \cdots$$

这相当于上述级数中把 a_1 称为十进制分，a_2 称为十进制秒，a_3 称为十进制分秒，等等。

众所周知，我国不仅仅是最早使用十进制记数法的国家之一，而且也很早命名十进制小数的小数部分上的每一位数字。例如，根据《隋书》记载："祖冲之（公元429～500年）更开密法，以圆径一亿为一丈，圆周盈数三丈一尺四寸一分五厘九毫二秒七忽，朒数三丈一尺四寸一分五厘九毫二秒六忽，正数在盈朒二限之间。"由此看出，在古代中国十进制小数各数位的称呼与阿尔·卡西的称呼之间有如下的对应关系：

中国	丈	尺	寸	分	厘	毫	秒	忽
阿尔·卡西	十进制度	十进制分	十进制秒	十进制分秒	十进制毫秒	十进制第五位	十进制第六位	十进制第七位
分数	1	$\frac{1}{10}$	$\frac{1}{10^2}$	$\frac{1}{10^3}$	$\frac{1}{10^4}$	$\frac{1}{10^5}$	$\frac{1}{10^6}$	$\frac{1}{10^7}$
数位	a_0	a_1	a_2	a_3	a_4	a_5	a_6	a_7

② 斯亚克——中世纪中亚地区流行的在一些交易场合中所使用的有关计算的叙述、总结和报告等内容的数字速记法，即用阿拉伯数字来速记有关内容的一种方法，在斯亚克中所使用的具体数字的形式请看：Clair-Tisdall W. S. Modern Persian Conversation-Grammar. London：Heidelberg Press，1902：220.

③ 迪纳尔、当葛、塔苏吉和夏依尔-中世纪在中亚地区特别是伊朗流行的重量和货币单位。
1当葛=$\frac{1}{6}$迪纳尔，1当葛=4塔苏吉，1塔苏吉=4夏依尔，即1夏依尔=$\frac{1}{4}$塔苏吉=$\frac{1}{16}$当葛=$\frac{1}{96}$迪纳尔。

阿尔·卡西以迪纳尔为单位，直接取：迪纳尔=1，当葛=$\frac{1}{6}$，塔苏吉=$\frac{1}{24}$，夏依尔=$\frac{1}{96}$。

④ 阿尔·卡西所使用分数的表示法也出现在古代印度学者的作品中，阿拉伯数学家阿尔·花拉子米也用同样方法来表示分数，而使分子与分母隔开的横线出现在阿拉伯数学家阿尔·哈萨尔（al-Hassar, 13世纪上半叶）和勒奥纳杜-皮萨尼斯克（Lionardu-Pizanisky, 1202年）的著作中。

第二章　论分数的写法

带分数的分子写在整数的下面，而分母写在分子的下面，如果该分数没有整数部分，则在整数的位置上写个零，这时分数的分子写在零的下面。例如，$\begin{array}{c}0\\1\\2\end{array}$ 表示一半（二分之一）。当一个分数加到另一个分数时，把与该分数相加的分数直接写在它的旁边并在它们之间画一条竖线。例如，$\begin{array}{c|c}0&0\\1&1\\2&3\end{array}$ 表示二分之一与三分之一之和，而 $\begin{array}{cc}0&0\\1减&1\\3&4\end{array}$ 表示从三分之一中减去四分之一之意。

被乘分数的分子写在整数的下面，其分母写在分子的下面，把乘分数的分子写在被乘分数分母的下面，其下面书写分母，每两个相乘的分数之间画一条横线，依此继续下去。例如，$\begin{array}{c}0\\1\\4\\1\\6\\3\\5\end{array}$ 表示四分之一乘六分之一乘五分之三。

两分数的商按分数的写法写成整体的形式，即分数的分子写在整数部分的下面，分母写在分子的下面，被除分数与除分数之间画一条横线，如 $\begin{array}{c}2\\1\\2\\\hline 4\\2\\5\end{array}$。最好在两分数之比表达式中用 "مـن"（"除以"之意）词来代替横线，因为该表达式可能会与两分数相乘的表达式混淆，同时用 "وَاوْ"（"和"之意）词来代替被加分数与加分数之间的竖线，用 "لاَمْ"（"乘"之意）词来代替被乘分数与乘分数之间的横线①。

---

① 阿尔·卡西在分数运算中所使用的四则运算符号如下：加号用 "وَاوْ" 或 "وَاوْ" 来表示，减号用 "ئللا"（减去）来表示，乘号用 "لى"（لام-去乘）来表示，除号用 "مـن" 或 "دى" 来表示。注：按照阿拉伯语语法写作时，短元音字母可省略。

为了保证本章内容的完整性，下面将举出用四则运算符号连接的复杂分数。其中，加与减两种运算用双竖线来分割。

$$\begin{array}{c|c|c}
\begin{array}{c}0\\1\\3\\除\\以\\2\\1\\2\end{array} 加 & \begin{array}{c}0\\1\\2\\乘\\1\\6\end{array} 减^{①} & \begin{array}{c}1\\10\end{array}
\end{array}$$

上面的表达式就是包含被减分数与减分数、被加分数与加分数、被乘分数与乘分数、被除分数与除分数的复合分数。

复合分数与分数的加法					
复合分数加分数			分数加复合分数		
分数的乘积与分数之和	二分之一乘六分之一得到的乘积与十五分之一相加	0 1 2 乘 1 6　加　$\dfrac{1}{15}$	四分之一加二分之一与六分之一的乘积	0 1 4	加　1 2 乘 1 6
分数的商与分数之和	二又四分之一除以八得到的商与十四分之一相加	2 1 4 除 以 8　加　$\dfrac{1}{14}$	九分之四加二又四分之一后得到的和除以六	0 4 9	加　2 1 4 除 以 6

---

① 阿尔·卡西所举的例子相当于现在的 $\dfrac{1}{3} \div 2\dfrac{1}{2} + \dfrac{1}{2} \times \dfrac{1}{6} - \dfrac{1}{10}$ 运算。

续表

复合分数与分数的乘法				
	复合分数乘分数		分数乘复合分数	
乘法	三分之一加二分之一得到的和乘四分之一，即六分之五乘四分之一	$\dfrac{1}{3}$ 加 $\dfrac{0}{1}$ $\dfrac{1}{2}$ 乘 $\dfrac{1}{4}$	用四分之一去乘二分之一与三分之一之和	$\dfrac{0}{1}$ $\dfrac{1}{4}$ 乘 $\dfrac{1}{2}$ 加 $\dfrac{1}{3}$
减法	用五分之四与七分之一之差去乘五分之一	$\dfrac{0}{4}$ 减 $\dfrac{0}{1}$ $\dfrac{1}{5}$ $\dfrac{1}{7}$ 乘 $\dfrac{1}{5}$	用七分之二去乘五分之四减去九分之一得到的差	$\dfrac{0}{2}$ $\dfrac{1}{7}$ 乘 $\dfrac{4}{5}$ 减 $\dfrac{1}{9}$
除法	二又二分之一除以五又三分之一乘四分之一	$\dfrac{2}{1}$ $\dfrac{1}{2}$ 除以 $\dfrac{5}{1}$ $\dfrac{1}{3}$ 乘 $\dfrac{1}{4}$	五分之一乘二又四分之三除以四	$\dfrac{0}{1}$ $\dfrac{1}{5}$ 乘 $\dfrac{2}{3}$ $\dfrac{1}{4}$ 除以 $\dfrac{1}{4}$

续表

复合分数与分数的除法			
		复合分子		复合分母
加法	二又二分之一与三分之一之和除以五又二分之一	$2\frac{1}{2}$ 加 $\frac{1}{3}$ 除以 $5\frac{1}{2}$	五又二分之一除以八加十一分之二与九分之四之和	$5\frac{1}{2}$ 除以 8 加 $\frac{2}{11}$ 加 $\frac{4}{9}$
减法	二又四分之三与六分之五之差除以五	$2\frac{1}{2}$ 减 $\frac{1}{3}$ 除以 5	四分之一除以二又二分之一与五分之二之差	$0\frac{1}{4}$ 除以 $2\frac{1}{2}$ 减 $\frac{2}{5}$
乘法	三分之一乘五分之一除以一又二分之一	$0\frac{1}{3}$ 乘 $\frac{1}{5}$ 除以 $1\frac{1}{2}$	九分之一除以五分之四乘五分之四	$0\frac{1}{9}$ 除以 $\frac{4}{5}$ 乘 $\frac{4}{5}$

假如在上述例子中用减号来代替加号，那么这些例子就变成减法运算构成的复合分数，因此我们在这里没有专门给出例子。

虽然对于熟练掌握分数运算者来说，对被加分数与加分数都为复合分数的情况并不陌生，但还有很多更复杂的分数，甚至还有无穷多个。例如，上面得到的复合分数中可取任一个作为新分数的分子，而另一个甚至比它更复杂的复合分数可作为其分母。另外，我们通过下面的方法还可以得到更复杂的分数。例如，前面所述分数的分子和分母构成的复合分数作为新分数的分母，然后去找一个更复杂的复合分数作为其分母，用类似的方法，可继续做下去。

注：在分数的复合运算中把加分数与被加分数、减分数与被减分数确定后，若在加分数与被加分数、减分数与被减分数之间画一条分割竖线，则把加号与减号写在加分数或减分数左边的分割竖线上面[1]。

我们将在第三卷介绍天文学家们所使用的数字，同时在该卷介绍十进制小数的写法和它们的性质。

---

[1] 见：第56页。

第三章 论倍分性、同度性、对立性以及重合性的确定

不等于一的任何两个数或者相等或者不相等。第一种即相等情形，称为重合数；第二种即不相等情形，或者能用其中较小的数来度量较大的数，或者否（不能用其中较小的数来度量较大的数），在第一种（能用其中较小的数来度量较大的数）情况下，称为倍分数，如三与九。在第二种（不能用其中较小的数来度量较大的数）情况下，能够找到异于一的第三个数，能测出这两个数或不能够测出这两个数，若能测出这两个数，则称这两个数为同度数，如四与十，因为四和十都可以用二来测定，显然这样的测定数就是这两个数的公因数。对分数来说，所谓的测定数称为公验数，任两个同度数都具有这样的公验数，它们两个都是这个测定数的倍数，或者其中之一就是公验数，在这里第二种情况下，这两个数叫做对立数，它们除了一以外不能用任何数来测定。

如果我们想判定两个数的倍分性、同度性和对立性，则把大的数除以小的数，若整除，则它们是倍分数，若剩余一些余数，则把除数除以余数并进行到没剩任何余数或剩余数一为止，若没剩任何余数，则这两个数为同度数，并且最后的除数就是这两个数的公因数，就是这两个数的测定数，若剩下余数一，则这两个数为对立数[①]。

有关两个数的上述法则也可用于多余两个数的情况，如果我们用上述法则能求出其中两个数的测定数与第三个数之间的测定数，然后同样的方法求出这个测定数与第四个数之间的测定数，如此进行到底，如果它们都是同度数，则它们当中的最后一个公因数是所有数的测定数，如果它们当中的两个为对立数，则所有的数都为对立数。

如果一个分数的分子与分母是对立数，则显然它们构成的分数是最简分数，如果分数的分子与分母为同度数或倍分数，则我们把这两个数同时除以它们的测定数，这样我们得到与原分数相等的且由两个最小数构成的最简分数。

---

① 这一方法来源于古希腊数学家欧几里得的《几何原本》。（欧几里得. 几何原本（第 VII 卷命题一）. 兰纪正，朱恩宽，译. 西安：陕西科学技术出版社，2003：196–197.）

第四章　论带分数化假分数和假分数化带分数

带分数化假分数运算又称为整数部分的分散。该运算把带整数部分的分数化成某个假分数，为此将分数的整数部分与分数的分母相乘得到的积与该分数的分子相加，得到的和作为假分数的分子。

例子：将四又五分之三化成以五为分母的假分数，把四与五相乘得二十，再把二十与该分数的分子相加，即二十与三相加，得二十三，这就是我们要求的假分数的分子[1]。

假分数化带分数得另一种分数，对于分子比分母大的分数，把分数的分子除以分母得商的一部分为整数，该整数作为整数部分，其余数部分作为分子构造的分数。

例：求三分之十七的整数部分，将十七除以三，得商为五和余数二，即得五又三分之二[2]。

---

[1] 该例子相当于运算：$4\frac{3}{5} = \frac{4 \times 5 + 3}{5} = \frac{23}{5}$。

[2] 该例子为：$\frac{17}{3} = 5\frac{2}{3}$。

第五章 论分数通分（即把不同分母的分数化成相同分母的分数）

该运算义称为备注的乘法，为此我们需要求出一个最小的整数，使得每个分数与该整数的乘积为整数，而且此整数与每一个分母同度①。

该运算如下：画几条竖线后将要通分的每个分数的分子写在对应列格上方，其分母写在对应分子下面相同距离的位置上，并使这些分母按增大的顺序或按减小的顺序写在横线上面。然后开始寻找能够测出其他分母的分母，在这些分母的上面画横线，在横线上面写零，然后求出其中最大分母与其余每个分母之比，舍去与它们互质的分母，再取与它同度的每一个分母与测定数之比，即把它们都除以测定数，并把得到的这些数写在对应分母的上面，在它们之间画一条横割线，这些运算一直进行到与最后一个分母为止。然后取另一个分母与其余每个分母之比，并按上述方法进行运算，这样就求出了每一个分母与其余分母之比，然后与位于分割线上面的数相乘，得到的积就是对每一个分数通用的唯一分母，把它写在每一列格内，并在其与原分母之间画一条与每一个竖线相交的横线，然后把这些数除以写在表下面的每一个原分母，得到的商写在同一列格内的分子下方，并把商与分数的分子相乘后得到的积写在已求过的通分上面，这就是所求分数的分子，作为整数部分其上面写零，为了使这些分数与其他数据分割，在零的上面画一条与每一条竖线相交的横线。

例子：通分下面列出的分数：

$$\frac{1}{2}, \frac{1}{3}, \frac{1}{4}, \frac{2}{5}, \frac{5}{6}, \frac{3}{7}, \frac{7}{8}, \frac{2}{9}, \frac{3}{10}$$

按上述方法画出表并填入数据如下：

1	1	1	2	5	3	7	2	3
1260	840	630	504	420	360	315	280	252
0	0	0	0	0	0	0	0	0
1260	840	630	1008	2100	1080	2205	560	756
2520	2520	2520	2520	2520	2520	2520	2520	2520
				0		4		
0	0	0	0	3				
2	3	4	5	6	7	8	9	10

---

① 阿尔·卡西把分数的通分运算称为按运算符号相乘，另外，阿尔·卡西所谓的同度的最小整数相当于目前的最小公倍数。

在已知分母中二、三、四和五这四个数是其他分母的互倍数，因此零写在它们的上面后，用横线来将位于其下面的分母隔开，这样只剩下六、七、八、九和十，然后求出其中最大分母与其余每个分母之比，由于九与十是互对立数，所以应跳过这个九，用同样的方法讨论八与十，因它们与二分之一同度，所以把四作为八的一半写在八的上面并用横线来与八隔开，再讨论七与十，由于七与十是对立数，所以应跳过这个七，用类似的方法讨论六与十，由于六、十与二分之一同度，所以把三作为六的一半写在六的上面并用横线来隔开，这样有关十的运算到此为止。下面该讨论九与位于它前面的四的关系，因为九与四是互质数，所以应跳过这个四，下一步是九与七的关系，与前面类似它们也是对立数，应跳过它，再讨论九与三的关系，因为九与三是互倍数，所以把零写在三的上面，并且零与三用横线隔开，这样有关九的运算到此为止。下面该讨论四与七的关系，因为四与七是对立数，所以应跳过这个四，由于已经得到了每一个分母与其他分母之间的关系，所以有关分母之间关系的运算到此结束。

这样已知分母中剩余的数为七、四、九和十。七与四相乘得28，28与九相乘得252，把252与十相乘得2520，这就是所列出分数的共同分母。

再画一条与所有竖线相交的隔离横线，并且把已求的共同分母写在隔离横线上面的每一列格内，然后把共同分母除以每一个原分数的分母，得到的商写在原分数分子的下面，再把得到的商与每一个原分数分子相乘，得到的积写在位于同一列格内的共同分母的上面，这样我们就求出了与上面列出的分数相等的具有共同分母的分数①。

---

① 中世纪的数学家们通过所有分数的分母相乘的方法来进行通分，在欧洲第一次提出"用最小公倍数来代替几个分数共同分母"的数学家也许是勒奥纳杜-皮萨尼斯克（1202年）。三个半世纪以后，数学家塔塔利亚（1556年）也提出了同样的看法。但在东方第一次提出"用最小公倍数来代替几个分数共同分母"的数学家会不会是阿尔·卡西？目前还不得而知，不过，众所周知，中国是最早使用分数的国家之一，早在公元前1世纪，已有了完整的分数概念和分数运算法则。例如，和分术是分数加法 $\frac{b}{a}+\frac{d}{c}=\frac{bc+ad}{ac}$，减分术是分数减法 $\frac{b}{a}-\frac{d}{c}=\frac{bc-ad}{ac}$，除分术是分数除法 $\frac{b}{a}\div\frac{d}{c}=\frac{bc}{ad}$，乘分术是分数乘法 $\frac{b}{a}\times\frac{d}{c}=\frac{bd}{ac}$。被除数与除数中有一个是分数，先通分，再将分子相除，即 $\frac{b}{a}\div d=\frac{b}{a}\div\frac{ad}{a}=\frac{b}{ad}$，$b\div\frac{d}{c}=\frac{bc}{c}\div\frac{d}{c}=\frac{bc}{d}$。在带分数化假分数、求最大公因数等方面至今还在使用独特方法，特别是求最大公因数的"更相减损法"，相当于欧几里得的辗转相除法。(见：李文林. 数学珍宝. 北京：科学出版社，1998：30~32.) 由上面可看出，在进行分数的加减运算时，两分数分母的乘积作为和分数的分母，而不是把两分数分母的最小公倍数作为和分数的分母。

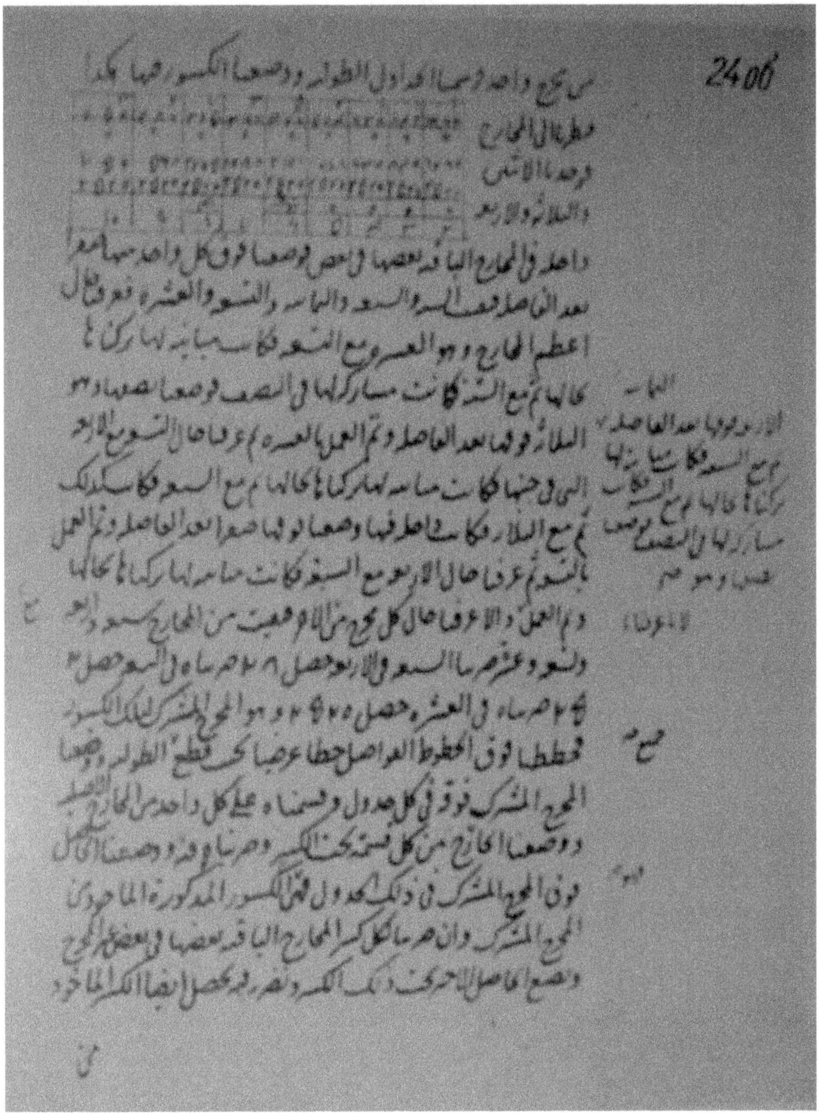

如果我们［想把一个已知的分数化成其他几个分数通分的分数］把其余几个分数的分母相乘，得到的积乘与已知分数的分母相乘，得到的乘积写在已知分数分子的下面，那么我们又得到与其他分数具有共同分母的分数①。但我们只需要最小共同分母，所以当［要通分］分数的分母完全含在其他分数的分母中时，不必把［要通分］分数的分母乘以其他所有分数的分母，若［要通分］分数的分母不完全含在其他分数的分母中，则用与它同度或对立的其他分数的分母除以［要通分］分数的分母，得到的分数［的分子］与其他分数的分母相乘。

例子：我们要想上面例子中的第五个分数与其他分数通分，因该分数为六分之五，其分母六不完全含在其他分数的分母中，所以用六来除九，又因它们是同度数，得一又二分之一，把一又二分之一乘以十，得15，十五乘以四，得60，六十乘七，得420，把420写在［要通分］分数分子的下面，并且与分数的分子［5］相乘，得2100，把它写在共同分母的上面②。

另一种方法：对立的分母相乘，倍分的分母绕过，同度分母的一个乘以另一个分母除以测度数［最大公因式］后得到商，若得到的积与另一个分数的分母相乘。如果它们是对立的，则把得到的积与另一个分数的分母相乘；否则，得到的积与另一个分数的测度数相乘，对于其他分母进行类似的运算，直到所有运算结束为止。

例子：六与七相乘，得42，这个数与八的二分之一相乘，即与四相乘，得168，这个数与九的三分之一相乘，即与三相乘，得504，这个数与十的二分之一

---

① 这里所述的运算相当于分数 $\frac{b}{a}$ 化成与几个分数 $\frac{b_1}{a_1}$，$\frac{b_2}{a_2}$，…，$\frac{b_n}{a_n}$ 相同分母的分数，得到的分数应等于 $\frac{ba_1a_2\cdots a_n}{aa_1a_2\cdots a_n}$。

② 阿尔·卡西在这里所举的例子相当于如下的运算：把分数 $\frac{5}{6}$ 与几个分数

$$\frac{1}{2}, \frac{1}{3}, \frac{1}{4}, \frac{2}{5}, \frac{3}{7}, \frac{7}{8}, \frac{2}{9}, \frac{3}{10}$$

通分，这时前几个分数的分母如2，3，4，5含在其他分数的分母中（即与其他分数分母的互倍数），所以不必考虑以这些数为分母的分数，而7，8，9，10中的8，9，10与6同度数，故8，9，10分别除以6，得 $\frac{4}{3}$，$\frac{3}{2}$，$\frac{5}{3}$，然后把分子上的4，3，5相乘，得60，把60与另外一个分数的分母7相乘，得420，把420与分数 $\frac{5}{6}$ 的分子5相乘，得2100，这就是要通分分数的分子，而420与分数 $\frac{5}{6}$ 的分母6相乘，得2520，这就是要通分分数的分母，所以所求的分数为 $\frac{2100}{2520}$，这就是等于 $\frac{5}{6}$，即与其他分数通分的分数。在上面的例子中，阿尔·卡西把9除以6，得 $\frac{3}{2}=1\frac{1}{2}$，没有把10除以6，而把10直接乘以 $1\frac{1}{2}$，得到的积再乘4与7，同样得到420。

相乘，即与五相乘，得2520，这就是所求的数，对于其他的分数可按照上述法则进行运算①。

---

① 这里所述的运算相当于如下的法则：分数 $\frac{5}{6}$ 的分母与7互质，所以6与7相乘，得42，而6与8的最大公因数为2，所以用2除以8，得4，4与42相乘，得168，再因为9与6的最大公因数为3，所以用3除9，得3，这里3与168相乘，得504，再因10与6的最大公因数为2，所以用2除10，得5，这里5与504相乘，得2520。但阿尔·卡西在这里没有给出要通分数分子的算法，当然为了得到其分子，把2520除以6后再乘5，得2100，这就是所求分数的分母。

第六章 论混合分数的简化

用分数的加减运算来简化"和"与"差"形式出现的混合分数，具体方法是：如果其中减法运算出现多于一次，则从奇数次和中减掉偶数次和。

在乘法形式出现分数的简化如下：分子与分子相乘后得到的积写在分子的位置，分母与分母相乘后得到的积写在分母的位置①，如果它的分子和分母不是对立数，则按照同度性、倍分性和对立性来简化，使它变成最简分数。

例子：简化四分之三与六分之五之乘积，首先这两个分数的乘积写成 $\dfrac{\dfrac{3}{4}}{\dfrac{5}{6}}$ 的形式，其次把三与五相乘，得 15，把十五写在分子的位置，最后四与六相乘，得 24，把二十四写在分母的位置，得到的分数为 $\dfrac{15}{24}$。因为其中的十五与二十四可用三来测量 [15 与 24 的最大公因数为 3]，所以把它们同时除以三，得到的分数为 $\dfrac{5}{8}$，即得到八分之五②。

如果相乘的分数多于两个，则把所有分数的分子相乘后得到的积写在分子的位置，把所有分数的分母相乘后得到的积写在分母的位置。

除法形式出现分数的简化：首先叙述分数的分子是带分数的情况，先把位于分子上的带分数化成假分数，得到的分子写在分子的位置，得到假分数的分母与原分数的分母相乘，得到的积写在分母的位置，如果它的分子和分母不是对立数，则通过约分使它们变成对立数③。

---

① 这里所述的运算法则为：$\dfrac{a}{b} \times \dfrac{c}{d} = \dfrac{ac}{bd}$。

② 所举的例子为：$\dfrac{3}{4} \times \dfrac{5}{6} = \dfrac{3\times 5}{4\times 6} = \dfrac{15}{24} = \dfrac{5}{8}$。

③ 这里所述的运算法则为：$\dfrac{a\frac{c}{b}}{d} = \dfrac{\frac{ab+c}{b}}{d} = \dfrac{ab+c}{bd}$。

第二卷　论分数的算术运算

例子：简化 $\dfrac{3\frac{1}{5}}{6}$，这里的分子是三又五分之一，而分母是六单位［分母为整数6］，把带分数三又五分之一化成假分数，得五分之十六，把十六写在分子的位置，得到假分数的分母，即五与原分数的分母，即与六相乘，得到的三十写在原分数分母的位置，得到的分数为 $\dfrac{16}{30}$，使分子与分母化成对立数，这样所求的分数为 $\dfrac{8}{15}$[①]。

如果分数的分母是带分数，则现把位于分母的带分数化假分数，得到假分数的分子写在分母的位置上，得到假分数的分母与原分数的分子相乘，得到的积写在分子的位置上，如果它的分子和分母不是对立数，则通过约分使它们变成互质数[②]。

例子：简化 $\dfrac{4}{7\frac{1}{4}}$，这里分子是四单位，而分母为七又四分之一，把分母上的带分数化假分数，得四分之二十九，把二十九写在分母位置上，假分数分母上的四与原分数分子上的四相乘，得到的积写在分母的位置上，这样化简后得到的分数为 $\dfrac{16}{29}$[③]。

在简化上述类型的分数时，必须把带分数化成假分数后再化简。

分数的分子与分母可能都有带分数，必须先把带分数化成假分数，再把分子上得到假分数的分子与分母上得到假分数的分母相乘，得到的积写在分子的位置上，把分子上得到假分数的分母与分母上得到假分数的分子相乘，得到的积写在

---

① 所举的例子为：$\dfrac{3\frac{1}{5}}{6} = \dfrac{\frac{3\times5+1}{5}}{6} = \dfrac{\frac{16}{5}}{6} = \dfrac{16}{5\times6} = \dfrac{16}{30} = \dfrac{8}{15}$。

② 这里所述的运算法则为：$\dfrac{a}{b\frac{c}{d}} = \dfrac{a}{\frac{bd+c}{d}} = \dfrac{ad}{bd+c}$。

③ 所举的例子为：$\dfrac{4}{7\frac{1}{4}} = \dfrac{4}{\frac{7\times4+1}{4}} = \dfrac{4}{\frac{29}{4}} = \dfrac{4\times4}{29} = \dfrac{16}{29}$。

分母的位置上①。

例子：简化 $\dfrac{3\frac{1}{2}}{4\frac{2}{3}}$，把分子与分母上的带分数化成假分数后得到 $\dfrac{\frac{7}{2}}{\frac{14}{3}}$，把分子上分数的分子 7 与分母上分数的分母 3 相乘，得到的积写在分数分子的位置上，把分子上分数的分母 2 与分母上分数的分子 14 相乘，得到的积写在分数分母的位置上，得到的分数为 $\dfrac{21}{28}$，位于分子与分母上的数〔21 与 28〕，关于七是同度数，约分后得 $\dfrac{3}{4}$，这就是所求的分数②。

另一例：二分之一除以二又三分之一，即 $\dfrac{\frac{1}{2}}{2\frac{1}{3}}$，现把分母上的带分数二又三分之一化假分数，得 $\dfrac{\frac{1}{2}}{\frac{7}{3}}$，然后把位于分子上分数的分子与位于分母上分数的分母相乘，得到的积写在分子上，把位于分子上分数的分母与位于分母上分数的分子相乘，得到的积写在分母上，得 $\dfrac{3}{14}$，这就是所求的分数③。

如果我们想把一个复杂的分数简化，则先把已知分数的各个复杂部分简化，

---

① 这里所述的运算法则为：$\dfrac{a\frac{c}{b}}{d\frac{f}{e}}=\dfrac{\frac{ab+c}{b}}{\frac{de+f}{e}}=\dfrac{ab+c}{b}\times\dfrac{e}{de+f}=\dfrac{(ab+c)}{(de+f)}\dfrac{e}{b}$。

② 所举的例子为：$\dfrac{3\frac{1}{2}}{4\frac{2}{3}}=\dfrac{\frac{7}{2}}{\frac{14}{3}}=\dfrac{7\times 3}{2\times 14}=\dfrac{21}{28}=\dfrac{3}{4}$。

③ 所举的例子为：$\dfrac{\frac{1}{2}}{2\frac{1}{3}}=\dfrac{\frac{1}{2}}{\frac{7}{3}}=\dfrac{1}{2}\div\dfrac{7}{3}=\dfrac{1}{2}\times\dfrac{3}{7}=\dfrac{3}{14}$。

再把得到的分数进行化简。

例子：从二又四分之一除以五又五分之四，乘以二又二分之一，除以四中减一又三分之二除以八所得的商，即

$$\dfrac{2\dfrac{1}{4}}{5\dfrac{4}{5}} \times 2\dfrac{1}{2} \;\text{减}\; \dfrac{1\dfrac{2}{3}}{8}$$

从被减部分起简化，这里被减部分由乘号连接的两个部分组成，其中第一部分为被乘部分，第二部分为乘部分，在第一部分中把位于分子与分母的带分数都化成假分数，在第二部分中只把位于分子部分的带分数化假分数，然后把第一部分简化，并把得到的结果写在被乘部分，再把第二部分简化，并把得到的结果写在乘部分，得

$$\dfrac{45}{116} \times \dfrac{5}{8}$$

再把减部分进行简化，得 $\dfrac{5}{24}$，从第一部分中减去这个分数。为此先进行通分运算，完成减法运算后，通过约分使分子与分母变成对立数，得到 $\dfrac{95}{2784}$，这就是所求的分数①。

---

① 所举的例子为：$\dfrac{2\frac{1}{4}}{5\frac{4}{5}} \times \dfrac{2\frac{1}{2}}{4} - \dfrac{1\frac{2}{3}}{8} = \dfrac{\frac{9}{4}}{\frac{29}{5}} \times \dfrac{\frac{5}{2}}{4} - \dfrac{\frac{5}{3}}{8} = \dfrac{45}{116} \times \dfrac{5}{8} - \dfrac{5}{24} = \dfrac{45\times5\times3-5\times116}{116\times24} = \dfrac{675-580}{2784} = \dfrac{95}{2784}$。

第七章　论乘二、除二与加减运算

在进行乘二运算时，先注意分数的分母，如果分母是奇数，则把分子乘二后得到的结果再除以分母。即要看乘二后的结果，如果分子大于分母，则从中连续减去等于分母的部分，并且把每一个等于分母的部分用整数一来代替，若该分数的整数部分为空，则这些一的和写在整数部分，若整数部分已有数，则把这些一的和加到整数部分的二倍，余下的部分写在分子的位置上，但分数的分母不变。如果分母为偶数，则把分母除以二，用得到的数除以分子，也就按照算术的要求进行操作。

例子：把六分之五乘二，先把已知分数写成 $\frac{5}{6}^{0}$ 的形式后再把分母除以二，得三，把分子上的五除以三，得 $2\frac{1}{3}$，这就是所要求的分数。

另一例：求八又七分之四的二倍，该分数的写法是 $4\frac{8}{7}$，按照上述法则，该分数与二相乘后得到的结果为 $1\frac{17}{7}$①。

在进行除二运算时，先注意分数的分子，如果分子是偶数，则把分子除以二，得到的结果写在分子的位置上，如果整数部分与分数部分的分子都是偶数的带分数，则把整数部分与分子都除以二，得到的分数按上述方法写出来，如果整数部分为奇数的带分数，则把整数部分除以二，得到商的整数部分写在原位置上，而剩下的一加到分数部分后得到的和除以二，或按照上述法则把分数的分母乘二。

例子：把分数四分之三等分，首先该分数写成 $3\frac{0}{4}$ 的形式，其分母与二相乘，得到的分数为 $3\frac{0}{8}$，这就是所求的分数②。

---

① 按照阿尔·卡西所述，该例子的算法为：$8\frac{4}{7}\times2=16\frac{8}{7}=16\frac{7+1}{7}=16\frac{1}{7}+\frac{1}{7}=17\frac{1}{7}$。

② 所述的算法为：$\frac{3}{4}\div2=\frac{3}{4\times2}=\frac{3}{8}$。

另一例：把九又五分之三等分，九除以二后得到的整数四写在整数部分的位置上，剩下的余数一加到分数部分，得到分子等于 8 的分数，再把八除以二，得到的四写在分子的位置上，但分数的分母不变，这样得到 $4\frac{4}{5}$，这就是所要求的分数[①]。

分数的和由两个分数或更多的分数相加而构成，如果它们是异分母分数，则先用上述法则转化为公分母分数，然后把它们的分子相加，得到的和除以公分母。

如果商内含有整数，则这个整数写在带分数的整数部分位置上，若分数的分子与分母不是互质数，则通过约分使分子与分母变成对立数[②]。

例子：我们要想四分之三与七分之六相加，把它们写成 $\frac{3}{4}\ \frac{6}{7}$ 的形式，通分后得到的分数为 $\frac{21}{28}\ \frac{24}{28}$，位于分子上的数相加，得到的和除以公分母，得到 $\frac{17}{28}$，这就是所求的分数。

另一例：我们要想把四个分数 $1\frac{2}{2}\ \frac{3}{4}\ 3\frac{5}{6}\ 5$[③] 相加，经过通分运算后得到 $6\frac{2}{12}\ \frac{9}{12}\ 3\frac{10}{12}\ 5$，它们的整数部分相加，得十，三个分子相加，得二十五，把二十五除以公分母，得到商的整数部分为二，这个二与前面得到的十相加，得十二，这是所求分数的整数部分，余下的一写成"公分母分之一"的形式，这样所求的分数为 $12\frac{1}{12}$[④]。

两个分数相减时，如果它们是异分母分数，则先转化为相同分母的分数，然后把它们的分子相减，若剩下一些数，则所求的分数就是以公分母为分母，以这个数为分子的分数。

---

① 所述的算法为：$9\frac{3}{5} \div 2 = 4\left[\left(1+\frac{3}{5}\right) \div 2\right] = 4\frac{8 \div 2}{5} = 4\frac{4}{5}$。

② 通过约分使分子与分母变成互质数——使分数化成最简分数。

③ 注意：这里 0 是指整数 5，而不是带分数 $5\frac{5}{0}$，否则将失去意义。

④ 所述的算法为：$2\frac{1}{2}+\frac{3}{4}+3\frac{5}{6}+5 = 2\frac{6}{12}+\frac{9}{12}+3\frac{10}{12}+5 = (2+3+5)\frac{6+9+10}{12} = 10\frac{25}{12} = 12\frac{1}{12}$。

例子：我们要求从四分之三中减去六分之五，两个分数写成 $5\frac{0}{6}$ $3\frac{0}{4}$ 的形式，按照上述方法使它们通分得 $10\frac{0}{12}$ $9\frac{0}{12}$，然后从位于被减分数分子上的十减去位于减分数分子上的九，得到的分数为 $1\frac{0}{12}$，这就是所求的结果。

如果被减分数是带分数，或者被减分数与减分数都是带分数，而且通分后减分数的分子大于被减分数的分子，则在被减分数的整数部分中借整数一，并且把它化成以公分母为分母的分数，把它与原分数的分数部分相加，再从被减分数的分子减去减分数的分子。

例子：我们要求从六又八分之三中减去三又二分之一，这两个分数写成 $3\frac{6}{8}$ $1\frac{3}{2}$ 的形式，通分后得 $3\frac{6}{8}$ $4\frac{3}{8}$，看得出减分数的分子大于被减分数的分子，从被减分数的整数部分中借整数一，这时被减分数的整数部分变成五，把借过的一化成与原分数公分母的分数，这样得到分子为八的分数，得到的八与位于原分子上的三相加，得十一，再从十一中减去减分数的分子，即从十一减去四，得七，把得到的七写在分子的位置上，这样得到 $7\frac{2}{8}$，这就是我们想得到的结果①。

---

① 所述的算法为：$6\frac{3}{8}-3\frac{1}{2}=6\frac{3}{8}-3\frac{4}{8}=5\frac{11}{8}-3\frac{4}{8}=2\frac{7}{8}$。

第八章 论 乘 法

分数与分数相乘——分子与分子以及分母与分母相乘，如果得到的分数不是最简分数，则把它化成最简分数。

例子：求三分之二与五分之三相乘。首先，把这两个分数写成 $\frac{2}{3}\ \frac{3}{5}$ 的形式；其次，它们的分子与分子相乘，分母与分母相乘，得 $\frac{6}{15}$；最后，把它化成最简分数，得 $\frac{2}{5}$，这就是我们所求的分数。

整数与分数相乘：整数与分数的分子相乘，得到的积除以分母。

例子：我们用十去乘七分之三，首先把它们写成 $\frac{3}{7}\ \frac{10}{0}$ 的形式，用十去乘三，得三十，用三十除以分数的分母，得到的分数为 $\frac{4}{7}$，这就是我们所求的分数。

学会了上面的两种乘法之后，我们再讨论一下带分数与分数的乘法，首先用带分数的整数部分去乘另一个分数，然后把带分数的分数部分与另一个分数相乘，得到的两个分数相加，这样就得到想得到的结果①。

如果我们用带分数去乘带分数，则把被乘带分数的整数部分与乘带分数的整数部分相乘，被乘带分数的分数部分与乘带分数的分数部分相乘，被乘带分数的整数部分与乘带分数的分数部分相乘，乘带分数的整数部分与被乘带分数的分数部分相乘，最后得到的四个积相加，就得到所求的积②。

---

① 所述的算法为：$a\frac{c}{b} \times \frac{e}{d} = a \times \frac{e}{d} + \frac{c}{b} \times \frac{e}{d} = \frac{ae}{d} + \frac{ce}{bd} = \frac{abe+ce}{bd} = \frac{e(ab+c)}{bd}$。也就是把带分数 $a\frac{c}{b}$ 写成 $a+\frac{c}{b}$ 的形式，再用分数 $\frac{e}{d}$ 去乘，即 $a\frac{c}{b} \times \frac{e}{d} = \left(a+\frac{c}{b}\right) \times \frac{e}{d} = a \times \frac{e}{d} + \frac{c}{b} \times \frac{e}{d}$。这个算法相当于先把带分数化成假分数，得到的两个分数按分数的乘法去乘，即 $a\frac{c}{b} \times \frac{e}{d} = \frac{ab+c}{b} \times \frac{e}{d} = \frac{e(ab+c)}{bd}$。

② 所述的算法为：$a\frac{c}{b} \times d\frac{f}{e} = a \times d + \frac{c}{b} \times \frac{f}{e} + a \times \frac{f}{e} + d \times \frac{c}{b}$。

例子：我们想把三又三分之二与十又五分之四相乘，首先把它们写成 $4\dfrac{10}{5}$ $2\dfrac{3}{3}$ 的形式，在完成上面所的述四种乘法之后得到的四个积为 $2\dfrac{6}{3}$ $2\dfrac{2}{5}$ $8\dfrac{0}{15}$ $0\dfrac{30}{0}$，得到的四个分数通分后得 $10\dfrac{6}{15}$ $6\dfrac{2}{15}$ $8\dfrac{0}{15}$ $0\dfrac{30}{0}$，其中整数部分的和等于38，分数部分的分子之和等于24，用24除以公分母，得到一以及余数九，除法得到的一与分数的整数部分相加，该除法运算用分数形式表示，相当于把余数与公分母相加①，然后把分子与分母化成互质数，这时分数不变，最后得到 $3\dfrac{39}{5}$，即三十九又五分之三，这就是所求的分数②。

如果我们把带分数与带分数相乘，先把带分数的整数部分与分母相乘，得到的积与分子相加，得到的两个假分数的分子与分子相乘，分母与分母相乘。这样以分子的乘积为分子，以分母的乘积为分母的分数就是这两个带分数的乘积。

如果每一个分数的分母是十、百、千等完整数，则更容易对这样的分数进行运算，我们为了以十进制形式给出两个分数相乘，这两个分数的整数部分放在分子的一边，即放在分子的左边，则它们（整数与分子）的形式似乎是一行整数，这样类似于整数的乘法，用它们当中的一个去乘另一个③，因为它们是分数，所以位于分母上一右边的零，按数量写在一的右边，这就是两个分数分母的乘积。它是一个整数，其中，零就是这两个分数的分母中出现（在上面提到的）的零。如果有必要，类似于天文学家的算法，把它们认为十进制分、十进制秒、十进制分秒等。

---

① 这里是指：$\dfrac{24}{15}=1+\dfrac{9}{15}=\dfrac{15+9}{15}$。

② 所述的算法为：$10\dfrac{4}{5}\times 3\dfrac{2}{3}=10\times 3+\dfrac{4}{5}\times\dfrac{2}{3}+10\times\dfrac{2}{3}+3\times\dfrac{4}{5}=30+\dfrac{8}{15}+\dfrac{20}{3}+\dfrac{12}{5}=30+\dfrac{8}{15}+6\dfrac{2}{3}+2\dfrac{2}{5}$
$=30+\dfrac{8}{15}+6\dfrac{10}{15}+2\dfrac{6}{15}=(30+6+2)\dfrac{8+10+6}{15}=38\dfrac{24}{15}=39\dfrac{9}{15}=39\dfrac{3}{5}$。

③ 阿尔·卡西在阿拉伯文手稿中没有给出相乘的这两个分数的具体写法，根据上下文的内容，本人是这样猜测。例如，若相乘的两个分数为 $14\dfrac{3}{10}$ 与 $25\dfrac{7}{100}$，按照阿尔·卡西的写法应写成 $3\dfrac{14}{10}$ 与 $7\dfrac{25}{100}$，化成假分数后变成 $\dfrac{143}{10}$ 与 $\dfrac{2507}{100}$，就像整数部分写在分子的左边，这样下行两个数的乘积是积分数的分母，而上行两个数的乘积应是整数部分与分子的乘积，这就是阿尔·卡西所谓的两个分数相乘类似于两个整数的乘法，这一点将在后面的例子中看出。

第二卷 论分数的算术运算

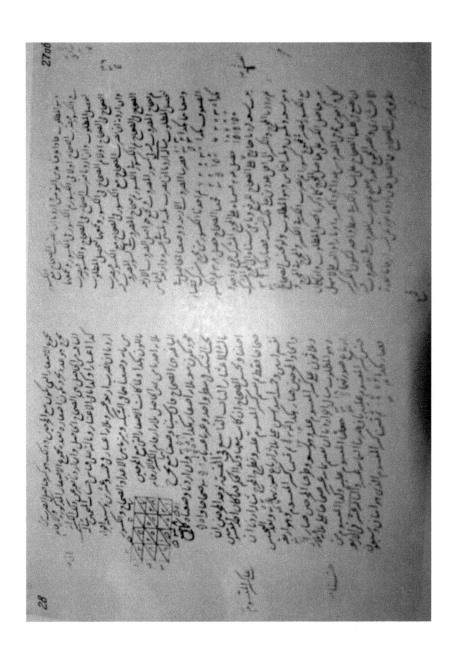

例子：十四又十分之三与二十五又百分之七相乘。把它们写在网格的上面和左侧边，为了把整数部分与分数部分加以区别，将分数部分写成彩色，这样有下面的网格①。

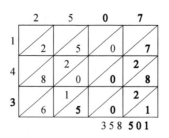

因为在分母上共有三个零，所以在得到积的右边取三个数字作为分数的分子，而其余的数字是带分数的整数部分，其分母是右边有三个零的数字，其写法如下：

$$\frac{385}{\frac{501}{1000}}$$

如果有必要，我们可按照网格下面的写法把它们都连写成一行，这里 358 是整数部分，而 501 是十进制分秒②。

---

① 位于网格内和网格下面的黑体数字，在阿拉伯文手稿里用红色水笔写出来。
② 为了区别一行写出的十进制分数的整数部分与小数部分，阿尔·卡西采用了几种方法：
第一，整数部分与分数部分用不同颜色的墨水书写。例如，上述位于网格下面的数字的小数部分用红墨水书写。
第二，整数部分与小数部分用竖线来分隔。
第三，整数部分与小数部分用直角来分隔。
第四，整数部分与小数部分用缩写文字来区分。
第五，每一个数字的右上方写出该数字的数位。
众所周知，中国不但是最早使用十进制记数法的国家之一，也是最早使用十进制分数的国家之一，据《九章算术》记载，中国人使用十进制分数不晚于公元 3 世纪，也就是公元 3 世纪以前把十进制分数的整数部分与小数部分用一行连写的方法表示出来，这是一个相当了不起的成就。但是，连写了整数部分与小数部分之后，把整数部分与小数部分用一种符号来分开则要相对晚一些，根据《隋书》中记载："祖冲之（公元 429～500 年）更开密法，以圆径一亿为一丈，圆周盈数三丈一尺四寸一分五厘九毫二秒七忽，朒数三丈一尺四寸一分五厘九毫二秒六忽，正数在盈朒二限之间"。由此看出，祖冲之用十进制分数表示圆周率，但其整数部分与小数部分没有用任何符号来隔开。后来各个国家（包括中国）的数学家用一些粗糙的符号来隔开十进制分数的整数部分与小数部分，但未能像阿尔·卡西那样意识到其重要性，也未能系统的介绍过在计算过程中出现的十进制分数的整数部分与小数部分的隔开方法。有关阿尔·卡西在引进十进制分数方面的贡献，请看数学家 D. E. Smith 与 Н. Юсупов 的著作：Smith D. E. History of mathematics. Vol. I. Boston：Ginn and Company, 1923；CTP. 238-240.
Юсупов Н. Огерки по истории развития арифметики на ближнем Востоке. Казань, 1933：83 - 84.
有关欧洲人在十进制分数方面的研究，请看：Tropfke J. Geschichte der Elementar Mathematik. 2nd ed. Berlin-Leipzig, 1921：104.

第九章 论 除 法

如果它们是异分母分数，则把带分数化假分数，再把它们通分，然后进行除法运算，如果被除分数的分子与除分数的分子都是整数，则把被除分数的分子除以除分数的分子，并把两个分数的公分母都扔掉①。

例子：用四分之三除以二又六分之五。首先，把它们写成 $\dfrac{2}{5}\ \dfrac{0}{3}$ 的形式；其次，被除带分数化假分数后再把它们通分，得 $\dfrac{0}{34}\ \dfrac{0}{9}$；最后，用除分数的分子除以被除分数的分子，即用九除以三十四，两个分数的公分母都扔掉，得 $\dfrac{3}{7}$②。这就是所求的分数。

另一例：用三又四分之三除以整数十八，它们的写法是 $\dfrac{18}{0}\ \dfrac{3}{3}\ \dfrac{}{4}$，把被除数与除分数写成 $\dfrac{0}{72}\ \dfrac{0}{15}$ 的形式，然后用除分数的分子除以被除数的分子，即用十五除以七十二，两个分数的公分母都扔掉，得 $\dfrac{4}{12}$，用三来约分分子与分母，得 $\dfrac{4}{4}$，这就是所要求的商③。

---

① 所述的算法为：$a\dfrac{c}{b} \div d\dfrac{e}{f} = \dfrac{ab+c}{b} \div \dfrac{df+e}{f} = \dfrac{f(ab+c)}{bf} \div \dfrac{b(df+e)}{bf} = \dfrac{f(ab+c)}{b(df+e)}$，这时用除数的倒数乘以被除数，公分母约尽。

② 所述的算法为：$2\dfrac{5}{6} \div \dfrac{3}{4} = \dfrac{17}{6} \div \dfrac{3}{4} = \dfrac{34}{12} \div \dfrac{9}{12} = \dfrac{34}{9} = 3\dfrac{7}{9}$。

③ 所述的算法为：$18 \div 3\dfrac{3}{4} = \dfrac{72}{4} \div \dfrac{15}{4} = \dfrac{72}{15} = 4\dfrac{12}{15} = 4\dfrac{4}{5}$。

第十章 论幂底数的确定 ［论开方］

如果分数的分子与分母都是有理数，则分数的方根等于分子的方根除以分母的方根①。

例子：分数 $\frac{4}{9}$ 的平方根等于 $\frac{2}{3}$，$\frac{16}{81}$ 的平方-平方根等于 $\frac{2}{3}$。

如果分子与分母当中的一个不为有理数，则当平方根时，用分数的分母去乘该分数的分子；当立方根时，两次用分数的分母去乘该分数的分子；当平方-平方根时，三次用分数的分母去乘该分数的分子；当平方-立方根时，四次用分数的分母去乘该分数的分子；当其他方根时，按其指数次用分数的分母去乘该分数的分子。然后求最后得到乘积的近似底数，最后用分数的分母除以求过的近似底数②（即所求底数分数的分母）。

例子：求六分之五的平方根，用分母去乘分子，得三十，取三十的平方根，得 $5\frac{5}{11}$，得到的这个分数除以分母，即除以六，得 $\frac{60}{66}$，再化成最简分数，得 $\frac{10}{11}$，这就是所求的平方根③。

另一例：求四分之一的平方-平方④的底数，把它写成 $\frac{1}{4}$ 的形式，用分母去乘分子，得四，再用分母去乘分子，得十六，第三次用分母去乘分子，得六十四，

---

① $\sqrt[n]{\frac{a}{b}}=\frac{\sqrt[n]{a}}{\sqrt[n]{b}}$。

② 这里所述的相当于公式：$\sqrt[k]{\frac{m}{n}}=\frac{\sqrt[k]{n^{k-1}m}}{n}$，而在开方 $\sqrt[k]{n^{k-1}m}$ 时，用近似公式，$a<\sqrt[k]{A}<a+1$，得 $0<\sqrt[k]{A}-a<1$，令 $r=\sqrt[k]{A}-a$，则 $\sqrt[k]{A}=a+r$，$r\approx\frac{A-a^k}{(a+1)^k-a^k}$，所以 $\sqrt[k]{A}\approx a+\frac{A-a^k}{(a+1)^k-a^k}$，这就是无理根的一个偏小的近似，再用分数的分母除以这个近似值，即令 $A=n^{k-1}m$，则 $\sqrt[k]{\frac{m}{n}}=\frac{\sqrt[k]{n^{k-1}m}}{n}\approx\frac{a+\frac{n^{k-1}m-a^k}{(a+1)^k-a^k}}{n}$。

③ 所述的算法为：$\sqrt{\frac{5}{6}}=\sqrt{\frac{5\times 6}{6\times 6}}=\frac{\sqrt{30}}{6}=\frac{\sqrt{25+5}}{6}\approx\frac{5+\frac{30-5^2}{(5+1)^2-5^2}}{6}=\frac{5+\frac{5}{11}}{6}=\frac{\frac{60}{11}}{6}=\frac{60}{66}=\frac{10}{11}$。

④ 注意：阿尔·卡西把 a^4 叫平方 - 平方，把 $a^{\frac{1}{4}}$ 也叫平方-平方，具体是哪一个，根据上下文来确定。

再求六十四的平方 – 平方底数的近似值，得 $48\frac{2}{65}$，用四除这个分数，得 $89\frac{0}{130}$，这就是所求的分数①。

如果要开方的分数为带分数，则把它的整数部分用第一卷中所述的方法去开方，这时得到的余数部分是一个分数，把它除以原分数的分母，再用上面介绍的方法进行简化。

例子：我们来求七又六分之一的平方根，整数部分的根为二，剩下的是三又六分之一，它就是原分数的分子，应除以原分数的分母，得

$$2\,\frac{3\frac{1}{6}}{5}\text{②}$$

简化后，得 $19\frac{2}{30}$，这就是所求的根③。

另一例：我们来求三十又二分之一的立方根，立方根的整数部分为三，余数为三又二分之一，余数位于分数的分子部分，所以把它除以分母，即把它除以三十七，这样得到

---

① 所述的算法为：$\sqrt[4]{\frac{1}{4}} = \frac{\sqrt[4]{64}}{4} = \frac{\sqrt[4]{2^4+48}}{4} \approx \frac{2+\frac{64-2^4}{3^4-2^4}}{4} = \frac{2+\frac{48}{65}}{4} = \frac{2\frac{48}{65}}{4} = \frac{89}{130}$。

② 该式子的现代写法为：$2\,\frac{3\frac{1}{6}}{5}$ 或 $2+\frac{3\frac{1}{6}}{5}$。

③ 所述的算法为：$\sqrt{7\frac{1}{6}} = \sqrt{4+3\frac{1}{6}} \approx 2+\frac{7\frac{1}{6}-4}{9-4} = 2+\frac{3\frac{1}{6}}{5} = 2+\frac{19}{30} = 2\frac{19}{30}$。实际上，阿尔·卡西的这种算法不符合他在上面所述的算法，按上面所述的方法计算，应为：$\sqrt{7\frac{1}{6}} = \sqrt{\frac{43}{6}} = \frac{\sqrt{43\times 6}}{6} = \frac{\sqrt{258}}{6} = \frac{\sqrt{256+2}}{6} \approx \frac{16+\frac{258-16^2}{17^2-16^2}}{6} = \frac{16+\frac{2}{33}}{6} = \frac{\frac{530}{33}}{6} = \frac{265}{99} = 2\frac{67}{99}$，但两种结果之间的误差约为 0.043，阿尔·卡西本人也意识到这一点，从而补充了一个例子，请看正文中的下一个例子。

分子简化后除以分母，得 $7\frac{3}{74}$，这就是所求的立方根①。

如果先把带分数化成假分数，再按分数的开方法来进行计算，则得到的结果更准确一些。

例子：[先把带分数化成假分数，再按分数的开方法来计算] 上述的七又六分之一的平方根，得 $67\frac{2}{99}$②，三十又二分之一的立方根为 $14\frac{3}{127}$③。

须知：如果我们用一个已知数的有理幂去乘④任何一个即将开方的数，再求出得到乘积的底数，并把得到的底数除以这个已知数，则得到的商就是要开方数的更准确底数⑤，即得到的底数比上面求出的底数还要准确。如果乘数的指数越大，求出的底数越准确。如果乘数是一个完整的乘幂。例如，开平方根时乘数是一百，开立方根时乘数是一千，开平方－平方根时乘数为一万，等等，则进行开方运算更方便更容易，而且乘积中的数字不变。底数也是如此，相乘时只要把单位数一的右边写出几个零就可以了。在开平方根时，取这些零个数的一半；开立方根时，取它们的三分之一；开平方－平方时，取它们的四分之一就可以了。已知数右边添加零的个数，应与幂的指数具有倍数关系，并且，零的数量越多得到的结果越好，只要按照上述法则求出右边添加零后得到数的底数，再把得到的底数除以由这些零构成的完整数的底数。这时把位于底数行上方且外行内的数写在整数部分的位置上，用位于已添补过零上方且外行内的数，乘以分数的分母，

---

① 所述的算法为：$\sqrt[3]{30\frac{1}{2}} = \sqrt[3]{27+3\frac{1}{2}} \approx 3 + \frac{30\frac{1}{2}-27}{64-27} = 3 + \frac{7\frac{1}{2}}{37} = 3\frac{7}{74}$。

② 请看第 81 页注③。

③ 按照所述，先把带分数化成假分数，再按分数的开方法来计算 $\sqrt[3]{30\frac{1}{2}} = \sqrt[3]{\frac{61}{2}} = \frac{\sqrt[3]{61 \times 2 \times 2}}{2} = \frac{\sqrt[3]{244}}{2} = \frac{\sqrt[3]{6^3+28}}{2} \approx \frac{6+\frac{244-6^3}{7^3-6^3}}{2} = \frac{6\frac{28}{127}}{2} = 3\frac{14}{127}$。

④ 看来阿尔·卡西所说的有理乘幂就是指数为正整数的幂。

⑤ 这里所述的法则：为了求 $\sqrt[n]{N}$，先求 $\sqrt[k]{N \times n^k}$，然后求 $\frac{\sqrt[k]{N \times n^k}}{n}$，则得到比直接计算更准确的结果。

得到的乘积与求根运算时出现的余数相加，得到的和写在位于整数部分下面分子的位置上①，位于分式分母上数字的右边，须填补由幂指数的数量来确定的零的一部分，即开平方根时填补零个数的一半，开立方根时填补零的个数的三分之一，开平方－平方根时填补零个数的四分之一数量的零写在分母上数字的右边，分子与分母化成最小数，即简化成最简分数。

例子：求 145 的平方根。

画出表并按照上面所述进行操作，这样在外行得到十二后再剩余数一，这个余数是无理数，如果我们想求出更准确地根，则应把该数 [145] 的右边填补四个零，给填补的每一个零也应整齐的写在列格内，得到下面的表。

1	2		0		4	
1	4	5	0	0	0	0
		1	2	4	8	
				3		
			2	4	0	4
		2	4	0		
	2	2				
1						

位于外行且已知数 [145] 上方的数为 12，把 12 写在整数部分的位置，位于四个零上方的四与分数的分母二千四百零九相乘，得到 9636，与余数 384 相加，得到的 10020 写在分子的位置，然后在位于分母上数字的右边填补两个零，分母变成 240900，得到的结果为 $10020\frac{12}{240900}$，因为分数的分子与分母均能被六十整除，故把它们同时除以六十，最后得到的结果为 $167\frac{12}{4015}$。这些运算都与上面介绍的

---

① 这里注意分数的写法：

整数
分子
分母

这样位于整数部分下面的数就是分子。

分数开方法则一致①。

必要时，为了快速得到所求的结果，右边填补一些零，得到的数作为分数的分子，其分母为单位数一右边填补这些零后得到数的底数[根]，这样，其分母为单位数一的右边填补由乘幂指数的数量来确定的几个零构成的数，它们位于外行内填写过的零上面，但这样得到结果的准确度差一些②。

例子：在上面的例子中分子为四，而分母是一百，如果有必要，按天文学家的算法，可称之为十进制秒③。

---

① 所述的算法为：$\sqrt{145} = \frac{\sqrt{1450000}}{100} = \frac{\sqrt{(1204)^2+384}}{100} \approx \frac{1204+\frac{1450000-(1204)^2}{(1204+1)^2-(1204)^2}}{100} = \frac{1204+\frac{384}{2409}}{100}$

$\frac{1204}{100} + \frac{384}{240900} = 12 + \frac{4}{100} + \frac{384}{240900} = 12 + \frac{9636+384}{240900} = 12 + \frac{10020}{240900} = 12 \frac{10020}{240900} = 12 \frac{167}{4015}$。

② 因为阿尔·卡西是波斯人，阿拉伯语毕竟不是他的母语，所以一些复杂的运算用文字来表达时，显示出他在阿拉伯语方面的弱点，阿尔·卡西本人在本书的前言部分也承认了这一点。在上一段里所述的运算法则表达的很不清楚，根据本人的理解，该处所述的运算为：

$$\sqrt{145} = \sqrt{\frac{1450000}{10000}} \approx \frac{1204}{100} = 12.04$$

上下两个结果之间的误差为 0.0015940，在后面的例子中将可以看出这一点。

③ 这里所说的分数为 $\frac{4}{100} = 0.04$，小数点后的第二位就称为秒，这相当于中国的"寸"，请看46页的对照表。

第十一章　论分数分母的转换

为了进行分数分母的转换运算，可参考有关用四个数的比例关系来确定未知数方面的常识。这些数的关系为：第一个数对第二个数之比等于第三个数对第四个数之比。如果其中之一个是未知数，而其他三个是已知数，则画出两条垂直相交的直线，并且把这些成比例的四个数写在四个角的内部，其中两个成比的数，按原方向写在一边，其余两个，即一个已知的另一个未知的两个数，用同样的方法写在另一边，但未知数的位置须留空白，然后把位于对顶角的两个数相乘，再把得到的乘积除以另一个已知数，得到的商就是所求的未知数。

这个法则也可以适用于：位于对顶角的两个已知数、位于左右两边的两个已知数或者位于中间的两个已知数[①]。

例子：我们要求一个数，使五与九之比等于四与该未知数之比。先画互相垂直相交的两条线段，再把已知的三个数写成如下的形式：

$$\begin{array}{c|c} 5 & 4 \\ \hline 9 & \end{array}$$

位于对顶角内的两个已知数相乘，即四与九相乘得三十六，用三十六除以五，得到的商是七又五分之一，这就是我们要求的未知数。如果五与九之比等于该未知数与四之比，则把四写在九邻边的角内，这样它们的位置是：

$$\begin{array}{c|c} & 5 \\ \hline 9 & 4 \end{array}$$

位于对顶角内的两个已知数相乘，即五与四相乘得二十，用二十除以九，得到的商是二又九分之一，这就是我们要求的未知数，上面所述的就是一般法则。

[①] 这里所述的关系是：$a \times b = x \times c$ 或者 $a \times b = c \times x$。

在你明白这些之后，你还需要知道，已知分子与已知分母之比等于未知分子与你需要的分母之比，这四个数成比例。如果我们把一个分数的分母转换成另一个分母，则画互相垂直相交的两条线段，把已知分数的分子与分母写在直线的一边，再把我们需要的分母写在直线的另一边，然后把位于对顶角内的两个已知数相乘，即已知分数的分子与我们需要的分母相乘，得到的乘积除以已知分数的分母，得到的商就是以我们需要的数为分母的分数的分子。

例子：已知分数为七分之五，该分数转换成以九为分母的分数。

已知数据写成如下的形式：

这里五与七之比等于未知数与九之比，五与九相乘得四十五，得到的四十五除以七，得到的商为六又七分之三，这样我们得到六与九之比加上七分之三与九之比的和①。

如果我们把七分之五用当葛、塔苏吉和夏依尔等度量单位来表示，那么，首先我们应该知道，一迪纳尔与一当葛之比等于六，一迪纳尔与一塔苏吉之比等于二十四，一当葛与一塔苏吉之比等于四，一迪纳尔与一夏依尔之比等于九十六，一当葛与一夏依尔之比等于十六，一塔苏吉与一夏依尔之比等于四。当我们知道这些以后，五与六相乘，得到以七当葛为分母，以该乘积为分子的分数，即乘积除以七，得到的商为四，余数为二，其中四的度量为当葛，剩下的余数二乘以四，即二乘以四后得到的积除以七，得到一的度量是塔苏吉，另外还剩下余数一，这个余数一乘以四，得四，得到的四除以七，得到七分之四夏依尔②。

须知：五与七之比等于四当葛与一塔苏吉与七分之四夏依尔之和，这就是我

---

① 这里所述的运算：把 $\frac{5}{7}$ 化成 $\frac{x}{9}$，这时 $x = \frac{5 \times 9}{7} = 6\frac{3}{7}$，所求的分数为 $\frac{6\frac{3}{7}}{9} = \frac{6}{9} + \frac{\frac{3}{7}}{9}$。

② 阿尔·卡西把分数 $\frac{5}{7}$ 看成 $\frac{5}{7}$ 迪纳尔，为了简便起见我们把这些度量用符号来表示，即用 d、da、t、x 来分别表示迪纳尔、当葛、塔苏吉、夏依尔，则因 $a = 1$，$da = \frac{1}{6}$，$t = \frac{1}{24}$，$x = \frac{1}{96}$，所以有 $\frac{5}{7}d = \frac{\frac{30}{7}}{6} = \frac{4 + \frac{2}{7}}{6} = \frac{4}{6} + \frac{\frac{2}{7}}{6} = \frac{4}{6} + \frac{\frac{8}{7}}{24} = \frac{4}{6} + \frac{1 + \frac{1}{7}}{24} = \frac{4}{6} + \frac{1}{24} + \frac{\frac{1}{7}}{24} = \frac{4}{6} + \frac{1}{24} + \frac{4}{7} \times \frac{1}{96} = 4da + t + \frac{4}{7}x$。

们想求的结果。

如果我们想反过来推出，则把一当葛乘四，得到的积与一塔苏吉相加，得到的和与七分之四夏依尔相加，最后得到以九十六为分母，以另一个分数为分子的分数[1]，如果已知的是分数形式的夏依尔，则把分数的分子与夏依尔的分子相乘，分数的分母与夏依尔的分母相乘，得到以分子的乘积为分子，以分母的乘积为分母的分数，如果它们不是最简分数形式，则把它们化成最简分数，分数形式的夏依尔有关的算法就这些。

如果真主允许，将在第三卷里叙述当葛、塔苏吉和夏依尔等度量在六十进制与十进制分数之间的转换法则。

---

[1] $4da+t+\dfrac{4}{7}x=\dfrac{4}{6}+\dfrac{1}{24}+\dfrac{\frac{4}{7}}{96}=\dfrac{\frac{480}{7}}{96}$。

			当葛						塔苏吉			夏依尔		
			1	2	3	4	5	6	1	2	3	1	2	3
当葛	6	迪纳尔					0	1				0		
		当葛	1	2	3	4	5	0			0	0		
		塔苏吉	0					0	1	2	3	0		0
		夏依尔						0	0			1	2	3
	5	当葛	0	1	2	3	4	5				0		
		塔苏吉	3	2	2	1	0	0	0	1	2	0		
		夏依尔	1	2	0	1	2	0	3	2	2	0	1	2
		当葛–夏依尔	2	4	0	2	4	0	2	4	0	5	4	3
	4	当葛	0	1	2	2	3	4				0		
		塔苏吉	2	1	0	2	1	0		1	2	0		
		夏依尔	2	1	0	2	1	0	2	1	0	1	1	2
		当葛–夏依尔	4	2	0	4	2	0	4	2	0	4	2	0
	3	当葛	0	1	1	2	2	3				0		
		塔苏吉	2	0	2	0	2	0	0	1	1	0		
		夏依尔						0	2	0	2	0	1	1
		当葛–夏依尔						0				3	0	3
	2	当葛		0	1	1	1	2				0		
		塔苏吉	1	2	0	1	2	0		0	1	0		
		夏依尔	1	2	0	1	2	0	1	2	0	0		1
		当葛–夏依尔	4	2	0	4	2	0	2	4	0	2	4	0
	1	当葛					0	1				0		
		塔苏吉	0	1	2	2	3	0				0		
		夏依尔	2	1	0	2	1	0	0	1	2	0		
		当葛–夏依尔	4	2	0	4	2	0	2	4	0	1	2	3
		塔苏吉	0	1	1	2	2	3				0		
		夏依尔	2	0	2	0	2	0	0	1	1	0		
		当葛–夏依尔	0					0	3	0	3	0	1	2
		塔苏吉–夏依尔						0				3	2	1
		塔苏吉		0	1	1	1	2				0		
		夏依尔	1	2	0	1	2	0		0	1	0		
		当葛–夏依尔	2	4	0	2	4	0	2	4	0	0	1	1
		塔苏吉–夏依尔						0	0			2	0	2
		塔苏吉					0	1				0		
		夏依尔	0	1	2	2	3	0				0		
		当葛–夏依尔	4	2	0	4	2	0	1	2	3	0		0
		塔苏吉–夏依尔						0	0			1	2	3
		夏依尔	0	1	1	2	2	3		0	0	0		
		当葛–夏依尔	3	0	3	0	3	0	0	1	2	0		
		塔苏吉–夏依尔	0					0	3	2	1	0	1	2
		夏依尔–夏依尔						0				3	2	1
		夏依尔		0	1	1	1	2				0		
		当葛–夏依尔	4	2	0	4	2	0	0	1	1	0		
		塔苏吉–夏依尔	0					0	2	0	2	0	1	1
		夏依尔–夏依尔						0				2	0	2
		夏依尔					0	1				0		
		当葛–夏依尔	1	2	3	4	5	0			0	0		
		塔苏吉–夏依尔	0					0	1	2	3	0		0
		夏依尔–夏依尔						0	0			1	2	3

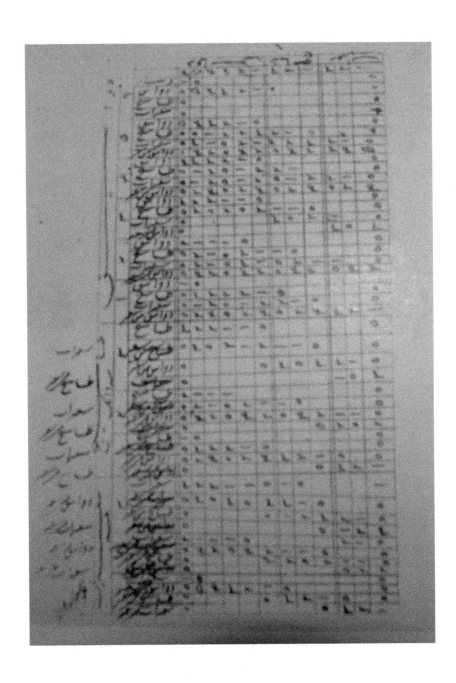

第十二章 论"当葛"、"塔苏吉"与"夏依尔"的相乘

使用斯亚克的人、大多数商人常用这些分数。为了简化这些分数的乘法或除法运算,我们在这里用表形式给出了这些分数相乘或相除时得到的积或商,下面将介绍这些表。

乘法的例子:我们用五当葛、三塔苏吉和三夏依尔去乘四当葛、一塔苏吉和二夏依尔。首先按照下面的方法制作表,每一个被乘数写在左边的列内,使得与它们相乘的所有乘数,分别写在该被乘数右边同行内列格上,其次对位于表内的数进行计算,用五当葛分别去乘位于它右边的四当葛、一塔苏吉、二夏依尔,得到的积分别写在对应的行内①。对于三塔苏吉和三夏依尔进行类似的操作,在完成这些操作以后开始把它们相加。如果每一个度量的分母上有大于度量单位的数,则应把它们舍去,同时把舍去的数加到下一个度量,这样得到四当葛、一塔苏吉、一夏依尔、一当葛-夏依尔、二塔苏吉-夏依尔、二夏依尔-夏依尔。

---

① $5da \times 4da = \frac{5}{6} \times \frac{4}{6} = \frac{20}{36} = \frac{18+2}{36} = \frac{1}{2} + \frac{1}{18} = \frac{3}{6} + \frac{\frac{24}{18}}{24} = \frac{3}{6} + \frac{1+\frac{6}{18}}{24} = \frac{3}{6} + \frac{1}{24} + \frac{1}{72} = \frac{3}{6} + \frac{1}{24} + \frac{\frac{96}{72}}{96} = \frac{3}{6} + \frac{1}{24} + \frac{1+\frac{24}{72}}{96} = \frac{3}{6} + \frac{1}{24} + \frac{1}{96} + \frac{1}{288} = \frac{3}{6} + \frac{1}{24} + \frac{1}{96} + \frac{2}{96 \times 6}$。这样得到:3当葛、1塔苏吉、1夏依尔、2当葛-夏依尔。这些数据写在表第二行对应的位置,对于其他行进行类似的操作,在完成所有的乘积之后,再把它们按度量单位相加,即位于相同列格的数据相加,这时分子上的数大于4或大于6,应要向左边的度量进位。我们来看上面表格中的右边第二列,该列上的数相加,得5,则对5计算如下: $\frac{6}{24 \times 96} = \frac{4+2}{24 \times 96} = \frac{1}{6 \times 96} + \frac{2}{24 \times 96}$,所以该列左边的当葛-夏依尔"da-x"列进1,而第二列本身应是1。

第二卷　论分数的算术运算

被乘数	乘数	当葛	塔苏吉	夏依尔	当葛-夏依尔	塔苏吉-夏依尔	夏依尔-夏依尔
五当葛	乘四当葛	3	1	1	2		
五当葛	乘一塔苏吉	0	0	3	2		
五当葛	乘二夏依尔			1	4		
三塔苏吉	乘四当葛		2				
三塔苏吉	乘一塔苏吉			3			
三塔苏吉	乘二夏依尔				1	2	
三夏依尔	乘四当葛			2			
三夏依尔	乘一塔苏吉				3		
三夏依尔	乘二夏依尔					1	2
得到的和		4	1	1	2	2	

除法的例子：我们在上面相乘得到的乘积除以乘数中的一个，即用四当葛、一塔苏吉和二夏依尔除以前一例子中得到的积[①]，首先画出表，把被除数写在每一列的顶部，而除数写在最左边第二列内部，使得当葛位于塔苏吉的上面，塔苏吉位于夏依尔的上面。

被除数	除数	当葛	塔苏吉	夏依尔	当葛-夏依尔	塔苏吉-夏依尔	夏依尔-夏依尔
五当葛	乘四当葛	4 3	1 1	1 1	1 2	2	2
五当葛	乘一塔苏吉	0	3 3	3 3	5 2	2	2
五当葛	乘二夏依尔		3	0 1	3 4	2	2
三塔苏吉	乘四当葛		2 2	2	5	2	2
三塔苏吉	乘一塔苏吉		0	2	5 3	2	2
三塔苏吉	乘二夏依尔			2	2 1	2 2	2
三夏依尔	乘四当葛			2 2	1	0	2
三夏依尔	乘一塔苏吉			0	1	0 3	2
三夏依尔	乘二夏依尔				0	1	2
得到的差						2	2

[①] 这里的另一个因数为：5当葛、3塔苏吉、3夏依尔。

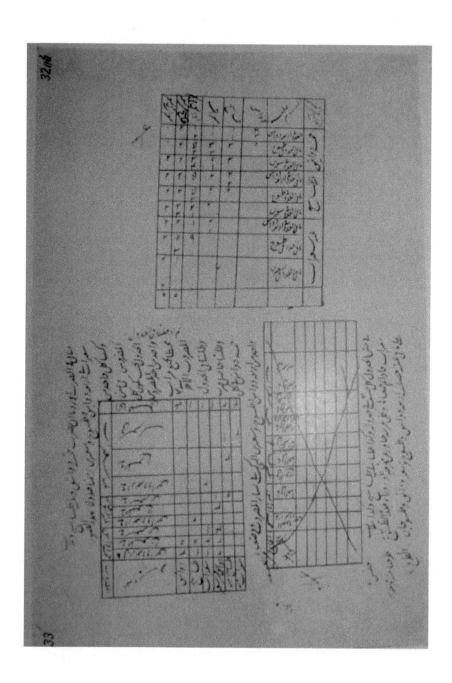

然后去寻找这样一个最大的简单数，使得用这个数去乘除数的最大数位，得到的积能够从被除数中减掉，显然这个数是五当葛，把确定的五当葛写在除数左边的列格内部，使得它对应所有除数。然后用五当葛去乘四当葛，得到的积直接写在被除数的下面，并且从被除数中减去它，得到的余数写在下一行的内部。再进行乘法运算，即用确定的五当葛去乘一塔苏吉，得到的积写在余数的下面，并从余数中减去它，得到的余数写在下一行的内部，再用确定的五当葛去乘二夏依尔，得到的积写在余数的下面，并且从余数中减去它，得到的余数写在下一行的内部，因为进行第三次乘法运算之后，还剩下了一些余数，所以把所有除数写在最左边第二列上次写过的除数下面。然后再去寻找具有上述特征的最大简单数，该数是三塔苏吉，把它写在除数左边的列的内部，再用三塔苏吉去乘每一个除数，并从余数中减去得到的积，因为又得到一些余数，所以把所有除数写在最左边第二列上次写过的除数下面。然后再去寻找具有上述特征的最大简单数，该数是三夏依尔，对于三夏依尔也重复上面所述计算程序，最后没剩任何余数。这样位于除数左边列内的数就是得到的商。显然这一方法比第九章所述的方法简单①。

———————

① 这里的算法是这样：在前一个例子中，我们用5当葛、3塔苏吉和3夏依尔去乘4当葛、1塔苏吉和2夏依尔，得到的积为4当葛、1塔苏吉、1夏依尔、1当葛-夏依尔、2塔苏吉-夏依尔、2夏依尔-夏依尔，而这一例子中用4当葛、1塔苏吉、1夏依尔、1当葛-夏依尔、2塔苏吉-夏依尔、2夏依尔-夏依尔除以4当葛、1塔苏吉和2夏依尔。另外用1当葛、2当葛、3当葛、4当葛去乘2夏依尔后得不到有限数，而用5当葛去乘2夏依尔得有限数，所以商的第一位就是5当葛，用5当葛分别去乘4当葛、1塔苏吉和2夏依尔，具体算法如下：$5da \times 4da = \frac{5}{6} \times \frac{4}{6} = \frac{20}{36} = \frac{5}{9} = \frac{\frac{30}{9}}{6} = \frac{3+\frac{1}{3}}{6} = \frac{3}{6} + \frac{\frac{4}{3}}{24} = 3da + \frac{1+\frac{1}{3}}{24} = 3da + \frac{1}{24} + \frac{\frac{4}{3}}{96} = 3da + t + \frac{1+\frac{1}{3}}{96} = 3da + t + \frac{1}{96} + \frac{\frac{6}{3}}{576} = 3da + t + x + \frac{2}{576} = 3da + t + x + 2da \cdot x$，这样5当葛与4当葛相乘得到：3当葛、1塔苏吉、1夏依尔、2当葛夏依尔，从列格顶部的数据中减掉上面的结果，具体算法如下：

度量单位	da	t	x	dax	tx	xx
（-）	4	1	1	1	2	2
	3	1	1	2		
差	0	3	3	3	2	2

因减数位于最右边两个数位上的数字为零，所以直接把2写在差行格，其他数位上数字相减，特别是在右边第三列中从1当葛夏依尔中减去2当葛-夏依尔时，因不够减，所以从左边列中退一个单位，这时

$$x + da \cdot x - 2da \cdot x = \frac{1}{96} + \frac{1}{6 \times 96} - \frac{2}{6 \times 96} = \frac{6}{6 \times 96} + \frac{1}{6 \times 96} - \frac{2}{6 \times 96} = \frac{7}{6 \times 96} - \frac{2}{6 \times 96} = \frac{5}{6 \times 96} = 5da \cdot x$$

所以差行右边第三个得到5当葛夏依尔，而其左边的夏依尔单位格上的被减数字为零，所以在塔苏吉单位格上借1，有

$$t - x = \frac{1}{24} - \frac{1}{4 \times 24} = \frac{4}{4 \times 24} - \frac{1}{4 \times 24} = \frac{3}{4 \times 24} = 3x$$

在塔苏吉单位列，因被减数字为零，所以在当葛单位格上借1，有

$$da - t = \frac{1}{6} - \frac{1}{24} = \frac{4}{24} - \frac{1}{24} = \frac{3}{24} = 3t$$

在当葛单位列，因从被减数4退1后还剩3当葛，所以在当葛单位格上得0，于是得到上面表格中差行的数据，也就是正文表格中从上数起第三行格上的数据。对于其他行格上的数据可用类似的方法得到。这里的运算相当于

$$\frac{4da + t + x + da \cdot x + 2t \cdot x + 2x \cdot x}{4da + t + 2x} = 5da + 3t + 3x$$

阿尔·卡西的算法很特殊，本来该题的现代算法是：分子上的度量相加得到的和，除以分母上的度量相加得到的和，用分数的加法得$4da + t + x + da \cdot x + 2t \cdot x + 2x \cdot x = \frac{6650}{9216}$，$4da + t + 2x = \frac{6720}{9216}$，所以得到的这两个分数相除后再把它写成度量和的形式，有$\frac{4da + t + x + da \cdot x + 2t \cdot x + 2x \cdot x}{4da + t + 2x} = \frac{6650}{6720} = \frac{5}{6} + \frac{3}{24} + \frac{3}{96} = 5da + 3t + 3x$。阿尔·卡西在本章的最后一句"显然这一方法比前几章中所述的方法简单"，很可能是指他在上面给出的算法比现代算法简单，因为按现代算法计算需要复杂的分数通分运算，但阿尔·卡西的方法根本不需要分数的通分运算。我们从第78页图中被打叉的表看出，阿尔·卡西给出了有关除法运算的另一个例子，但该例子很可能被抄书者刚画完表，还没有写入数据就放弃。

第三卷

论天文学家的算法

(共六章)

第一章　论"驻马拉"数字的确定和表示法

按下面顺序的数字来表示数①：1、2、3、4（ثالف, به, جسم, دال-ابجاد）, 5、

---

① 在阿拉伯语中，1——"ثالف"，2——"به"，3——"جسم"，4——"دال"。这里，"ابجاد"（读为"阿布甲得"）是它们的头一个字母构成的词，阿布甲得算法也叫做阿拉伯算法，用这种算法进行计算时不用印度数字，直接用规定的阿拉伯字母来代替数字，这种方法在中世纪阿拉伯国家中普遍流行，甚至至今在个别场合中还在使用，这种用阿拉伯字母来表示的数字称为驻马拉数字。本来"ب, ج, ز, د"四个阿拉伯字母都带点号，但作为驻马拉字母进行计算时，可以把点号去掉，直接写成"ب, ح, ر, د"。

阿布甲得数字	ا	ب	ج	د	ه	و	ز	ح	ط	ي
现代数字	1	2	3	4	5	6	7	8	9	10

阿布甲得数字	ك	ل	م	ن	س	ع	ف	ص	ق
现代数字	20	30	40	50	60	70	80	90	100

阿布甲得数字	ر	ش	ت	ث	خ	ذ	ض	ظ	غ
现代数字	200	300	400	500	600	700	800	900	1000

阿布甲得数字	ي	يا	يب	يج	يد	يه	يو	يز	يح	يط
现代数字	10	11	12	13	14	15	16	17	18	19

阿布甲得数字	ك	كا	كب	كج	كد	كه	كو	كز	كح	كط
现代数字	20	21	22	23	24	25	26	27	28	29

阿布甲得数字	ل	لا	لب	لج	لد	له	لو	لز	لح	لط
现代数字	30	31	32	33	34	35	36	37	38	39

阿布甲得数字	م	ما	مب	مج	مد	مه	مو	مز	مح	مط
现代数字	40	41	42	43	44	45	46	47	48	49

阿布甲得数字	ن	نا	نب	نج	ند	نه	نو	نز	نح	نط
现代数字	50	51	52	53	54	55	56	57	58	59

6、7 (خه ،ڎاۏ) ,زا ۏاۏ) ,(خاۏاز-زا) ,8、9、10 (خا) ,تا ,(خۏتى-ئيا) , 20、30、40、50 (كاف) ,
100 (سافاس-ساد ,فا, ئايس ,سن) ,60、70、80、90 (كالسمان-نون ,مسم ,لام,
200、300、400 (كاف ,را, شن ,(كاراشات-تا) ,500、600、700 (خا ,سا) ,
800、900、1000 (دا ,زا ,غديس-دازغ) ,(ساخحز-زال) , 用这二十八个字母来表示九个整一类数、九个整十类数、九个整百类数和一千，其余所有数由这些字母的组合而构成，表示大数的母应排在表示小数的字母前面，如果一个数中重复出现千位，则每千位的前面要写"غديس"一词，这种用字母来表示数字并进行运算的方法称为驻马拉（جوّمالا）算法，天文学家们通常采用这一方法来编制天文表、撰写著作或进行算术运算，这里"تا"、"جسم"、"ۏاز"、"يا"字母不带点号，其中"جسم"可无数次循环，这就是"جسم"与"ها"的区别。

须知：把圆周等分为三百六十个部分，其每一个部分称为度，每三十度形成黄道十二宫中的一个星座。"星座"一词，不但适用于位于黄道十二宫中的星座，而且也适用于绕着圆形轨道运动的任何物体，每十二宫形成一个全圆周，每一度等分为六十个部分，称其每一个部分为分，一分又分为六十秒，一秒又分为六十毫秒，一毫秒又分为六十微妙，这样继续下去，这些度量都可以用上述字母来表示。如果［星座的位置］大于三百六十度，则应舍去其中的三百六十度，或者应记录小于三百六十度的度数①，宫的度数应写在度位的左边，如果宫的数量超过十二，则应把十二舍去，把分写在度的右边，把秒写在分的右边，如此不断地呈下降趋势②。

类似地，天文学家们通常进行升位运算，即满六十度的部分或其他整数部分提升一个单位之后的数位称之为"升位"，然后"升位"再升位后的数位称之为"二次升位"，同样有"三次升位"、"四次升位"等。我们又可以称它们为"一倍的"、"二倍的"、"三倍的"（或成倍的）等，一直到无穷大。在书写时按顺序分别写在度位的左边，就像用印度数字进行计算时，每位满十向高一位进一，这里每位满六十也向左一位进一，类似于用十进制记数法来表示的数中位于第一位的整数称之为个位，而这里叫做度位，这样由度位可以确定每个数字的位置，在

---

① 360 看成 1 个周期，超过周期时可把周期扔掉并保留其超过周期的部分。
② 本人在翻译手稿时，把手稿中写的"从右到左"翻译成"从左到右"，即把左右方向译成恰恰相反的方向。按照我们目前的习惯把阿拉伯数字写成从左到右的方向。这与我们书写习惯一致，但是阿拉伯学者把"جوّمالا"数字按照他们的书写习惯写成从右到左的方向。如果我们把原稿中的"اليسار"和"اليمين"直接译成"左"和"右"，则给读者带来不少的麻烦和误会，所以凡在本译稿中出现的"左"和"右"方向在手稿中恰恰相反，凡在本译稿中给出的表类似于手稿中表在镜子面上的投影。

那里［十进制记数法中］用单向级数来表示各个数字的位置①，但在这里［六十进制记数法中］用双向级数来表示各个数字的位置，其中一个是下降方向的级数，而另一个是上升方向的级数，度位位于这两个方向级数的正中间，我们发现任何数［十进制］也可以用两个方向的级数来表示，这时两个方向的级数中数位的称呼也不变，用两个方向的级数来表示六十进制数时，为了避免出现差错，我们把级数中没有数字的任何数位用零来补充②。

把已知数字写入表内时，其每一个数位的称呼写在表的上方，或者在该数位于第一位的数字或最后一位数字上方打个记号，这样通过数位的顺序来确定位于其他数位上的数字，无论用哪一个方向的级数来表示的数，其每一个数位都可分为简单数位或纯数位，两个数字或两个以上的数字构成的数位称为复杂数位。

---

① 阿尔·卡西所说的单向［十进制］级数为：
$$\cdots a_3 a_2 a_1 a_0 = a_0 + a_1 10 + a_2 10^2 + a_3 10^3 + \cdots$$
其中，a_0 是个位。

② 这里阿尔·卡西所说的双向级数为：
$$\cdots + a_3 60^3 + a_2 60^2 + a_1 60 + a_0 + \frac{a_{-1}}{60} + \frac{a_{-2}}{60^2} + \frac{a_{-3}}{60^3} + \cdots$$
其中，位于双向级数中间的数字为 a_0，它就是所谓的度位上的数字。a_1 称为一倍的，a_2 称为二倍的，a_3 称为三倍的，等等；a_{-1} 称为分，a_{-2} 称为秒，a_{-3} 称为毫秒，等等。另外，"没有数字的任何数位用零来添补"是指某些 $a_i = 0$，阿尔·卡西在六十进制记数法中的"零"用"O"（读为"欧"）字母来表示，古希腊天文学家们在进行有关天文方面的运算时，把六十进制表示的数中出现的"零"用"O"字母来表示，这里的字母"O"是希腊语"ουδεν"的头一个字母，意为"没有东西"。印度人起初也是用空位表示零，后记成点号，最后发展为圈号，因为5世纪亚历山大天文学家帕卢萨的以《帕卢萨学术》（Palisa-siddhānta）为名的著作传播到印度，印度科学家很可能从这一本书里学到了圈号形式的零，后来到了8世纪，印度数字传入阿拉伯国家，著名的阿拉伯数学家阿尔·花拉子米在自己的《印度计算法》一书中也论证了有关印度人使用"圈号"形式的零的信息。见：阿尔·花拉子米. 算法与代数学. 依里哈木·玉素甫，武修文编译. 北京：科学出版社，北京：2008；依里哈木·玉素甫. 数学中一些概念的来源. 乌鲁木齐：新疆科学技术出版社，2007.

第二章 论乘二、除二与加减运算

类似于两数相乘，从右边起每一个数位上的数字乘二，得到的乘积用如下的方法书写，如果它［某一个数位上的数字乘二后得到的积］小于六十，则把它写在该数位的下面；如果它大于六十，则把每个六十用单位数一来代替并把一与位于该数字左边数位上数字的二倍相加，而超过六十的部分写在原数位的下面，对于星座度来说，每满三十度应要提升一个宫①。

例子：我们把七个宫［星座］十八度二十二分九秒五十三毫秒乘二，首先把已知的数据写入表内②。

星座	度	分	秒	毫秒
7	18	22	9	53
3	6	44	19	46

从右边数位起，把五十三乘二，得一百零六，其中的六十毫秒向左升位后等于一秒，把剩下的四十六写在五十三的下面并把一秒记住，然后把九去乘二，得到的十八与记住的一秒相加，得十九秒，把它写在九的下面，再把二十二乘二，得到的四十四写在二十二的下面，然后把十八度乘二，即十八星座乘二，得三十六星座，其中的三十星座向左提升后等于一个宫，剩下的余数六写在十八的下面，然后把七去乘二宫，得到的十四宫中减去十二宫，得二宫，得

---

① 这里所述的就是进位法，即每位上的数字满60，向左边的数位进1。另外，阿尔·卡西的"对于星座来说，每满三十星座［度］应要提升一个宫"一句是指：黄道12宫中的12个星座均匀分布在圆形轨道上，每两个星座相差30度，因此每星座单位的数值满30，应要提升为1个宫。

② 注意：阿尔·卡西从本章开始使用驻马拉数字，而不用印度数字，表内的数据在原稿里用驻马拉数字书写。

到的二宫与提升的一宫相加得三宫，把三宫写在七宫的下面，这就是我们要求的结果①。

在进行除法运算时，即除二运算时，从左边起每一个数位上的数字除二，如果某个数位上的数字是偶数，则得到的半数直接写在该数位的下面，如果某个数位上的数字是奇数，则得到商的整数部分写在该数位的下面并记住其分数部分，如果它是黄道十二宫中的星座，则它的一半应为十五，否则它的［在其他的数位上数字的］一半为三十，如果该数位紧靠右边的数位上有数字，则把它［除二后得到商的分数部分］记住并等到其右边［紧靠右边］数位上的数字除二完毕，紧靠右边数位上的数字除二后得到的半数与记住的数相加，得到的和写在紧靠右边数位的下面，如果紧靠右边的数位上没有任何数字，则把记住的数直接写在该紧靠右边数位的下面②。

例子：请看下表③。

---

① 六十进制记数法是古代巴比伦人在公元前2000年左右使用的一种记数系统，其形式如下图：

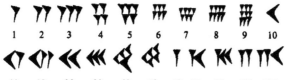

对于大于59的数，巴比伦人则采用六十进制的位置记法，同一个记号，根据他在数字表示中的相对位置而赋予不同的值，这种位置原理是巴比伦数学的一项突出成就，但是这种位置制是不彻底的，因为其中没有零号，不过公元前3世纪前后开始出现一个专门的记号，用来表示没有数字的空位。亚历山大天文学家也采用六十进制系统，但其中使用的数字则是希腊人习惯的十进制数字，这种情况出现在托勒玫和特欧尼-亚历山大的文献中，另外阿拉伯数学家阿尔·花拉子米在《印度计算法》一书中也用印度数字来进行六十进制位置计算（使用印度数字和零）。在中世纪的一些阿拉伯文献中详细地介绍了用六十进制记数法来表示整数与分数的方法，其中较早的是库西纳尔-伊本-拉班-阿尔·吉利的（公元971～1024年）《论印度算术基础》一书的第二册，该书中详细地介绍了把六十进制数字用十进制数字来表示的方法，与现代写法基本相同。例如，43，0，16，8，37秒，从最后一位后带的"秒"可以看出它是一个六十进制数 $43 \cdot 60^2 + 0 \cdot 60 + 16 \cdot 60^0 + 8 \cdot 60^{-1} + 37 \cdot 60^{-2}$，按照阿尔·卡西的称呼，该数读为"二倍的43（或两次提位43）、一倍的0（或提位0）、16度8分37秒"。

这里要强调的是，阿尔·卡西所谓的天文学家的算法不仅仅是六十进制位置法，因为宫部分以12为周期，黄道十二宫中的每个星座每30度提升一位，但其他数位一律按六十进制位置法进行计算，除了本章之外，阿尔·卡西在本书的后续部分再也没提到过这种算法。数学家阿尔·花拉子米在自己的《印度计算法》一书中也叙述了有关六十进制算法，但他把分数的整数部分一律按十进制来处理。（阿尔·花拉子米. 算法与代数学. 依里哈木·玉素甫，武修文编译. 北京：科学出版社，2008.）

② 这相当于向右退为30。

③ 表中的7宫除以二，得 $3\frac{1}{2}$ 宫，其中整数部分的3写在7宫的下面，其分数部分的 $\frac{1}{2}$ 宫向星座部分退位，即向右边的度位退位，因为1宫是30星座，$\frac{1}{2}$ 宫是15星座，把15星座与右边18星座的一半9星座相加，得24星座，把24星座写在18星座的下面，对于其他数位一律按六十进制退位法计算。

7	18	22	9	53
3	24	11	4	56	30

如果加数与被加数的数位不一致，即加数与被加数的数位互相不对口，则把位于高数位上的数字写在适当的靠左位置，然后用零来填补没有数字的数位，如果加数与被加数的所有数位都互相对应或部分数位互相对应，则把它们写成上下两行并宫对应宫，度［星座］对应度，即相同的每一个数位互相对应，然后从右边起位于对应数位上的数字相加，如果得到的和小于六十，则把和直接写在该数位的下面，否则，即得到的和大于六十，则把其中的六十改成一个单位后移到靠近右边单位，这类似于乘二运算时所进行的操作，然后把得到的和与其他的加数用横线来隔开。

例子：我们来看下面的表。

数位名称	宫［星座］	度	分	秒
加数	4	25	40	18
	9	15	22	3
和	2	11	2	21

另一例：这里没有按星座提位。

数位名称	二次升	升位	度
加数	18	41	30
	20	13	40
和	38	55	10

另一例：多个数相加（即加数多余二的情况）。

数位名称	二次升	升位	度	分	秒
加数		20	18	40	51
		42	50	48	36
		30	17	16	10
和	1	33	26	45	37

把两数相减时，类似于加法运算从右边起相减，从被减数每一位的数字中减去减数的对应数位的数字，如果从被减数某一位的数字中不能减去减数的对应数字，即该数位的被减数字小于对应的减数字，则从紧靠被减数位左边的数位中借

第三卷 论天文学家的算法

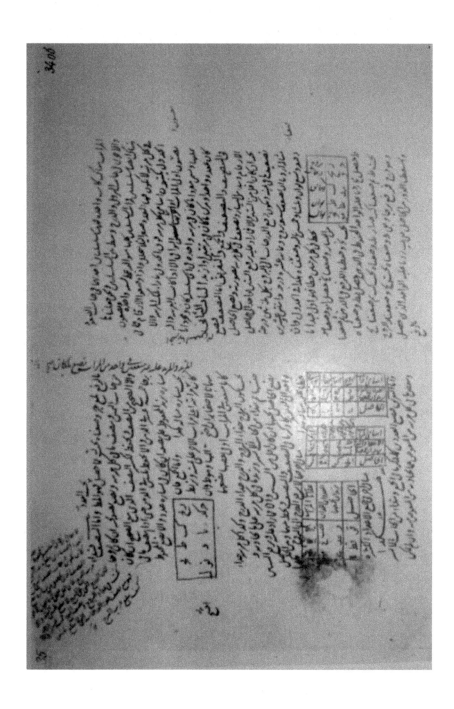

一，它是六十，从六十中减去该减数后剩下的余数与原数位的被减数相加。

例子：我们从 8 9 3 50（秒）中减去 4 22 11 48（秒），按上面所述把这些数据写入表内。

数位名称	宫（星座）	度	分	秒
减数	4	22	11	48
被减数	8	9	3	50
余数	3	46	52	2

从右边数位起计算，从五十中减去四十八得到余数二，把二写在它们的下面，因从三中不能减去十一，故从九中借一，又因为九所在的数位比三所在的数位高一位，所以从九中借过来的一变成六十，从这个六十中减去十一，得到的余数四十九与三相加，得五十二写在三的下面，因从度位上留下的八中不能减去二十二，所以从宫位中借一，又因为宫比星座高一位，所以从宫中借过来的一变成三十，从这个三十中减去二十二得余数八，余数八与该数位上原有的八相加，得到的十六写在九的下面，然后从宫位上留下的七中减去四，得到余数三，把三写在八的下面。

如果被减数与减数的数位互相不完全对应或部分不对应，则从被减数的较大的数位中借一并其他的缺少数位上写 59、59、59…等形式直到减数的最后第二位对应，然后把被减数的最后一位上写 60，再从被减数中减去减数。

例子：从 20 48 39（秒）中减去 14 25 50（第六位），算法如下：

```
                    14 25 50
      20 48 38 59 59 59 60
      ─────────────────────
      20 48 38 59 45 34 10  （第六位）
```

对于熟练掌握这种算法者来说，没有必要把后面填补的数据写出来，他们一看表，能直接写出计算结果，对于初学者和学生来说这也并不难，所以我们将继续叙述后续内容。

第三章 论 乘 法

这需要掌握六十进制乘法表和确定乘积数位顺序的方法。乘法表的宽边和长边通过引横线和竖线分别分成六十个部分，每个六十进制数字写在乘法表的上方和左边，每一个数字对应于一个小格上方的每一个数字，对应于一列格，左边的数字对应于一条行格，两个因数的乘积用两位形式写在对应列与行的交叉处，其右边数字的数位偏低，左边数字的数位偏高，无论它是否为零。每一列都用位于该列上方的数字来称呼，为了避免出错，有些人把这张表按列来分开，所以分开编制的六十列表应占满六十页。

对于确定数位，就像两个因数中的一个为单位，另一个因数的位置与乘积对应，如果两个因数中一个因数位于度的位置上，则另一个因数的数位与乘积的数位相同，这样一直保持这种比例关系，因此某一个因数的数位与度位的距离等于另一个因数的数位与乘积数位的距离。如果我们把度位记为零，则升高一位的数位记为为一，升高两位的数位记为二，升高三位的数位记为三，依此继续下去，得到的每一个数位与度的距离称为该数位的位号。

如果我们想使位于度位同一侧的两个简单数相乘，则取这两个简单数数位的位号之和为乘积的位号，并且乘积位于度位的同一侧。如果这两个简单数位于度位的两侧，则先求出这两个简单数数位的位号之差，得到的差就是乘积数位的位号，这样乘积的数位与位号较大的因数的数位落在度位的同一侧，即乘积的数位倾斜于数位的位号较大的因数一侧[①]。下面叙述怎样用列表法来确定乘积数位的位号。

例子：求 24 分与 52 毫秒的乘积，即求出乘积的数据和数位。先查六十进制乘法表，发现对应列与行的交叉处有数据 20 48。其中，一个数位偏高，另一个的数位偏低，分与毫秒位于度位的同一侧，所以它们数位的位号之和为五，这就是第五位的位置，这样我们知道偏低数位上的 48 位于第六位，而偏高数位上的 20 位于毫秒[②]。

---

① 阿尔·卡西所述法则相当于公式：对任何正整数 n，m，有 $a^n \times a^m = a^{n+m}$ 和 $\dfrac{a^n}{a^m} = a^{n-m}$。阿尔·卡西虽然没有提出负指数，但他以度为中心，规定度的数位编号为零，而度的左边为上升方向是 60 的正整数次方，右边为下降方向是 60 的负整数次方，这样位于度的两侧的因数乘积数位的编号等于数位的编号之差。另外，阿尔·卡西规定度的数位为零，这相当于 $a^0 = 1$。

② 这里所述的运算法则为：$\dfrac{24}{60} \times \dfrac{52}{60^4} = \dfrac{1248}{60^{4+1}} = \dfrac{20 \times 60 + 48}{60^5} = \dfrac{20}{60^4} + \dfrac{48}{60^5}$。

如果两个因数位于度的两侧，例如，如果上面的 24 分与递增方向的 52 毫秒分别位于度的左右两侧，则先求出分位与分秒位的位号之差，它等于 2，另外位于递增方向因数数位的位号大于位于递减数数位的位号，所以 48 位于递增方向的二次升位上，而 20 位于递增方向的三次升位上①。

完成了上述入门之后，如果一个简单数与一个复合数相乘，则按六十进制乘法表把简单数连续去乘复合数的每一位上的简单数，得到乘积中的每一个偏高数位对齐于其右边的偏低数位，这样在一般情况下得到两行数据，然后把类似于数的加法得到的两行数据相加，再用上述方法确定最后一个数位的位号，从而也确定了其他数位的位号。

例子：我们把 36 分与 21 18 0 56 秒相乘，在六十进制乘法表中查出 36 与 21 的乘积并记下得到的数据 12 36，然后查出 36 与 18 的乘积，得 10 48，其中的 10 写在 36 的下面，而 48 写在它的右边，再把 36 去乘零，得到的两个零中的一个写在 48 的上面，另一个写在它的右边，再求 36 与 56 的乘积，得到 33 36，其中 33 写在零的下面，而 36 写在它的右边，这样它们的写法与加法如下②：

```
   12 36  0  0
      10 48 33 36
   ─────────────
   12 46 48 33 36    （分秒）
```

这样已知简单乘数的数位为分，被乘数的最后一个数位为秒，得到乘积的最后一位 36 的数位为分秒。

如果需要，我们也可以把每次得到乘积的偏高数位上数字与偏低数位上数字写成斜向对齐形式，即把偏低数位上数字写在偏高数位上数字的偏右下角，这样它们的写法与加法如下：

```
   12 10  0 33
      36 48  0 36
   ─────────────
   12 46 48 33 36    （分秒）
```

---

① 这里所述的运算法则为：$52 \times 60^3 \times \frac{24}{60} = 1248 \times 60^{3-1} = (20 \times 60 + 48) \times 60^2 = 20 \times 60^3 + 48 \times 60^2$。参见第 94 页乘法表。

② 这里所述的运算法则为：$\frac{36}{60} \times \left(21 \times 60 + 18 + \frac{56}{60^2}\right) = 36 \times 21 + \frac{36 \times 18}{60} + \frac{36 \times 56}{60^3} = 756 + \frac{648}{60} + \frac{2016}{60^3} = (12 \times 60 + 36) + \left(10 + \frac{48}{60}\right) + \left(\frac{33 \times 60 + 36}{60^3}\right) = 12 \times 60 + 46 + \frac{48}{60} + \frac{33}{60^2} + \frac{36}{60^3} = 12\ 46\ 48\ 33\ 36$（毫秒）。

或者，我们也可以把每次得到乘积的把偏低数位上数字写在偏高数位上数字的偏右上角，这样它们的写法与加法如下：

$$\begin{array}{cccccc} & 36 & 48 & 0 & 36 & \\ & 12 & 10 & 0 & 33 & \\ \hline 12 & 46 & 48 & 33 & 36 & （分秒） \end{array}$$

如果把简单数从被乘数的后位起去乘被乘数，得到同样的结果。首先，简单数与被乘数的最后一位上数字相乘并写出得到乘积中的偏低数位上的数字，记住其偏高数位上的数字，然后把简单数与被乘数的最后第二位上的数字相乘，得到乘积中的偏低数位上的数字与上面记住的数字相加后写在前面已写过数字的左边，记住其偏高数位上的数字，再把简单数与被乘数的最后第三位上的数字相乘，得到乘积中的偏低数位上的数字与上面记住的数字相加后写在前面已写过数字的左边，记住其偏高数位上的数字，由此进行到底。

例子：我们把 24 度与 18 42 36 46（分秒）相乘，在六十进制乘法表中查出 46 与 24 的乘积，得知其偏高与偏低数位上的数字分别为 18 24，写出偏低的 24 并记住偏高的 18，然后把 24 与 36 相乘，得到的偏低数位上的 24 与记住的 18 相加，得到的 42 写在已写过 24 的左边，记住偏高数位上的 14，然后把 24 与 42 相乘，得到的偏低数位上的 48 与记住的 14 相加，得到偏低数位上的 2 写在已写过 42 的左边，偏高数位上的 1 与偏高数位上的 16 相加，记住得到的 17，再把 24 与 18 相乘，得到的偏低数位上的 12 与记住的 17 相加，得到的 29 写在 2 的左边，而偏高的 7 写在 29 的左边，最后得到 7 29 2 42 24（秒），这就是我们所求的结果，这一方法对于已经掌握了乘法运算的学者来说较简便①。

如果我们把两个[六十进制]复合数相乘，则把表中的每个小方格用斜线分割成左上三角与右下三角形，然后其中一个因数所有数位上的数据一按顺序写在表的上方，用同样的方法把另一个因数所有数位上的数据按从高位到低位的顺

---

① 这里所述的算法为：为了求 24 度与 18 42 36 46（分秒）的乘积，先求 24 度与 46 分秒的乘积，即 $\frac{46}{60^3} \times 24 = \frac{1104}{60^3} = \frac{18}{60^2} + \frac{24}{60^3}$，把偏低的 24 分秒写上并记住偏高的 18 秒。再求 24 度与 36 秒的乘积，即 $\frac{36}{60^2} \times 24 = \frac{864}{60^2} = \frac{14}{60} + \frac{24}{60^2}$，把偏低的 24 秒与上面记住的 18 秒相加，得 42，把 42 写在已写过 24 毫秒的左边，记住偏高的 14 分。再求 24 度与 42 分的乘积，即 $\frac{42}{60} \times 24 = \frac{1008}{60} = 16 + \frac{48}{60}$，把偏低的 48 分与上面记住的 14 相加，得 62 分，向左边数位进一，得 $17 + \frac{2}{60}$，把 2 分写在已写过 42 秒的左边，记住偏高的 17 度，再求 24 度与 18 度的乘积，即 $18 \times 24 = = 7 \times 60 + 12$，把偏低的 12 与上面记住的 17 度相加，得 29 度，把 29 度写在已写过 2 分的左边，偏高的 7 写在 29 的左边，得到升高一位的 7 和 29 度 2 分 42 秒 24 毫秒。

序写在表的左边，即把偏高的数位放在偏低数位的上方，然后将两个简单数的乘积写在对应小方格的内部，使数位偏高的位于上方三角形的内部，数位偏低的位于下方三角形的内部，把两因数最后一位上数字相乘时得到积的偏低数位上的数字写在表右下角的右下三角形之内，再把该数位的称呼写在它的右边，然后位于该数位旁边的两条斜线之内的数据相加。如果得到的和小于六十，则把它写在前面已写过数位的左边；否则即得到的和大于六十，其中每六十个变成一后加到下一个斜线之内数据的和。依此类推，直到整个运算结束为止，这时位于表下面的数据就是我们所求的结果。

例子：我们用 24 15 40 38（分秒）去乘 13 9 51 20（分），用上面所述的表式乘法，也就是印度数字的网格乘法，位于表下面的数据就是我们所求的结果。

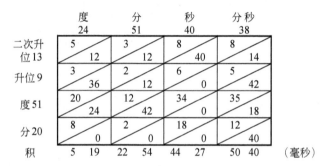

两个因数其中一个因数的最后一位是分秒，另一个因数的最后一位是分，而且它们两个都是位于度位的同一侧，因此数位的位号之和为四，乘积的最后一位是毫秒，另外整个乘积的首位是由二次升位与度位的乘积产生的，所以乘积的偏高数位应是三次升位。

我们又可以用类似于第一卷第三章所叙述的方法，用斜网格乘法来进行运算。

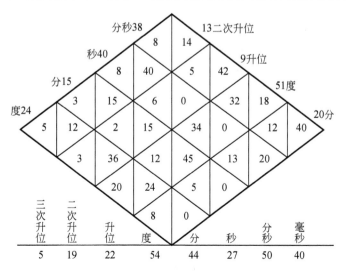

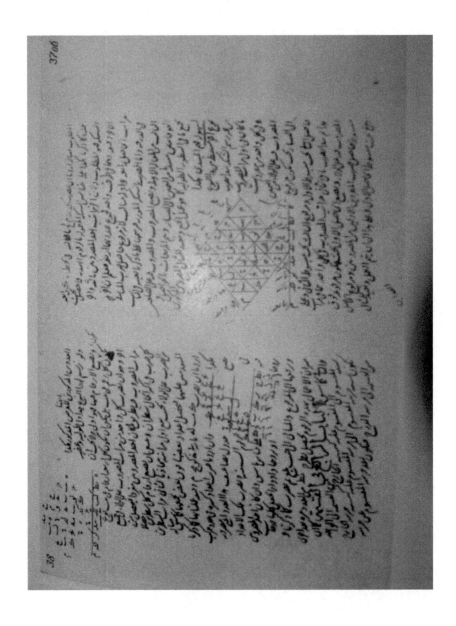

首先乘数与被乘数写在表的左右两旁，每次得到的乘积写在对应单元格的内部，再按照加法原理来求出每一列中的数据之和，给初学者作为一个例子，我们用斜网格法来求出上述两个因数的乘积。

另一种方法：这一方法可直接进行计算，而不需要列表计算。

用乘数的第一位上数字从左到右的方向去乘被乘数的每一位上的简单数字，第二次得到乘积的偏高数位上的数字写在第一次得到乘积的偏低数位上的数字的上面，第三次得到乘积的偏高数位上的数字写在第二次得到乘积的偏低数位上的数字的上面，一直进行到最右边的数位。然后用乘数的第二位上数字从左到右的方向去乘被乘数的每一位上的简单数字，其中第一次得到的乘积写在前一步的第一次得到乘积的下面，使得偏高数位上的数字对齐于偏低数位上的数字，第二次得到的乘积写在前一步的第二次得到乘积的下面，使得偏高数位上的数字对齐于偏低数位上的数字，依此类推到最后一位上数字。

我们用这一方法来计算上面给出的两个因数的乘积。

		8	14			
	8	40	5	42		
	3	15	6	0	32	18
5	12	2	15	34	0	12	40
	3	36	12	45	13	20
	20	24	5	0		
		8	0			
5	19	22	54	44	27	50	40

这些数字最好写在用几条横线和竖线所形成方格的内部，一个数字未必写在一个方格的内部，一个方格的内部也可以写四个数字。

另一种方法：用乘数的每一位上的数字按照一般数的乘法逐步去乘被乘数的所有数位上的数字，在大部分情况下每次得到的积位于两行，即每次得到的乘积一个接一个写在两行，使它们的下一行的第一位对齐于上一行的第二位，再把位于上下两行的一列数字按上述方法相加。

例子：我们把 20 15 35（秒）与 55 26 48 40（分）相乘，按照上述方法，有

	18	8	16	13			
		20	40	0	20		
		38	18	33	28		
			30	12	36	0	
			32	15	28	23	
				5	10	0	20
	19	8	17	20	2	23	20
	三次升位	二次升位	升位	度	分	秒	分秒

如果我们想把多个数与一个复合数相乘，则我们可参考这些数的六十进制乘法表，再把其中的每一个数按照上述方法去乘这个复合数。

　　如果要相乘的两个因数中有一个含有宫位（星座位），则把它们统统化成度量单位，然后该升位进行一次或二次升位等。再按照上述方法进行乘法运算。

　　用六十进制数字来检验所作运算的正确性的方法，从得到的结果中连续减掉59，得到的余数类似于用上面所述的方法进行分析①。

---

① 阿尔·卡西所介绍的六十进制系统中的乘法运算，类似于十进制整数或分数的乘法原理，在统一的六十进制记数法面世之前，六十进制真分数或带分数的相乘方面出现了一些不规范的现象，即出现了两个六十进制分数相乘时得到积的一部分用十进制，另一部分用六十进制来表示的现象。例如，阿尔·花拉子米、茨维拉、纳萨维等中世纪数学家的作品中都出现这种情况。另外，还有一些中世纪的数学家在进行六十进制数的除法运算和开方运算时同样出现了这种情况。（Юшкевич А П. Арифметический трактат Мухаммеда бен Муса ал-Хорезми. Москва：Труды Института истории естествознания и техники, вып. 1. 1954：109-120；阿尔·花拉子米. 算法与代数学. 依里哈木·玉素甫, 武修文编译. 北京：科学出版社, 2008.）在六十进制记数系统中用59（59=60-1）来验证所作算法的正确性，相当于十进制记数系统中用9（9=10-1）来验证计算的正确性，另外阿尔·卡西在他的《圆周论》一书里把59作为检验算法的标准来使用。库西纳-伊本-拉班-阿尔·吉利里（971~1024年）在六十进制系统中把9作为检验标准，但六十进制系统中任何数的整数第三位或更高位值上的数字（即高于$N×60^2$）被9整除，所以这些数位上出现的错误不能由标准数字9来验证。（Paul Luckey. Einführung in die Nomographie. Leipzig, Berlin：B. G. Teubner, 1918：80.）

第四章 论 除 法

被除数对除数之比等于商对一（单位）之比，所以被除数的数位除以除数的数位等于商的数位除以度位，被除数的数位与除数的数位之间的距离等于商的数位与度位之间的距离，所以当被除数与除数位于度位的同一侧时，商数位的位号等于它们数位的位号之差，如果它们位于度位的两侧并被除数的数位高于除数的数位，则得到商的数位位于数位级数的上升一侧，否则位于数位级数的下降一侧①。

例子：六次幂除以二次幂得到四次幂，相反［二次幂除以六次幂］时得到毫秒，把分除以分秒时得到秒，但相反时得到二次升位，二次升位除以分得到三次升位，但相反时得到分秒，这里我们将要给出前面已提到的乘法表，通过该乘法表，我们能够确定具有相反数位的被乘数与乘数相乘时得到积的数位，也可以确定被除数除以除数时得到商的数位②。

如果我们想把一个数除以另一数，则就像除数与被除数都为印度数字时所做的那样，画出列数等于除数与被除数中的最高数位数量的列格，最好把除数的位数加一后仍小于被除数的数位数量，这样有利于保留写在列格的有些计算数据。首先把被除数写在列格的顶部，除数写在列格的底部，如果除数等于或小于被除数中对应数字，则把除数的第一位［最高位］与被除数的第一位［最高位］对齐，否则把除数的第一位［最高位］对齐于被除数的第二位［从左边起第二位］，其次寻找最大的简单数③，该数是这样的一个六十进制数字，使它乘以除数的最高数位上数字之后得到的积能够从对应于该数位的被除数中减去，具体方法如下：按照除数的第一［最高］位上数字去查阅六十进制乘法表并在表内寻找符合上述条件的最大数，从被除数的对齐于除数第一位上数字中减去它。若该数位左边数位上还有数字，则能从位于它左边的数中减去它。如果除数的第二位上没有任何数字，则这样找到的位于乘法表内的数就是我们所求的最大简单数，如果第二位上还有数字，则对已求过的数是否位于乘法表内进行检验，如果它不在乘法表内，则从该数中减去一个或更大的数，直到使它位于乘法表内为止，即它不能超出表内已有的数据。满足这些条件的表内数的单位应比位于除数第一位

---

① 在这里，阿尔·卡西所述的是相当于公式：$60^n \div 60^m = 60^{n-m}$，即 $a^n \div a^m = a^{n-m}$。
② 所提乘除表在第 115 页。
③ 寻找最大的简单数：是指商的最高位上的数字。

上数字的单位大一个单位，确定了该数字之后把它写在外行的某一处，即把它带进除法表之内，然后用它去乘除数的每位上的简单数字，再从对齐于除数该数位的或偏左边的被除数数位上数字中减去得到的积，画一条分隔线并把余数写在分隔线的下面，或者类似于当一个因数为简单数时的乘法去乘除数的所有数位上的数字，得到的积写在被乘数的下面，使得它的最后一个数位对齐于除数中正在进行操作的数位中的最后一位，然后从被除数中减掉它，再画一条分隔线并把得到的余数写在分隔线的下面，把被除数中剩下的余数向右移动一位，再求出符合上述条件的最大简单数并把它写在已位于外行数的右边，一直进行到满足除法运算的需求或者运算结束为止。

例子：把 18 4 19 36（秒）除以 25 36 50（分）。

画出表，并把除数与被除数按上述方法填入表，寻找具有上述特征的最大简单数。首先，把除数第一位的 25 带进六十进制乘法表之内，然后在六十进制乘法表内寻找与 25 的乘积能够从 18 4 中减去的最大数，该数为 43，另外在该表内又寻找对应于 26 的且满足上述条件的乘积，该数为 41，再通过已求的两个数 43 与 41 和它们之间的数 42 进行检验，可确定具有上述特征的最大简单数为 42。把 42 写在外行内与该除数数位大于一个单位的位置，由此把它带进除法表之内，即把 42 所对齐的列看成该表的一部分，类似于上面的方法确定对应于 25 的乘积，该数为 17 30，从 18 4 中减去 17 30 等于 34，把它写在被除数 18 4 中 4 的下面并在它们之间画一条横的分隔线，分隔线表示舍去位于它上面的 18 4 并用 34 来代替它，因为 18 4 的偏低数位为度，而 25 是比度单位高一位，所以商 42 位于分的数位上[①]，然后确定对应于 36 的乘积，该数为 25 12，从 34 19 中减去 25 12 等于 9 7，把 9 写在 34 的下面，7 写在 19 下面的方格内并在它们之间画一条横的分隔线，然后确定对应于 50 的乘积，该数为 35 0，从 9 7 36 中减去 35 0 等于 8 32 36，即从 36 减去 0 等于 36，因从 7 不能减去 35，所以从左边的 9 中借一，把一变成 60 后与 7 相加得 67，再从 67 减去 35 得 32，左边的数位上剩 8，这样得到的余数为 8 32 36，再把余数向左移动一位。又寻找具有上述特征的最大简单数，该数为 20，对于 20 重复进行上述运算直到剩余余数 19 20 为止，再把 19 20 向左移动[两位]并寻找具有上述特征的最大简单数，把"零"写在 20 的右边，再寻找具有上述特征的最大简单数，该数应为 45，把 45 写在零的右边。往后继续进行计算还是终止计算，没有必然的要求，可随你而定。

---

① 这里被除数 18 升位 4 度中偏低数位上 4 的单位为度，除数 25 的单位为升位，所以在上面表中位于被除数对应的度行与除数对应的升位列交叉处方格的单位为分。

第三卷 论天文学家的算法

	42	20	0	45
18	4	19	36	
	34			
	9	7		
	8	32	36	
8	32	36		
	12			
		19	20	
19	20			
	25	36	50	

					乘数					
		毫秒	分秒	秒	分	度	升位	二次升位	三次升位	四次升位	
被除数	四次升位	度位	升位	二次升	三次升	四次升	五次升	六次升	七次升	八次升	四次升位	被乘数
	三次升位	分位	度位	升位	二次升	三次升	四次升	五次升	六次升	七次升	三次升位	
	二次升位	秒位	分位	度位	升位	二次升	三次升	四次升	五次升	六次升	二次升位	
	升位	毫位	秒位	分位	度位	升位	二次升	三次升	四次升	五次升	升位	
	度	分秒位	毫位	秒位	分位	度位	升位	二次升	三次升	四次升	度	
	分	毫秒位	分秒位	毫位	秒位	分位	度位	升位	二次升	三次升	分	
	秒	分毫秒	毫秒位	分秒位	毫位	秒位	分位	度位	升位	二次升	秒	
	分秒	毫毫秒	分毫秒	毫秒位	分秒位	毫位	秒位	分位	度位	升位	分秒	
	毫秒	毫秒位	毫毫秒	分毫秒	毫秒位	分秒位	毫位	秒位	分位	度位	毫秒	
		四次升位	三次升位	二次升位	升位	度	分	秒	分秒	毫秒		
						除数					

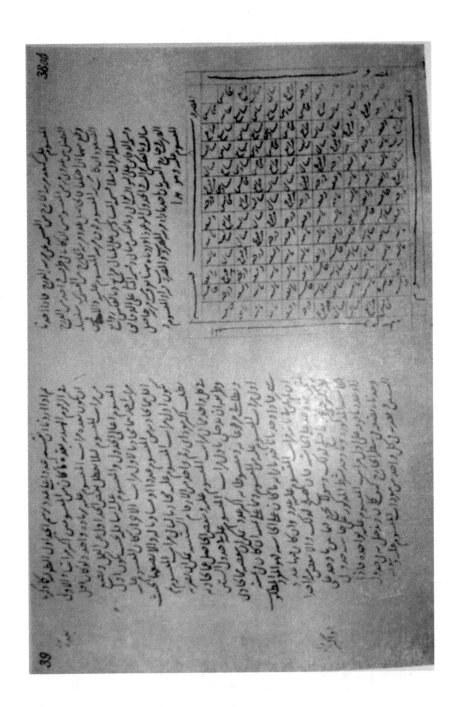

如果有人没有按我叙述的算法去进行计算，也就是说把商的位置保留不变，而除数的位置移动，这也是一种既简单又好算的方法，所以对于聪明的学者来说，不必详细叙述用六十进制乘除表来进行这一种除法运算。

若上面的例子用第二种方法来计算，则其对应的表如下：

42	20	0	45
18	4	19	36
17	55	47	0
8	32	36	40
8	32	16	
0	19	20	
19	20		
	25	36	50

第五章 论幂底数的确定

　　如果每一个简单数自乘，得到的积与原数相乘，第二次得到的积与原数相乘，依此类推，相当于该数的位数［指数］相加，得到的和与原数的位数相加，第二次得到的和与原数的位数相加，依此类推，这些由位数构成的数列的每一项就是对应乘积位数，因此每一个数位的位号与原数的自乘次数相对应，乘积的数位位号等于因数的数位位号之和①，如果它们位于度位的同一侧，则数位的位号［简单数的幂］必须由这个简单数的位号与每一个幂的指数的乘积而构成，由此可见每一个幂位于这样一个数位上，使得简单数的位号被幂的指数整除，即幂的指数或者与数位的位号相等，或者测定这个数位的位号②，如果位号如此，则称这个位号为有理的，否则［位号不被整除］称它为无理的。而商是该幂底数的位号。所以度的数位对所有的幂来说是有理的。

　　分位和升位不可能是有理的，二次升位和秒位对平方根是有理的，三次升位和分秒位对立方根是有理的，四次升位和毫秒位对平方-平方和平方是有理的，五次升位和第五位对平方-立方是有理的，六次升位和第六位对立方-立方、对立方、对平方是有理的，依此类推。

　　如果我们想确定已知幂的底数，首先把这个数写成一行后在它的上方画一条横线，而每隔两个数位用竖线来隔开以及确定它的有理数位，为了区别其前后周期，每一个有理数位的右边画双竖线，如果周期表不完整，则其右边可补充周期，如果需要可补充一个或几个周期，这样对这个幂，每个周期的最后一个数位是有理的，而其他的均为无理的，然后把表按幂的指数的数量分成行。类似于第一卷中的称呼，把每行的左边写成该行的名称，然后对这个幂去找这样一个最大简单数，使从位于最左边，即第一个周期的数中能够减去它的已知次的幂。确定了这样的数之后，把它写在外行对齐于第一个有理数位上方的位置，即把它写在第一个周期的最后一列的上面，同时把它写在同一列位于底数行的最下面，得到的各次幂的数列写在所有行的下面，一直到该数的所求次的幂为止。并且此幂的最后数位对齐于最后一个周期列表内，再从对齐于该幂的数中减去得到的幂。把

---

① $a^n \cdot a^m = a^{n+m}$。

② 在 $a^p = (a^n)^m = a^{n \times m}$ 中，a 为简单数，p 为简单数的位号，a^n 为幂，n 为幂的位号，m 为幂的指数，$a^{n \times m}$ 为简单数的幂，$n \times m$ 为简单数的位号，所以 $p = n \times m$，$n = \dfrac{p}{m}$，即简单数的位号被幂的指数整除。

上面的简单数与下面底数行内的简单数相加，得到的和与第二数值行的数相乘，把得到的积加到平方数值行的数，又把得到的和乘以两个简单数的和，把它加到平方数值行上面的立方数值行内的数，如此继续下去，一直到第二数值行为止。然后用同样的方法，从第三数值行到级数行为止进行运算，再把上面的简单数与底数行的数相加以及把第二数值行的数向右移动一位，第三数值行内的数向右移动二位，第四数值行内的数向右移动三位，如此继续下去，一直到底数行为止，位于每一个数值行的数按照上述方法移位。

再寻找具有上述特征的最大简单数，并确定了该数之后，把它写在第二个有理列格上面，也就是这个数字写在该周期最右边的有理列格上面同时把它写在其下面，即把它写在已放置在底数行上数的右边数位上，然后用该数去乘位于底数行内的数，得到的积与位于底数行上面的数值行内的数相加，然后把得到的和与简单数相乘，得到的积与位于上面数值行内的数相加。依此类推，直到第二数值行为止。然后，用上面的简单数去乘该数值行内的数，从对应的数值行上的数中减去得到的乘积，类似于在第一卷中所述程序进行计算，直到数据行上没有剩余任何东西或我们自己终止计算为止，如果在数值行上没有剩余任何数或者剩余一些余数，则位于外行的数恰好是已知幂的第一个底数，很显然外行数的下降数位越多近似程度越好。如果把每一个有理数位的位号除以已知幂的指数，则得到的商就是位于该数位上面的简单数的位号，所以得到的简单数写在该数位的上面，使得它们的相同度量单位对齐。

例子：求 10 9 49 20（度）① 的平方根。

把它们写成一行后画竖线并把各个周期用双竖线来隔开，然后去寻找具有上述特征的最大简单数，现已确定该数为 24，把它写在第一个有理数位的上面，即把它写在 9 的上面，把它又写在 9 所在的列的最下面，把 24 自乘后得到 9 36，从位于 9 36 上面的数中减去自乘得到的积，即从 10 9 中减去 9 36，得到的 33 写在 9 的下面并在它们之间画一条分隔线，再把上面的 24 与最下面的 24 相加，得 48，把 48 向右移动一位，然后又寻找具有上述特征的最大简单数。现已确定该数为 41，把 41 写在第二个周期的有理数位的上方，同时又把它写在该列最下面的已移过 48 的右边方格内，然后把 41 与位于下面的 48 相乘，从对齐于 48 和它左边的数中减去得到的积，再把位于上面的 41 与下面的 41 相乘，即上面的 41 与位于下面 48 右边的 41 相乘，得到的积从对齐于 41 和它左边的数中减去（见：表一），或者上面的 41 与位于下面数的每一位上的数字相乘，从对齐于 41 和它

---

① 10 9 49 20（度） 相当于 10（三次升位）9（二次升位）49（升位）20（度），把他化成十进制数，得 10 9 49 20（度）= $10 \times 60^3 + 9 \times 60^2 + 49 \times 60 + 20 = 2195360$。阿尔·卡西在上面所做的运算相当于：$\sqrt{1094920} = \sqrt{2195360} \approx 1481.675 = 244140$（分）= 1481.6666 ≈ 1481.7。

左边的数中减去得到的积（见：表二），这类似于第一卷中所述，把41与位于该列下面的数相加，得49 22，然后把49 22向右移动一位并寻找具有上述特征的最大简单数。现确定该数为40，把40写在第三个周期的有理数位的上方，同时又把它写在下面已移过22的右边方格内，然后把40与位于下面已移过的49相乘，得32 40，从位于49上面的和它左边的33 19中减去32 40，得到的39写在40的下面并在它们之间画一条分隔线，再把40与下面的22相乘并从39中减去得到的14 40，得24 20，得到的24 20写在14 40的下面并在它们之间画一条分隔线，再把40与下面的40相乘并从24 20中减去得到的积26 40，得23 53 20，得到的23 53 20写在26 40的下面，使20与40对齐并在它们之间画一条分隔线，这时就停止求根运算。最后得到的23 53 20是余数，位于度位上方的41也是所求底数在度位上的数字。

		升位		度位		分位			升位		度位		分位
			24		41		40			24		41		40
		10	9	49	20				10	9	49	20		
		9	36						9	36				
				33							33			
				32	48						33			
											16	1		
			1	1							33	19		
表				28	1			表			32	55	6	40
一				33	19			二				23	53	20
				32	40									
					39									
					14	40								
					24	20								
						26	40							
					23	53	20					49	22	40
					49	22	40				48	41		
				48	41									
			24							24				

我在《圆周论》一书中给出了许多复杂数的平方根，其中也有许多多位数的平方根，本人在计算过程中必要时也用到了它们。如果有人想知道求根运算的细节，可参考我的《圆周论》一书。

下面我们将举出求立方根的例子，但为了避免书写烦琐，省略了其中具体的计算过程，对于已经掌握用印度数字来计算开方运算的学者，我们将在第六章给出类似于第一卷中举出过的有关求立方-立方次幂底数的例子。先看下面的例子：

外行	度位		分位			秒位		
	10		25			30		
立方行	18	52	59	43	51	24		
	16	40						
	2	12						
	2	10	16	50	25			
		2	42	53	26			
		2	42	53	26	22	30	0
		0	0	0	0	1	30	0
平方行			5	25	46	52		
							45	
					15	37	45	
			5	25	31	15		
		5	25	31	15			
			12	50	50			
		5	12	40	25			
			12	40	25			
		5	0					
	5	0						
	3	20						
	1	40						
底数行		30	31	15				
		20	30	50				
		10	30	25		31	15	30

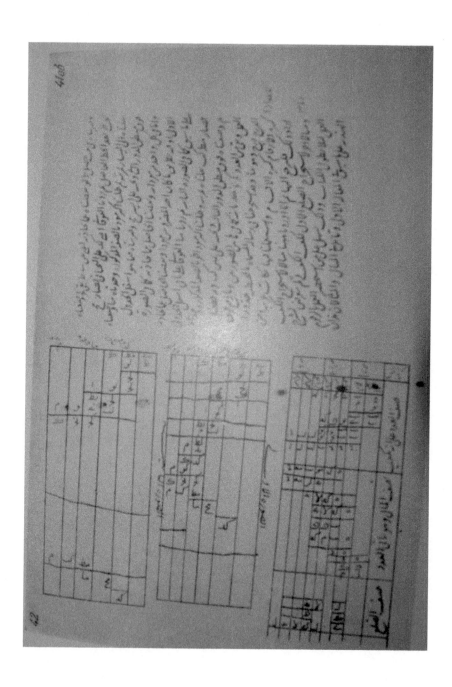

第六章 论六十进制数字翻译［转换］成印度数字[①]，反过来把印度数字翻译［转换］成六十进制数字，分数分母的转换与六十进制分数的确定

我在《圆周论》一书中始终用六十进制分数来计算圆周对直径之比，但考虑到不懂天文算法的学者，我又把它们统统转换成印度数字，我把圆的周长的倍数作为分数的分母，并假定该倍数为整数一万，然后把整数"一"分成十个部分，得到十个部分的每一个部分又分成十个部分，得到十个部分的每一个部分又分成十个部分等，依次继续下去，重复五遍，即第一次分成十个部分后得到的每一个部分除以十进制分，第二次分成十个部分后得到的每一个部分除以十进制

---

① 在本书里，目前为止出现的六十进制数字和有关六十进制的所有表一律用驻马拉数字（即用阿拉伯字母来表示数字）给出，所以把六十进制数字转换成印度数字，需要两种转换：一是把阿拉伯字母表示的数字转换成印度数字，这相当于把阿拉伯文翻译成印度文，因此阿尔·卡西在阿拉伯文原著里使用了"翻译"一词；二是把六十进制转换成十进制。例如，上面求平方根表就是用驻马拉数字给出，请看第120页的表和第97页的驻马拉数字、印度数字的比较表，下面的图给出了同一个表用驻马拉数字与印度数字形式，注意：驻马拉数字与印度数字的书写方向恰恰相反。

用驻马拉数字				用印度数字			
م	ما	كد		24	41	40	
	مط ك	ط لو	ي ط	10 9	9 36	49	20
		ا	لج و		33 33	16	1
م	و	يحا نه	لج لس		33 32	19 55	6	40
	ك	نج	كج			23	53	20
		مط كب	م			49	22	40
		ما	مح كد		48 24	41		

秒，第三次分成十个部分后得到的每一个部分除以十进制分秒等，连续进行到第五次①，这样确定的十进制分数的整数部分和小数部分与天文学家的算法完全一致。我们把它们称之为十进制分数，它们的写法为：十进制分写在整数部分的右边，十进制秒写在十进制分的右边，十进制分秒写在十进制秒的右边等，这样它们的整数部分与小数部分都可以按顺序写成一行。对十进制分数的运算法则，即乘、除、开方等运算法则都类似于天文学家的算法。我们在前面已经介绍过其中的有些算法，确定数位的位号也类似于前面所介绍过的方法，即十进制度位的位号为零，十位与十进制分的位号为一，百位与十进制秒的位号为二，千位与十进制分秒的位号为三，万位与十进制毫秒的位号为四等。两个简单因数相乘时，如果这两个简单因数都位于度位的同一侧，则得到积的位号等于这两个因数的位号之和，如果它们位于度位的两侧，则得到积的位号等于这两个因数的位号之差，并且积位于位号偏大的因数一侧，两个简单数相除时，如果这两个数都位于度位的同一侧，则得到商的位号等于被除数的位号与除数的位号之差，如果它们分别位于度位的两侧，则得到商的位号等于被除数的位号与除数的位号之和，并商位于位号偏大的数位一侧，如果被除数的位号大于除数的位号，则得到的商位于分数级数的上升一侧，否则位于分数级数的下降一侧②。

六十进制整数用下列方法转换成印度数字：

把已知六十进制数的最高数位上的数字与印度数字六十相乘，得到的积与下一个数位上的数字相加，得到的和与印度数字六十相乘，一直进行到度位为止，这样就得到所要求的印度数字③。

---

① 在《圆周论》一书中用六十进制数字给出了圆的周长与直径之比，准确到10位的数字，然后把得到的结论转换成十进制的印度数字。这样，阿尔·卡西用十进制数字得到了准确到17位的圆周率，打破了祖冲之保持近千年的纪录。

② 这里介绍十进制的位置记法，首先把十进制数用下列形式的级数来表示：

$$\cdots + a_n 10^n + \cdots + a_2 10^2 + a_1 10 + a_0 10^0 + a_{-1} 10^{-1} + a_{-2} 10^{-2} + \cdots + a_{-m} 10^{-m} + \cdots$$

因为阿尔·卡西绕过了负指数，所以他以 a_0 为中心把上面级数分成两个部分。其中，a_0 左边的部分称呼为上升级数，而 a_0 右边的部分称呼为下降级数，他把 n 与 $-m$ 不加区别都称为数位的编号，但对 a_n 与 a_{-m} 用不同的称呼，即把 a_n 称为 n 次升位，而 a_{-1}，a_{-2}，a_{-3}，…分别称为十进制分、十进制秒、十进制分秒等，所以当 $a_n 10^n \times a_m 10^m = a_{n+m} 10^{n+m}$ 时，由于没有负指数，于是要看相乘的两个数字位于度位的同侧还是异侧，若度位的同侧（n 与 m 是同号）,则数位的编号相加，若度位的异侧（n 与 m 是异号），则数位的编号相减，用同样的方法可讨论两数相除的情况。

③ 茨维拉、纳萨维、阿尔·吉利里等中世纪的数学家都在自己的作品中给出了六十进制数字转换成十进制数字的同样方法。（见：Юшкевич А П. Арифметический трактат Мухаммеда бен Муса ал-Хорезми. Москва: Труды Института истории естествознания и техники, вып. 1. 1954; 109-120.）

阿尔·卡西的算法相当于以下的原理：

$$a_n \times 60^n + a_{n-1} \times 60^{n-1} + \cdots + a_0 = \{ [(a_n \times 60 + a_{n-1}) \times 60 + a_{n-2}] \times 60 + \cdots + a_1 \} \times 60 + a_0$$

外行	升位				度位						分位					
				14						0						30
	九次	八次	七次	六次	五次	四次	三次	二次	升位	度位	分位	秒位	分秒	毫秒	第五	第六
立方-立方	34	59	1	7	14	54	23	3	47	37	40					
	34	51	32	16												
		7	28	51												
		7	28	51	14	54	23	3	47	37	30	56	15	0	0	0
											9	3	45			
平方-立方行		14	57		42	29	48	46	7	35	15	1	52	30	0	0
			1		20	5	48	46	7	35	15	1	52	30	0	0
		14	56		22	24										
		14	56	22	24											
	14	56	22	24												
	12	26	58	40												
	2	29	23	44												
平方-平方行					2	40	11	37	32	15	10	30	3	45	0	0
							7	37	32	15	10	30	3	45	0	0
			2	40	4	0										
		2	40	4	0											
	2	40	4	0												
	1	46	42	40												
		53	21	20												
		42	41	4												
		10	40	16												
立方行							15	15	4		30	21	0	7	30	0
									24		30	21	0	7	30	0
							15	14	40							
					15	14	40									
		15	14	40												
		7	37	20												
		7	37	20												
		4	34	24												
		3	2	56												
		2	17	12												
			45	44												
			49	0												
			16	20												
			32	40												
平方行			13	4												
			19	36												
			9	48												
			9	48												
			6	32												
			3	16	49	0					49	0	42	0	15	0
			1	24												
			1	10												
				56												
底数行				42												
				28												
				14			1	24	0				1	24	0	30

表题：求立方-立方次幂底数的例子[①]

---

① 阿尔·卡西在这里给出了开六次方的例子，本来开方运算属于第一卷（见：第25~46页）第五章的内容，但阿尔·卡西在这里作为驻马拉数字来进行运算的例子才附录在本章中，第一卷第五章中给出的开方运算一律用印度数字来进行计算。

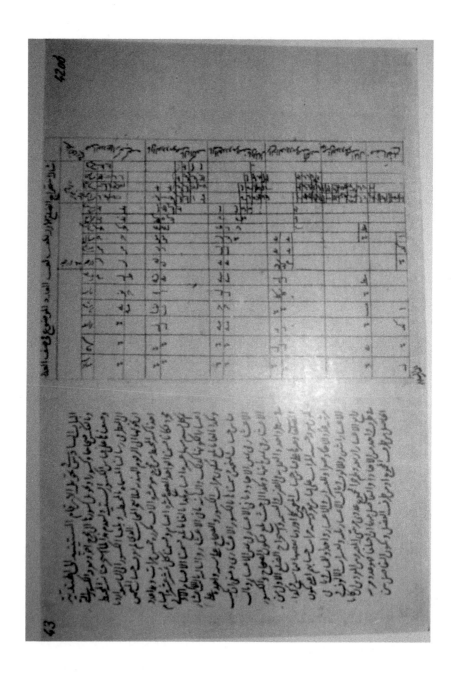

例子：把六十进制数字 2 46 40 转换成十进制数字①：

```
    2   46   40
   120
   ———
        46
   ———
       166
      9960
     ———
     10000
```

另一种方法：首先选取位于度位上数的个位上的数字，它就是所求十进制数的个位上的数字，如果该数位于度位上数的个位是个零，则取零作为所求数的个位上数字，把剩下的数按照六十进制乘除表来除以十，再取商的度位上数的个位上数字作为所求数的十位上数字，然后把得到的余数按照六十进制乘除表除以十，再取商的度位上数的个位上数字作为所求数的百位上数字，等等。

例子②：

```
   2   46   40    10000
       16   40
        1   40
            10
             1
```

用印度数字表示的整数按下列方法转换成六十进制数字：

把已知的印度数除以六十，得到的余数就是所求六十进制数的度位上的数字，得到的商又除以六十，得到的余数就是所求六十进制数的升位上的数字，把第二次得到的商又除以六十，得到的余数就是所求六十进制数的二次升位上的数字，等等。

另一种方法：为了得到六十进制数字，首先按照六十进制乘法把已知数高位上的数字与十相乘，然后按照六十进制加法把得到的积与下一个数位上的数字相加，再按照六十进制乘法把得到的和与十相乘，得到的积与下一个数位上的数字相加，等等，一直到个位数为止，这样就得到所求的六十进制数字。

---

① 具体算法为：(2×60+46)×60+40=10000。

② 这道题的做法是这样：已知数 2 46 40 的度位上数 40 的个位是 0，所以所求十进制数的个位上数字也是 0，然后把已知数 2 46 40 按六十进制除法除以 10，得到商为 16 40，因为得到上的度位上数 40 的个位是 0，所以所求十进制数的 10 位上数字也是 0，再把 16 40 按六十进制除法除以 10，得到商为 1 40，因为得到上的度位上数 40 的个位是 0，所以所求十进制数的 100 位上数字也是 0，再把 1 40 按六十进制除法除以 10，得到商为 10，因为得到的个位是 0，所以所求十进制数的 1000 位上数字也是 0，最后把 10 除以 10 得 1，得到的 1 本身是个位上数字，所以把它写在万位上，因此得到的十进制数字为 10000。

例子：印度数字 10000 转换成六十进制数字①：

```
                    10000
                 0   10
              0  40   1
           0 40  16
          40 46   2
```

我们编制了印度数字与六十进制数字的相互转换表，请看下表：

分数的转换共有十二种情况，因为常用的分数有四种类型，即简单类分数、六十进制分数、十进制分数和当葛类分数，每一种类型的分数须转换成其他三种类型的分数，这样共有十二种转换方法。我们在第二卷第十一章已介绍其中两种类型分数的互换法，即把简单类型的分数转换成当葛和塔苏吉等类型的分数，反过来把当葛类型的分数又转换成简单类型的分数，下面将介绍分数转换的其他十种方法。

第一种情况：六十进制分数转换成十进制分数，即把六十进制分数转换成用印度数字表示的十进制分数，方法是这样：首先用十去乘已知六十进制分数的每一位上数字，如果得到积的第一位是整数，即第一位是度位，则它们一定是十进制度位，如果得到积的第一位不是整数，则在十进制度位上写出一个零，然后得到积的不含整数部分的小数部分与十相乘，如果得到积的第一位是整数，则把它写在十进制分的位置上，如果得到积的第一位上数字不是整数，则在十进制分位上写出一个零，再把得到积的不含整数部分的小数部分与十相乘，如果得到积的第一位是整数，则把它写在十进制秒的位置上，如果得到积的第一位上数字不是整数，则在十进制秒位上写出一个零，又把得到积的不含整数部分的小数部分与十相乘，如果得到积的第一位是整数，则把它写在十进制分秒的位置上，如果得到积的第一位上数字不是整数，则在十进制毫秒位上写出一个零，等等，继续下去。

---

① 阿尔·卡西没有给出这道题的具体算法，但是根据上下文不难猜测，这道题的算法应是如下：已知数 10000 的最高位上的数字 1 与 10 相乘，得 10，把 10 与左边第二位上的数字 0 相加，得到的 10 写成上面的形，把得到的和 10 与 10 按照六十进制乘法相乘，得 1 40，得到的 1 40 与已知数左边第三位上的 0 按照六十进制加法相加，得到的 1 40 写成上面的形式，再把 1 40 与 10 按照六十进制乘法相乘，得到的 16 40 与已知数左边第四位上的 0 按照六十进制加法相加，得到的 16 40 写成上面的形式，再把 16 40 与 10 按照六十进制乘法相乘，得到的 2 46 40 与已知数的第五位上的 0 相加，得 2 46 40，这就是所求的六十进制数字。注意：按照阿拉伯文的写法，阿尔·卡西把上面的题从右到左的方向书写。

印度数字转换成六十进制数字表①

印度数	整个数	整十数	整百数	整千数	整万数	整十万	整千千（整百万）	整十千千（整千万）	整百千千（整一亿）	整千千千（整十亿）	整十千千千（整百亿）
1	1	10	1 40	16 40	2 46 40	27 46 40	4 37 46 40	46 17 46 40	7 42 57 46 40	1 17 9 37 46 40	12 51 36 17 46 40
2	2	20	3 20	33 20	5 33 20	55 33 20	9 15 33 20	1 32 35 33 20	15 25 55 33 20	2 34 19 15 33 20	25 43 12 35 33 20
3	3	30	5 0	50 0	8 20 0	1 23 20 0	13 53 20 0	2 18 53 20 0	23 8 53 20 0	3 51 28 53 20 0	38 34 48 53 20 0
4	4	40	6 40	1 6 40	11 6 40	1 51 6 40	18 31 6 40	3 5 11 6 40	30 51 51 6 40	5 8 38 31 6 40	51 26 25 11 6 40
5	5	50	8 20	1 23 20	13 53 20	2 18 53 20	23 8 53 20	3 51 28 53 20	38 34 48 53 20	6 25 48 8 53 20	1 4 18 1 28 53 20
6	6	1 0	10 0	1 40 0	16 40 0	2 46 40 0	27 46 40 0	4 37 46 40 0	46 17 46 40 0	7 42 57 46 40 0	1 17 9 37 46 40 0
7	7	1 10	11 40	1 56 40	19 26 40	3 14 26 40	32 24 26 40	5 24 4 26 40	54 0 44 26 40	9 0 7 24 26 40	1 30 1 14 4 26 40
8	8	1 20	13 20	2 13 20	22 13 20	3 42 13 20	37 2 13 20	6 10 22 13 20	1 1 43 42 13 20	10 17 17 2 13 20	1 42 52 50 22 13 20
9	9	1 30	15 0	2 30 0	25 0 0	4 10 0 0	41 40 0 0	6 56 40 0 0	1 19 26 40 0 0	11 34 26 40 0 0	1 55 44 26 40 0 0

① 比如说，在上面表第一列中的印度数字5，如果5在个位上，把它转换成六十进制数字也是5，如果5在十位上，把它转换成六十进制数字也是50，如果5在百位上，则它表示500，把它转换成六十进制数字，等于8 20。如果5在千位上，则它表示5000，把它转换成六十进制数字，等于1 23 20，用类似方法可推出表中的其他数据。

例子：把 8 29 44（分秒）① 化成十进制分数，为了介绍转换法则我们将详细的叙述此题的整个计算过程，计算表如下：

算法	度位	分位	秒位	分秒位
8 29 44 与 10 相乘	1	24	57	20
不含度位的部分 24 57 20 与 10 相乘	4	9	33	20
不含度位的部分 9 33 20 与 10 相乘	1	35	33	20
不含度位的部分 35 33 20 与 10 相乘	5	55	33	20
不含度位的部分 55 33 20 与 10 相乘	9	15	33	20
不含度位的部分 15 33 20 与 10 相乘	2	35	33	20

因为最下面一行的数据 35 33 20 中位于分位上的数字大于满分的一半，所以该数替换成一并把它加到左边度位上的二，这样在度位上得到三，它就是十进制分数的第六位上的数字，最后把位于度位列上的数据按顺序连写成一排，得 141593，这就是我们所求的十进制小数，它们当中位于最右边的数字应是十进制第六位②。

第二种情况：如果我们想把十进制小数转换成六十进制分数，则把已知的十进制小数与六十相乘，得到积的整数部分为六十进制小数的分位上的数字，如果得到的积没有整数部分，则在分位上置于零，然后又把得到积的小数部分与六十相乘，得到积的整数部分为六十进制小数的秒位上的数字，如果得到的积没有整数部分，则在秒位上置于零，依此类推。

---

① 8 29 44（分秒）——相当于六十进制分数 0 度、8 分、29 秒、44 分秒。

② 阿尔·卡西的算法原理如下：假设 $\frac{8}{60}+\frac{29}{60^2}+\frac{44}{60^3}=\frac{x}{10}+\frac{y}{10^2}+\frac{z}{10^3}+\cdots$，等式两边乘以 10 之后，有 $\frac{80}{60}+\frac{290}{60^2}+\frac{440}{60^3}=x+\frac{y}{10}+\frac{z}{10^2}+\cdots$，即 $1+\frac{24}{60}+\frac{57}{60^2}+\frac{20}{60^3}=x+\frac{y}{10}+\frac{z}{10^2}+\cdots$，这样等式右边的 x 应等于等式左边的整数部分，得到表内第一行数据。又假设等式两边的分数部分也相等，所以，有 $\frac{24}{60}+\frac{57}{60^2}+\frac{20}{60^3}=\frac{y}{10}+\frac{z}{10^2}+\cdots$，该等式的两边乘以 10 之后，有 $\frac{240}{60}+\frac{570}{60^2}+\frac{200}{60^3}=y+\frac{z}{10}+\cdots$，即 $4+\frac{9}{60}+\frac{33}{60^2}+\frac{20}{60^3}=y+\frac{z}{10}+\cdots$ 这样得到表内第二行数据，重复上面的步骤，便得到表上的所有数据，另外，阿尔·卡西在确定最后一位上数字时就采用了四舍五入法。按照现代算法，有 $\frac{8}{60}=0.13333333\cdots$，$\frac{29}{60^2}=0.00805555\cdots$，$\frac{44}{60^3}=0.00020370\cdots$，$\frac{8}{60}+\frac{29}{60^2}+\frac{44}{60^3}=0.141592585\approx 0.141593$。

第三卷 论天文学家的算法

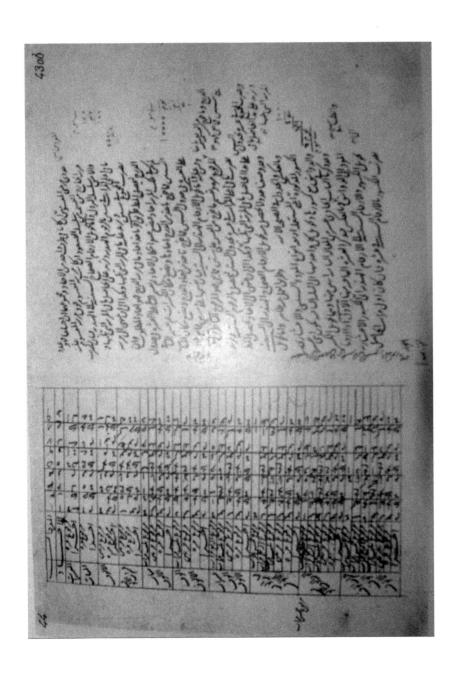

类似于第一种情况,我们又得到如下的算法:

把已知的十进制小数与六十相乘,得到的积写在其下面的行内,然后把得到积的小数部分与六十相乘,得到的积写在其下面的行内,再把得到积的小数部分与六十相乘,得到的积写在其下面的行内,等依此类推,一直进行到得到我们所需要的数位为止,最后得到积的整数部分与分数部分用一条竖线来隔开。

例子:我们把 376(十进制分秒)① 转换成六十进制小数,其算法如下:

算法	整数部分	小数部分
把十进制小数 376② 与六十相乘后得到	22	5 6 0
得到积的小数部分 560 与六十相乘后得到	33	6[0 0]
得到积的小数部分 6 与六十相乘后得到	36	0[0 0]

位于整数列上的数就是六十进制数字,按照列上的顺序写成一排,得 22 33 36,这就是所要求的六十进制小数。

我们已编制了六十进制小数与十进制小数的相互转换表,该表如下页所示。

掌握算术的学者不难明白上述表中的算法。

第三种情况:六十进制分数的简化:即六十进制分数的通分,首先把位于分位上的数字乘以六十,得到的积与位于秒位上的数字相加,然后把得到的和与六十相乘,得到的积与位于分秒位上的数字相加,可一直进行到任意数位为止,得到以最后一个数位的分母为分母的分数,最后把它化成最简分数,否则该数是以六十或者以六十的各次幂为分母的分数,这些分母在下面的表中给出。

---

① 376(十进制分秒)相当于十进制分数 0. 376。

② 十进制非整数 376 相当于把分数 0. 376 看成整数 376,这样 376×60 = 22560,这就是第一行的 22 56 0,又把 22 56 0 中的 56 0 看成整数 560,有 560×60 = 33600,这就是第二行的 336 [0 0],依此类推。这种算法也出现在茨维拉的作品中。阿尔·卡西的上述算法相当于下面的现代算法; $0.376 = \frac{22.56}{60} = \frac{22}{60} + \frac{0.56}{60}$

$\frac{22}{60} + \frac{33.6}{60^2} = \frac{22}{60} + \frac{33}{60^2} + \frac{0.6}{60^2} = \frac{22}{60} + \frac{33}{60^2} + \frac{36}{60^3} = 22'33''36'''$。

小数的相互转换表[①]

简单数	十进制分	十进制秒		十进制分秒		十进制毫秒			十进制第五位			十进制第六位				十进制第七位				十进制第八位					十进制第九位					十进制第十位				
	分	分	秒	秒	分秒	分	秒	毫秒	分	毫秒	第五	分秒	毫秒	第五	第六	毫秒	第五	第六	第七	第五	第六	第七	第八		第五	第六	第七	第八	第九	第六	第七	第八	第九	第十
1	6		36	3	36		21	36	2	9	36		12	57	36	1	17	45	36	7	46	33	36		1	47	39	21	36	4	27	56	9	36
2	12	1	12	7	12		43	12	4	19	12		25	55	12	2	35	31	12	15	33	7	12		2	29	18	43	12	8	55	52	19	12
3	18	1	48	11	48		1	5	48	6	29	48		38	52	48	3	53	17	48	23	19	40	48	2	13	58	4	48	13	23	48	28	48
4	24	2	24	14	24	1	26	24	8	38	24		51	50	24	5	11	2	24	31	6	14	24		2	58	37	26	24	17	41	44	38	24
5	30	3	0	18	0	1	48	0	10	48	0	1	4	48	0	6	28	48	0	38	52	48	0		3	43	16	48	0	22	19	40	48	0
6	36	3	36	21	36	2	9	36	12	57	36	1	17	45	36	7	46	33	36	46	39	21	36		4	27	56	9	36	27	47	36	57	36
7	42	4	12	25	12	2	31	12	15	7	12	1	30	43	12	9	4	19	12	54	25	55	12		5	12	35	14	48	31	15	33	7	12
8	48	4	48	29	48	2	53	48	17	17	48	1	43	40	48	10	22	5	48	2	12	28	2	48	5	57	14	52	48	35	43	29	16	48
9	54	5	24	32	24	3	14	24	19	26	24	1	56	38	24	11	39	50	24	1	9	59	2	24	6	41	54	14	24	40	11	25	26	24

[①] 例如,1(十进制分) = 0.1,把它转换成六十进制小数,得 0.6(分)。1(十进制秒) = 0.01,把它转换成六十进制小数,得 0 36(秒)。1(十进制分秒) = 0.001,把它转换成六十进制小数,得 0 3 36。1(十进制毫秒) = 0.0001,把它转换成六十进制小数,得 0 0 21 36 等。

各数位的分母表

																		数位名称
																6	0	分母
														3	6	0	0	秒母
												2	1	6	0	0	0	第三
										1	2	9	6	0	0	0	0	第四
									7	7	7	6	0	0	0	0	0	第五
							4	6	6	5	6	0	0	0	0	0	0	第六
					2	7	9	9	3	6	0	0	0	0	0	0	0	第七
				1	6	7	9	6	1	6	0	0	0	0	0	0	0	第八
		1	0	0	7	7	6	9	6	0	0	0	0	0	0	0	0	第九
6	0	4	6	6	1	7	6	0	0	0	0	0	0	0	0	0	0	第十
百千千千千千位	十千千千千千位	千千千千千位	百千千千千位	十千千千千位	千千千千位	百千千千位	十千千千位	千千千位	百千千位	十千千位	千千位	百千位	十千位	千位	百位	十位	个位	数位名称

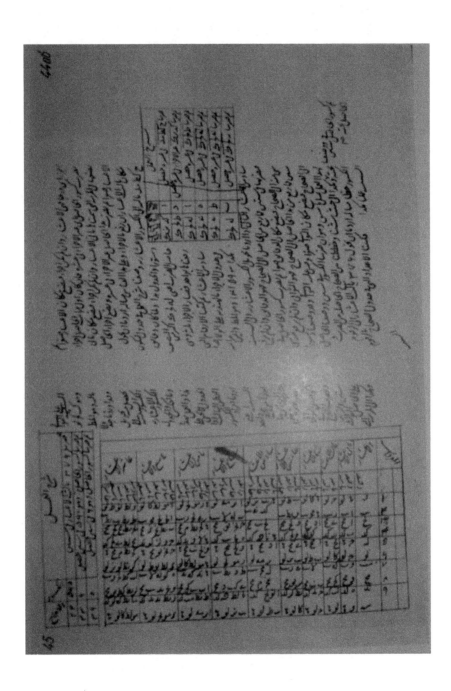

第四种情况：我们要做上面所作运算的相反运算，即把已知的真分数转换成六十进制分数，假设该分数的分子与分母都是整数，首先把已知分数的分子与分母都转换六十进制数字，然后用六十进制乘除表把分子上的数字除以分母上的数字，得到的商就是我们所求的数。

例子：我们把真分数 $\frac{125}{1236}$ 化成六十进制分数。把已知分数的分子 125 与分母 1236 都化成六十进制数字，其分子等于 2 5，分母等于 20 36，把第一个数除以第二个数，得到的商为 6 4 4 39 36（第五位），可舍去其余的余数部分。

第五种情况：把十进制小数转换成真分数，把已知的十进制小数写在分数的分子上，这就是所求分数的分子，把已知十进制分数小数部分数位的数量相等数量的零写在该分数的分母上，并把一写在这些零的左边，这就是已求过的分数化成整数时要乘其分母的数。

第六种情况：我们要做上面所作运算的相反运算，即把已知的分数化成十进制分数，为此把已知分数的分子除以分母，得到的商就是所要求的十进制分数。

例子：我们想把分数 $\frac{22}{85}$ 转换成十进制分数，为此把分子上的 22 除以分母上的 85，其具体算法类似于第一卷第四章里所述的算法，相除后得到的商为 2588（十进制毫秒），这里已舍去了其后面数位上的数字，用本章的开头所述的方法来确定所求十进制分数的整数部分与小数部分的数位。

第七、八种情况：把六十进制和十进制分数转换成当葛、塔苏吉和夏依尔，用六去乘它们［六十进制分数与十进制分数］，即用当葛的分母去乘它们，得到积的整数部分就是当葛，用四去乘剩下的小数部分，得到积的整数部分就是塔苏吉，用四去乘剩下的小数部分，得到积的整数部分就是夏依尔。

例子：我们把 22 18 44 豪转换成当葛、塔苏吉、夏依尔以及它们的部分。

位于整数列的一列数字是当葛、塔苏吉、夏依尔以及它们的部分，它们是二当葛、二夏依尔、四当葛–夏依尔、二夏依尔–夏依尔。算法如下：

算法	整数部分	分数部分
用六去乘 22 18 44（分秒），得	2	13 52 24
用四去乘 13 52 24（分秒），得	0	55 29 36
用四去乘 55 29 36（分秒），得	2	41 58 24
用四去乘 41 58 24（分秒），得	4	11 50 24
用四去乘 11 50 24（分秒），得	0	47 21 36
用四去乘 47 21 36（分秒），得	2	59 26 24

第三卷 论天文学家的算法

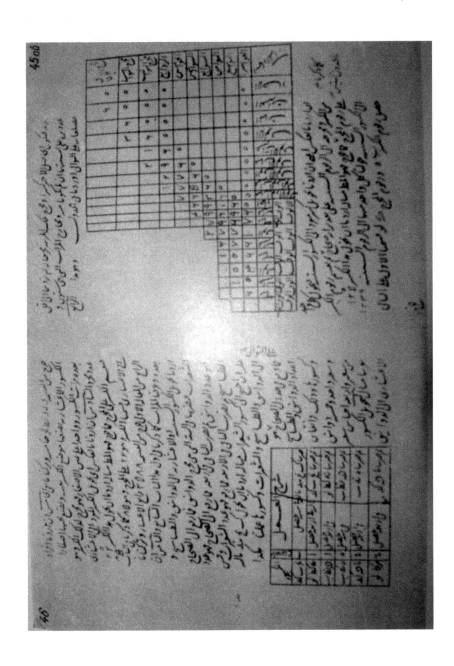

例子：把十进制分数转换成当葛、塔苏吉和夏依尔，即已知十进制分数 8495 [十进制分秒] 转换成当葛、塔苏吉、夏依尔以及它们的部分。算法如下：

算法	整数部分	分数部分
用六去乘 8495（十进制分秒），得	5	0 9 7
用四去乘 097（十进制分秒），得	0	3 8 8
用四去乘 388（十进制分秒），得	1	5 5 2
用四去乘 552（十进制分秒），得	3	3 1 2
用四去乘 312（十进制分秒），得	1	2 4 8
用四去乘 248（十进制分秒），得	0	9 9 2

第九、十种情况：把当葛、塔苏吉、夏依尔转换成六十进制分数或十进制分数，首先用第二卷第十一章所述方法来简化它们，然后把得到的分数用同第四种情况和第六种情况类似的方法来转换成这两种分数之一。本卷到此为止。

第四卷

论　测　量

（由引言和九章组成）

引言　论测量的定义

测量的定义以及在测量学中使用的一些名词。

测量——确定被测物等于测物标准单位的几倍或几部分或几倍的几部分等数据的过程。

度量——对于线段来说，测量线段长度的标准单位，如 Lokat（罗笱）、Cazin（傻镇）、Shtezhok（西提咯）、Fot（付特）或 Diyom（地由木）等①。

面的度量是线度量的平方，物体的度量是线度量的立方等。有些人在测量面积时不用线度量的平方，在测量物体时也不用线度量的立方。例如，在测量做衬衣的布料时用直角测量仪，因为布料的宽度为一罗笱，在测量建筑、支柱、坟墓顶时把砖头作为度量单位，其中砖头是一个具有六面的物体，它的两面是正方形，其余四面是宽度等于正方形边长，四角都是直角的长方形，在测量天体时地球作为一个参考物。

点——没有部分的。

线——只有长度的。

面——只有长度和宽度的。

物体②——只有长度、宽度和高度的。

直线——连接两点的最短线③。

圆周——用圆规画出的线，另外看上去类似于圆周的一些圆形线。

平面——能够沿直线向任意方向延伸。

球面——如果用平面去截它，就得到圆周。

平行直线——向两个方向无限延伸也永不相交。

如果两平面之间任意处的距离都相等，则这两个平面互相平行，同样这两个平面向任意方向无限延伸也不相交。

平面上的角——相交于一点，但互相不重合的两条直线之间的部分。

---

① Lokat、Cazin、Shtezhok、Fot 或 Diyom 等都是当时在中亚地区普遍使用的长度单位。其中，Lokat 具有"手臂"之意，Shtezhok 具有"一步"之意，Fot 具有"脚"之意，Diyom 具有"指节"之意。Lokat 在交易中表示 0.58 米，在测绘中表示 0.75 米。Cazin——3.55 米，Diyom——3.125 厘米。

② 物体——空间立体。

③ 阿尔·卡西给出的有关点、线和面的定义与欧几里得给出的相应的定义基本一致，直线的定义与欧几里得给出的直线的定义不一致，但与阿基米德给出的直线的定义完全一致，直线和线段不加区别。

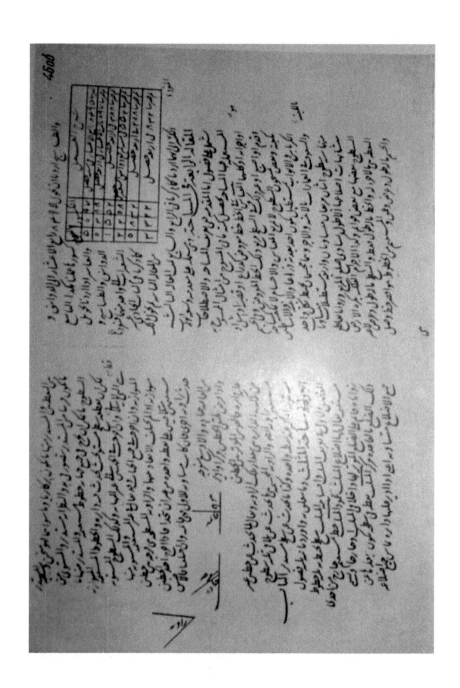

如果我们延长这两条直线中的一条，则得到另一个角。如果得到的这个角与原来的角相等，则这两个角都是直角。

如果得到的角小于直角，则原来的角为钝角，如果得到的角大于直角，则原来的角为锐角。

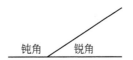

如果以两条直线的交点为心画一个圆，则夹在这两条直线之间圆弧的长度就是该角的度量，相交于一点的两条非直曲线形成的图形也称为角。

立体角（空间角）——三张或多于三张的平面交于一点所形成，也可以三张或多于三张的球面相交于一点所形成。

第一章 论三角形的测量及其相关的三个部分

第一部 论三角形的定义及其分类

三角形——由三条直线所围成的平面,这三条直线称为该三角形的边。

三角形的高——从三角形的任意一个角到被该角的两边所支撑那一边所引垂线的长度,与高垂直的那一边称为三角形的底边。

三角形的中心——三角形的中心是这样一个点,使它到三角形三边的垂线长度都相等,如果我们以该点为心,以垂线的长度为半径画一个圆,则该圆与三角形的三边都相切,所以该点应是三角形内切圆直径的中点。

除了三角形的中心之外,还有三角形外接圆的圆心,外接圆通过三角形的三个顶点,但在进行测量时,我们只需要三角形的中心,三角形的中心又称为三角形的内心。

三角形的种类包括等边三角形、等腰三角形、直角三角形、钝角三角形和锐角三角形,它们的形状如下:

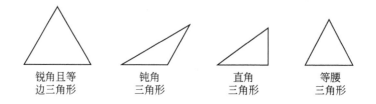

锐角且等边三角形　　钝角三角形　　直角三角形　　等腰三角形

第二部 论三角形面积的计算与用已知量来求未知量

三角形的面积用下列方法来计算,三角形的面积等于三角形的高与半底边之长的乘积,即用各种测量仪器来测量三角形的高与底边的长度,把得到的一个数值乘以另一个数值的一半就得到该三角形的面积。

另一种方法:三角形的内心到任意边的高度与三角形三条边长度之和的一半

相乘，就得到三角形的面积①。

另一种方法：在这一种方法中不需要求出三角形的高度，首先求出三角形三条边长度之和的一半，再分别求出得到的值与每一条边长度之差，得到的所有差相乘，得到的积与三条边长度之和的一半相乘，再求出得到积的平方根，就得到三角形的面积②。

例子：如果已知三角形三条边的长度分别为十、十七和二十一，则三条边长之和的一半为二十四，从得到的二十四中分别减去十、十七和二十一，得到的差分别为十四、七和三，其中十四与七相乘得九十八，得到的九十八与三相乘得二百九十四，得到的二百九十四与二十四相乘，即得到的二百九十四与边长之和的一半相乘，得 7056，得到 7056 的平方根为八十四，这就是所要求的面积③。

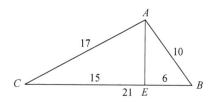

为了用三角形已知的两条边的长度来求出第三条边的长度，应要确定三角形的高对底边的垂足，这时需要我们用手操作④，最好以三角形较长的一边为底边，这只是为了方便，而不是必要，然后以底边所对的顶点为心，以该角较短的邻边为半径作圆，这时圆与三角形底边相交于两点，这两个交点之间线段的中点就是三角形的高对底边的垂足。

例子：在三角形 ABC 中，求从顶点 A 到底边 BC 所引垂线在 BC 上垂足的位置，首先以 A 为心，以 AB 为半径作圆弧 FBD，这时通过顶点 A 和线段 BD 的中点 E 并与圆弧相交的直线垂直于底边 BC，而点 E 就是三角形的高对底边的垂足的位置，连接点 A 和 E，则线段 AE 就是三角形的高，在图一中三角形的高位于

---

① 这里所述的公式为：$S_\triangle = \left(\dfrac{a+b+c}{2}\right) \times r$。其中，$a, b, c, r$ 分别为三角形三边的长度和内切圆的半径。

② 这就是海伦公式：$S_\triangle = \sqrt{p(p-a)(p-b)(p-c)}$。其中，$p = \dfrac{a+b+c}{2}$。

③ 阿尔·卡西用上面的海伦公式来计算：这里 $p = \dfrac{a+b+c}{2} = \dfrac{21+10+17}{2} = 24$。这样由海伦公式，该三角形的面积为：$S_\triangle = \sqrt{p(p-a)(p-b)(p-c)} = \sqrt{24(24-21)(24-10)(24-17)} = \sqrt{7056} = 84$。

④ "这时需要我们用手操作"——通过上述方法求三角形的高对底边的垂足，三角形的高就是所求的垂足与对应顶点的连接线段，因为用已知两边求第三边时就需要三角形的高，所以三角形的高作为一条辅助线来使用，因此阿尔·卡西所写的"这时需要我们用手操作"相当于做一条辅助线之意。

三角形的内部，在图二中三角形的高位于三角形的外部。

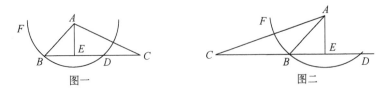

图一　　　　　　　　　图二

下面我们来计算三角形的高，如果我们想从三角形的一个顶点到该顶点所对的边引垂线，则该顶角的两条邻边之长的和与它们的差相乘，得到的乘积除以第三边之长，即得到的乘积除以与高垂直的一条边之长，如果得到的商等于第三边之长，则该顶角的两条邻边中较短的一边垂直于底边，如果得到的商小于第三条边之长，则所引垂线位于三角形的内部，如果得到的商大于第三条边之长，则垂足位于三角形的外部，这时垂足到底边与圆周的交点处的距离，即垂足到底边较近端点的距离分别小于顶角的两条邻边之长，即垂足到底边较近端点的距离等于底边之长与上述得到的商之差的一半①。

例子：在三角形 ABC 中，AB 等于十，AC 等于十七，BC 等于二十一，我们想求出从顶点 A 到边 BC 所引垂线的垂足到边 BC 的端点 B 的距离。这里 AB 与 AC 的长度之和为二十七，它们的差等于七，得到的和与差的乘积等于一百八十九，把一百八十九除以三角形的底边 BC，即把一百八十九除以二十一，得到的商为九，因得到的九小于底边的长度，由此我们知道该三角形的高在三角形之内部，另外这也说明 BC 边是该三角形最长的一条边，从底边 BC 减去得到的商，即从二十一减去九，得到的差等于十二，它的一半等于六，这就是从垂足到点 B 的距离。

须知：任何两个数之和与该两个数之差的乘积等于这两个数的平方之差②。

---

① 在图一中，令 $AB = c$, $AC = b$, $BC = a$, $AE = h$, $BE = x$，则由勾股定理，有 $x^2 + h^2 = c^2$，$(a-x)^2 + h^2 = b^2$，上面的两式相减，得 $(a-x)^2 - x^2 = b^2 - c^2$，解出未知数 x，得 $x = \frac{1}{2}\left(a - \frac{b^2 - c^2}{a}\right)$。在图二中，有 $x = \frac{1}{2}\left(\frac{b^2 - c^2}{a} - a\right)$。

在这里，阿尔·卡西用代数方法来处理几何问题，阿尔·花拉子米在自己的《代数学》一书中也用代数方法来处理过同样的几何问题，不过该问题在《代数学》中用已知的具体数据来处理，没有像阿尔·卡西的方法具有一般性。(阿尔·花拉子米. 算法与代数学. 依里哈木·玉素甫，武修文编译. 北京：科学出版社，2008：70.) 另外，阿尔·卡西在原著中用阿拉伯字母来表示三角形的各个顶点、高与底边的交点、圆周与底边的交点等，这与现代方法一致（见：第147页图），但他也用文字来叙述整个算法，而不用任何代数符号。

② 这里所述的公式为 $(a+b)(a-b) = a^2 - b^2$。

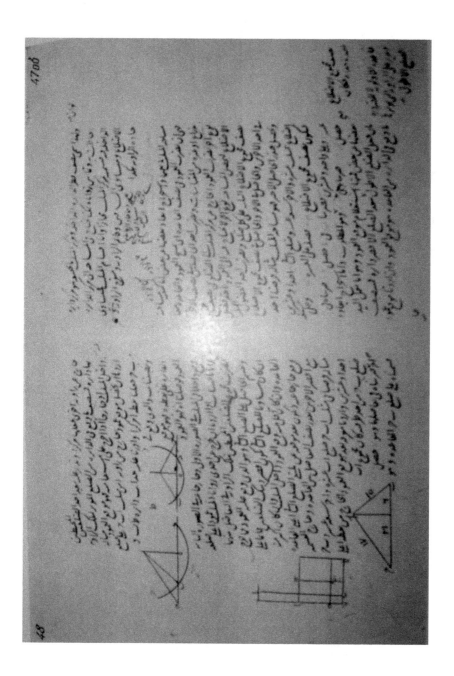

上述法则的图纸如下①：

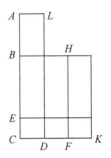

另一例：我们想求出从顶点 C 所引垂线的垂足。

把 AC 与 BC 的长度相加，得 38，把得到的和与它们的差相乘，即三十八与四相乘，得 152，用 AB 边的长度去除一百五十二，即用十去除 152，得到的商为 $15\frac{1}{5}$。因为得到的商大于 AB 的长度，所以高位于三角形的外部，因此从得到的商中减去 AB 的长度，得 $1\frac{5}{5}$，把它除以二，得 $6\frac{2}{10}$，这就是从垂足到顶点 A 的距离，这样得到了垂足的位置②。

---

① 很显然，阿尔·卡西作为上述平方差公式的证明才画出了该图形，可以看出他已继承了阿尔·花拉子米等前辈们的用几何图形来证明代数式方法，但他没有给出具体的证法，不过从图形中我们能够猜测其证明方法。

设 $BE = a$，$EC = b$，则 $AB = a - b$，$BC = a + b$，图中阴影部分的面积为：$S_{BCKT} = BC \times CK = (BE + EC) \times AB = (a+b)(a-b)$，$S_{BCKT} = BC \times CK = (BE + EC) \times (BE - EC) = BE^2 - EC^2 = a^2 - b^2$，所以：有 $(a+b)(a-b) = a^2 - b^2$。

② $x = \frac{1}{2}\left[\frac{(AC+BC)(AC-BC)}{AB} - AB\right] = \frac{1}{2}\left(\frac{38 \times 4}{10} - 10\right) = 2\frac{6}{10}$（见：第 149 页图三）。

另一例：在这一种情况中出现的商是整数。

已知三角形的一条边 AB 等于十，BC 等于九，AC 等于十七，我们想求出从顶点 A 到底边之高。把 AB 与 AC 的长度相加，得二十七，得到的和与它们的差相乘，即把二十七与七相乘，得189，把一百八十九除以三角形的底边 BC 之长，即把一百八十九除以九，得到的商为二十一，由于得到的商大于 BC 之长，所以三角形的高位于三角形之外，从得到的商中减去底边之长并把得到的差除以二，得六，这就是从顶点 B 到垂足的距离①。

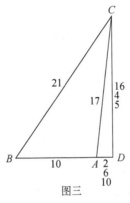

图三

另一种方法：从三角形一条边之平方中减去另两条边的平方之和，并假设另两条边中之一为该三角形的底边，把得到的差除以该底边的二倍，这时我们得到的值就是从顶点到第一条边所引高的垂足到第一条边端点的距离。如果第一条边的平方大于另两条边的平方之和，则垂足位于三角形的外部，即垂足位于偏向顶角一侧的位置。如果第一条边的平方等于得到的平方之和，则该三角形为直角三角形。如果平方之和大于第一条边的平方并得到差的一半〔从第一条边的平方中减去另两边的平方之和后得到差的一半〕小于底边的平方，则该三角形的高位于

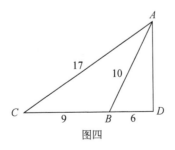

图四

---

① $x = BD = \frac{1}{2}\left[\frac{(AB+AC)(AC-AB)}{BC} - BC\right] = \frac{1}{2}\left(\frac{27 \times 7}{9} - 9\right) = 6$（见：本页图四）。

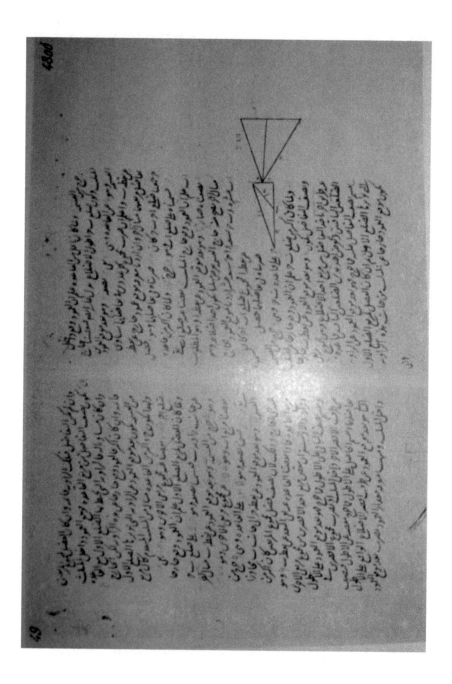

三角形的内部。如果它们相等，则第一条边与底边之间的夹角为直角，如果得到差的一半大于底边平方，则该三角形的高位于三角形的外部，在这种情况中，所得到的商大于底边平方，即从垂足到高的落点一侧的顶点之距离大于底边①。

例子：在上面的例子中，边 AC 的平方等于 289，从中减去其余两条边的平方之和，即从二百八十九中减去一百八十一，得 108，因第一条边平方大于其余两条边的平方之和，所以该三角形的高位于三角形的外部，即垂足应在角 B 的外侧，得到差的一半除以 BC 边之长，即把五十四除以九，得到的商等于六，这就是从垂足到顶点 B 的距离，即该距离等于六，这正是我们所要求的距离②。

另一例：AB 的平方等于 100，从其余两条边的平方之和中减去 AB 的平方，即从 370 减去它，得 270，把它的一半除以底边之长，即把 135 除以九，得到的商为 15，这就是从顶点 C 到落在向顶点 B 方向的垂足之间的距离。因其余两条边平方之差的一半大于底边平方的一半，所以三角形的高位于三角形之外，如果从得到的结果中减去底边之长，则得到的差就是从垂足到顶点 B 的距离，即从 15 中减去九，得六，这就是我们所要求的距离③。

---

① 阿尔·卡西根据下面的三种情况来分类三角形：

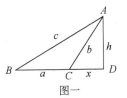 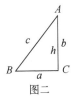 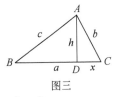

图一　　　　　　　图二　　　　　　　图三

由图一，我们有，$(a+x)^2 + h^2 = c^2$，$h^2 = b^2 - x^2$，由这两式，得 $x = \dfrac{c^2 - (a^2 + b^2)}{2a}$。第一，若 $c^2 > a^2 + b^2$，则垂足 D（从而高 h）落在三角形的外部，这时角 C 应为钝角；第二，若 $c^2 = a^2 + b^2$，则垂足 D 与点 C 重合，这时三角形是直角三角形（角 C 应为直角）（见：图二）；第三，由图三，有 $x = \dfrac{(a^2 + b^2) - c^2}{2a}$，所以当 $c^2 < a^2 + b^2$ 时，垂足 D（从而高 h）落在三角形的内部，角 C 应为锐角。另外，根据下面的三种情况又分类三角形：第一，当 $\dfrac{(a^2 + b^2) - c^2}{2} < a^2$ 时，角 B 为锐角；第二，当 $\dfrac{(a^2 + b^2) - c^2}{2} = a^2$ 时，角 B 为直角；第三，当 $\dfrac{(a^2 + b^2) - c^2}{2} > a^2$ 时，角 B 为钝角。

② 由第 149 页图四：$BD = \dfrac{c^2 - (a^2 + b^2)}{2a} = \dfrac{17^2 - (10^2 + 9^2)}{2 \times 9} = \dfrac{289 - 181}{18} = \dfrac{108}{18} = 6$，即 $BD = 6$。

③ 因 $CD = CB + BD = \dfrac{CB^2 + AC^2 - AB^2}{2CB} = \dfrac{9^2 + 17^2 - 10^2}{2 \times 9} = 15$，所以 $BD = CD - CB = 15 - 9 = 6$。又因 $\dfrac{AC^2 - AB^2}{2} > \dfrac{CB^2}{2}$，推出 $\dfrac{CB^2 + AC^2 - AB^2}{2CB} > CB$，从而得到 $CB + BD > CB$，所以三角形的高位于三角形之外。

更简单的方法：从其余两条边的平方之和中减去较短边之一的平方，把得到差的一半除以最长之边，得到的商就是从另一个短边与长边之间的顶角到垂足的距离，在这种情况下高位于三角形的内部①。

或者：较短的两条边之和与它们的差相乘，得到的乘积除以长边，从长边减去得到的商，再把得到的差除以二，得到的商就是从最短边与最长边之间的夹角到垂足的距离，在这种情况下三角形的高也是位于三角形的内部②。

补充例子：如果我们想求三角形的高，则把底边的两个端点之一到垂足点的距离自乘，再从这一条边的邻边之平方减去自乘得到的积，再取差的平方根，得到的结果就是所要求的高③。

求三角形的高和面积的例子：线段 BE 的端点 E 是垂足，由算法一我们可求出 BE 的长度，即它等于六，它的平方等于36，从 AB 的平方中减去它，即从100减去36，得64，它的平方根等于8，这就是该三角形之高。得到的8与 $\dfrac{10}{2}$ 相乘，即得到的八与算法一中三角形底边长的一半相乘，得84，这就是该三角形的面积，得到的结果与前面得到的结果一致④。

另一种方法：如果三角形的一个内角是已知的，则该角的正弦与较长邻边之长相乘，这样做的目的就是要求出该三角形另一条边所引的高，把得到的积除以六十，如果我们用该角的余弦去乘邻边之长，则得到该顶点到垂足的距离。有关

---

① $DC = \dfrac{(a^2 + b^2) - c^2}{2a}$，（见：第 151 页图三）。

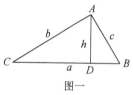

图一

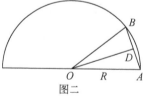

图二

② $BD = \dfrac{1}{2}\left(a - \dfrac{(c+b)(c-b)}{a}\right)$，（见：第 151 页图三）。

③ $h = \sqrt{b^2 - DC^2}$，（图一）。

④ 见：第 145 页例子。

正弦用法和正弦表将在后面详细介绍①。

例子：假设角 ABC 是上述三角形的一个角，它的度数为 $53°7'49''$，其正弦为 48 00，该正弦的值与 AB 边的长度相乘，即该正弦的值与十相乘，得到的积除以六十，得八，这就是向 BC 边所引垂线之高。

补充例子：已知三角形的三条边之长，求该三角形的三个内角的度数。用上述方法得到三角形的高之后，再求出以底边为邻边角的正弦，为此，先把高乘以六十，再把得到的乘积分别除以该高的端点所在角的两个邻边，再从正弦表内去查找除以两个邻边后得到的与商相等的数。在求第三个内角的度数时，如果该三角形的高位于三角形之内，则从 180 中减去这两个角的度数之和，就得到第三个内角的度数，如果三角形的高位于三角形之外，则该三角形的第三个内角的度数等于这两个内角度数之差，这样也可以得到第三个内角的度数②。

例子：把得到的高乘以六十，即把八与六十相乘，得 480，把它分别除以想要求的两个角的邻边 AB 与 AC，除以第一条边，得 $48°0'0''$，除以第二条边，得 $28°14'7''$，在正弦表内对应第一个数的角度为 $53°7'49''$，这对于第一个三角形来说是角 B 的度数，而对于第二个三角形来说是角 B 相对于两个直角（180°）补

---

① 阿尔·卡西把三角函数与圆联系在一起，即阿尔·卡西所谓的正弦是指圆心角所对弦长的一半，即把 AD 称为正弦（见：第 152 页图二），而把圆心角度数的一半称为正弦的弧，即把 $\angle AOD$ 的度数称为 $\sin\angle AOD$ 所对的弧，也就是把 $\arcsin\left(\dfrac{AD}{R}\right)$ 称为 $\sin\angle AOD$ 所对的弧，这样由 $\sin\angle AOD = \dfrac{AD}{R}$，得到 $AD = R\sin\angle AOD$，所以阿尔·卡西所说的"该角的正弦与该角的一条邻边相乘"一句相当于 $c \times R\sin B$，因此在这一题中的三角形之高为 $h = c\sin B = \dfrac{c \times R \times \sin B}{R}$（见：第 152 页图一）。阿尔·卡西把正弦和余弦的值用六十进制小数来书写并把外接圆的半径取为 60，这样按照阿尔·卡西的观点应为 $\sin 90° = 60$，我们将在后面看出这一点。中亚数学家艾布·瓦法曾经要求把多边形外接圆的半径应取为 1，（在欧洲，数学家比拉迪瓦里在 1325 年提出可考虑艾布·瓦法要求的建议），到了 1748 年数学家欧拉（1707~1783 年）把直角的正弦取为 1 后，才终止了直角的正弦取为 60 的现象，同时把三角函数不再与圆联系。

② 设 $\triangle ABC$ 的高为 $h = AD$，如果三角形的高位于三角形的内部，这时垂足 D 在 BC 边上，角 B 与 C 都是锐角，由 $\sin B = \dfrac{h}{c}$，$\sin C = \dfrac{h}{b}$，从正弦表里去找对应的角 B 与 C 的度数，然后 $\angle A = 180° - (\angle B + \angle C)$ 来确定角 A 的度数。如果三角形的高位于三角形的外部，这时角 B 与角 C 中有一个是钝角。若角 C 为钝角，则由 $\sin\angle ACD = \dfrac{h}{b}$，确定 $\angle ACD$，从而确定 $\angle A = \angle BAC = \angle ACD - \angle B$。其中，$\angle C = 180° - \angle ACD$。在今后的例子中，阿尔·卡西只取两个三角形，其中第一个三角形边长分别为：10、17、21，第二个三角形的边长分别为：9、10、17。显然，阿尔·卡西在解此题时，没有用到余弦定理。

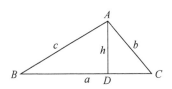 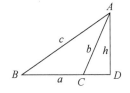

角的度数，对应第二个数的角度为 $28°4'22''$，这对于这两个三角形来说是角 C 的度数①。

补充例子：已知三角形的一条边与两个角，其余都是未知的，这时从 180 中减去已知两角之和，得到第三个角的度数，然后把已知边的长度与该已知边为邻边的角的正弦相乘，得到的乘积除以该边所对角的正弦，得到的商就是被除正弦的角所对边之长，这里所谓的被除正弦的角——是指上面所说的用已知边的长度去乘该已知边为邻边角的正弦的那一个角②。

补充例子：已知三角形的两条边与这两条边之间的夹角，需求出其余的量。第一步：这两条边中的一条与夹角的正弦相乘，第二步：该边与夹角的余弦相乘，如果夹角为锐角，则从第三边减去第二步得到的积，如果夹角为钝角，则第三边与第二步得到的积相加，再取得到和 [或差] 的平方，得到的平方与第一步得到积的平方相加，再取得到和的平方根，得到的平方根就是所要求的未知边。如果夹角为直角，则该角两个邻边的平方之和等于第三边的平方，我们称这种情况为上述一般情况的简化形式③。

---

① 见：第 149 页图四。

② 这里，阿尔·卡西利用正弦定理来求出未知的边长，即由关系 $\frac{\sin A}{a} = \frac{\sin B}{b} = \frac{\sin C}{c}$，得 $a = \frac{b\sin A}{\sin B}$ 或 $a = \frac{c\sin A}{\sin C}$。其中，$\angle A$ 就是所谓的被除的正弦角（下图）。中世纪的中亚数学家阿尔·比鲁尼（公元 973~1048 年）早已使用过正弦定理。

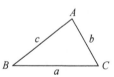

③ 阿尔·卡西所述的公式为 $c^2 = (a \pm b\cos C)^2 + (b\sin C)^2$，这相当于现代的余弦定理 $c^2 = a^2 + b^2 \pm 2ab\cos C$，我们注意到，阿尔·卡西用余弦定理和正弦定理来解三角形有关的问题时，只取了其中出现的所有三角函数的正值，所以他把锐角和钝角两种情况分开来处理，即当 $\angle C$ 为钝角时，以 $-\cos C$ 来代替 $\cos C$，因此当 $\angle C$ 为钝角时，把 $\cos C$ 看成 $\angle C$ 的补角的余弦。另外，他无论提正弦定理和余弦定理还是用它们来解决问题，始终是以勾股定理作为背景，这一点从他的"如果夹角为直角，则该角两个邻边的平方之和等于第三边的平方"一句话以及他提出的余弦公式 $c^2 = (a \pm b\cos C)^2 + (b\sin C)^2$ 中可看出，

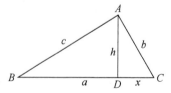

因由勾股定理，有 $c^2 = (a - x)^2 + h^2$，这里 $x = b\cos C$，$h = b\sin C$，代入左式后没有进行任何化简就得到了公式，而且当角 C 为直角时，利用 $\cos C = 0$，$\sin C = 1$ 直接得到勾股定理。

如果在计算过程中出现度、分和秒等数位，则必须把得到的乘积除以六十①。

例子： 在第一个三角形中，边 AB 和 BC 以及角 B 是已知的，而其余的量都是未知的，把边 AB 与角 B 的正弦相乘，即十与 48 相乘，得 8，再把边 AB 与角 B 的余弦相乘，即十与 36 相乘，得 6，又因角 B 是锐角，所以从 BC 中减去它，即从 21 减去六，得 15，它的平方等于 225，另一个乘积的平方等于 64，这两个平方之和等于 189，它的平方根等于 17，这就是其余边之长②。

补充例子： 如果两条边和不在它们之间的一个角是已知的，而其余的量都是未知的。已知角的正弦与一条已知的边相乘，使已知角夹在这条已知的边与未知的边之间，得到的乘积除以已知角所对的边，得到的商就是另一条边所对角的正弦，即与已知角的正弦相乘的边所对角的正弦，该角的度数与已知角的度数相加，从 180 中减去得到的和，得到的差就是夹在已知的两条边之间的角，该角的正弦与已知的两条边之一相乘，得到的乘积除以已知角的正弦，得到其正弦与已知的边相乘的那个角所对的边长③。

例子： 角 B 的正弦与 AB 相乘，即 48 与 10 相乘，得到的积等于 8 0，把它除以 AC，即把 8 0 除以 17，得到的商就是角 C 的正弦，它等于 28°14′7″，该正弦的弧为 28°4′22″，把它与第一个内角的度数相加，即把 28°4′22″与 53°7′49″相加，从 180°中减去得到的和，得到的差为 98°47′49″，这是角 A 的度数，它的正弦为 59°17′39″，把它与 AB 相乘，即把它与 10 相乘，得 9 52 56 30。把它除以角 C 的

---

① 见：第 153 页注②。

② ∠B 的正弦是指 $60 \times \sin B = 60 \times \sin\left[\arcsin\left(\dfrac{16\frac{4}{5}}{21}\right)\right] = 48$，因阿尔·卡西说过"必须把得到的乘积除以六十"，所以 AB 与 ∠B 的正弦相乘是指：$\dfrac{AB \times 60 \times \sin B}{60} = \dfrac{480}{60} = 8$，∠B 的余弦是指：$60 \times \cos B = 60 \times \cos\left[\arcsin\left(\dfrac{16\frac{4}{5}}{21}\right)\right] = 36$，所以 AB 与 ∠B 的余弦相乘是指：$\dfrac{AB \times 60 \times \cos B}{60} = \dfrac{360}{60} = 6$。

③ 在 △ABC 中，若已知 a 和 b 以及 ∠B，则由正弦定理 $\dfrac{\sin A}{a} = \dfrac{\sin B}{b} = \dfrac{\sin C}{c}$，有 $\sin A = \dfrac{a \sin B}{b}$，再由正弦表得 ∠A，然后从 ∠C = 180 − (∠A + ∠B) 得到 ∠C，再由 $c = \dfrac{b \sin C}{\sin B}$ 得到边 c。利用正弦定理来解这一题，一般来说有好几个解。例如，当 AC ≥ AB 时，一个解。当 AC < AB 以及 AB sin B < AC 时，两个解。当 AC < AB 以及 AB sin B > AC 时，无解。当 ∠B 为锐角时，有一个解或无解等。但阿尔·卡西没有提到这一点，显然阿尔·卡西的上述解法在后一种（当 ∠B 为锐角时，见第 151 页图三）情况下具有唯一解。

正弦，得到的商为 21，这就是我们所要求的 BC 边长①。

补充例子：如果三角形的三个内角是已知的，但所有边长是未知的，在这种情况下唯一的方法是任意确定其中一条边的长度。现假设一条边的长度等于一，用长度为一的边所对角的正弦分别除以以一为邻边的两个角的正弦，则得到的商就是被除正弦的角所对的边长②。

补充例子：我们来求从三角形的中心到边的距离，这里有两种方法。

第一种方法：需要我们用手操作，即用刻度尺和圆规作任意两角的角平分线，这两条角平分线的交点就是该三角形的中心，再从中心到任意边作垂线，则连接中心与垂足的线段就是所求的距离。

第二种方法：需要进行计算，即该三角形的任意两条边相乘，得到的积除以三边之和，得到的商与该两条边之夹角的正弦相乘，得到的乘积除以六十，得到的商就是该三角的中心到各个边的距离③。

例子：在第一个三角形中，用十乘二十一，得二百一十，把二百一十除以三条边之和，即二百一十除以四十八，得到的商为 4°22′30″，得到的商与角 B 的正弦相乘，即 4°22′30″ 与 48°0′0″ 相乘，得 210，把 210 除以六十，得到的商为三又二分之一，这就是该三角的中心到各条边的距离，这个距离与三条边之和的一半相乘，即三又二分之一与 24 相乘，得 84，这就是该三角形的面积，这个结果与我们以前得到的结果是完全一致的。从三角形的中心到边距离的上述求法也是被

---

① 按照阿尔·卡西的说法，把乘积除以 60，即 $\frac{AB \times 60 \times sinB}{60} = \frac{480}{60} = 8 = 80$，这个商等于角 C 的正弦，即 $60 \times sinC = 8 \div 17 = 0.470588 = 28147$，该正弦的弧相当于 $\angle C = \arcsin\left(\frac{8}{17}\right) = 28422$，$\angle A = 180 - (\angle B + \angle C) = 984749$，角 A 的正弦等于 $60 \times sinA = 16\frac{4}{5} \div 17 = 59.29411 = 591739$，角 A 的正弦与 AB 的乘积为：$\frac{10 \times 60 sinA}{60} = 9.88235 = 9525630$，得到的乘积除以角 C 的正弦，得 BC 边长，$\frac{10 \times 60 \times sinA}{60 \times sinC} = 21$。

② 设 $a = 1$，由正弦定理 $\frac{sinA}{1} = \frac{sinB}{b} = \frac{sinC}{c}$，有 $b = \frac{sinB}{sinA}$，$c = \frac{sinC}{sinA}$。

③ 设 a，b，c 是 $\triangle ABC$ 的三边，则该三角形的内切圆半径为 $r = \frac{absinC}{a+b+c}$，显然 r 就是该三角形的中心到各个边的距离。

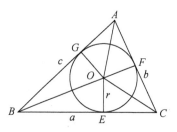

我们发现的①。

第三部 论等边三角形的测量，特别是用
已知量来求未知量

在等边三角形中，除了上述一般的测量法之外还有如下独特的测量法。

第一：首先取任意边长一半的平方-平方，然后用三去乘它后再取平方根，得到的数据就是该三角形的面积②。

第二：取等边三角形之高的平方-平方的三分之一的平方根，得到的数据也是等边三角形的面积③。

第三：任意一边的平方与 25 58 50 44 37（第五位）相乘，得到的积就是该三角形的面积④。

第四：三条边之和的八分之一与任意一条边平方的一半相乘，再取得到积的平方根，或用五又三分之一去除三边之一，得到的商与任一条边的立方相乘，再取得到积的平方根，得到的值就是该三角形的面积⑤。

用已知的量来求未知量时，取边长平方的四分之三的平方根，得到该三角形

---

① 阿尔·卡西强调，三角形中心到边的距离的上述求法是被他们发现的，根据这一部分内容的上下文我们可以推测，他用以下的方法推出了中心到边的距离公式（见：第 156 页图），$S_{\triangle BOC} = \frac{1}{2}ra$, $S_{\triangle BOA} = \frac{1}{2}rc$, $S_{\triangle COA} = \frac{1}{2}rb$, $S_{\triangle ABC} = \frac{1}{2}ab\sin C$，而三个小三角形面积之和等于大三角形的面积，所以 $S_{\triangle ABC} = \frac{1}{2}ab\sin C = \frac{1}{2}r(a+b+c)$，由此得到 $r = \frac{ab\sin C}{a+b+c}$。

② 等边三角形的面积为 $S = \sqrt{3\left(\frac{a}{2}\right)^4} = \frac{a^2}{4}\sqrt{3}$。

③ 等边三角形的高为 $h = \frac{a}{2}\sqrt{3}$，它的面积为 $S = \sqrt{\frac{1}{3}h^4} = \frac{h^2}{\sqrt{3}} = \frac{a^2}{4}\sqrt{3}$。

④ 因 $S = \frac{a^2}{4}\sqrt{3}$。其中，$\frac{\sqrt{3}}{4} = 0\ 25\ 58\ 50\ 44\ 37$。

⑤ 这里 $S = \sqrt{\frac{a^2}{2}\frac{(3a)}{8}} = \sqrt{\frac{a}{5\frac{1}{3}}a^3} = \frac{a^2}{4}\sqrt{3}$。

的高，高的三分之一为该三角形的中心到边的距离，即该三角形内切圆直径的一半①。

任意角到所对边之高的平方与该高平方的三分之一相加，再取得到和的平方根，得到该等边三角形的边长②。

边长与 51 57 41 29 14（第五位）的乘积等于该等边三角形的高③。

取边长平方的三分之一的平方根，得到的数就是该等边三角形外接圆直径的一半④。

取边长平方的六分之一的一半，再取得到数的平方根，得到的数就是从三角形的中心到边中间的高度⑤。

任意三角形与等边三角形的一个区别，就是在等边三角形中，无论是每条边相切的内切圆还是通过三个顶点的外接圆都有一个共同的圆心。

---

① $h = \sqrt{\frac{3}{4}a^2} = \frac{\sqrt{3}}{2}a$，$OD = r = \frac{1}{3}h = \frac{\sqrt{3}}{6}a$。

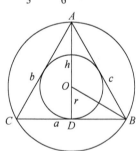

② $a = \sqrt{h^2 + \frac{1}{3}h^2} = \frac{2\sqrt{3}}{3}h$。

③ 因为 $h = \frac{a}{2}\sqrt{3}$，而 $\frac{\sqrt{3}}{2} = 05157412914$。

④ 所说圆的半径为 R，则 $R = h - r$，这里 $r = \frac{1}{3}h$，所以 $R = \frac{2}{3}h = \frac{2}{3} \times \frac{\sqrt{3}}{2}a = \sqrt{\frac{a^2}{3}}$。

⑤ 因为 $r = \frac{1}{3}h = \frac{1}{3} \times \frac{\sqrt{3}}{2}a = \sqrt{\frac{a^2}{2 \times 6}}$。

第二章　论四边形的测量及其相关的五个部分

第一部　论四边形的定义

四边形是指四条直线所围成的面，其中有等边四边形和非等边四边形，等角四边形和非等角四边形等四类四边形。

第一类：等边且等角四边形，这一类四边形称为平方①［正方形］。

第二类：等角非等边的四边形称为直角四边形［长方形］，连接两对角的两条对角线相等是所有长方形的共同特征。

第三类：等边非等角的四边形叫做菱形。两条对角线互相垂直相交是所有菱形的第一个共同特征，两对边互相平行是所有菱形的第二个共同特征。

第四类：非等边非等角的四边形，在这类四边形中有可能两对边互相平行且相等，但其他量不相等，这种四边形叫做近似菱形型四边形［平行四边形］②，两对边的平行性是这种四边形与前三类四边形的共同之处。另外，有可能一对边平行，但另一对边不平行，这种四边形叫做梯形。梯形也有三种类型；第一，单边垂直梯形，在这种梯形中非平行的一对边之一垂直于另一对平行边；第二，等腰梯形，在这种梯形中非平行的一对边相等；第三，非等腰梯形，在这种梯形中非平行的一对边既不相等又其任一条不垂直于另一对平行边，这种差别也可能由非平行的一对边的方向引起的。还有两个邻边相等，另外两个邻边也相等且对角线的交点位于该四边形的内部，这种四边形叫做"双手形"四边形，两组对角中的一组对角相等是这种四边形的必要条件，如果相等的一组对角是直角，则建筑学家们称该四边形为

---

① 古希腊数学家和中世纪的阿拉伯数学家都把正方形称为平方，立方体称为立方等。

② 阿尔·卡西把平行四边形称呼为菱形型四边形，即它们的四个角都不是直角，"菱形型四边形"的称呼也出现在欧几里得的几何原本第Ⅰ卷的开头部分，有关"菱形型四边形"和"梯形"等称呼的来源请看：Выгодский М Я. Историко-математические исследования ("Начала" Евклида). Москва-Ленинград: 1948 вып. 1: 227-228.

"巴旦木形"①，如果相等的一组对角是钝角，则木匠们称该四边形为"黑麦种子形"，如果相等的一组对组角是锐角，则我们称该四边形为"酒杯形"，在这三种形状的四边形中都有两条对角线互相垂直相交，这一点类似于正方形和菱形，把"双手形"四边形变成菱形时需要添补的或需要剪去的部分称为"双腿形"四边形②。

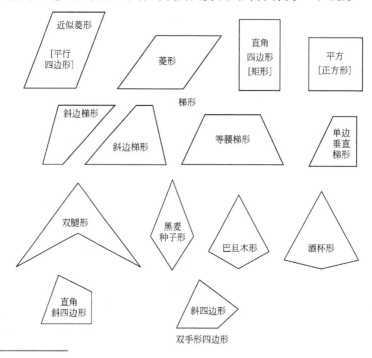

---

① "巴旦木"又名"巴旦杏"，也有俗称薄壳杏仁，是中亚地区种植的一种土产，在我国新疆主要产在天山以南喀什绿洲的疏附、英吉沙、莎车、叶城等县。

由于巴旦木的形状与一些特殊形状的梯形相似，所以当时中亚地区的建筑学家们称这种特殊形状的梯形为巴旦木，现我国新疆喀什地区维吾尔人戴的绣花帽子称"巴旦木帽子"是用巴旦木杏核变形和添加花纹的一种图案来绣花制作的帽子，在莎车县每年都要举行"巴旦木节"。

② 根据阿尔·卡西的叙述，双腿形用下面的方法得到。

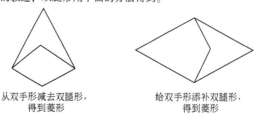

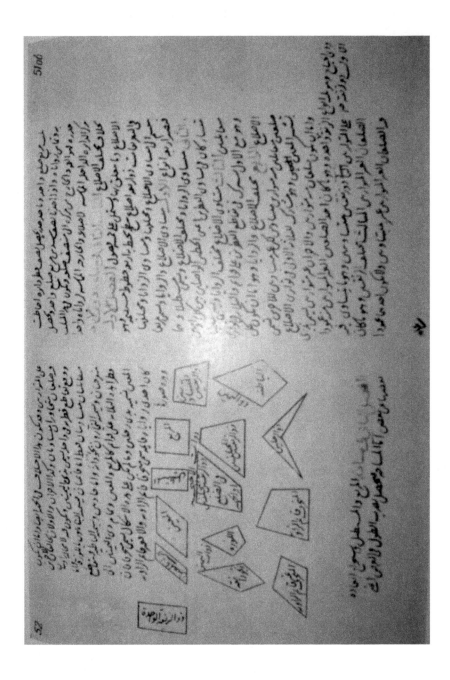

除了上述四边形之外的所有四边形一律称为"斜四边形",在斜四边形中有可能其中一个角为直角,这种"斜四边形"称为"直角斜四边形",否则一律称为"斜四边形"。

第二部　论正方形和长方形的测量以及用已知量来求未知量

正方形和长方形的面积等于长边与宽边的乘积,即它们的面积等于任意一条边与该边的邻边之乘积。

另一种方法:从一个角到对角线的垂直线段与该对角线的乘积等于它们的面积,当正方形时该垂直线段等于对角线的一半①。

用已知量来求出未知量:取两条邻边平方之和的平方根,得到对角线的长度,所以正方形对角线的平方等于边长的平方的二倍。

如果我们用正方形的边长去乘 1 24 51 10 7 46(第五位),则得到该正方形的对角线,如果用 1 24 51 10 7 46(第五位)除以对角线或对角线与 1 24 51 10 7 46(第五位)的一半相乘,即对角线与 42 25 35 3 58 相乘,则我们得到该正方形的边长②。

从一个角到对角线的垂直线段的求法类似于求三角形的高度。

第三部　论菱形和双手形的测量以及用已知量来求未知量

菱形与双手形的面积等于它们的两条对角线中的一条与另一条的一半相乘得到的积,这一点与正方形相似。

---

① 因长方形用一条对角线分成两个全等三角形,所以长方形的面积等于这两个三角形面积之和,故 $S = S_{\triangle ABD} + S_{\triangle BCD} = 2S_{\triangle ABD} = 2 \times \frac{1}{2} h \times BD = h \times BD$,当正方形时,显然 $h = \frac{1}{2} \times BD$。

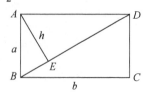

② 设正方形的边长为 a,对角线为 d,则 $d = \sqrt{2} a$ 或 $a = \frac{1}{\sqrt{2}} d = \frac{\sqrt{2}}{2} d$。其中,$\sqrt{2} = 1.414213562 = $ 1 24 51 10 7 46,$\frac{1}{\sqrt{2}} = \frac{\sqrt{2}}{2} = 0.707106781 = $ 0 42 25 35 3 58。

菱形面积的算法，从任一条边的平方减去其两条对角线的一半之差的平方，得到的差等于该菱形的面积①。

例子：如果已知菱形的边长为十，较长对角线为十六，较短对角线为十二，则我们把六与十六相乘，得到的九十六就是该菱形的面积，如果我们求两对角线的一半之差，则它等于二，它的平方等于四，从边长的平方减去得到的四，即从一百减去四，得到的差仍然是九十六。

双手形面积的算法：第一步：从不相等的两条邻边平方之和中分别减去被等分对角线的一半与被非等分对角线的各条部分之差的平方，再取得到差的一半，这时得到的结果就是该双手形的面积②。

有关双手形的例子：已知双手形的短边为十，长边为十七，短对角线为十六，长对角线为二十一，如果我们把二十一与八相乘，则得到该两只手的面积，该面积为一百六十八。如果我们分别求出短对角线的一半与长对角线的每一段之差，则得到的这两个差分别为二与七，求出了这些距离之后我们才明白，这些数

---

① 设 a，b 为菱形的两条对角线，则它的边长为 $\sqrt{\left(\dfrac{a}{2}\right)^2+\left(\dfrac{b}{2}\right)^2}$，菱形的面积为 $S=\dfrac{1}{2}ab$。其中，$S=\left(\dfrac{a}{2}\right)^2+\left(\dfrac{b}{2}\right)^2-\left(\dfrac{a}{2}-\dfrac{b}{2}\right)^2=\dfrac{1}{2}ab$。

② 设双手形的两条对角线分别为 a，b，对角线 b 被对角线 a 分成的不相等的两条线段分别为 b'，b''，对角线 a 被对角线 b 分成相等的两条线段各为 $\dfrac{a}{2}$，这时双手形的互不相等的两条邻边分别为 $\sqrt{\left(\dfrac{a}{2}\right)^2+b'^2}$ 与 $\sqrt{\left(\dfrac{a}{2}\right)^2+b''^2}$，其面积为 $S=\dfrac{1}{2}ab=\dfrac{1}{2}a(b'+b'')$，或者按照阿尔·卡西的叙述，它的面积为

$$S=\dfrac{1}{2}\left[\left(\dfrac{a^2}{2}+b'^2\right)+\left(\dfrac{a^2}{2}+b''^2\right)-\left(b'-\dfrac{a}{2}\right)^2-\left(b''-\dfrac{a}{2}\right)^2\right]=\dfrac{1}{2}a(b'+b'')$$

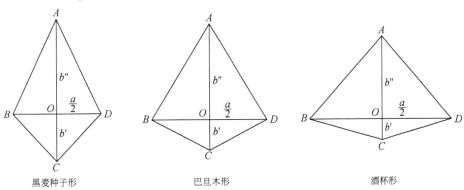

黑麦种子形　　　　　　巴旦木形　　　　　　酒杯形

据我们已经在第一章第一部分的第一个三角形中求过①，它们的平方之和为五十三，从互不相等的两条邻边平方之和中减去得到的五十三，得三百三十六，把它除以二，得一百六十八，得到的这个结果与上面得到的结果一致。

如果该双手形的两对角为直角，则其中一个直角的两条邻边相乘，就得到该双手形的面积②。

用已知量来求出未知量：已知菱形的任一角一半的正弦与该角的一条邻边的乘积除以六十，得到的商为该角所对对角线的一半。

双手形中也有类似算法，对不相等的两对角的任意一个角进行上述运算，并取得到商的二倍，得到该角所对的对角线，即得到连接两个相等对角的对角线。如果我们想求连接两个不等对角的对角线，则这两个不等角补角一半的正弦分别与该角的邻边相乘，得到的乘积除以六十，得到的两个商就是所求对角线的两条

---

① 因已知双手形不相等的两条邻边分别为10与17，长对角线为21，这时该三角形的BC边被高分成不相等的两条线段，其长度分别为15和6，该三角形的高为8，这一点从第四卷第一章第一部给出的图三（见：第149页）得知，这相当于上述双手形的短对角线的一半为8，长对角线的两段分别为15和6，阿尔·卡西在上面提到的就是这一点（下图）。

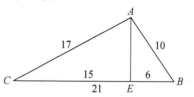

② 按照阿尔·卡西在上面给出的定义，这里所述的双手形应是巴旦木形，它的面积就等于其中一个直角的两条邻边之乘积。

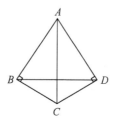

不等部分，这样就确定了所求的对角线①。

如果菱形的两条对角线中的一条是已知的，则从一条边的平方中减去已知对角线一半的平方，就得到另一条对角线一半的平方。

对双手形而言，如果连接两个相等对角的对角线是已知的，则从不相等的两条边的平方中分别减去该对角线一半的平方，就分别得到另一条对角线的各部分线段的平方。

双手形的例子：已知双手形的较短对角线的一半为八，则它的平方为六十四，首先从短边的平方中减去六十四，即从一百减去六十四，得三十六，再取三十六的平方根，得六，这就是长对角线较短的部分，然后从长边的平方中减去六十四，即从二百八十九减去六十四，得二百二十五，再取二百二十五的平方根，得十五，这就是长对角线较长的部分，连接两个不等对角的对角线等于这两条部分之和，这条连接两个不等对角的对角线把双手形分成全等的两个三角形，它的另一条对角线的一半就是每一个三角形的高②。

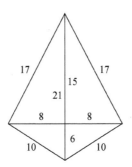

---

① 设双手形的连接两个不等对角的对角线为 AC，它与另一个对角线相交后被交点分成的两条线段分别为 AO 与 OC，AD 与 CD 是该对角线所对角的两边，$\angle EAD = \dfrac{\alpha}{2}$，$\angle FCD = \dfrac{\beta}{2}$，则

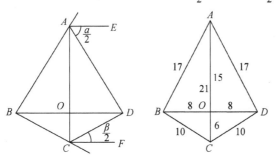

$AD = AD\sin\dfrac{\alpha}{2}$，　　$OC = CD\sin\dfrac{\beta}{2}$，所以所求对角线为 $AC = AO + OC$。

② 这里想求的长对角线为 AC，因 $OC = \sqrt{10^2 - 8^2} = 6$，$AO = \sqrt{17^2 - 8^2} = 15$，所以 $AC = 6 + 15 = 21$。另外，对角线 AC 把两只手分成全等的两个三角形——$\triangle ABC$ 与 $\triangle ACD$，这两个三角形的高就是短对角线 BD 的一半。

第四部 论近似菱形型与梯形的测量 以及用已知量来求未知量

近似菱形型［平行四边形］与梯形的面积等于其任意角到两条平行边中的一条所作的高与两条平行边之和的一半相乘得到的积，这一点与菱形相似。

［菱形型与梯形］高的求法：这里有两种方法；一是需要我们用手操作，即类似于三角形高的上述求法①；二是通过计算来求出高度。

对于等腰梯形来说，其高等于从一条斜边的平方减去两条平行边之差的一半的平方后再取平方根②。

对于单边垂直梯形来说，其高度等于非平行的两条边中较短的一条边，其高度又等于从较长一条边的平方中减去其两条平行边之差的平方后再取得到差的平方根③。

对于任意边梯形来说，如果其中一个角是夹在平行边中较长的一条边与其余两条边中较短的一条边之间的锐角，则该梯形的两条腰不会偏斜相同方向，如果该角为钝角，则该梯形的两条腰一定偏斜相同方向。在这种情况下，用类似于求三角形高的方法来求出该梯形的高度，即互相平行的两边中从较长一条边上剪掉较短的一条边等长的线段后剩下的线段作为三角形的底边作三角形，然后用三角形高的求法来求出该三角形的高度，这一方法适合所有类型的梯形，即两条腰偏

---

① 见：本卷第一章第一部第 145~146 页。

② $h = \sqrt{AB^2 - BE^2} = \sqrt{AB^2 - \left(\dfrac{BC-AD}{2}\right)^2}$。

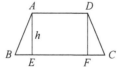

③ $CD = h = \sqrt{AB^2 - BE^2} = \sqrt{AB^2 - (BC-AD)^2}$。

斜同向或异向都能有效①。

对于菱形型［平行四边形］来说，如果已知它的任意一个角度，则该角的正弦与该角较短的邻边相乘，就得到与该菱形型等高的三角形的高度。

如果菱形型的已知一个角的正弦与该角较长的邻边相乘，就得到该菱形型对另一边的高度。如果菱形型的四个角都是未知的，则别无选择，只能通过手动测量法才能求出它的高度。

第五部　论双腿形型与斜四边形的测量

首先用直线来连接斜四边形的任两个对角，就得到两个三角形，然后分别求出这两个三角形的面积后再把它们加起来，就得到该四边形的面积，这一方法对所有类型的四边形是通用的方法②。

在双腿形中，通过用直线连接腿部的两个顶点得到两个三角形，再从大三角形的面积中减去小三角形的面积，就得到该双腿形的面积，或者该连接线的一半与连接另外两个对角的对角线相乘，也得到该双腿形的面积③。

另外人们称呼为"画绣"的图形是非直的图形，虽然它也属于一种斜边图

---

① 如果三角形的两边分别等于梯形的两腰，则该三角形的高与该梯形的高相等，该三角形的底边等于该梯形的平行两边之差，即在图一和图二中，△ABF 和 △DCF 的高 AE 和 DE 分别等于图一和图二中梯形的高度。在图一和图二中，两三角形的底边分别等于 $BF = BC - AD$ 和 $CF = BC - AD$。

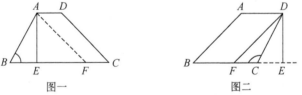

图一　　　　　　　　图二

② 很显然，阿尔·卡西在这里叙述的是凸四边形，并不包含双腿形。

③ 从这里可以看出，双腿形是关于中轴对称的四边形，而不是随便一个凹的四边形，否则上述算法不成立。这是因为，由对称性，中轴［凹顶点与凸顶点的连线］恰好垂直于连接腿部的两个顶点的连接线，才有上述结论成立。请看下图。

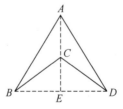

$S_{双腿形ABCD} = S_{\triangle ABD} - S_{\triangle BDC} = \frac{1}{2}BD \times AE - \frac{1}{2}BD \times CE = \frac{1}{2}BD(AE - CE) = \frac{1}{2}BD \times AC$。

形，但我们在这里没有对该图形的测量问题进行讨论①。

已知斜四边形的个别角时，该斜四边形应分解成两个三角形后，再用有关三角形的算法来求出所需要的距离，否则按照老方法进行手动测量。

---

① 因阿尔·卡西没有给出该图形的图纸，所以我们也无法确定该图形的形状，也许是当时在中亚地区装修楼房用的一种带花瓷砖的图形。

第三章　论多边形①的测量及其相关的五个部分

第一部　论有关定义

多边形——由四条或者更多条直线所围成的面积。

例如：五边形、六边形、七边形、八边形等。它们有可能是等边且等角，也有可能是非等边或非等角，甚至有可能其中有些量相等，而有些量不相等，其中第一种类型的多边形一定有内切圆，即它们的每条边与多边形内部的一个圆相切，但个别的第二种类型的多边形也有可能具有这种性质。

第二部　论多边形测量的一般方法
以及用已知量来求未知量

一般用如下的方法能够求出所有多边形的面积：首先把已知多边形分解成若干个三角形，然后分别求出得到的各个三角形的面积，再把它们的面积加起来即可。

另一种方法：如果它是等边多边形②，则它一定有内切圆，否则，如果我们在它的内部能够画出与其每一条边相切的圆，则我们把该内切圆直径的一半与该多边形的边长之和相乘，就得到该多边形的面积。

我们通过手动测量法也能够得到内切圆直径的一半，其方法如下：分别作该多边形任意两个顶角的平分线，则这两条平分线的交点是内切圆的圆心，从圆心到任一边作垂线并用手动测量该垂线从圆心到一条边的距离，就得到内切圆直径的一半。或者，也可用如下的方法来计算该距离的长度：其中任意角一半的正弦与该角相邻的第二个角一半的余弦相乘，把得到的积除以第二个角一半的正弦，得到的商与第一个角一半的余弦相加，再用得到的和除以第一个角一半的正弦，

---

①　阿尔·卡西把多边形称呼为"多角形"，译注者在翻译时把"多角形"翻译成"多边形"。
②　阿尔·卡西把"正多边形"称呼为"等边等角多角形"，译注者把它译成"正多边形"；把圆的半径称呼为直径的一半，译注者把它翻译成"半直径"或"半径"。

得到的商与这两个角的公共邻边相乘，得到的结果就是该多边形内切圆直径的一半①。

第三部　论等边等角多边形［正多边形］的其他性质以及用已知量来求未知量

等边等角多边形［正多边形］的面积：
正五边形的面积等于边长平方与 1 43 13 43 7 8（第五位）的乘积，
正六边形的面积等于边长平方与 2 35 53 4 27 42（第五位）的乘积，
正七边形的面积等于边长平方与 3 38 2 5 18 40（第五位）的乘积，
正八边形的面积等于边长平方与 4 49 42 20 15 32（第五位）的乘积，
正十边形的面积等于边长平方与 7 41 39 9 21 36（第五位）的乘积，
正十二边形的面积等于边长平方与 11 11 39 39 6 35（第五位）的乘积，
正十五边形的面积等于边长平方与 17 38 32 30 23 19（第五位）的乘积，
正十六边形的面积等于边长平方与 20 6 33 41 19 16（第五位）的乘积。

在上面给出的数据，都是计算正多边形面积时给一条边的平方要乘的系数，对于不同的多边形要乘的系数也不同。另外，为了比较并对查出错误提供方便，我们把它们用数字和文字两种形式抄写在表内，我们把其中的数字也翻译成具有一定准确度的印度数字，所有用印度数字所写的分数都是以相同数字"千千"为

---

① 假设 A 与 B 是具有内切圆的非等边多边形的两个相邻顶角，c 是顶点 A 与 B 的连线，O 是内切圆圆心，在 $\triangle AOB$ 中，$\angle OAB = \alpha$，$\angle OBA = \beta$，$\angle AOB = \gamma$，$r \perp AB$，$AO = b$，$BO = a$，由正弦定理，有 $\frac{a}{\sin\alpha} = \frac{b}{\sin\beta} = \frac{c}{\sin\gamma}$，这里，$\sin\gamma = \sin(180° - \alpha - \beta) = \sin(\alpha + \beta)$。于是，有 $a = \frac{c\sin\alpha}{\sin\gamma} = \frac{c\sin\alpha}{\sin(\alpha+\beta)} = \frac{c\sin\alpha}{\sin\alpha\cos\beta + \cos\alpha\sin\beta}$。另一方面，从点 O 到 AB 边所引垂线等于内切圆的半径 r，所以，有 $r = a\sin\alpha$，故

$$r = \frac{c\sin\alpha\sin\beta}{\sin\alpha\cos\beta + \cos\alpha\sin\beta} = \frac{c\sin\alpha}{\frac{\sin\alpha\cos\beta}{\sin\beta} + \cos\alpha}$$

这就是阿尔·卡西在上面提到的多边形内切圆半径的计算公式，这个公式是阿尔·卡西给出的（下图）。

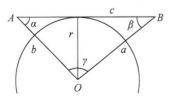

分母①。

为了使天文学家的算法一致，分数的整数部分用十进制数字表示，以十与十的乘积为分母时称为十进制秒，以十的平方与十的乘积为分母时称为毫秒，一直进行到十的八次幂为止。

我们先把得到的结果同时用六十进制数字和文字两种形式写出来，然后用类似于前面的表又把它转换成十进制数②。

例子：我们来求出正六边形的面积，其每一边长度为二十又二分之一手肘③，把它写成 20 30 的形式，它的平方为 7 0 15，得到的平方与 2 35 53 4 27 42（第五位）相乘，就得到该正六边形的面积。

整数		分数					
升位	手肘	分位	秒位	分秒	毫秒	第五位	第六位
18	11	50	29	30	0	55	30

如果我们把每一边的长度取为一千二百三十手肘，则得到同样的数据，但是从［左边］第四个数位起，即二十九的度量是手肘，该数左边的数位都是升位的数位，而该数右边的数位都是手肘的小数部分④。

例子：用印度数字来计算上面给出的例子。因为边长为二十又二分之一手肘，该数的分数部分的分母取为十，所以把二十的右边应写成五，即写成下面的形式：

整数部分	分数部分
20	5
取平方后得	
整数部分	分数部分
420	25

---

① 如果 a 是正多边形的一条边长，则该正多边形的面积为 $S = \dfrac{n}{4}a^2 \cot \dfrac{180°}{n}$，阿尔·卡西用六十进制数系来计算，这也可以先用十进制来计算，然后转换成六十进制数。以正六边形为例，由上面的面积公式，有 $S = \dfrac{3}{2}a^2 \cot 30° = \dfrac{3\sqrt{3}}{2}a^2 \approx 2.59807621 a^2$，得到的十进制数换成六十进制数，有 2 35 53 4 27 42，这里的误差小于 $\dfrac{1}{60^5} \approx \dfrac{1.5}{10^6}$。

② 见：第 129 页和第 133 页表。

③ 一手肘约等于 0.5 米。

④ 这里，因 $1230 = 20\dfrac{1}{2} \times 60$，所以在上面得到的结果提升一位后，就得到边长为 1230 的正多边形的面积。

正多边形面积与边长平方之比的六十进制表示①

正多边形	正多边形的面积与边长平方之比					用文字表达的数字					乘二的结果				
	整部	分	秒	分秒	毫秒	第五位	整部	分	秒	分秒	毫秒	第五位	整部	分	秒	分秒	毫秒	第五位

正多边形	整部	分	秒	分秒	毫秒	第五位	整部	分	秒	分秒	毫秒	第五位	整部	分	秒	分秒	毫秒	第五位
1	2	3	4	5	6	7	8	9	10	11	12	13	14	15	16	17	18	19
三角形	0	25	58	50	44	37	零	二十五	五十八	五十	四十四	三十七	0	51	57	41	29	14
五边形	1	43	13	43	7	8	一	四十三	十三	四十三	七	八	3	26	27	26	14	16
六边形	2	35	53	4	27	42	二	三十五	五十三	四	二十七	四十二	5	11	46	8	55	24
七边形	3	38	2	5	18	40	三	三十八	二	五	十八	四十	7	16	4	10	37	20
八边形	4	49	42	20	15	32	四	四十九	四十二	二十	十五	三十二	9	39	24	40	31	4
九边形	6	10	54	34	18	16	六	十	五十四	三十四	十八	十六	12	21	49	8	36	32
十二边形	11	11	46	8	55	24	十一	十一	四十六	八	五十五	二十四	22	23	32	17	50	48
十五边形	17	38	32	30	23	19	十七	三十八	三十二	三十	二十三	十九	35	17	5	0	46	38
十六边形	20	6	33	41	19	16	二十	六	三十三	四十一	十九	十六	40	13	7	22	38	32

---

① 因边长为 a 的正 n 边形的面积等于 $S = \frac{n}{4}a^2 \cot\frac{180°}{n}$，所以正多边形面积与边长平方之比为 $\frac{S}{a^2} = \frac{n}{4}\cot\frac{180°}{n}$，这个等式的右边只依赖于正多边形的边数，而不依赖于边长。

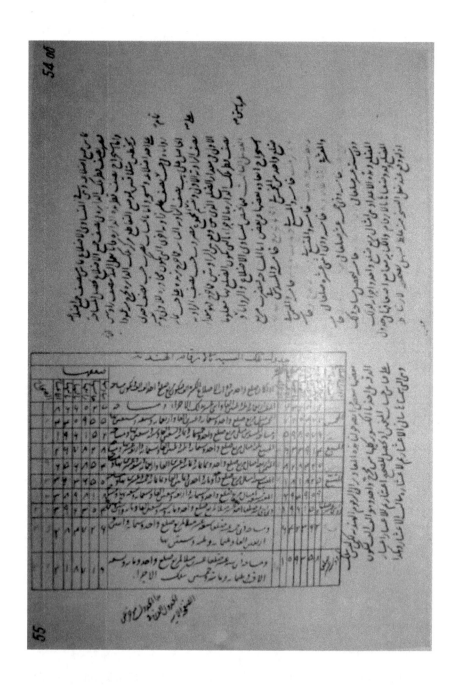

上面得到的平方与下面给出的数相乘,

整数部分	分数部分
2	598076

得

整数部分	分数部分
1091	841439

这就是所求的面积①。

如果每边长度为二百零五手肘,则得到同样的数字,但得到面积的整数部分不是原四位数字,而是等于109184,其余的数字都是分数部分②。

正多边形面积与边长平方之比的十进制表示

正多边形	正多边形的面积与边长平方之比						用文字表达的数字	乘二的结果					
	整数部分	十进制分	十进制秒	十进制分秒	十进制毫秒	十进制第五位	十进制第六位		整数部分	十进制分	十进制秒	十进制分秒	十进制毫秒	十进制第五位	十进制第六位
三角形	0	4	3	3	0	1	2	等边三角形面积等于边长平方与四十三万三千零十二之乘积③	0	8	6	6	0	2	4
五边形	1	7	2	0	4	8	8	正五边形面积等于边长平方与七十二万零四百八十八之乘积	3	4	4	0	9	7	6
六边形	2	5	9	8	0	7	6	正六边形面积等于边长平方与五十九万八千零七十六之乘积④	5	1	9	6	1	5	2

---

① 这里的算法,$S = \frac{3}{2}(20.5)^2 \cot 30° = \frac{3\sqrt{3}}{2}(20.5)^2 \approx 2.598076 \times 420.25 = 1091.841439$。

② 这里的算法,$S = \frac{3}{2}(205)^2 \cot 30° = \frac{3\sqrt{3}}{2}(205)^2 \approx 2.598076 \times 42025 = 109184.1439$。

③ 设等边三角形的边长为 a,面积为 S,则 $\frac{S}{a^2} = 0.433012$,乘二后,得 $2 \times \frac{S}{a^2} = 0.866024$。

④ 设正六边形的边长为 a,面积为 S,则 $\frac{S}{a^2} = 2.598076$,乘二后,得 $2 \times \frac{S}{a^2} = 5.196152$。

续表

正多边形	正多边形的面积与边长平方之比						用文字表达的数字	乘二的结果					
	整数部分	十进制分	十进制秒	十进制分秒	十进制毫秒	十进制第五位	十进制第六位	正多边形的边长为一千，其平方为"千千"	整数部分	十进制分	十进制秒	十进制分秒	十进制毫秒	十进制第五位	十进制第六位
七边形	3	6	3	3	9	1	4	正七边形面积等于边长平方与六十三万三千九百一十四之乘积	7	2	6	7	8	2	8
八边形	4	8	2	8	4	2	8	正八边形面积等于边长平方与八十二万八千四百二十八之乘积	9	6	5	6	8	5	6
九边形	6	1	8	1	8	2	5	正九边形面积等于边长平方与一十八万一千八百二十五之乘积	12	3	6	3	6	5	0
十边形	7	6	9	4	9	0	9	正十边形面积等于边长平方与六十九万四千九百零九之乘积	15	3	8	9	8	1	8
十二边形	11	1	9	6	1	5	2	正十二边形面积等于边长平方与十九万六千一百五十二之乘积	22	3	9	2	3	0	4
十五边形	17	6	4	2	3	6	3	正十五边形面积等于边长平方与六十四万两千三百六十三之乘积	35	2	8	4	7	2	6
十六边形	20	1	0	9	3	5	8	正十六边形面积等于边长平方与十万九千三百五十八之乘积	40	2	1	8	7	1	6

须知：除了正方形之外的所有正多边形中，即使它们的边长为有理数，但它们的面积不一定是有理数。

正多边形有关距离的求法：即正多边形内切圆直径的一半［半径］的求法。首先，正多边形的内切圆位于正多边形的内部，并在每一条边的正中点处相切，所以该内切圆直径的一半也可以手动测量，即当正多边形的边数为偶数时，用直线连接该正多边形的两条对边的中点，则这条线段的一半就是所求内切圆直径的一半，当正多边形的边数为奇数时，则用直线连接该正多边形任一条边的中点与该边所对的顶角，用同样的方法用直线连接另一条边的中点与该边所对的顶角，这时这两条连接线的交点到边中点的线段就是内切圆直径的一半，这两条连接线的交点就是该内切圆的圆心。

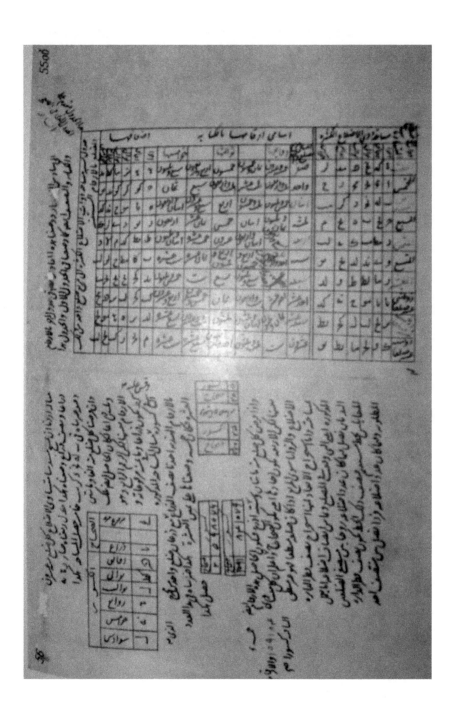

通过计算也可以求出该内切圆直径的一半，这时用正多边形的边数去除180，并分别求出得到商的正弦和余弦，然后把边长的一半除以该正弦，得到的商先除以六十，然后乘以该角的余弦，得到的乘积是内切圆直径的一半，而前面得到的商是外接圆直径的一半，该外接圆通过多边形的所有顶点①，这两条直径分别称为较短直径与较长直径。

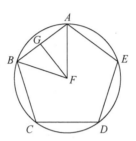

另一种方法：把正多边形的面积除以边长之和的一半，得到的商就是较短直径的一半②。

补充例子：如果在多边形中，已知较长直径的一半或较短直径的一半，而边长是未知的，则我们可以求出该多边形的边长，如果已知较短直径的一半，则该直径的一半与上面提到的正弦相乘，得到的积除以上面提到的余弦后再除以六十，如果已知较长直径的一半，则该直径的一半与上面提到的正弦相乘后再除以六十，最后把得到的结果乘二，就得到该多边形的面积③。

另一种方法：如果已知多边形的面积，则把面积除以该多边形的边长系数，

---

① 假设 a 为正多边形的边长，r 和 R 分别为该多边形的内切和外接圆的半径，则该多边形内切圆的半径为

$$r = \frac{a}{2}\cot\frac{180°}{n} = \frac{a}{2} \times \frac{\cos\frac{180°}{n}}{\sin\frac{180°}{n}}$$

则该多边形外接圆的半径为

$$R = \frac{a}{2} \times \frac{1}{\sin\frac{180°}{n}} = \frac{a}{2} \times \csc\frac{180°}{n}$$

阿拉伯文原稿的这一段有一些错误，苏联学者把阿拉伯文译成俄文时，已经把它们改正。译注者把这一段译成汉文时，把原稿上的错误也按俄文译稿改正。

② 因为正 n 边形的面积为 $S = \frac{na}{2} \times r$，所以 $r = \dfrac{S}{\frac{1}{2}na}$。

③ $a = 2r\dfrac{\sin\frac{180°}{n}}{\cos\frac{180°}{n}} = 2r\tan\frac{180°}{n}$，或者，$a = 2R\sin\frac{180°}{n}$。

第四卷　论　测　量

再取得到商的平方根，同样得到该多边形的边长①。

第四部　论等边等角六边形［正六边形］的其他性质

等边等角六边形的面积：把边长的平方-平方与二十七相乘，再取得到积的平方根的一半②。

另一种方法：内切圆直径一半的平方-平方与十二相乘，再取乘积的平方根，就得到所求的面积③。

另一种方法：边长的立方与边长之和相乘，得到的积与该积的八分之一相加，就得到所求面积的平方④。

该六边形可分成六个全等的等三角形，这些三角形的边长等于该六边形的边长。

等边等角六边形有关距离的求法：该六边形边长平方的三倍的平方根等于它的较短直径⑤，这个值就等于上述等三角形［上述 6 个等三角形］高的二倍，又该等三角形［上述 6 个等三角形］边长的二倍等于较长的直径，但等边三角形内切圆直径的一半就等于上述值的六分之一⑥。

---

① 多边形的边长系数是第 173 页和第 175 页、176 页表给出的数字，正 n 边形的边长系数为 $\frac{n}{4}\cot\frac{180°}{n}$，所以 $a^2 = \frac{S}{\frac{n}{4}\cot\frac{180°}{n}}$，即 $a = \sqrt{\frac{S}{\frac{n}{4}\cot\frac{180°}{n}}}$（见：第 172 页注①）。

② 在正六边形中，有 $S = \frac{3}{2}a^2\cot 30° = \frac{3\sqrt{3}}{2}a^2 = \frac{\sqrt{27a^4}}{2}$。

③ 在正六边形中，有 $S = 6r^2\tan 30° = 2\sqrt{3}r^2 = \sqrt{12r^4}$。

④ 在正六边形中，有 $S^2 = a^3 \times 6a + \frac{1}{8}a^3 \times 6a = \frac{27}{4}a^4$。

⑤ 在正六边形中，有 $r = \frac{a}{2}\cot 30° = \frac{\sqrt{3}a}{2}$，于是 $2r = \sqrt{3}a = \sqrt{3a^2}$。

⑥ 在等边三角形中，内切圆半径为 $r = \frac{a}{2}\cot 60° = \frac{a}{2\sqrt{3}} = \frac{\sqrt{3}}{6}a$，但此处的 a 是含有内切圆的单独的等边三角形边长，这里阿尔·卡西把以正六边形的边为边的等边三角形与含有内切圆的单独的等边三角形混杂。

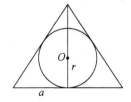

第五部 论等边等角八边形①的其他性质以及相关距离的求法

等边等角八边形的面积：从较短直径的平方中减去边长平方就得到它的面积②。

另一种方法：把边长平方的两倍的平方根与边长的两倍相乘，得到的积与边长平方的两倍相加，就得到它的面积③。

有关距离的求法：任一边长平方的二倍的平方根与任一边长之和等于较短直径④。

如果它的边长是未知的，但较短直径是已知的，则从较短直径平方的二倍的平方根中减去较短直径之长，得到的差就是该多边形的边长⑤。

---

① 正八边形。

② 因 $S = \dfrac{n}{4}a^2 \cot \dfrac{180°}{n}$，所以 $S = 2a^2 \cot 22.5° = 2(1+\sqrt{2})a^2$，另一方面 $r = \dfrac{a}{2}\cot 22.5°$，$2r = (1+\sqrt{2})a$，于是 $(2r)^2 - a^2 = 2(1+\sqrt{2})a^2 = S$。

③ $\sqrt{2a^2} \times 2a + 2a^2 = 2(1+\sqrt{2})a^2 = S$。

④ $2r = (1+\sqrt{2})a = a + \sqrt{2a^2}$。

⑤ $a = \dfrac{2r}{\sqrt{2}+1} = 2r(\sqrt{2}-1) = \sqrt{2(2r)^2} - 2r$。

第四章 论圆及其部分的测量（即扇形、弓形、圆环等部分的测量）和相关的五个部分

第一部 论有关定义

圆：是指一条曲线所围成的面，它的内部有这样一个点，使该点到曲线的所有距离相等，该曲线称为圆周，内部的点称为圆心，从圆心到圆周的线段等于圆直径的一半，每一条直线把圆分成两个部分，该直线位于圆内的部分称为弦，圆周被弦切割的每一个部分称为弧。

扇形：圆被夹在从圆心出发的并长度等于直径一半的两条线段部分的面。

弓形：圆的长弧段与短弧段以及连接这条弧两个端点的线段所围成的面积，即弧与所对的弦所围成的面，这条弦称为该弓形的底线。

弦的一半称为该弦所对弧一半的正弦，从弧段的中点到对应弦中点的垂线段称为该弧段的"矛头"，但这种称呼为少数人所使用，而大部分人称它为该半弧的"弓轴"①。

凸透镜是由两个全等圆周的全等圆弧所围成的面，其中每一条圆弧小于半圆

---

① 阿拉伯文原著中的"قوس"意为弓臂，我把它翻译成圆弧；"وتر"意为弓弦，我把它翻译成弦；"سهم"意为矛头，弧与对应弦的垂直平分线，而"سهم القوس"意为弧的矛头，我把它译成"弓轴"。
"正弦"（sinus）名词来自于印度语中的"jiva"（意为弓弦），印度数学家阿利耶毗陀（Aryabhata，约公元476~550年）称半弦为"jiva"，是猎人的弓弦的意思。（Sanford V. A Short History of Mathematics. London: Houghton Mifflin, 1930: 295; Cajori F. A History of Elementary Mathematics. New York: The Macmillan Company, 1924: 124.）后来大量印度书籍被译成阿拉伯文，这个字音译成"jiba"，辗转传抄，误成形状相似的"jaib"，意思是胸膛、海湾或凹处。12世纪时，提佛利（意大利中部，在罗马之东）地方的柏拉图（Plato of Tivoli）将这个字意译成拉丁文"Sinus"，这就是"正弦"一词的来源。1631年邓玉函与汤若望等编的《大测》一书，译"Sinus"为"正半弦"或"前半弦"，简称"正弦"，这是我国"正弦"这一术语的由来。（梁宗巨. 世界数学史简编. 沈阳：辽宁人民出版社，1981：181–182.）

周，如果这两条圆弧都大于半圆周，则称该面为菜籽形面①，它们的形状如下：

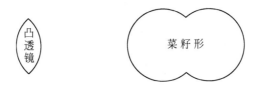

平面圆环——夹在两个同心圆之间的面，如果用圆心出发的两条直线去截它，则称所形成的图形为圆扇形环②。

初月形——大小不同的两个圆的小于半圆周的两条圆弧段所围成的面，如果这两条弧段都大于半圆周，则称所形成的图形为马蹄形③。它们的形状如下：

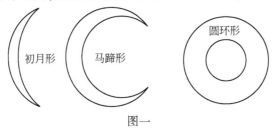

图一

第二部 论圆的测量，由直径来确定其周长以及相反的问题，前言以及求面积的例子

须知：圆的周长小于直径的三又七分之一倍，大于整数三与小于七分之一的分数之和的倍数，为了简化计算，人们通常把分数部分取为七分之一，阿基米德认为该分数小于七分之一大于七十一分之十，如果从我的《圆周论》一书里得到的结果中去掉毫秒位并把直径设为单位数一，则有 3 8 29 44（分秒），这个值比阿基米德得到的数更准确，我们已经证明了在《圆周论》一书中得到的结果比较接近实际值，但除了真主之外没有人知道该比值的准确值。

---

① 我把原文中的 "شالجامىی" 一词按原意译成菜籽形。
② 在原著中没有给出扇形环的图形，该图形应是下面的形状。

③ 阿尔·卡西的这些定义是不够准确的。从图一可看出，应该是被夹在方向相同的两条圆弧之间的面；否则，与上面的凸透镜、菜籽形混杂。

如果圆的直径是已知的，而周长是未知的，则把直径与该常数［圆周率］相乘，就得到该圆的周长。

如果有相反的情况，则把圆周除以该常数就得到圆的直径。

如果上面所说的两个量都是未知的，则在圆周上任取两点，分别以该两个点为圆心，作大小相同并且相交的两圆弧，用直线连接这两条圆弧的交点并把直线延长到与已知圆相交为止，这样就得到该圆的直径。

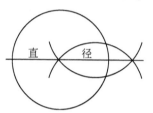

如果圆的面积是已知的，则把它与十四相乘，得到的积除以十一，再取得到商的平方根，就得到该圆的直径①，或者面积与七相乘，得到的积除以二十二，再取得到商的平方根，就得到该圆直径的一半②。

这两种方法都是利用已知的常数来计算圆的直径。但我们的算法是这样，把面积除以 3 8 29 44（分秒），再取得到商的平方根，就得到直径的一半；或者，把面积除以 0 48 7 26（分秒），再取得到商的平方根，就得到该圆的直径③。

我们可以用下列方法得到圆周：把一条细线的一端放在固定点，而另一端绕

---

① $\sqrt{\dfrac{S \times 14}{11}} = \sqrt{\dfrac{\pi \dfrac{d^2}{4} \times 14}{11}} = \sqrt{\dfrac{\dfrac{22}{7} \times \dfrac{14}{4} d^2}{11}} = d$。

② $\sqrt{\dfrac{7 \times S}{22}} = \sqrt{\dfrac{7 \times \dfrac{22}{7} \times \dfrac{d^2}{4}}{22}} = \dfrac{d}{2}$。

③ $\sqrt{\dfrac{S}{\pi}} = \sqrt{\dfrac{\pi r^2}{\pi}} = \sqrt{r^2} = r = \dfrac{d}{2}$，或者 $\sqrt{\dfrac{S}{\dfrac{\pi}{4}}} = \sqrt{\dfrac{\pi r^2}{\dfrac{\pi}{4}}} = \sqrt{4r^2} = 2r = d$。这里，π = 3 8 29 44（分秒），$\dfrac{\pi}{4}$ = 0 47 7 26。

因为圆周率的 $\dfrac{22}{7}$ 值，早于阿尔·卡西的时代被普遍使用，所以阿尔·卡西认为是别人所使用的常数，而用这个常数来计算圆的直径和圆的面积，他认为是别人的方法，而阿尔·卡西把圆周率取为 3 8 29 44（分秒）来计算，认为是之前的人没用过的方法，是阿尔·卡西他们独有的方法，其实两种算法除了圆周率的取法不同之外是没有区别的。另外，祖冲之（公元 429～500 年）给出的密率 $\dfrac{355}{113}$ 化成六十进制数字后，得 3 8 29 44，恰好得到阿尔·卡西所提到的数字，这说明中国人使用圆周率的 3 8 29 44 值比阿尔·卡西早 1000 多年。

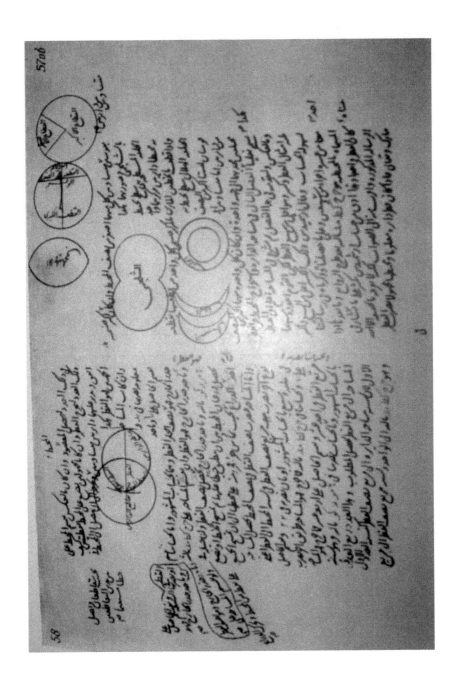

一圈，然后测量细线的长度，或者把刻度尺的一端固定在一点，而另一端绕一圈。

圆的面积等于直径的一半与周长的一半之乘积①。

另一种方法：按照以前的算法，用直径一半的平方去乘周长与直径之比②，即用直径一半的平方去乘三与七分之一之和，即用直径一半的平方去乘二十二后再除以七，或者按照我们的算法，直径一半的平方与 3 8 29 44（分秒）相乘，就得到圆的面积③。

另一种方法：直径的平方与十一相乘，再把得到的积除以十四，得到的积是按照以前算法算出的面积④，或者按照我们的算法，把直径的平方与 0 47 7 26（分秒）相乘，就得到圆的面积，其中的 0 47 7 26（分秒）就是圆的面积与直径平方之比，这个数据是 3 8 29 44（分秒）的四分之一，即 3 8 29 44 的一刻，也就是 3 8 29 44（分秒）与一的之比乘以直径一半的平方与直径平方之比等于该数的四分之一⑤。

为了简化计算，我们首先把这两类数据的乘积用六十进制数字写入表内，然后又把它们转换成用印度数字表示的十进制分数，这些表如下：

周长对直径之比的倍数（六十进制数字表示）⑥

直径	圆的周长					直径	圆的周长				
	升位	整数	分	秒	分秒		升位	整数	分	秒	分秒
1	0	3	8	29	44	5	0	15	42	28	40
2	0	6	16	59	28	6	0	18	50	58	24
3	0	9	25	29	12	7	0	21	59	28	8
4	0	12	33	58	56	8	0	25	7	57	52

---

① $\frac{d}{2} \times \frac{\pi d}{2} = \frac{1}{4}\pi d^2$。

② $\left(\frac{d}{2}\right)^2 \times \frac{\pi d}{d} = \frac{1}{4}\pi d^2$。

③ 见：第 184 页注③。

④ $\frac{d^2 \times 11}{14} = \frac{d^2}{4} \times \frac{22}{7}$。

⑤ $\frac{\pi}{1} \times \frac{\left(\frac{d}{2}\right)^2}{d^2} = \frac{\pi}{4}$。

⑥ 表内的数据是 $n \times \frac{2\pi r}{2r} = n \times \pi$ （$n = 1, 2, 3, \cdots, 60$）的结果，阿尔·卡西把它看成直径为 $d = n$ 的圆周长，所以表的第一列写成直径，第二列写成圆周长。例如，$d = 7$ 相当于 $7\pi = 21.991148 = 21\ 59\ 28\ 8$。

续表

直径	圆的周长					直径	圆的周长				
	升位	整数	分	秒	分秒		升位	整数	分	秒	分秒
9	0	28	16	27	36	35	1	49	57	20	40
10	0	31	24	57	20	36	1	53	5	50	24
11	0	34	33	27	4	37	1	56	14	20	8
12	0	37	41	56	48	38	1	59	22	49	52
13	0	40	50	26	32	39	2	2	31	19	36
14	0	43	58	56	16	40	2	5	39	49	20
15	0	47	7	26	0	41	2	8	48	19	4
16	0	50	15	55	44	42	2	11	56	48	48
17	0	53	24	25	28	43	2	15	5	18	32
18	0	56	32	55	12	44	2	18	13	48	16
19	0	59	41	24	56	45	2	21	22	28	0
20	1	2	49	54	40	46	2	24	30	47	44
21	1	5	58	24	24	47	2	27	39	17	28
22	1	9	6	54	8	48	2	30	47	47	12
23	1	12	15	23	52	49	2	33	56	16	56
24	1	15	23	53	36	50	2	37	4	46	40
25	1	18	32	23	20	51	2	40	13	16	24
26	1	21	40	53	4	52	2	43	21	46	8
27	1	24	49	22	48	53	2	46	30	15	52
28	1	27	57	52	32	54	2	49	38	45	36
29	1	31	5	22	16	55	2	52	47	15	20
30	1	34	14	52	0	56	2	55	55	45	44
31	1	37	23	21	44	57	2	59	4	14	48
32	1	40	31	51	28	58	3	2	12	44	38
33	1	43	40	21	12	59	3	5	21	14	16
34	1	46	48	50	56	60	3	8	29	44	0

圆的面积对直径平方之比的倍数（六十进制数字表示）①

直径平方	圆的面积				直径平方	圆的面积			
	整数	分	秒	分秒		整数	分	秒	分秒
1	0	47	7	26	31	24	20	50	26
2	1	34	14	52	32	25	7	57	52
3	2	21	22	18	33	25	55	5	18
4	3	8	29	44	34	26	42	12	44
5	3	55	37	10	35	27	29	20	10
6	4	42	44	36	36	28	16	27	36
7	5	29	52	2	37	29	3	35	2
8	6	16	59	28	38	29	50	42	28
9	7	4	7	54	39	30	37	49	54
10	7	51	14	20	40	31	24	57	20
11	8	38	21	46	41	32	12	4	46
12	9	25	29	12	42	32	59	12	12
13	10	12	36	38	43	33	46	19	38
14	10	59	44	4	44	34	33	27	4
15	11	46	51	30	45	35	20	34	30
16	12	33	58	56	46	36	7	41	56
17	13	21	6	22	47	36	54	49	22
18	14	8	13	48	48	37	41	56	48
19	14	55	21	14	49	38	29	4	14
20	15	42	28	40	50	39	16	11	40
21	16	29	36	6	51	40	3	19	6
22	17	16	43	32	52	40	50	26	32
23	18	3	50	58	53	41	37	33	58
24	18	50	58	24	54	42	24	41	24
25	19	38	5	50	55	43	11	48	50
26	20	25	13	16	56	43	58	56	16
27	21	12	20	42	57	44	46	3	42
28	21	59	28	8	58	45	33	11	8
29	22	46	35	34	59	46	20	18	34
30	23	33	43	0	60	47	7	26	0

---

① 表内的数据是 $n \times \frac{\pi \times r^2}{(2r)^2} = n \times \frac{\pi}{4} = \pi \times \left(\frac{\sqrt{n}}{2}\right)^2$ （$n=1, 2, 3, \cdots, 60$）的结果，阿尔·卡西把它看成直径为 $d = \frac{\sqrt{n}}{2}$ 的圆面积，所以表的第一、六列写成直径平方，第二列写成圆面积。例如，$d^2 = 7$ 相当于 $7 \times \frac{\pi}{4} = \pi \times \left(\frac{\sqrt{7}}{2}\right)^2 = 5.497787144 = 5\ 29\ 52\ 2$。

圆周长对直径之比的倍数（十进制数字表示）①

直径	整数部分		分数部分					
	十位	个位	分	秒	分秒	毫秒	第五位	第六位
1	0	3	1	4	1	5	9	3
2	0	6	2	8	3	1	8	6
3	0	9	4	2	4	7	7	9
4	1	2	5	6	6	3	7	2
5	1	5	7	0	7	9	6	5
6	1	8	8	4	9	5	5	8
7	2	1	9	9	1	1	4	8
8	2	5	1	3	2	7	4	4
9	2	8	2	7	4	3	3	7
10	3	1	4	1	5	9	3	0

圆的面积对直径平方之比的倍数（十进制数字表示）②

直径平方	整数	分数部分					
		分	秒	分秒	毫秒	第五位	第六位
1	0	7	8	5	3	9	8
2	1	5	7	0	7	9	6
3	2	3	5	6	1	9	4
4	3	1	4	1	5	9	2
5	3	9	2	6	9	9	0
6	4	7	1	2	3	9	8
7	5	4	9	7	7	8	6
8	6	2	8	3	1	8	4
9	7	0	6	8	5	8	2
10	7	8	5	3	9	8	0

有关测量圆的例子：就像人们所说，我们假设圆直径的一半为七十七手肘，把七十七与 $1\frac{3}{7}$ 相乘，为此该直径的一半与假分数的分子相乘，即 22 与 77 相乘，得 1694，把它除以假分数的分母，即把 1694 除以七，得 242，这就是周长一半的近似值③。

---

① 第 186～187 页表的十进制表示。
② 第 188 页表的十进制表示。
③ $\frac{2\pi r}{2} = \pi r = \frac{22}{7} \times \frac{d}{2} = \frac{22 \times 77}{7} = 242$。

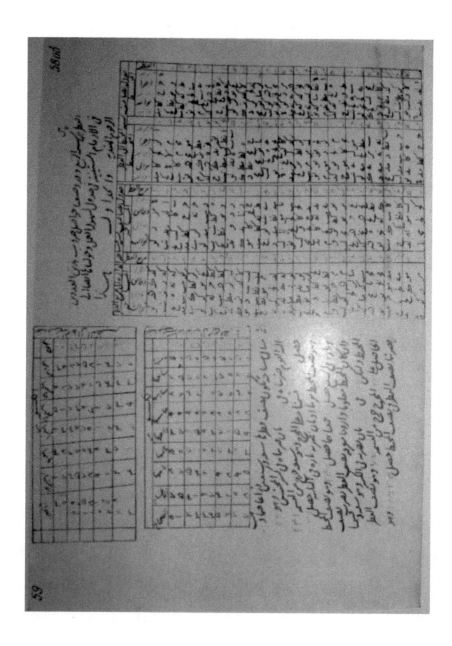

如果用 3 去乘 77，则得到 231，再把 77 与 1 相乘，得 11，然后把 11 与 231 相加，得 242，这也是该圆的周长一半。

如果周长是已知的，我们想求出直径的一半，则把周长的一半，即把 242 与 $\frac{0}{7}$ 相乘，为此把 242 与分数的分子 7 相乘，再把得到的积除以分数的分母 22，得到的商是 77，这就是直径的一半①。

我们把直径的一半与周长的一半相乘，得 18634，这就是该圆的面积。

另一种方法：取直径的平方，即取 154 的平方，得 23716，把 23716 与 11 相乘，得 260876，得到的积除以 14，得到的商为 18634，这与前面得到的结果一致②。

我们也可以用天文学家们所使用的数据来计算，这时直径的一半为 1 17 手肘，因为众所周知的常数是 7 与 22 之比，所以把 1 17 手肘与 22 相乘，得 28 14，把它除以 7，得到的商为 4 2，这就是周长的一半。

如果把上面得到的周长的一半与直径的一半相乘，得到圆的面积为 5 10 34（手肘），它应是二次升位，这与第一次得到的结果一致。

按照我们的算法，把 1 17 乘以周长的一半，即直径的一半乘以被我们发现的常数与直径的一半的乘积，就得到圆的面积③。

被我们发现的常数与 1 的乘积		3	8	29	44	
被我们发现的常数与 17 的乘积，向右移动一位写在右行内			53	24	25	28
上两行的和等于周长的一半		4	1	54	9	28
用上述方法相乘，得面积为	5	10	26	30	8	56
数位的称呼	二次升	升位	度	分	秒	分秒
	手肘		分数			

这样得到的面积比前人使用的算法来得到的结果更准确，我们得到的结果比

---

① $\frac{d}{2} = \frac{\pi r}{\pi} = \frac{242}{\frac{22}{7}} = \frac{242 \times 7}{22} = 77$。

② $S = \pi r^2 = \frac{\pi \times d^2}{4} = \frac{22}{7} \times \frac{d^2}{4} = \frac{11 \times d^2}{14} = \frac{11 \times 23716}{14} = 18634$。

③ 这里，$r = 117$，$\frac{c}{2} = 4\ 1\ 54\ 9\ 28$，$S = \frac{c}{2} \times r = 5\ 10\ 26\ 30\ 8\ 56$。$S = \frac{d}{2} \times \frac{c}{2} = \frac{d}{2} \times \pi \times \frac{d}{2}$。

前人得到的结果小七又二分之一手肘。

另一种方法：取直径的平方，得 6 35 16，把它乘以圆面积与直径平方之比，得到的面积为 5 10 26 30 8 56（分秒）①。

如果已知圆的面积，我们想求出圆的直径，则把已知圆的面积除以 0 47 7 26（分秒），具体算法请看下面的表：

6	5	10	26	30	8	56
	4	42	44	36		
35		27	41	54	8	56
		27	29	20	10	
16			12	33	53	56
			12	33	58	56
			0			

得到的商为 6 35 16，再取这个数的平方根，得 2 34，即一百五十四手肘。上面的题用印度数字来计算，其算法如下②。

	万位	千位	百位	十位	个位	十进制分	十进制秒	十进制分秒	十进制毫秒	十进制第五位	十进制第六位
取 7 倍					2	1	9	9	1	1	5	1
再取 7 倍				2	1	9	9	1	1	5	1	
上两行相加得圆周一半				2	4	1	9	0	2	6	6	1
与 77 相乘后得的面积	1	8	6	2	6	5	0	4	8	9	7	
各数位的名称	万位	千位	百位	十位	个位	十进制分	十进制秒	十进制分秒	十进制毫秒	十进制第五位	十进制第六位

另一种方法：直径的平方为 23716，在上面给出的"圆面积与直径平方之比"表中，取每一个简单数所对应的数据后制作如下的表。

---

① 这里，$\frac{S}{d^2} = \frac{\pi r^2}{4r^2} = \frac{\pi}{4}$，所以 $S = \frac{S}{d^2} \times d^2 = \frac{\pi}{4} \times d^2$，在上面的表里，有 $\frac{\pi}{4} = 0\ 48\ 7\ 26$，得到面积为 5 10 26 30 8 56。

② 这里，周长的一半为 $\frac{c}{2} = \frac{2\pi r}{2} = \pi r$，圆直径的一半［半径］为 $r = 77$，阿尔·卡西取 $\pi = 3.141593$，所以圆周的一半为 $\pi r = 7\pi + 70\pi = 7 \times 3.141593 + 70 \times 3.141593 = 241.902661$，而圆的面积为 $S = \pi r^2 = (\pi r) \times r = 241.902661 \times 77 = 18626.504897$，另外，阿尔·卡西在上面写的"我们得到的结果比前人得到的结果小七又二分之一胳臂"之意，就是在上面得到的圆的面积为 18634，而在这里得到的面积为 18626.504897，两个面积之差 18634−18626.504897 = 7.495103。

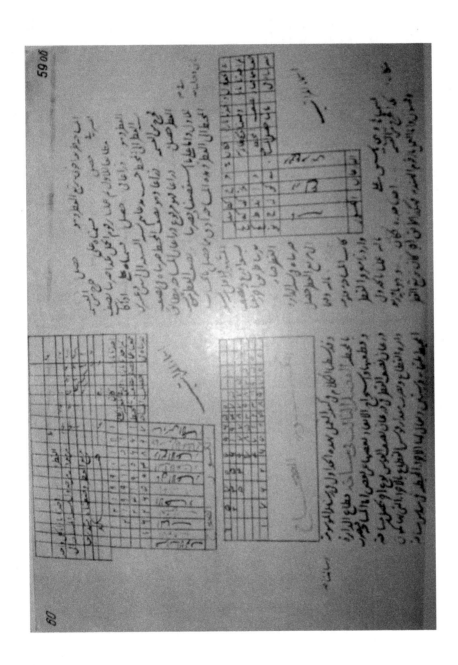

1	5	7	0	7	9	6				2
	2	3	5	6	1	9	4			3
		5	4	9	7	7	8	6		7
			0	7	8	5	3	9	8	1
				4	7	1	2	3	8	8	6
1	8	6	2	6	4	9	8	9	6	8
整数部分				分数部分						

我在《圆周论》一书中已经详细的叙述过有关这些表中的算法及其特征,在这里不再重复。

第三部 论扇形和弓形的测量以及用已知量来确定未知量

扇形的面积等于直径的一半[手肘]与弧长的一半[手肘]的乘积①。

求扇形面积的另一种方法:把扇形所对弧的度数,即 360°圆周的部分——所谓的圆周的部分弧的度数与圆面积的六分之一相乘,就得到该扇形的面积②。

另一种方法:直径的一半与弧长的一半相乘,但在这里我们假设直径的一半为 60,所以圆的周长为 377③。

如果我们把小于半圆的扇形中剪掉其三角形部分,则余下的部分就是小弓

---

① 如果 r 是圆的半径,l 是圆弧的长度,则扇形的面积等于 $S=\frac{1}{2}rl=\frac{1}{2}(2r)\times\frac{1}{2}\times l$。

② 圆心角为一度的扇形的面积等于全圆面积的 $\frac{1}{360}$,即一度角扇形的面积为 $S=\frac{\pi r^2}{360}$,故圆心角为 φ 的扇形的面积为 $S=\frac{\varphi\pi r^2}{360}$。如果我们把圆的面积不除以 360,而除以 6 后得到的商与圆心角的度数相乘也可以得到此扇形的面积,不过得到的面积按照六十进制系统应降低一位时,还需除以 60,这样得到的结果与上面给出的扇形面积是一致的,但阿尔·卡西在这里已忘掉了后面的转换运算。这里应是 $S=\frac{\varphi\pi r^2}{360}=\varphi\times\frac{\pi r^2}{6}\times\frac{1}{60}$。

另外,我们注意到,阿尔·卡西把圆弧与对应的圆心角不加区别,即圆心角的度数等于对应圆弧的长度。

③ 这里,$S=r\times\frac{\varphi r}{2}=r\times\frac{l}{2}$,如果 $r=60$,则 $C=2\pi r=376.8\approx 377$。

形，如果我们把大于半圆的扇形与其余扇形的三角形部分相加，则得到大弓形①。

用已知量来确定未知量：如果直径的一半与对应弦的一半具有同样的度量单位，并且我们想求出弦所对的弧长，则把弦的一半除以直径的一半，再求得到正弦的弧［弧的度数］，就得到弧长的一半，它应等于全圆周的360分之一与该弧长的乘积②。

如果我们用以前的算法，把正弦的弧与七分之二十二的三分之一相乘，就得到弧长的一半，或者按照我们的算法，把表内数据的三分之一，即圆的周长与直径之比的三分之一与正弦的弧相乘，就得到弧长的一半③。

如果我们去乘正弦的弧以手肘为度量单位，则得到弧长的一半也是以手肘为度量单位。

如果我们把以手肘为度量单位的直径的一半与圆的周长对直径之比相乘，即按照以前的算法直径的一半与三又七分之一相乘，或者按照我们的算法，直径的一半与3 8 29 44（分秒）相乘，得到的积与正弦的弧相乘，再把得到的积除以180，得到的商为以手肘为度量单位的半弧④。

如果已知直径的一半和箭头［弓轴］，而其余都是未知的，则从直径的一半减去箭头，剩下的线段就是从扇形的顶角到弦中点的垂线，得到的差与直径的一

---

① 阿尔·卡西把△OAB 称为扇形 OAB 的三角形部分，如图一所示。

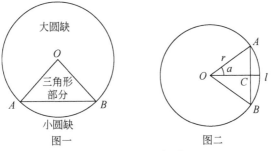

图一 　　　　　　　　图二

② 在图二中，$\sin\alpha = \dfrac{AC}{r}$，$\alpha = \arcsin \dfrac{AC}{r}$，故 $\alpha = \dfrac{1}{2}l$，$\dfrac{l}{2} = \dfrac{2\pi r}{360}\alpha$。

③ 阿尔·卡西把圆心角的一半 α 称为正弦的弧，另外他取圆的半径为 $r = 60$，所以 $\dfrac{l}{2} = \dfrac{2\pi r}{360}\alpha = \dfrac{2\pi 60}{360}\alpha = \dfrac{\pi}{3}\alpha$，按照以前的算法，$\pi = \dfrac{22}{7}$，按照阿尔·卡西的算法 $\pi = 3\ 8\ 29\ 44$。

④ 因为 $\dfrac{l}{2} = \dfrac{2\pi r}{360}\alpha$，所以 $\dfrac{l}{2} = \dfrac{2\pi r}{360}\alpha = \dfrac{\pi r\alpha}{180}$。

半相加，得到的和与箭头相乘，再取得到积的平方根，得到的结果就是弦长的一半①。

综合例子：在扇形中，直径的一半为12，箭头为二，从12减去2，得10，十二与十相加，得22，把22乘2，得44，再取44的平方根，得6 38②，把6 38除以直径的一半，得33 10，这就是半弧的正弦③，再求正弦的弧，得33 22，按照以前的算法，把33 22乘以三分之一与七之比，即把33 22除以21，得1 34 22，把得到的商与33 22相加，得34 56 22（秒），这就是半弧的长度。这里，直径的一半以六十为单位长度④。按照我们的算法，把33 22的三分之一，即11 7 20与3 8 29 44相乘，得34 56 29 22（分秒），这就是半弧之长⑤。这里，直径的一半以六十为单位长度。把得到的34 56 22与直径的一半，即12相乘，按照以前的算法，得6 59 28（秒），这是该半弧以手肘为度量的长度，按照我们的算法该数字为6 59 27 52（分秒）。

另一种方法：按照以前的算法，把直径的一半，即12与三又七分之一相乘，得$5\frac{37}{7}$，这相当于天文学家数字37 42 51（秒），把它与圆周上的部分弧的一半，即33 22相乘，得20 58 24（秒），再把它除以180，得商为6 59 28，这就是按照以前的算法得到的半弧以手肘为度量的值，这与上面的算法一致⑥。按照我们的算法，把12与3 8 29 44（分秒）相乘，得37 41 59 48（分秒），把它与33 22相乘，得20 57 33 37，把它除以180，仍得到6 59 27 52（分秒）。

如果弦和箭头是已知的，而其余都是未知的，则把半弦的平方除以箭头，得

---

① 这里，阿尔·卡西所说的箭头为$h=CE$，$AC=\sqrt{r^2-OC^2}=\sqrt{r^2-(r-h)^2}=\sqrt{[(r-h)+r]\times h}$。

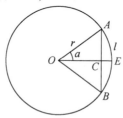

② 这里，$AC=\sqrt{[(r-h)+r]h}=\sqrt{44}=6.633249=6\ 37\ 59\ 41\approx 6\ 38$（分）。

③ 这里，半弧的正弦为$\sin\alpha=\frac{AC}{r}=\frac{638}{12}=03310$，正弦的弧是$\alpha=\arcsin\frac{AC}{r}=33\ 22$。

④ 这里，$\frac{l}{2}=\frac{\pi}{3}\alpha=\frac{\frac{22}{7}}{3}\alpha=\frac{22}{21}\alpha=(1+\frac{1}{21})\alpha=\alpha+\frac{\alpha}{21}=33\ 22+\frac{33\ 22}{21}=33\ 22+1\ 34\ 22=34\ 56\ 22$。

⑤ 这里，在第195页注③中，圆周率取为3 8 29 44。

⑥ 这里，$\frac{l}{2}=\frac{2\pi r}{360}\alpha=\frac{\pi r\alpha}{180}=\frac{\frac{22}{7}\times 12\times 33\ 22}{180}=6\ 59\ 28$。

到的商与箭头相加，把得到的和除以二，这样得到直径的一半①。

如果已知弦的手肘值且圆弧所对的圆心角，则把弦的一半除以半弧所对圆心角的正弦，就得到半直径的手肘值。

如果圆弧和弦的手肘值是已知的，我们想求出直径的一半，这既可以用手动测量求得，也可以通过计算来求得。首先，在正弦表中求出正弦的值，已知的弦与已知的弧具有何种关系，正弦与对应的弧也具有同样的关系②。这里的弧（正弦对应的弧）是指弓形边界的半弧。

如果已知弧与直径的手肘值，则我们为了求出弓形的面积，首先求出弦的长度，这时把直径的一半与圆周对直径之比相乘，得到的积与圆心角的度数相乘，得到的积除以 180，得到的商就是 360 度圆周的部分弧的一半，它的正弦与直径一半的手肘相乘，得到的值就是半弦的手肘值③。

须知：如果扇形的半弧等于圆周的四分之一，则该扇形的弧的两个端点与圆的直径重合，该圆的圆心位于弦的中点，扇形等于半圆。

第四部　论由我们在前面提到的各种弧线所围成图形面积的测量

凸透镜的面积等于两个小圆缺面积之和，菜籽形的面积等于两个大圆缺面积之和。

初月和马蹄铁的面积等于两个圆缺面积之差。

关于不同的两个圆的圆弧所围成图形的面积，如果它们像局部日食或月食时

---

① 因 $AC = \sqrt{[(r-h)+r] \times h}$，所以 $r = \frac{1}{2}\left(\frac{AC^2}{h}+h\right)$。

② 这里，$\triangle ABC \sim \triangle DAC$，所以 $\frac{AC}{BC} = \frac{DC}{AC}$，$\frac{AC^2}{2r} = DC$，$r = \frac{AC^2}{2DC} = \frac{AD^2+DC^2}{2DC} = \frac{\frac{AD^2}{DC}+DC}{2}$。又因 $\sin\alpha = \frac{AD}{r}$，$r = \frac{AD}{\sin\alpha}$。因 $\alpha \times AD = AC$（弧）$\times \sin\alpha$，$\alpha \times AD = \alpha \times r \times \sin\alpha$，$r = \frac{AD}{\sin\alpha}$。

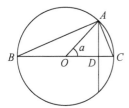

③ 这里，$\frac{l}{2} = \frac{\pi r \alpha}{180}$，又 $\alpha = \frac{1}{2}l$，所以 $AD = r\sin\alpha$。在这里，阿尔·卡西虽然没有给出上面提到的圆缺的面积，但该圆缺的面积等于从对应扇形的面积中减去对应三角形的面积，在已知半径、弦、弧的情况下圆缺的面积就可以求出来。

出现的形状，向下凸的，或者像局部月食时剩下部分的形状，向上凸的，并且已知外部的小圆弧的直径，则可查阅我们编制的天文表，由于该天文表是可汗的要求而编制的，所以被称为《可汗历法表》①。

圆环的面积等于从大圆的面积中减去小圆的面积后剩下的差，或者两个圆周之间的距离与这两个圆周之和的一半乘积②。

扇形环的面积等于两个圆弧之和的一半与这两个圆弧之间的距离的乘积③。

第五部　论正弦表及其用法

在正弦表的弧度列格内选取与已知弧度一致的数据，如果已知角度的分位上有数字，则该分位上的数字与位于对应余数格的数据相乘，得到的积写在正弦角的对应数位下面，如果已知角度的秒位上也有数字，则用与上面类似的方法把秒位上的数字与位于对应余数格的数据相乘，得到的积写在正弦角的秒位的下面，然后把得到的所有乘积相加，得到的和就是该角的正弦值。

正弦表里对应弧度的数据写在第一行内，已知角度的其他数位上数字与对应余数格的数据的乘积写在第一行的下面，并相同数位对齐④。

例子：求 15 21 48 角的正弦：

在正弦表里对应 15 弧度的数据为	15 31 45
对应余数格的数据为 60 32，把它与 21 分相乘，得	21 12
对应余数格的数据为 60 32，把它与 48 秒相乘，得	48
上三行的数据相加，得所求的正弦值	15 53 45

如果正弦的值是已知的，我们来求正弦弧的度数，则我们在表中先查阅最接近已知正弦值的数据，使得从已知正弦值中能够减去它，这时位于弧度格的数就是所求正弦弧的度位上的数字，再从已知的正弦值中减去在表中按上述方法查出的数据，把得到的余数除以位于余数格的数据，得到的商就是该正弦弧的分和秒位上的数据。

例子：已知正弦的值为 15 53 45，我们来求正弦弧的度数。首先，我们在表中查阅从已知的正弦值中能够减去的最大数据，发现该数据位于 15 弧度所在的

---

① 见：本书第 xvii 页注⑤。

② 这里，$S = \pi R^2 - \pi r^2 = \dfrac{2\pi R + 2\pi r}{2} \times (R-r)$（图二）。

③ 这里，$S = \dfrac{\varphi R^2}{2} - \dfrac{\varphi r^2}{2} = \dfrac{\varphi R + \varphi r}{2} \times (R-r)$（图三）。

④ 看来阿尔·卡西在这里使用了线性迭代法。

行内，所以位于弧度格的 15 就是所求的正弦弧在度位上的数字，而该弧对应的数据为 15 31 45，从已知的正弦值中减去它，即从 15 53 45 中减去 15 31 45，得余数为 22 0，把它除以位于余数格上的数据，即把 22 0 除以 60 32，得到的商 21 48，它们分别为所求的正弦弧在分位和秒位上的数字。

如果有人想求出更准确的值，则他可参考《伊利罕历法表》或者我们自己编制的天文表，即《可汗历法表》，但对于我们正在撰写的这一本书而言，这些数据是足够用的①。

正弦表

弧度	正弦			余数		弧度	正弦			余数		弧度	正弦			余数	
	度	分	秒	分秒	秒 分秒		整数	分	秒	分秒	秒 分秒		度	分	秒	分秒	秒 分秒
0	0	0	0	0	62 50	30	0	30	0	0	54 8	60	0	51	57	41	30 57
1	0	1	2	50	62 48	31	0	30	54	8	53 35	61	0	52	28	38	29 59
2	0	2	5	38	62 47	32	0	31	47	43	52 59	62	0	52	58	37	29 0
3	0	3	8	25	62 42	33	0	32	40	42	52 24	63	0	53	27	37	28 3
4	0	4	11	7	62 39	34	0	33	33	6	51 47	64	0	53	55	40	27 2
5	0	5	13	46	62 32	35	0	34	24	53	51 9	65	0	54	22	42	26 4
6	0	6	16	18	62 26	36	0	35	16	2	50 30	66	0	54	48	46	25 3
7	0	7	18	44	62 17	37	0	36	6	32	49 51	67	0	55	13	49	24 3
8	0	8	21	1	62 9	38	0	36	56	23	49 10	68	0	55	37	52	23 1
9	0	9	23	10	61 58	39	0	37	45	33	48 29	69	0	56	0	53	22 1
10	0	10	25	8	61 47	40	0	38	34	2	47 47	70	0	56	22	54	20 58
11	0	11	26	55	61 34	41	0	39	21	49	47 3	71	0	56	43	52	19 56
12	0	12	28	29	61 20	42	0	40	8	52	46 20	72	0	57	3	48	18 54
13	0	13	29	49	61 6	43	0	40	55	12	45 34	73	0	57	22	42	17 15
14	0	14	30	55	60 50	44	0	41	40	46	44 29	74	0	57	40	33	16 47
15	0	15	31	45	60 32	45	0	42	25	35	44 2	75	0	57	57	20	15 44
16	0	16	32	17	60 15	46	0	43	9	37	43 15	76	0	58	13	4	14 40
17	0	17	32	32	59 56	47	0	43	52	52	42 27	77	0	58	27	44	13 36
18	0	18	32	28	59 25	48	0	44	35	19	41 38	78	0	58	41	20	12 31
19	0	19	32	3	59 13	49	0	45	16	57	40 49	79	0	58	53	51	11 27
20	0	20	31	16	58 51	50	0	45	57	46	39 58	80	0	59	5	18	10 23
21	0	21	30	7	58 28	51	0	46	37	44	39 6	81	0	59	15	41	9 17
22	0	22	28	35	58 3	52	0	47	16	50	38 15	82	0	59	24	58	8 12
23	0	23	26	38	57 37	53	0	47	55	5	37 17	83	0	59	33	10	7 7
24	0	24	24	15	57 11	54	0	48	28	29	36 29	84	0	59	40	17	6 1
25	0	25	21	26	56 52	55	0	49	8	57	35 35	85	0	59	46	18	4 56
26	0	26	18	8	56 14	56	0	49	55	32	34 41	86	0	59	51	14	3 50
27	0	27	14	22	55 44	57	0	50	19	13	33 45	87	0	59	55	4	2 44
28	0	28	10	6	55 13	58	0	50	52	58	32 50	88	0	59	57	48	1 39
29	0	29	5	19	54 41	59	0	51	25	48	31 53	89	0	59	59	27	0 33
												90	1	0	0	0	

---

① 见：第 xvii 页注④⑤。

第五章 论我们在前面没提到的其他平面图形面积（即圆形、鼓形、阶梯形、弧边多边形、齿轮形等）的测量

对于几条圆弧形曲线所围成图形的面积来说，我们总能在其内部画一些多边形，使得夹在由这些圆弧形曲线所围成图形的内部与这些多边形所形成图形的外部之间的部分，可看成是一些弓形形状的面，而每一个弓形形状的面由圆弧形曲线与多边形的边所围成，我们可以把它们近似地看成弓形，所以这些弓形的面积与这些多边形的面积之和近似地等于该图形的面积①。

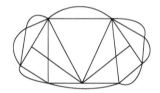

对于其他形状图形的面积，如鼓形②、阶梯形、齿轮形、弧边多边形等，其中有些图形分解成几块后能够算出它们的面积，而有些图形补上几个小块后能够算出面积，再从得到的面积中减去后来补上的面积，所说图形的形状如下：

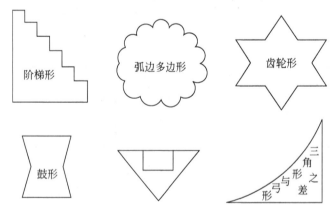

---

① 这里，由于当时没有极限的概念，当然不可能得到准确的面积，但是我们可以肯定，当时已经形成了"以直代曲"的微积分的初步思想。

② 鼓形：阿尔·卡西指阿拉伯鼓的形状。

第六章 论圆柱面、圆锥面、球面和其他类型曲面面积的测量（共六个部分）

第一部 论 定 义

圆柱：是指夹在既平行又相等的两个圆之间的物体，这两个圆都称为该圆柱的底面，连接且围绕这两个底面的曲面称为该圆柱的侧面，即如果连接两个底面边界的直线沿着这两个圆周绕一圈，就形成该圆柱，通过两个底面圆心的直线称为圆柱的轴，如果圆柱的轴垂直于这两个底面，则称该圆柱为正圆柱；如果一个长方形围绕其中的一条边旋转一周，那么形成的立体就是正圆柱（203 页图一）。

圆锥：是指以圆面为底面的一种空间物体，使围绕该圆面的侧面越升越缩小，最后变成一个点，这一点称为该圆锥的顶点。如果我们把连接顶点与底面的一条直线向底面的边界方向移动直到圆周相交，则这一条直线与圆锥的侧面完全重合，连接圆锥的顶点与底面圆心的直线称为圆锥的［中］轴。如果圆锥的轴垂直于底面，则称这样的圆锥为正圆锥（203 页图三），否则称它为斜圆锥（203 页图四）。

如果用通过中轴平面去截该圆锥，则无论它是正圆锥或斜圆锥，得到的三角形称为该圆锥的三角形。如果把圆锥用平行于底面的平面去截，则得到的截面是一个圆，圆锥的中轴一定通过该圆的圆心，这时该圆锥被分割成一个小圆锥与被称为圆台的另一个物体。如果把一个直角三角形以它的一条垂边为中轴旋转一周，则得到一个正圆锥。如果一个单边垂直梯形以同时垂直于两条平行边的边为中轴旋转一周，则得到一个圆台，该梯形的垂边为圆台的中轴同时也是它的高度（203 页图五）。如果我们把两个全等正圆锥的底面互相重合成一个物体，则称得到的物体为菱形体（203 页图六）。如果从一个正圆锥中剪去一个菱形体，使得该菱形体的一个顶点位于正圆锥底面的圆心，则我把剩余的物体命名为余圆锥，实际上余圆锥也可以看成从圆台中挖掉一个圆锥而得到，它的顶点位于原圆台底面圆的圆心，它的底面是原圆台的上底面（203 页图七）。如果我们从一个菱形体中剪掉另一个菱形体，使得第一个菱形体的两个顶点也是第二个菱形体的顶点（第二个菱形体的底面是第一个菱形体底面的一部分），我把剩余的部分命名为余菱形体，这样的余菱形体也是由底面重合的两个圆锥构成的物体（203 页图八）。

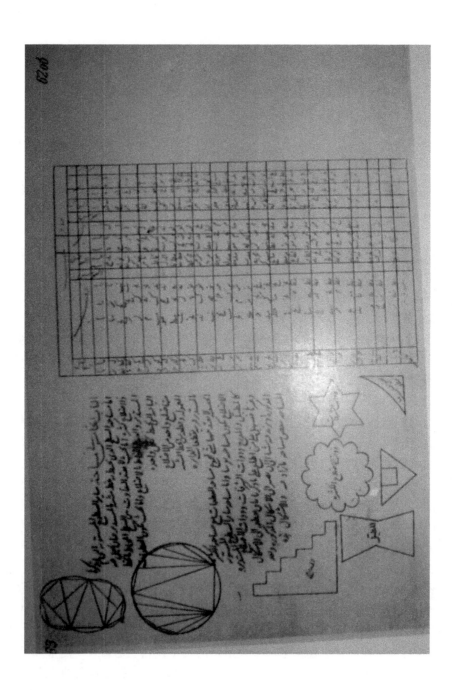

如果一个菱形体中剪掉一个圆锥，使得剪掉圆锥的顶点与菱形体的一个顶点重合，这样形成的余菱形体也是底面重合的两个圆锥构成的物体，其中一个底面是圆锥的底面，而另一个底面是圆台的上底面（图九和图十）[①]。

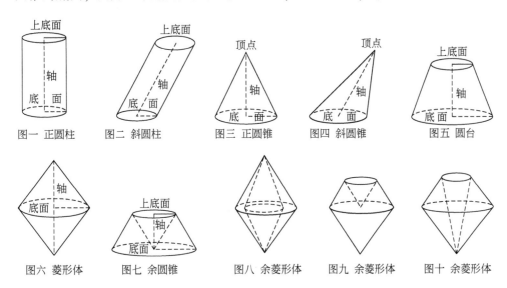

图一 正圆柱　图二 斜圆柱　图三 正圆锥　图四 斜圆锥　图五 圆台

图六 菱形体　图七 余圆锥　图八 余菱形体　图九 余菱形体　图十 余菱形体

须知：圆柱和圆锥也可以是多边圆柱和多边圆锥[②]，这时它们的底边是多边形，多边圆柱的侧面都是由长方形组成，多边圆锥的侧面都是由三角形组成。

三棱柱：上下底面为互相平行且全等三角形的三边圆柱[③]。

球：由一种封闭曲面所围成的物体，它的内部有这样一个点，使该点到曲面的所有距离相等，该点称为球心，该曲面称为球面，从球心到球面的线段称为球的直径的一半，通过球心的平面与球面的交线称为大圆，大圆应把球面二等分。

球缺：如果用一张平面去截球体所得的两个部分都称为球缺，得到的截面称为球缺的底面。球缺的球面上有一个点，如果该点到底面上圆周的线段都相等，则称该点为球缺的顶点，也称为球缺的极点，连接球缺底面圆心与顶点的线段称为球缺的高或球缺的轴。

球扇形：球扇形是球缺与圆锥的合并，该圆锥的底面是球缺底面，它的顶点就是球心。

---

① 在阿拉伯文原稿里没有给出这些图像，为了便于理解，本人根据阿尔·卡西的叙述画出了这些图像，供读者参考。另外，图十是俄文译稿中给出的图形，本人认为该图不符合与阿尔·卡西给出余菱形体的定义（见：第201页）。

② 阿尔·卡西把多面棱柱和多面棱锥分别称为多边圆柱和多边圆锥。

③ 在阿拉伯文原稿里没有给出这些图像，为了便于理解，本人根据阿尔·卡西的叙述画出了这些图像，供读者参考（见：第204页三棱柱图）。

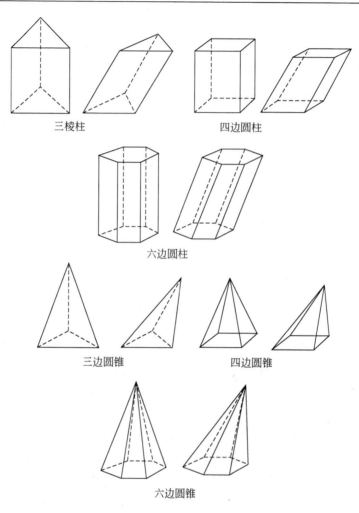

球切：夹在两张半大圆与球面之间的部分。其中，球面的半直径等于大圆直径的一半，它的形状与西瓜的切片很相似①。

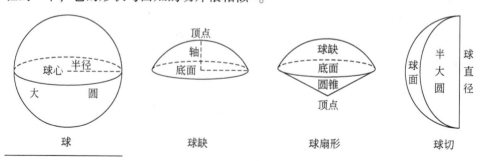

---

① 在阿拉伯文原著里没有给出这些图像，为了便于理解，本人根据阿尔·卡西叙述画出了这些图像，供读者参考。

空心圆柱：厚度是均匀的，高度不超过底面直径的一半，里面洞的直径可以等于圆柱直径的一半，或者也可以小于圆柱直径的一半，它的厚度也许小于高度或大于高度，这无关紧要，这样的物体称为空心圆柱①。如果里面洞的直径大于底面直径的一半，厚度小于高度，则称该物体为鼓体②。如果高度大于底面直径的一半，则称该物体为管子③，换句话说，把长方形的旁边画一条平行于该长方形一条短边的线段，使它与该短边的距离小于该长方形长边的长度，或者把长方形的旁边画一条平行于该长方形一条长边的线段，使它与长方形的距离不超过该长方形短边的长度，并它们的和不小于长边的长度，该长方形绕着该线段旋转一周所形成的物体称为空心圆柱④。如果该线段平行于长方形的一条长边，该长方形短边的长度小于该线段与长方形的距离，并它们的和大于长边的长度，则该长方形绕着该线段旋转一周所形成的物体称为鼓体⑤。如果它们的和小于长边的长度，则无论该线段与长方形的距离小于短边长度或大于短边长度，我们称该物体为管子⑥。

一个长方形绕着该长方形旁边的一条线段旋转一周，无论长方形旁边的线段与该长方形的长边或短边平行与否（正方形也类似），如果该线段到长方形或正方形的距离大于长方形长边的边长（或正方形的边长），则称该立体为长（正）方形戒指，我们很容易区别这两种图形（长方形戒指和正方形戒指），即通过中心轴的平面去截该戒指，如果它是正方形戒指，则截面是正方形，否则它是长方形戒指⑦。类似地，如果截面是圆，则称该戒指为圆形戒指。在正方形戒指中，

---

① 见：图一。这里，$h \leq r$，$2a \leq r$。
② 见：图一。这里，$2a > r$，$p < h$。
③ 见：图一。这里，$h > r$。
④ 这里，在图二中，有 $a < p$，或在图三中，有 $a < p$ 和 $a + p \geq h$，不论哪一种情况都有 $h \leq r$，$2a \leq r$，所以在上面给出的空心圆柱的两种定义是一致的。
⑤ 这里，在图三中，有 $a > p$，$a + p \geq h$，于是，有 $2a > a + p = r$ 且 $p < h$，所以在上面给出的鼓体的两种定义是一致的。
⑥ 这里，在图四中，因 $a + p < h$，所以 $r = a + p < h$，于是在上面给出的管子的两种定义是一致的。

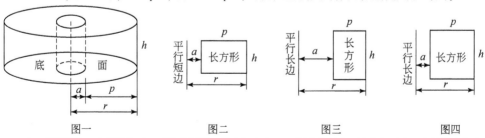

图一　　　　图二　　　　图三　　　　图四

⑦ 根据阿尔·卡西的叙述，戒指中间洞口的直径比上面四种图形中洞口的直径要大，这就是它们之间的区别。

有可能正方形的一条边平行于旁边的线段,这是第一种情况,否则是第二种情况,这时称该戒指为斜正方形戒指。

有些人从均匀厚度的空心球中剪掉底面平行且相等的两个球缺后,剩下的立体叫做鼓形体①。

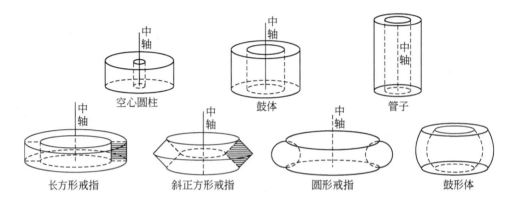

第二部　论圆柱侧面的测量

正圆柱的侧面积等于底面圆的周长与连接上下底面圆周的并平行于轴的线段长度的乘积②。

空心圆柱、鼓体、管子、正方形戒指和长方形戒指等立体的侧面积等于外侧面积与内侧面积之和,其中正方形戒指与长方形戒指的两条边③平行于中轴。

正圆柱侧面积的另一种算法:底面的直径与连接上下底面圆周的并平行于轴的线段长度相乘,得到的积乘以周长对直径之比[圆周率]④。

对于斜圆柱的侧面积,垂直于该斜圆柱中轴的截面圆的周长与连接上下底面

---

① 在阿拉伯文原著里没有给出这些图像,为了读者便于理解,根据俄文译稿中的图片和阿尔·卡西叙述,本人画出了这些图像,供读者参考。
② $S=2\pi r \times h$。
③ 这里,指截面正方形和截面长方形的两条边(见:第 205 页注⑥中给出的长方形戒指图)。
④ 这里,$S=\pi \times (2r) \times h = 2\pi r \times h$。

圆周的并平行于轴的线段长度相乘，得到的积就是斜圆柱的侧面积①。

第三部 论圆锥侧面的测量

正圆锥的侧面积等于底面圆的半周长与连接顶点与底面圆周的线段［母线］之长的乘积②，或者底面直径的一半与上面所说的线段相乘，得到的积乘以周长对直径之比，就得到圆锥的侧面积。

正圆台的侧面积等于上下底面圆的周长之和的一半与位于通过中心轴的平面上且连接上下圆周的线段［母线］之长的乘积③，或者半直径之和与上述线段之长相乘，得到的积乘以周长对直径之比，这样也可得到圆台的侧面积。如果所述线段之长是未知的，而该圆台的高是已知的，则取上下半直径之差的平方与高的平方之和的平方根，就得到该线段的长度④。

由于前辈们未能求出斜圆锥的侧面，所以没有有关这一方面的资料，但我们已发现了近似计算斜圆锥侧面积的一种方法，用此方法求出的值比较接近实际侧面积，该方法如下：

首先，求出从斜圆锥顶点到底面圆周的最长线段与最短线段；然后，求出底面圆周的周长，它们应具有相同的度量单位；再把圆锥底面的圆周等分为许多小弧段，使每一个小弧段与对应弦的差别很小，再求出连接顶点与每一个小弧端点的线段之长，使这些线段都对接长度相等的弧段；然后把所有这些线段之长相

---

① 这里，斜圆柱的侧面积等于中轴的长度与垂直于中轴的截面圆的周长之乘积，即 $S = 2\pi r \times l$（图一）。

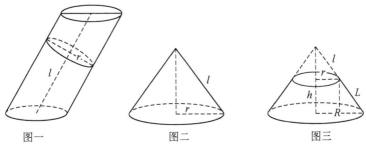

图一　　　　　　图二　　　　　　图三

② 正圆锥的侧面积为 $S = \dfrac{c}{2} \times l = \dfrac{2\pi r}{2} \times l = \pi r l$（图二）。

③ 设圆台的上下底面圆的半径分别为 r 与 R，大圆锥与小圆锥的母线长度分别为 L 与 l，则圆台的侧面积为 $S = \pi R L - \pi r l$，由比例关系 $\dfrac{R}{r} = \dfrac{L}{l}$，$Rl = Lr$，有 $RL - rl = (R+r)(L-l)$，所以 $S = (\pi R + \pi r)(L-l) = \dfrac{2\pi R + 2\pi r}{2}(L-l)$，这就是阿尔·卡西所述圆台的侧面积公式（图三）。

④ 这里所述圆台的母线长度为 $L - l = \sqrt{(R-r)^2 + h^2}$，（图三）。

加，得到的和与小弧段的长度相乘，就得到斜圆锥侧面积的近似值①。

这些斜线的长度用如下方法可求出：首先，求出每一个从顶点到底面圆周的线段之长度。我们能够求出底面圆的每三百六十分之一的圆心角对应的正弦值②和弓轴，这里把全圆周的一半除以周长对直径之比［半周长除以圆周率］就得到底面圆的半直径③，把它乘以每一个正弦和弓轴，并把它与正弦的乘积命名为第一个结果④，从中减去弓轴后得到的差命名为第二个结果，然后把最长的棱与最短的棱相加，得到的和与它们的差相乘，得到的结果除以底面圆直径，从得到的结果中减去底面圆直径，再把得到的结果除以二，这就是从圆锥顶点到底平面之高垂足到最短棱的终点之间的距离，把它命名为第三个结果⑤，从最短棱的平方

---

① 阿尔·卡西把图形 ABC 看成扇形 ABC，然后用扇形的面积公式 $S=\frac{1}{2}rl$，因这里 $AC \neq BC$，圆弧 AB 也不是以 C 点为心的圆弧，所以 ABC 不是扇形，但圆弧 AB 很小时，把 ABC 近似地可以看成一个扇形，所以斜圆锥的侧面近似地等于

$$S \approx \frac{1}{2}c_1l_1 + \frac{1}{2}c_2l_2 + \frac{1}{2}c_3l_3 + \cdots + \frac{1}{2}c_nl_n = \frac{1}{2}\frac{2\pi r}{n}(l_1+l_2+\cdots+l_n)$$

式中，$c_1=c_2=\cdots=c_n=\frac{2\pi r}{n}$。这里，我们可以看出阿尔·卡西用定积分的定义来求斜圆锥的侧面积，但就缺少最后的关键一步，也就是缺少了极限过程。

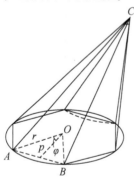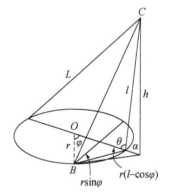

② 根据阿尔·卡西的定义，正弦就是半弦。

③ 这里 $c=2\pi r$，所以 $r=\frac{c}{2\pi}=\frac{c}{2} \div \pi$。

④ 第一个结果为 $r\sin\varphi$，第二个结果为 $r(1-\cos\varphi)$，母线 l 在底平面上的投影为 a，h 是圆锥的高，则母线 $BC=\sqrt{(r\sin\varphi)^2+[a+r(1-\cos\varphi)^2]+h^2}$。

⑤ 第三个结果为 a，用下面的方法可求出 a 的长度。首先，用余弦定理，有 $L^2=l^2+(2r)^2-2l(2r)\cos\theta$，所以，有 $\cos\theta=\frac{l^2+(2r)^2-L^2}{4lr}$，另一方面 $\cos(180-\theta)=\frac{a}{l}$，即 $\cos\theta=-\frac{a}{l}$，所以 $-\frac{a}{l}=\frac{l^2+4r^2-L^2}{4lr}$，于是 $a=\frac{L^2-l^2-4r^2}{4r}$，根据阿尔·卡西的叙述，把它可写成 $a=\frac{1}{2}\left[\frac{(L+l)(L-l)}{2r}-2r\right]$ 的形式。

中减去第三个结果就得到圆锥高的平方①，然后把第二个结果与第三个结果相加后得到的和命名为第四个结果②，把第四个结果的平方与高的平方与第一个结果的平方相加再取平方根，得到的结果就是我们所求的线段③。

多边圆锥的侧面等于侧面上的所有三角形面积之和。

第四部　论球表面积的测量以及直径的确定

球表面积等于其大圆周长与直径的乘积④。

另一种方法：把直径的平方乘以周长对直径之比［圆周率］就得到球的表面积，所以球的表面积等于四倍的大圆面积，如果正圆柱高与底面直径都等于球的直径，则球的表面积等于该圆柱的侧面积，不包含上下底面面积，如果正圆柱的高等于球的半直径，底面直径等于球的直径，则球的表面积等于该正圆柱的表面积，这里包含上下底面面积⑤。

球直径的求法：在球的表面上任取一点作为该球的极点，把圆规的一条腿固定在极点，用另一条腿在球面上画圆周，画一条等于圆规开口的直线并测量圆规的开口距离，把得到的数据称为第一量，用圆规把球面上所画的圆周六等分，并测量其中一段弧的长度，从第一量的平方减去一段弧长的平方，求得到差的平方根，就得到以我们画的圆为底面的球缺的高度，用得到的数据除以第一量的平方，得到的商就是所求球的直径⑥。

---

① 由勾股定理，有 $h^2 = l^2 - a^2 = l^2 - \left\{\dfrac{1}{2}\left[\dfrac{(L+l)(L-l)}{2r} - 2r\right]\right\}^2$。

② 第四个结果为 $a + r(1 - \cos\varphi)$。

③ 最后，阿尔·卡西求出了棱 BC 的长度为 $BC = \sqrt{[a + r(1 - \cos\varphi)]^2 + h^2 + (r\sin\varphi)^2}$。

④ $S = 4\pi r^2$，注意：阿尔·卡西把多边棱柱和多边棱锥分别称为多边圆柱和多边圆锥。

⑤ 这里，$S = (2r)^2 \pi = 4\pi r^2 = 2\pi r \times 2r = 2\pi r \times r + 2\pi r^2$。

⑥ 圆规的开口距离，即第一量为弦 a，它就是连接球缺的顶点与球缺的底面圆周的线段，球缺的底面上所画正六边形的边长等于底面圆的半径 r，由勾股定理球缺的高为 $h = \sqrt{a^2 - r^2}$，又因 $\dfrac{h}{a} = \dfrac{\frac{a}{2}}{R}$，所以，有 $2R = \dfrac{a^2}{h}$。

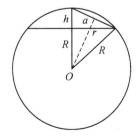

另一种方法：任意张开圆规并在球面上画一个圆，并称此圆规的张开为第一次张开；然后，用圆规把圆周六等分后选取其中的三个，或把圆周四等分后选取其中的两个，并称此圆规的张开为第二次张开；然后，在平面上画一条直线并在该直线上选取间距等于第二次张开的两个点，再把分别以这两个点为圆心，以第一次张开为半直径画两个圆，这两个圆须相交，再以第一次张开为半直径画出另一个圆，此圆与前两个圆的每一个圆相交于两个点。如果用两条直线来连接这些交点，那么这两条直线相交于一点，该交点到直线上已选定的点之间的距离等于该球的半直径①。

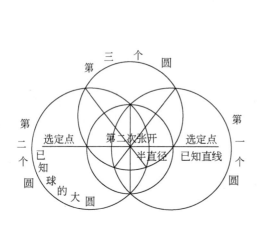
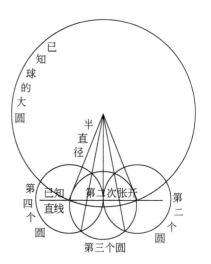

---

① 按圆规的第一次张开在平面上画一个圆，则圆规的第二次张开等于这个圆的直径。阿尔·卡西这样做的目的如下：设 A 与 B 为球面上所画圆直径的两个端点，C 为该圆的圆心［极点］，已知线段 AB 与 BC 的长度，分别以 A 与 B 为心，以 BC 为半径画两个圆，点 C 是这两个圆周的一个交点，如果点 O 是球心，则我们所画的两个圆周关于连接 OC 的直线对称，因此通过这两个圆周与第三个圆周的两对交点的两条直线相交于 O 点（其中，一条直线是 BC 的中垂线，所以该直线必通过圆心，同理另一条直线也通过圆心），于是所求球的半径为线段 OA，OB，OC。

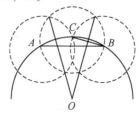

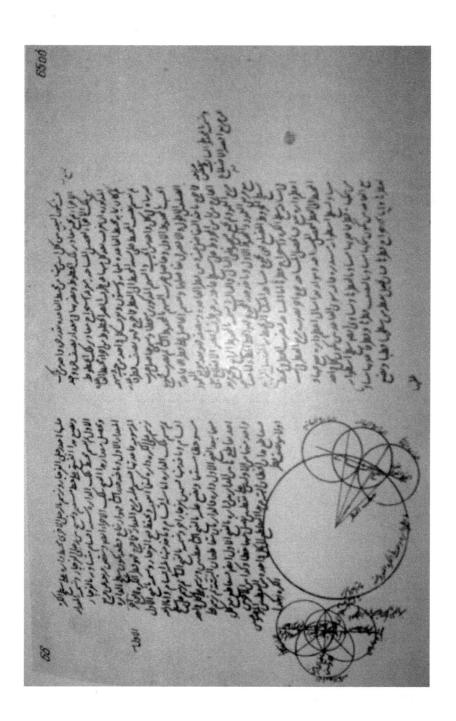

第五部 论球缺球面部分表面积的测量
以及用已知量来求未知量

球缺球面部分表面积：从球缺的顶点到该球缺地面圆周距离的平方乘以周长对直径之比，就得到球缺的球面部分的表面积①，即该面积等于以该距离 [从球缺的顶点到该球缺地面圆周的距离] 为半直径的圆面积②。

另一种算法：把球缺的高与该球的大圆周长相乘，就得到该球缺球面部分的表面积③。

有关球缺距离的求法：如果球缺底面圆的半直径和高度是已知的，则先求它们的平方之和，然后求得到和的平方根，就得到球缺的顶点到球缺地面圆周的距离④。

把球缺底面圆的半直径平方除以球缺的高，得到的商与高相加，得到的和等于球的直径，把球缺的直径乘以周长对直径之比，即把直径乘以 3 8 29 44，就得到该球大圆的周长⑤。

第六部 论球切体球面部分表面积的测量

把已知球体的直径与夹在两张半圆形侧面之间的大圆弧之长相乘，就得到该

---

① 设 R 是球的半径，h 是球缺的高，则球缺的球面部分的表面积为 $S=2\pi Rh$。如果球缺的顶点到球缺底面圆周的距离为 a，则由第 209 页注⑥，有 $2R=\dfrac{a^2}{h}$，所以 $a^2=2Rh$，这样球缺的表面积也可等于 $S=\pi a^2$。

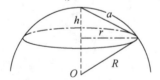

② 这里，球缺的球面部分的表面积 $S=\pi a^2$ 相当于半径为 a 的圆面积。
③ 大圆周长为 $c=2\pi R$，所以 $S=2\pi Rh=c\times h$，这里 $a^2=2Rh$。
④ 这里所说的算法为 $a=\sqrt{r^2+h^2}$。
⑤ 这里，因 $a^2=r^2+h^2$，所以由注①，有 $\dfrac{r^2}{h}+h=\dfrac{r^2+h^2}{h}=\dfrac{a^2}{h}=2R$。

球切的球面部分的表面积①。

---

① 假设球切的两张半圆形侧面之间的夹角为 φ，则球切的球面部分的表面积为 $S = 2\varphi R^2 = 2R \times \varphi R$，其中 φR 是该球大圆上的部分弧段。

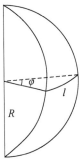

第七章 论物体的测量（共八个部分）

第一部 论圆柱的测量

圆柱的体积：圆柱的一个地面面积与高的乘积等于该圆柱的体积，其中圆柱的高可能位于其侧面的内部或也可以位于其侧面的外部，正圆柱的高就是它的轴。

用如下方法来求斜圆柱的高：我们先求平行于圆柱底面的直线与连接上下地面圆周的直线［母线］夹角的正弦，然后该正弦与轴长相乘，就得到斜圆柱的高度①。

第二部 论圆锥的测量和圆锥高的确定

圆锥体的体积：把圆锥底面面积的三分之一与从顶点到地面的距离［圆锥之高］相乘，就得到圆锥体的体积，其中圆锥的高可能位于该圆锥的内部，也可能位于该圆锥的外部②。

另一种方法：这一种方法只适用于求正圆锥的体积，把圆锥的侧面积乘以底面圆心到侧面所引垂线之长的三分之一，即把圆锥的侧面积乘以从底面圆心到连接顶点与底面圆周的母线所引垂线之长的三分之一，也得到该圆锥的体积③。

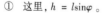

① 这里，$h = l\sin\varphi$。

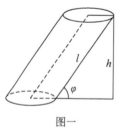

图一

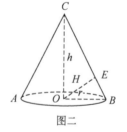

图二

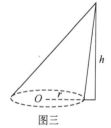

图三

② 圆锥的体积为 $V = \frac{1}{3}Sh$。

③ 设圆锥的高为 h，母线 $CB = l$，从底面圆心 O 到母线 CB 的垂线 $OE = H$，底面圆半径为 r，正圆锥的侧面积为 $S_{侧}$，因 $\triangle COB$ 是直角三角形，而且 $OE \perp CB$，所以 $\triangle OEB \sim \triangle COB$ 相似，因此 $\frac{h}{H} = \frac{l}{r}$，$h = \frac{l \times H}{r}$，故 $V = \frac{1}{3}Sh = \frac{1}{3}\pi r^2 \times \frac{lH}{r} = \frac{1}{3}\pi rlH = \frac{H}{3} \times \pi rl = \frac{H}{3}S_{侧}$（图二）。

圆锥高的求法：即从顶点到地面所引的垂线的求法，如果是正圆锥并且已知圆锥底面圆直径和连接顶点与底面圆周的直线［母线］，或者它是斜圆锥并已知圆锥底面圆直径和连接顶点与底面圆周的最长线段与最短线段，无论是哪一种情况，这两条线段与底面圆直径构成一个三角形，因此按照我们在上面介绍过的有关三角形的测量方法来求出该三角形的高即可。

对于正多边圆锥①，如果我们画底面正多边形的外接圆，则从连接多边圆锥顶点与底面正多边形一个顶点的线段之平方中减去该圆的半直径平方，或画出底面正多边形的内切圆，则先求出连接该多边圆锥顶点、底面正多边形与内切圆的一个切点的线段长，再从该线段的平方中减去内切圆的半直径平方，就得到所求线段的平方，即该多边圆锥之高的平方②。

对于斜多边圆锥，如果它的底面多边形是等边等角多边形［正多边形］并且通过轴的截平面垂直于底面，底面多边形的边数为奇数，则通过轴的截平面通过底面多边形的一个顶点和该顶点所对边的中点，这样的截面是一个三角形，该三角形的底边等于外接圆和内切圆直径之和的一半，其中一条边等于连接多边圆锥的顶点与底面多边形的一个顶点的线段，而另一条边等于连接多边圆锥的顶点与

---

① 注：阿尔·卡西所说的多边圆锥相当于现在的多边棱锥（见：第 203 页注②）。

② 这里，棱锥高的平方为：$h^2 = l^2 - R^2$（图一），$AC^2 = R^2 - r^2$（图二），$BC^2 = l^2 - AC^2$，所以 $h^2 = BC^2 - r^2$。

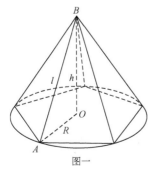

图一

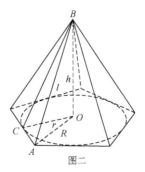

图二

底面多边形的一条边中点的线段①，这样我们可以用以前的方法，即有关三角形的测量部分中所述的方法，即可求出该三角形的高②。

当底面多边形的边数为偶数时，通过轴的截平面一定通过底面多边形的两个对立顶点或两条对立边的中点，其余两边等于连接多边圆锥的顶点与底面多边形的两个对立顶点的线段，或等于连接多边圆锥的顶点与底面多边形的两条对立边中点的线段。当通过轴的截平面通过底面多边形的两个对立顶点时，得到截面三角形的底边等于外接圆的直径，其余两边等于连接多边圆锥的顶点与底面多边形的两个对立顶点的线段长；或者，当通过轴的截平面通过底面多边形的两条对立边的中点时，截面三角形的底边等于内切圆的直径，其余两边等于连接多边圆锥的顶点与底面多边形的两条对立边中点的线段。在前一种情况中底边较长，在后一种情况中底边较短。无论哪一种情况，我们总能求出截面三角形的高度③。

如果通过轴的截平面不通过底面多边形的两条对立边的中点，而通过底面多边形的两条对立边上的某两个点，则我们将一条边上的该交点到中点距离的平方与内切圆半直径的平方相加，再取得到和的平方根的二倍，就得到截面三角形的底边长度，其余两边等于连接多边圆锥的顶点与底面多边形的两个对立边与截平

---

① 这里，当底面正多边形的边数为奇数时，设通过棱锥轴 AO 的截平面为 ABC，该平面通过底面多边形的一个顶点 B 和顶点 B 所对边的中点 C，外接圆半径为 R，内切圆半径为 r，底面多边形一个顶点 B 和顶点 B 所对边的中点 C 之间距离为 d，则 $BC = d = R + r = \dfrac{2R + 2r}{2}$（图三）。

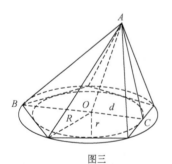
图三

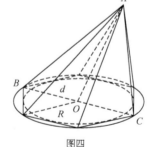
图四

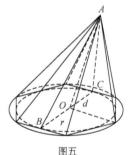
图五

② 注：截面三角形垂直于底面，所以该三角形从顶点到底边所引的高等于该棱锥的高。
③ 这里，$BC = d = 2R$（图四），或 $BC = d = 2r$（图五）。

面交点的线段，然后求出该三角形的高度即可①。

另一种情况：这一种情况比上面所述的情况更普遍，如果已知多边圆锥的中轴与高之间夹角，则轴长与该角的余弦相乘，就得到该多边圆锥的高度②，同理，如果已知连接多边圆锥的顶点与底面多边形边界的某一条线段以及与它的高之间的夹角，则也可以求出该多边圆锥的高度，用这一方法可以求出所有形状圆锥的高度③。

为了求出从底面圆心到连接圆锥顶点与底面圆周的直线所引垂线的长度，底面圆周的半直径与圆锥中轴之和乘以它们的差，得到的积除以连接圆锥顶点与底面圆周的线段之长，又从该线段之长减去得到的商，再从底面圆半直径的平方中减去得到差的一半的平方，再取得到结果的平方根，得到的结果就是我们所求垂线之长④。

---

① 这里，在三角形 $\triangle AOB$ 中，$d = 2AO = 2\sqrt{r^2 + (AB)^2}$（图一）。

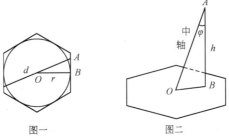

图一　　　　　　　　图二

② 设 AO 为斜棱锥的中轴，h 为高，φ 为中轴与高之间的夹角，那么 $h = AO\cos\varphi$（图二）。

③ 这里，阿尔·卡西所说的方法对于圆锥或者棱锥都可使用，即已知一条母线 l 以及这条母线 l 与高 h 之间的夹角 φ，则它们的高度等于 $h = l\cos\varphi$，（图三和图四）。

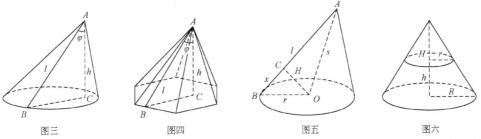

图三　　　　　图四　　　　　图五　　　　　图六

④ 设圆锥的中轴之长为 s，母线为 l，半径为 r，$OC \perp AB$，$BC = x$，则 $H^2 = s^2 - (l-x)^2$。另一方面，又有 $H^2 = r^2 - x^2$，所以 $r^2 - x^2 = s^2 - (l-x)^2$，因此 $x = \dfrac{l - \dfrac{(h+r)(h-r)}{l}}{2}$，所以，有

$$H = \sqrt{r^2 - \left[\dfrac{l - \dfrac{(h+r)(h-r)}{l}}{2}\right]^2} = \sqrt{r^2 - \left(\dfrac{l^2 - h^2 + r^2}{2l}\right)^2}。$$

注：这里，$\triangle AOB$ 不一定是直角三角形（图五）。

第三部 论圆台的测量

圆台的测量：下底面的半直径与上下两底面之间的垂线之长［圆台之高］相乘，得到的乘积除以下底面的半直径与下底面平行的上底面的半直径之差，得到的商就是圆锥之高，即大圆锥的顶点到底面的垂线之长①，从中减去上下两底面之间的垂线之长，就得到小圆锥之高，然后分别求出大圆锥与小圆锥的体积，再从大圆锥的体积中减去小圆锥的体积就得到圆台的体积。

［正］多边圆台的测量②：围绕底面多边形画一个圆，使得该圆（底面多边形的外接圆）通过底面多边形的所有顶点，或者多边形内部画一个圆，使得该圆与多边形的每一边的中点相切，然后用类似于圆锥底面圆直径的求法来分别求出外接圆与内切圆的直径。

如果多边圆台的高是未知的，但连接上下底面多边形对应顶点的线段是已知的，则从下底面外接圆的半直径减去上底面外接圆的半直径，再从连接上下底面多边形对应顶点的线段平方减去已得到差的平方，就得到该多边圆台高的平方③。如果连接上下底面多边形对应边的且垂直于该边的线段是已知的，则取上下底面多边形的内切圆的半直径，再用类似于外接圆的半直径来求出多边圆台高的方法，可求出该多边圆台的高④。

另一种方法：如果已知多边圆台的中轴与高之间夹角，则轴长与该角的余弦相乘，就得到该多边圆台的高度，用这一方法可以求出所有形状的多边圆台的高度⑤。

第四部 论余圆锥与余菱形体的测量

余圆锥的测量：余圆锥的体积等于从底面圆心到连接大圆锥顶点与底面圆周

---

① 设圆台上下两个底面的半径分别为 r 与 R，全圆锥之高为 H，圆台之高为 h，则由三角形的相似性，有 $\dfrac{r}{R} = \dfrac{H-h}{H}$，由此得到圆锥之高为 $H = \dfrac{hR}{R-r}$（图六）。

② 多边圆台——是指正棱台。

③ $h^2 = l^2 - (R-r)^2$（见：第219页图一）。

④ $h^2 = l^2 - (R-r)^2$（见：第219页图二）。

⑤ 这里，$h = l\cos\varphi$（见：第219页图三）。

的直线［母线］所引垂线长度的三分之一与圆台侧面积的乘积①。

余菱形体的测量：余菱形体的体积等于从底面圆心到夹在公共底面与圆台的上底面之间的侧面所引垂线之长的三分之一乘以圆台的侧面积与大圆锥的侧面积之和②。

第五部　论球体的测量

球体的体积等于半直径与表面积的三分之一的乘积③。

---

① 设正圆台上下底面圆的半径分别为 r 与 R，大圆锥与小圆锥的高分别为 H 与 h，大圆锥的母线与小圆锥的母线分别为 L 与 l，p 是底边圆心到圆锥的距离，则余菱形体的体积 V 等于圆台的体积与位于圆台内部的小圆锥的体积之差，即 $V = \frac{1}{3}\pi R^2 H - \frac{1}{3}\pi r^2 h - \frac{1}{3}\pi r^2(H-h) = \frac{1}{3}\pi(R^2 - r^2)H$，另外由三角形的相似性，有 $\frac{p}{H} = \frac{R}{L}$, $\frac{h}{H} = \frac{r}{R}$, $\frac{l}{L} = \frac{h}{H}$，由此得出 $pL = HR$, $pl = hR = Hr$，所以

$$V = \frac{1}{3}\pi(R^2 - r^2)H = \frac{1}{3}\pi(R^2H - r^2H) = \frac{1}{3}\pi(pLR - plr) = \frac{1}{3}\pi(RL - rl)p = \frac{1}{3}p(\pi RL - \pi rl)$$

式中，$\pi RL - \pi rl$ 为圆台的侧面积。

② 设 R, r, L, l, H, h, p 与注①相同，余菱形体的体积等于大菱形体的体积与小菱形体的体积之差，即 $V = \frac{2}{3}\pi R^2 H - \frac{1}{3}\pi r^2 h - \frac{1}{3}\pi r^2(H-h) = \frac{2}{3}\pi R^2 H - \frac{1}{3}\pi r^2 H = \frac{1}{3}\pi(2R^2H - \pi r^2 H)$，再由上面得出的比例关系 $pL = HR$, $pl = hR = Hr$，有 $V = \frac{1}{3}p \times [\pi LR + (\pi LR - \pi lr)]$，其中 πLR 是大圆锥的侧面积，$\pi LR - \pi lr$ 是圆台的侧面积。

该公式又可以用下面的方法得到，所求的体积等于下面大圆锥的体积与上面余圆锥的体积之和，由注①，上方余圆锥的体积为 $V_1 = \frac{1}{3}p(\pi RL - \pi rl)$，下方大圆锥的体积为 $V_2 = \frac{1}{3}p\pi RL$，所以余菱形体的体积为 $V = V_1 + V_2 = \frac{1}{3}p \times [\pi LR + (\pi LR - \pi lr)]$。

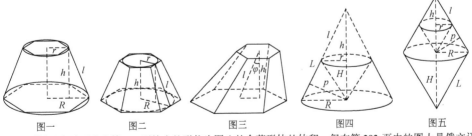

图一　　图二　　图三　　图四　　图五

用同样的方法可求出第 203 页给出的形状为图八的余菱形体的体积，但在第 203 页中的图十是俄文译稿中给出的图形，本人认为该图不符合阿尔·卡西给出的余菱形体的定义。因为，阿尔·卡西给出的定义中减菱形体和被减菱形体都是菱形体，而图十的减立体不是菱形体，阿尔·卡西在阿拉伯文原著中只用文字叙述了定义，而没有给出图像，苏联学者在译成俄文时可能对定义误解。

③ 设球的半径为 R，球的体积为 $V = \frac{1}{3} \times 4\pi R^2 \times R = \frac{4}{3}\pi R^3$。

另一种方法：直径的三分之二与大圆面积相乘，就得到球的体积①。

另一种方法：按照以前的算法，把直径的立方与二十一分之十一相乘，就得到球的体积。或按照我们的算法，把直径的立方与 0 31 24 57 20 相乘，就得到球体的体积，其中的常数为周长对直径之比的六分之一②。

另一种算法：把直径立方的六分之一与周长对直径之比相乘。

另一种算法：把直径立方的三分之二乘以大圆面积对直径平方之比，就得到球的体积，这里按照第四章③的结论，大圆面积对直径平方之比等于 0 47 7 26④。

须知：球的体积等于以球的大圆为底，以球直径的三分之二为高的圆柱的体积⑤，同时球的体积又等于以球的大圆为底，以球的半直径为高的四个圆锥的体积之和⑥。

第六部 论球扇形体和球缺的测量

球扇形的体积等于球体的半直径与球面部分面积的三分之一的乘积⑦。从球体的半直径减去球缺的高，得到差的三分之一与球缺底面积相乘，就得到球扇形的圆锥部分的体积；如果球扇形小于半球体，则从球扇形的体积中减去球扇形的圆锥部分的体积；如果球扇形大于半球体，则球扇形的体积与球扇形的圆锥部分

---

① 这里，$V = \frac{2}{3}d \times \pi R^2 = \frac{4}{3}\pi R^3$。

② 这里，球的体积为 $V = \frac{4}{3}\pi R^3 = \frac{\pi}{6}d^3$，按照以前的算法，取 $\frac{\pi}{6} = \frac{1}{6} \times \frac{22}{7} = \frac{11}{21}$，按照阿尔·卡西的算法，取 $\frac{\pi}{6} = \frac{1}{6} \times (3\ 8\ 29\ 44) = 031245720$。3 世纪，中国数学家刘徽已得到同样的结果。(李文林. 数学史教程. 北京：高等教育出版社；海德堡：施普林格出版社，2000：86.)

③ 第四章第二部第 186 页第二个另一种方法（注⑤）。

④ $V = \left(\frac{2}{3}d^3\right) \times \left(\frac{\pi R^2}{d^2}\right) = \frac{2}{3}d\pi R^2 = \frac{4}{3}\pi R^3$。其中，$\frac{\pi R^2}{d^2} = \frac{\pi}{4} = 0.47726$。见：第四章第二部（第 186 页第二个另一种方法和注⑤）。

⑤ $V = \frac{4}{3}\pi R^3 = \left[\frac{2}{3} \times (2R)\right] \times \pi R^2$，这是希腊数学家阿基米德提出的定理。(见：李文林. 数学史教程. 北京：高等教育出版社；海德堡：施普林格出版社，2000：53.)

⑥ $V = \frac{4}{3}\pi R^3 = 4 \times \left(\frac{1}{3}\pi R^3\right)$，这也是希腊数学家阿基米德提出的定理。(见：李文林. 数学珍宝. 北京：科学出版社，1998：151.)

⑦ 设该球扇形对应球冠的表面积为 $S_{球冠}$，则球扇形的体积为 $V_{球扇形} = \frac{1}{3}S_{球冠}R$。另外，阿尔·卡西在本卷第六章第五部（见：第 212 页注①）中给出了球冠的表面积为 $S_{球冠} = 2\pi Rh$，所以球扇形的体积为 $V_{球扇形} = \frac{2}{3}\pi R^2 h$。

的体积相加，得到的差或和等于球缺的体积①。

第七部　论等边多面体［正多面体］的测量

对于等边多面体可以画一个外接球，使等边多面体的所有顶点内接于该球面。同理，对于等边多面体可以画一个内切球，使该球面内切于等边多面体的所有面的中心，或者可以画出两个同心球面，使其中一个球面内切于多面体的有些面，而另一个球面内切于该多面体的其余面，这些多面体可能由等底、等高且顶点位于球心的棱锥之和构成，或者也可能由非等底、非等高，但顶点位于球心的棱锥之和构成，这种物体共有如下的七种②：

第一：球内正四面体，内接于球面且每一面都是全等的正三角形，即全等的等边三角形所围成的立体，该立体由等边三角形为底的四个三棱锥组成③，每个三棱锥的底面为原四面体的侧面，它们的公共顶点位于球心（图一）。该立体有关的算法如下：先取外接球面直径平方的三分之二的平方根，再取直径平方一半的平方根，其中第一个平方根为底面边长，第二个平方根为侧面三角形的高度，其中一条之长的一半乘以第二条之长，就得到侧面三角形的面积，该面积乘以外

---

① 设球缺底面半径为 r，球缺高为 h，球体半径为 R，则当球扇形小于半球体时，其圆锥部分的体积为 $V_{圆锥} = \frac{1}{3}\pi r^2 (R-h)$（图一）；或大于半球体时，其圆锥部分的体积为 $V_{圆锥} = \frac{1}{3}\pi r^2 (h-R)$（图二），所以当球扇形小于半球体时，对应球缺的体积为 $V_{球缺} = V_{球扇形} - V_{圆锥} = \frac{2}{3}\pi R^2 h - \frac{1}{3}\pi r^2 (R-h)$，这里，$r^2 = 2Rh - h^2$ 代入原式，得 $V_{球缺} = \frac{1}{3}\pi h^2(3R-h)$，或把 $R = \frac{r^2+h^2}{2h}$ 代入原式，得 $V_{球缺} = \frac{1}{6}\pi h(3r^2+h^2)$。当球扇形大于半球体时（图二），对应球缺的体积为 $V_{球缺} = V_{球扇形} + V_{圆锥} = \frac{2}{3}\pi R^2 h + \frac{1}{3}\pi r^2(h-R)$，把 $r^2 = 2Rh - h^2$ 代入原式，得 $V_{球缺} = \frac{1}{3}\pi h^2(3R-h)$，或把把 $R = \frac{r^2+h^2}{2h}$ 代入原式，得 $V_{球缺} = \frac{1}{6}\pi h(3r^2+h^2)$。

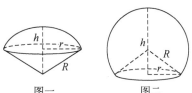

图一　　　　　图二

② 在阿拉伯文原著里没有给出这些立体的图像，为了让读者便于理解，本人附加了俄文译稿中给出的图像。

③ 阿尔·卡西把多面棱锥也称为多边圆锥，具体的按底面多边形的边数来称呼。例如，三棱锥称为三边圆锥。

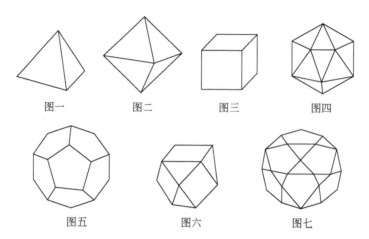

图一　　　　图二　　　　图三　　　　图四

图五　　　　图六　　　　图七

接球直径的九分之二，就得到该四面体的体积①。

另一种方法：把球的直径乘以 0 48 59 23 15 41（第五位）就得到棱长，再把球的直径乘以 0 42 25 35 3 53（第五位）就得到侧面三角形之高，其余的算法同上②。

另一种方法：取直径平方的九分之二的平方根，得到的根与直径平方的六分之一的平方根相乘，得到的积与直径的三分之一相乘，就得到该立体的体积③。

如果多面体的棱长是已知的，但球的直径与多面体的高是未知的，则取棱长平方的三分之二的平方根，得到的根是该立体的高度，这个高度等于球直径的三分之二，所以高与半高之和等于球的直径④。

另一种方法：棱长与 0 48 59 23 15 4（第五位）相乘，得到该立体的高度，

---

① 设外接球半径为 R，则四面体的棱长为 $\frac{2\sqrt{6}}{3}R = \sqrt{\frac{2}{3} \times (2R)^2}$，侧面之高为 $\sqrt{2}R = \sqrt{\frac{1}{2}(2R)^2}$，侧面面积为 $\frac{1}{2}\sqrt{2}R \times \frac{2\sqrt{6}}{3}R = \frac{2\sqrt{3}}{3}R^2$，四面体的高为 $h = \sqrt{(\sqrt{2}R)^2 - (\frac{1}{3}\sqrt{2R})^2} = \frac{4}{3}R$，体积为 $V = \frac{1}{3}Sh = \frac{2}{9} \times (2R) \times \frac{1}{2}\sqrt{\frac{2}{3}(2R)^2} \times \sqrt{\frac{1}{2}(2R)^2} = \frac{8\sqrt{3}}{27}R^3$。

② 由上面知，四面体的棱长为 $\frac{\sqrt{6}}{3}(2R)$。其中，$\frac{\sqrt{6}}{3} = 0.81649658 = 0\ 48\ 59\ 23\ 15\ 41$。侧面之高为 $\sqrt{2}R = \frac{\sqrt{2}}{2}(2R)$。其中，$\frac{\sqrt{2}}{2} = 0.70710678 = 0\ 42\ 25\ 35\ 3\ 53$。

③ 这里，$V = \sqrt{\frac{2}{9} \times (2R)^2} \times \sqrt{\frac{1}{6}(2R)^2} \times \frac{1}{3}(2R) = \frac{8\sqrt{3}}{27}R^3$。

④ 这里，四面体的棱长为 $l = \frac{2\sqrt{6}}{3}R$，所以 $h = \sqrt{\frac{2}{3}l^2} = \sqrt{\frac{2}{3} \times \frac{24}{9}R^2} = \frac{4}{3}R$，故 $h + \frac{1}{2}h = \frac{4}{3}R + \frac{2}{3}R = 2R$。

它就是球直径的三分之二①。

第二：球内八面体，内接于球面且每一面都是全等的正三角形，即全等的等边三角形所围成的立体。该立体有关的算法如下：外接球的直径与其半直径相乘，得到的积与直径的三分之一相乘，或者外接球直径的平方与其直径的六分之一相乘，得到的结果是该立体的体积②。

另一种方法：外接球的直径与 0 42 25 35 3 53（第五位）相乘，就得到该立体的棱长③。

另一种方法：如果多面体的底面边长是已知的，但外接球的直径是未知的，则取边长平方的二倍的平方根，就得到外接球的直径④。

另一种方法：棱长与 1 24 51 10 7 46（第五位）相乘，得到外接球的直径，再把棱长平方与直径的三分之一相乘，就得到该立体的体积⑤。

第三：球内立方体，该立体有关的算法如下：取外接球直径平方的三分之一的平方根，得到的根是立方体的棱长，再求出立方体的体积，即首先把棱长自乘，又把得到的积乘以棱长，就得到该立方体的体积⑥。

另一种方法：外接球直径与 0 34 38 27 39 29（第五位）相乘，得到立方体的棱长，如果我们把棱长除以上面的数据，就得到外接球的直径，很显然，内接球的直径等于该立方体的棱长⑦。另外，立方体是以正方形为底的圆柱，它的高

---

① 见：第222页注④。

② 设外接球半径为 R，则八面体的棱长为 $\sqrt{2}R$，侧面之高为 $\frac{1}{2}\sqrt{6}R$，侧面面积为 $\frac{\sqrt{3}}{2}R^2$，四面体的高为 $h = \sqrt{(\sqrt{2}R)^2 - (\frac{1}{3}\sqrt{2}R)^2} = \frac{4}{3}R$，体积为 $V = \frac{4}{3}R^3$，所以 $V = (2R) \times R \times \frac{2R}{3}$，或者 $V = (2R)^2 \times \frac{2R}{6}$。

③ $\sqrt{2}R = \frac{\sqrt{2}}{2}(2R)$，这里 $\frac{\sqrt{2}}{2} = 0.70710678 = 0$ 42 25 35 3 53。

④ 这里，因 $l = \sqrt{2}R$，所以 $2R = \sqrt{2}l = \sqrt{2l^2}$。

⑤ 这里，$2R = \sqrt{2}l$，而 $\sqrt{2} = 1.414213562 = 1$ 24 51 10 7 46，$V = l^2 \times \frac{1}{3}R = 2R^2 \frac{1}{3}(2R) = \frac{4}{3}R^3$。

⑥ 立方体的棱长为 $\frac{2\sqrt{3}}{3}R$，即 $\sqrt{\frac{1}{3} \times (2R)^2}$，立方体的体积为 $V = \sqrt{\frac{1}{3} \times (2R)^2} \times \sqrt{\frac{1}{3} \times (2R)^2} \times \sqrt{\frac{1}{3} \times (2R)^2} = \frac{8\sqrt{3}}{9}R^3$。

⑦ 因立方体的棱长为 $\frac{\sqrt{3}}{3} \times (2R)$，这里，$\frac{\sqrt{3}}{3} = 0.5773502692 = 0$ 34 38 27 39 29。显然内接球的直径等于该立方体的棱长。

等于底面正方形的边长①。

第四：球内二十面体，每张面都是等边三角形的球内立体。该立体有关的算法如下：取外接球直径的平方，再取得到结果一半的十分之一的平方根，再从外接球半直径中减去得到的平方根并记住得到的差，把记住差的平方与直径平方的五分之一相加，再取得到和的平方根，得到的结果是该立体三角形侧面的边长②。

另一种方法：取外接球直径平方的五分之一的平方根，得到的根与 1 10 32 3 13 54（第五位）相乘，就得到该立体三角形侧面的边长③。

另一种方法：外接球的直径与 0 31 32 37 54 13（第五位）相乘，即半弧的弦与直径相乘，就得到该立体三角形侧面的边长④，另外当直径作为单位长度时，弓轴之长等于五分之四⑤。求出该多面体一块侧面的面积，再把一块侧面的面积乘以二十就得到该立体的整个侧面积，从直径平方的四分之一减去棱长平方的三分之一，再取得到差的平方根，就得到该立体内切球的半直径，它就是从多

---

① 注意：按照阿尔·卡西的定义，立方体又称为四边圆柱。

② 球内二十面体的棱长为 $\frac{1}{5}\sqrt{10(5-\sqrt{5})}R$，按照阿尔·卡西的叙述：

$$\sqrt{\left(R-\sqrt{\frac{1}{10}\times\frac{1}{2}\times(2R)^2}\right)^2+\frac{1}{5}\times(2R)^2}=\frac{1}{5}\sqrt{10(5-\sqrt{5})}R$$

③ 因棱长为 $\frac{1}{5}\sqrt{10(5-\sqrt{5})}R=\sqrt{\frac{1}{5}(2R)^2}\times\frac{1}{2\sqrt{5}}\sqrt{10(5-\sqrt{5})}$。其中，$\frac{1}{2\sqrt{5}}\sqrt{10(5-\sqrt{5})}=$ 1.175570505 = 1　10　32　3　13　54

④ 这里，所谓的弦就是侧面三角形的边，也就是正 20 面体的棱长，半弧的弦为棱长的一半，即 $\frac{1}{10}\sqrt{10(5-\sqrt{5})}R$，所以棱长等于 $\frac{1}{10}\sqrt{10(5-\sqrt{5})}\times(2R)$。其中，$\frac{1}{10}\sqrt{10(5-\sqrt{5})}=0.5257311121=0$ 31 32 37 54 13。

⑤ 阿尔·卡西的"另外，当直径作为单位长度时，弓轴之长等于五分之四"一句话需要研究，因为本人算出的弓轴之长与阿尔·卡西所写的不符。

面体的中心到一块侧面的垂线之长①。

另一种方法：把外接球直径乘以 23 50 22 41 26（第五位），得内切球的半直径，把这个高度的三分之一分别乘以所有侧面的面积，再把得到的所有积相加，得到的和是整个立体的体积②。

如果三角形侧面的边长是已知的，但外接球的直径是未知的，当半直径作为单位长度时，把棱长除以五分之一圆弧所对的弦，即把棱长除以 1 10 32 3 13 54 22（第六位），再把得到商的平方乘以五，得到的积就是外接球直径的平方③。

---

① 设侧面等边三角形的边长为 a，则（图一）三角形的高为 $h = \sqrt{a^2 - \left(\dfrac{a}{2}\right)^2} = \dfrac{\sqrt{3}}{2}a$，三角形的面积为 $\dfrac{1}{2}ha = \dfrac{\sqrt{3}}{4}a^2 = \dfrac{\sqrt{3}}{10}(5-\sqrt{5})R^2$，这样整个立体的侧面积为 $20 \times \dfrac{1}{2}ha = 2\sqrt{3}(5-\sqrt{5})R^2$。另外在图一中，$x = \dfrac{a}{2}\tan 30° = \dfrac{a}{2\sqrt{3}}$，$y = 2x = \dfrac{a}{\sqrt{3}}$，所以内切球的半径（图二）为

$$r = \sqrt{R^2 - y^2} = \sqrt{\dfrac{(2R)^2}{4} - \dfrac{1}{3}a^2} = R\sqrt{1 - \dfrac{2}{15}(5-\sqrt{5})}$$

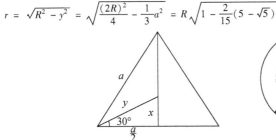

图一　　　　　图二

② 这里，$r = R\sqrt{1 - \dfrac{2}{15}(5-\sqrt{5})} = (2R) \times \dfrac{1}{2}\sqrt{1 - \dfrac{2}{15}(5-\sqrt{5})}$。其中，$\dfrac{1}{2}\sqrt{1 - \dfrac{2}{15}(5-\sqrt{5})}$ = 0.3973272361 = 0 23 50 22 40 58。

由于四舍五入法不同，才导致后两位数字与阿尔·卡西给出的数字不同。内切球的半径等于以侧面三角形为底，以球心为顶点的三棱锥之高，所以这个三棱锥的体积为 $\dfrac{1}{3}rS_{三角形}$，而整个立体的体积为

$$V = 20 \times \dfrac{1}{3}rS_{三角形} = \dfrac{1}{3}r \times 20 S_{三角形} = \dfrac{2}{3}\sqrt{\dfrac{5+2\sqrt{5}}{5}}(5-\sqrt{5})R^3。$$

③ 因为棱长 $a = \dfrac{1}{5}\sqrt{10(5-\sqrt{5})}R = \sqrt{\dfrac{1}{5}(2R)^2} \times \dfrac{1}{2\sqrt{5}}\sqrt{10(5-\sqrt{5})}$，所以 $\sqrt{\dfrac{1}{5}(2R)^2} = \dfrac{a}{\dfrac{1}{2\sqrt{5}}\sqrt{10(5-\sqrt{5})}}$。其中，$\dfrac{1}{2\sqrt{5}}\sqrt{10(5-\sqrt{5})} = 1.175570505 = 1\ 10\ 32\ 3\ 13\ 54$。于是

$$(2R)^2 = 5 \times \left[\dfrac{a}{\dfrac{1}{2\sqrt{5}}\sqrt{10(5-\sqrt{5})}}\right]^2$$

另一种方法：把棱长除以 0 31 32 37 54 13（第五位），得到外接球的直径①。

第五：正十二面体，每一张侧面都是等角等边的正五边形，该立体有关的算法如下：取外接球直径平方的六分之一的一半，再取得到结果的平方根，把前面已得到的结果［直径平方的六分之一的一半］乘以五，再取得到积的平方根，从后面得到的平方根中减去前面得到的平方根，得到的差就是该五边形的边长②。

另一种方法：把外接球的直径乘以 0 21 24 33 34 17（第五位），得到五边形侧面的边长，然后用以前所述的方法来求出该五边形的面积，再把五边形的面积乘以十二，就得到整个立体的侧面积③。然后求出该立体的内切球的半直径，这类似于正二十面体内切球半直径的求法，即将外接球直径平方的四分之一减去三角形侧面边长平方的三分之一，再取得到差的平方根，或者把外接球的直径乘以 0 23 50 22 41 26（第五位），就得到该立体内切球的半直径，它就是从多面体的中心到一个侧面的垂线之长④，再把垂线之长的三分之一与整个立体的侧面积相乘，就得到该立体的体积，这就是我们所要的结果。

如果该立体的棱长是已知的，但外接球的直径是未知的，则棱长的平方与棱长平方的四分之一相加，求出得到和的平方根，从得到的根减去棱长之半，得到的差与棱长相加，把得到和的平方乘以三，最后得到的乘积就是外接球直径的

---

① $2R = \dfrac{a}{\frac{1}{10}\sqrt{10(5-\sqrt{5})}}$。其中，$\dfrac{1}{10}\sqrt{10(5-\sqrt{5})} = 0.5257311121 = 0\ 31\ 32\ 37\ 55\ 11$。

② 这里，$a = \sqrt{5 \times \dfrac{1}{2} \times \dfrac{1}{6}(2R)^2} - \sqrt{\dfrac{1}{2} \times \dfrac{1}{6}(2R)^2} = \dfrac{1}{3}(\sqrt{15} - \sqrt{3})R$。

③ 这里，$a = \dfrac{1}{3}(\sqrt{15} - \sqrt{3})R = \dfrac{1}{6}(\sqrt{15} - \sqrt{3}) \times (2R)$。其中，$\dfrac{1}{6}(\sqrt{15} - \sqrt{3}) = 0.3568220898 = 0\ 21\ 24\ 33\ 34\ 17$。

④ 该立体的每一个五边形侧面都可分成三个三角形面，而每一个三角形面到外接球心的距离都相等，这个距离等于以侧面五边形为底、以外接球心为顶点的正五棱锥之高，所以内切球的半径（见：第 225 页注①②）为：$r = \sqrt{\dfrac{(2R)^2}{4} - \dfrac{1}{3}a^2} = R\sqrt{1 - \dfrac{2}{15}(5-\sqrt{5})} = (2R)\dfrac{1}{2}\sqrt{1 - \dfrac{2}{15}(5-\sqrt{5})}$。其中，$\dfrac{1}{2}\sqrt{1 - \dfrac{2}{15}(5-\sqrt{5})} = 0.3973272361 = 0\ 23\ 50\ 22\ 40\ 58$。

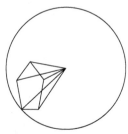

平方①。

另一种方法：把棱长除以 0 21 24 33 34 17（第五位）就得到外接球的直径②。

由于正十二面体具有十二张侧面，而正二十面体的顶点数为十二，又正十二面体的顶点数为二十，而正二十面体的侧面数为二十，因此其中的一个立体能够放入另一个立体之内，使得内部立体的每一个顶点内接于外部立体对应侧面的中心，这样位于内部的内接立体的外接球又是位于外部立体的内切球，对于立方体和正八面体也有这种情况。按照上面介绍的方法，你能够求出内切球的直径，该球同时也是内部立体的外接球，这样内部立体的棱长和体积的求法归属于我们在上面已讨论过的问题。

第六：十四面体，其中八张侧面为等边三角形，而六张侧面为正方形，正方形侧面的边又是三角形侧面的边，每一张侧面的边长等于外接球的半直径，该立体有关的算法如下：直径平方的一半的平方根与直径平方的四分之一相乘，即直径平方的一半的平方根与正方形的面积相乘，要记住这个结果。然后，取直径平方的三分之一，同时也取直径平方的六分之一，分别取各平方的平方根，其中第一个平方根等于三角形的中心到边中点所引垂线之长的四倍，第二个平方根等于立体的中心到三角形的中心所引垂线之长，再把球的半直径，即把三角形的边长乘以上面得到的平方根之一，得到的积与另一个平方根相乘，再把得到的积与上面记住的结果相加，就得到该立体的体积③。

另一种方法：直径的 0 10 33 23 45 58（第五位）倍与直径的平方相乘并记住结果，再把直径与 0 16 19 47 45 13（第五位）相乘，直径的平方与 0 25 58 50 44 37（第五位）相乘，最后第一个乘积与第二个乘积相乘得到的积与记住的结

---

① 见：第 226 页注①，$R = \dfrac{3a}{\sqrt{15}-\sqrt{3}} = \dfrac{1}{4}(\sqrt{15}+\sqrt{3})a$，所以 $2R = \sqrt{3}\left(a + \sqrt{a^2 + \dfrac{1}{4}a^2} - \dfrac{1}{2}a\right)$。

② 见：第 226 页注③。

③ 这里，记住的结果为 $\sqrt{\dfrac{1}{2}(2R)^2} \times \dfrac{1}{4}(2R)^2 = \sqrt{2}R^3$，第一个平方根为 $\sqrt{\dfrac{1}{3}(2R)^2} = \dfrac{2\sqrt{3}}{3}R = 4\times(\dfrac{\sqrt{3}}{6}R)$，就是三角形的中心到边中点所引垂线之长，第二个平方根为 $\sqrt{\dfrac{1}{6}(2R)^2} = \dfrac{\sqrt{6}}{3}R$，就是立体中心到三角形中心所引垂线之长，这时 $V = \dfrac{2\sqrt{3}}{3}R \times R \times \dfrac{\sqrt{6}}{3}R + \sqrt{2}R^3 = \dfrac{5\sqrt{2}}{3}R^3$。这就是球内的 8 个三棱锥和 6 个四棱锥体积之和，即球内接 14 面体的体积。

果相加，就得到该立体的体积①。

第七：三十二面体，其中二十张侧面为等边三角形，其余十二张侧面为边长等于三角形边长的正五边形，每一张侧面的边长等于内接于外接球大圆的正十边形的边长，该立体有关的算法如下：把外接球直径平方除以十六，取得到商的平方根，又把得到商[即把外接球直径平方除以十六得到的商]乘以五，再求得到商的平方根，并从中减去前面得到的平方根，得到的差就是该立体侧面的边长[棱长]②，这样用以前学过的方法，我们可求出两种侧面的面积，即可求出三角形侧面和五边形侧面的面积③。任意一张五边形侧面的面积乘以十二，就得到所有五边形侧面的面积之和，任意一张三角形侧面的面积乘以二十，就得到所有三角形侧面的面积之和，然后从直径平方的四分之一减去棱长平方的三分之一，再求得到差的平方根④，又把得到根的三分之一与所有三角形侧面的面积之和相乘，并记住得到的结果⑤。然后把棱长除以 1 10 32 3 13 44（第五位），从直径平方的四分之一减去得到商的平方，再求得到差的平方根，并把它的三分之一与所有五边形侧面的

---

① 这里，$\frac{\sqrt{2}}{8} = 0.1767766953 = 0\ 10\ 33\ 23\ 45\ 58$ 等于 14 面体的中心到侧面正方形的中心所引垂线与外接球直径之比的 $\frac{1}{2}$，$\frac{\sqrt{6}}{9} = 0\ 16\ 19\ 47\ 45\ 13$ 等于 14 面体的中心到侧面三角形的中心所引垂线与外接球直径之比的 $\frac{2}{3}$，$\frac{\sqrt{3}}{4} = 0.4330127019 = 0\ 25\ 58\ 50\ 44\ 37$ 等于三角形的中心到底边中点所引垂线之长与直径之比的 $\frac{3}{4}$。

② 这里，32 面体的棱长为 $a = \sqrt{5 \times \frac{(2R)^2}{16}} - \sqrt{\frac{(2R)^2}{16}} = \frac{1}{2}R(\sqrt{5}-1)$。

③ 三角形的高为 $h = \sqrt{a^2 - \left(\frac{a}{2}\right)^2} = \frac{\sqrt{3}}{2}a$，三角形的面积为 $S_{三角形} = \frac{1}{2}ah = \frac{\sqrt{3}}{4}a^2$，三角形侧面的面积之和为 $20 \times S_{三角形} = 5\sqrt{3}a^2$。

④ 三角形的顶点到三角形中心的距离为 $x = \frac{2}{3}h = \frac{\sqrt{3}}{3}a$，外接球心到三角形中心的距离为 $H_{三角形} = \sqrt{\frac{1}{4}(2R)^2 - x^2} = \sqrt{\frac{1}{4}(2R)^2 - \frac{1}{3}a^2} = \frac{\sqrt{3}}{6}(\sqrt{5}+1)R$

⑤ 记住的结果为以三角形为底，以外接球心为顶点的 20 个正三棱锥体积之和，即
$V_{三棱锥} = \frac{1}{3} \times (20 \times S_{三角形}) \times H_{三角形} = \frac{5}{6}R^3(\sqrt{5}-1) = \frac{5}{6}a^3(3+\sqrt{5})$

面积之和相乘，得到的结果与记住的结果相加，就得到该立体的体积①。

另一种方法：首先把外接球直径与 0 18 32 27 40 15（第五位）相乘，得到该立体的棱长②，然后分别求出三角形侧面和五边形侧面的面积。再把所有五边形的面积相加，然后把所有三角形的面积相加，把外接球的直径与 0 8 30 23 21 50（第五位）相乘③，得到的积与所有五边形的面积相乘并记住结果。第二次把外接球的直径与 0 9 10 20 12 18（第五位）相乘④，得到的积与所有三角形的面积相乘，得到的积与记住结果相加，就得到该立体的体积。

---

① 边长为 a 的正五边形的面积为 $S_{正五边形} = \frac{5}{4}a^2 \cot 36° = \frac{a^2}{4}\sqrt{25 + 10\sqrt{5}}$，所有正五边形侧面的面积之和为 $12 \times S_{正五边形} = 3a^2\sqrt{25 + 10\sqrt{5}}$，五边形的中心到五边形任一个顶点的距离为 $x = \frac{a}{2\sin 36°} = a\sqrt{\frac{1}{2} + \frac{\sqrt{5}}{10}}$，其中阿尔·卡西提到的数据为 $2\sin 36° = 1.175570505 = 1\ 10\ 32\ 3\ 13\ 44$，五边形中心到外接球心的距离为 $H_{五边形} = \sqrt{\frac{1}{4}(2R)^2 - \left(\frac{a}{2\sin 36°}\right)^2}$，以五边形为底，以外接球心为顶点的 12 个五棱锥体积之和为 $V_{五棱锥} = \frac{1}{3}H(12S_{五}) = \frac{1}{3} \times \left(a\sqrt{1 + \frac{2\sqrt{5}}{5}}\right) \times 3a^2\sqrt{25 + 10\sqrt{5}} = a^3(5 + 2\sqrt{5})$，所以整个 32 面体的体积为 $V = V_{三棱锥} + V_{五棱锥} = \frac{45 + 17\sqrt{5}}{6}a^3 \approx 13.8355a^3$。

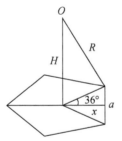

② 32 面体的棱长为 $a = \frac{1}{2}R(\sqrt{5} - 1) = \frac{\sqrt{5} - 1}{4} \times (2R)$，其中阿尔·卡西提到的数据为 $\frac{\sqrt{5} - 1}{4} = 0.3090169944 = 0\ 18\ 32\ 27\ 40\ 15$。

③ 五边形的中心到外接球心之距离，$H_{五边形} = (2R) \times \frac{1}{2}\sqrt{\frac{5 + \sqrt{5}}{10}}$。其中，阿尔·卡西提到的数据为 $\frac{1}{3} \times \frac{1}{2}\sqrt{\frac{5 + \sqrt{5}}{10}} = 0.1417751347 = 0\ 8\ 30\ 23\ 25\ 44$，后两位数在阿拉伯文手稿和俄文译稿中均写成 21 50。

④ 三角形的中心到外接球心之距离，$H = \frac{\sqrt{3}}{12}(\sqrt{5} + 1) \times (2R)$。其中，阿尔·卡西提到的数据为 $\frac{1}{3} \times \frac{\sqrt{3}}{12}(\sqrt{5} + 1) = 0.1556953932 = 0\ 9\ 20\ 30\ 12\ 17$，在阿拉伯文手稿和俄文译稿中均写成 0 9 10 20 12 18，但写入下面给出的表时已改正。

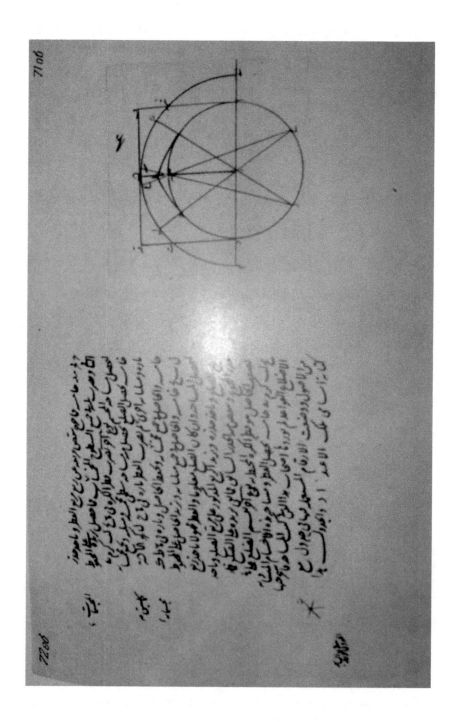

如果该立体的棱长是已知的，但外接球的直径是未知的，则取棱长平方的四分之一的平方根，再取棱长平方与棱长平方的四分之一之和的平方根，从后面得到的平方根中减去前面得到的平方根，得到的差与棱长相加，得到和的二倍等于外接球的直径[1]。

另一种方法：把棱长除以 0 18 32 27 40 15（第五位），就得到外接球的直径[2]。

对于已经掌握了本学科的读者来说，理解本书和其他与测量正多面体有关的书籍是并不难，因为这些概念都已被写入"入门"一书中，我在本部分中出现的所有数据用数字和文字两种形式填入了表内，该表如下：

有关多面体测量的数据表[3]

	度	分	秒	分秒	毫秒	第五位
以外接球直径为单位时，正四面体的棱长，或以棱长为单位时，四面体的高度	0	48	59	23	15	41
	零	四十八	五十九	二十三	十五	四十一
以外接球直径为单位时，侧面为等边三角形的正四面体的侧高，或侧面为等边三角形的正八面体的棱长	0	42	25	35	3	53
	零	四十二	二十五	三十五	三	五十三

---

[1] 因 $a = \frac{1}{2}R(\sqrt{5}-1)$，所以 $R = \frac{1}{2}a(\sqrt{5}+1)$，按照阿尔·卡西的算法，有 $2R = 2\left(a + \sqrt{\frac{a^2}{4}+a^2} - \sqrt{\frac{a^2}{4}}\right)$。

[2] 见：第229页注[2]。阿尔·卡西在第七部分中共讨论了7种多面体，其中5个是正多面体，其余2个是希腊数学家阿基米德提出的13个非正多面体中的两个，它们具有如下的特征：

第一，正四面体：由4个等边三角形构成，具有4个顶点。
第二，正八面体：由8个等边三角形构成，具有6个顶点。
第三，立方体：由6个正方形构成，具有8个顶点。
第四，正二十面体：由20个等边三角形构成，具有12个顶点。
第五，正十二面体：由12个正五角形构成，具有20个顶点。
第六，十四面体：由8个等边三角形和6个正方形构成，具有12个顶点。
第七，三十二面体：由20个等边三角形和12个等边五边形构成，具有30个顶点。

其中，十四面体可看成由立方体的8个顶点都切去截面为等边三角形的立体后余下的物体，或由八面体的6个顶点都切去截面为正方形的立体后余下的物体，把32面体可看成由十二面体的20个顶点都切去截面为等边三角形的立体后余下的物体，或由20面体的12个顶点都切去截面为正五边形的立体后余下的物体。

[3] 本来，本书的阿拉伯文原著中不带页码，苏联学者在译成俄文时为了方便起见，把原著每次翻开时出现的两个页面都复印在一个页面上，而且左右上角添加了页码。例如，如果右上角为70o6（正面），则左上角为第71页背面。另外，上面的数据表位于原著第71页（见：第230页），但接下来71o6留为空，本人认为抄写阿拉伯文的书法家估计该表应占满两个页面，就给它留了两个页面，但后来画具体表时把它画在一个页面上，现71o6图像是后来被别人补上的，这可能是75o6给出的图像（见：第247页）。

续表

	度	分	秒	分秒	毫秒	第五位
以棱长为单位时，八面体的外接球直径	1	24	51	10	7	46
	一	二十四	五十一	十	七	四十六
以外接球直径为单位时，立方体的棱长	0	34	38	27	39	29
	零	三十四	三十八	二十七	三十九	二十九
正五边形边长和正六边形边长之比①	1	10	32	3	13	44
	一	十	三十二	三	十三	五十四
以外接球直径为单位时，正二十面体的棱长	0	31	32	39	54	13
	零	三十一	三十二	三十九	五十四	十三
以外接球直径为单位时，正二十面体或正十二面体的中心到侧面之高	0	23	50	22	41	26
	零	二十三	五十	二十二	四十一	二十六
以外接球直径为单位时，正十二面体的棱长	0	21	24	33	34	17
	零	二十一	二十四	三十三	三十四	十七
以外接球直径为单位时，十四面体的中心到正方形侧面之高	0	10	33	23	45	58
	零	十	三十三	二十三	四十五	五十八
以外接球直径为单位时，十四面体的中心到正三角形侧面之高的三分之二	0	16	19	47	45	13
	零	十六	十九	四十七	四十五	十三
等边三角形的面积对边长平方之比	0	25	55	50	44	37
	零	二十五	五十五	五十	四十四	三十七
以外接球直径为单位时，三十二面体的棱长	0	18	32	29	40	15
	零	十八	三十二	二十九	四十	十五
以外接球直径为单位时，三十二面体的中心到正五边形侧面之高的三分之一	0	8	30	23	21	50
	零	八	三十	二十三	二十一	五十
以外接球直径为单位时，三十二面体的中心到等边三角形侧面之高的三分之一	0	9	20	30	12	18
	零	九	二十	三十	十二	十八

---

① 正六边形边长等于外接圆半径，$\frac{a}{2} = R\cos 54°$，所以 $\frac{a}{R} = 2\cos 54° = 1.175570505 = 1\ 10\ 32\ 3\ 13\ 44$。

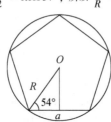

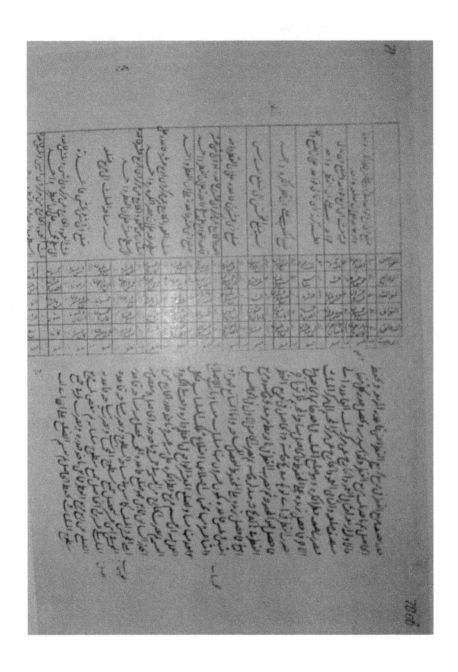

第八部 其他物体的测量

关于由我们在上面讨论过的一些立体构成物体的体积，如由圆柱与圆锥之和或圆柱与圆锥之差而构成的立体等。在这种情形下，根据具体情况通过圆柱与圆锥的体积相加或相减来得到该物体的体积①。

对于其他形状的物体，如果把这些物体能够装进一个水壶或者一个容器内，则它们的体积可用下面的方法来测量：

首先把被测物体放进一个容器内，然后把容器用液体倒满，使物体全部没入液体中，再把容器里液体表面的位置划一道印记后将液体里的物体抽出来，再测量印记的位置与液体表面下降后处于的位置之间部分的体积，它就是所求物体的体积。

---

① 圆柱与圆锥的体积之和（见：图一），圆柱与圆锥的体积之差（见：图二）。

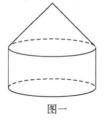

图一

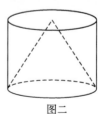

图二

第八章 由重量来确定一些物体的体积及其相反问题

这里学者们应要掌握下面的规律：

如果我们想测量两种不同的物体，当它们的体积相等时，求出第一种物体的重量对第二种物体的重量之比，当它们的重量相等时，求出第一种物体的体积对第二种物体的体积之比，这时得到的两种比值相等。例如，当铁与木头的体积相等时，求出铁的重量对木头的重量之比；当它们的重量相等时，求出铁的体积对木头的体积之比。这时，得到的两种比值相等。

具有一定变形性能的液体与其他物体之间的这种关系，用如下的方法来确定：

首先，把带有出水口的容器内倒满液体，把杆秤盘放置在容器的下面，如果我们把一定重量的金属、贵重宝石或其他物体放进容器内，显然它们是一个整体且不吸水的物体，则从容器的出水口应排出体积相当于该物体的液体。如果我们把上述物体等重量的另一种物体放进在容器内，显然排出的液体体积与上次排出的液体体积不相等，这时第一次排出的液体重量对第二次排出的液体重量之比等于第一次排出的液体体积对第二次排出的液体体积之比，即第一次排出的液体重量对第二次排出的液体重量之比等于第一次放进容器的物体体积对第二次放进容器的物体体积之比。当物体的体积相等时，该比值等于第一次放进容器的物体重量对第二次放进容器的物体重量之比。例如，如果我们把列表中的每一百米斯卡拉①物体放进液体中并测量排出液体的体积，就得到当重量相等时各物体的体积之间的比例关系，即一个物体的体积对另一个物体的体积之间的比例关系，反过来当体积相等时，就得到各物体的重量之间的比例关系。

---

① 米斯卡拉：黄金衡量单位。1 米斯卡拉=11.6638 克。

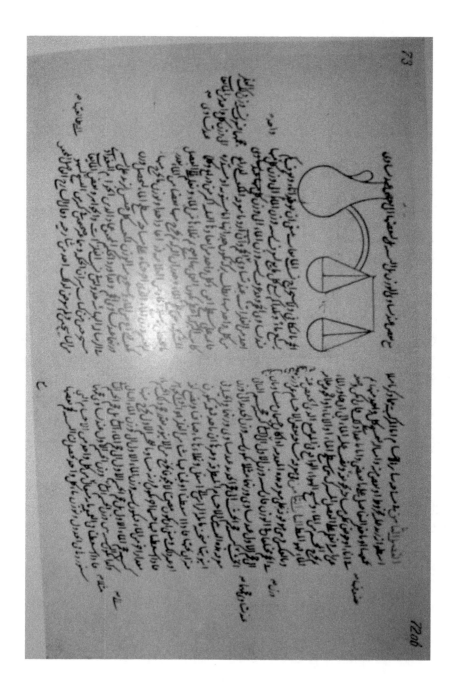

这种用液体来测定物体的比重时，首先要选好能够容纳被测物体的适当大小的容器，然后要知道容器内液体的位置，这时当被测物体的体积相等时，就能得到液体的重量对每个被测物体的重量之比，这样当物体的体积相等时，如果你能知道其中一个金属的重量对液体的重量之比，那你就知道当物体的体积相等时，该金属的每单位重量对每单位液体的重量之比①。

如果我们想知道每种液体的一手肘立方的重量，则需要三个度量都大于一手肘的方形或圆形的容器，该容器的侧面应垂直于地平面，容器越大测量结果越准确，把容器内装进一定量的液体并把液体表面与容器侧面的公共交线划一道印记，然后把容器里的部分液体倒掉，使得容器内的液体表面下降一个手肘，再称量从容器内流出液体的重量，最后把流出液体的重量除以容器内液体的表面积，这样就得到一手肘立方液体的重量，用这方法来求出各种液体的一手肘立方单位的重量。

著名学者伊马达迪-哈瓦米-阿尔·巴格达在"让最伟大的真主宽容我们，并且由他来补充这些作品"一句开头的、被称为《奇特的注释》的一书中指出：当物体的体积相等时，应与它们的重量对比，另外，他在该书中给出了有关各种金属、贵重宝石和一些液体的比重的两张表，但其来源于阿尔·哈兹尼的《智慧秤》一书②。

我已研究过上述作品的多种抄本，但由于抄书者的不慎都有一些错误，也没有任何评论家对此撰写有关的评论。著名的评论家卡马力丁-哈桑-阿尔·法热斯在自己的评论中这样写道，"我们不想重新编制这些表，但我们在《智慧秤》一书中纠正了这些表内出现的错误，并介绍了验证这些物体特征的方法，如果有人愿意可不妨亲自验证"③。

---

① 在这里，阿尔·卡西叙述了物体比重的求法。

② 伊马达迪-哈瓦米-阿尔·巴格达（12～13世纪）已撰写有关注释算术的书——《闪闪辉煌的算术基础》（al-Fawaid al-Bihaniyinya wa-al Kawavid al-Hisabiyya），阿尔·卡西简称该书为《奇特的注释》，该书的阿拉伯文手稿现藏于柏林国家图书馆，收藏号为We1129。

《智慧秤》是著名数学家欧奥玛尔·海亚姆的学生阿布·里-法提赫-阿不都-热合曼-曼苏尔-阿尔·哈兹尼撰写的著作，该书完成于公元1126年，其阿拉伯文手稿现藏于圣彼得堡以"沙里提库-西而定"为名的综合图书馆里，收藏号为第117号。该书的另一个抄本由印度出版社 Dairatu'l-Ma'arf Press 出版。（Abdu'r Rahman al-Khazini. Kitāb Mīzān al-Hikma. India：(Hyderabad edition). Dairatu'l-Ma'arf Press，1359 H /1940：195.）阿尔·哈兹尼的该作品含有海亚姆的《论确定金属中的黄金与白银成分的技巧》一书的部分内容，有关该书的细节内容参见《数学注》一书中有关海亚姆的简历及其数学成就的注释部分。[Рыбкин Г Ф，Юшкевич А П. Историко-математические исследования (6，1953.)，Москва Ленинград：Государственное издательство технико-теоретической литературы，1953：168-170.]

③ 卡马力丁-哈桑-阿尔·法热斯是生活在14～15世纪的伊朗科学家，该人已撰写11世纪埃及的著名数学与物理学家伊本-阿尔·哈斯拉木的《光学》一书的评论，他又给上述作品《闪闪辉煌的算术基础》一书撰写过评论。

我们已编制了等体积物体的单位重量表，并计算它们当中最重物体的重量，即算出了黄金的单位重量，所使用的重量单位是一百米斯卡拉、十斯亚克或一甫特等。为了使塔苏吉的百位上得到整数，在计算黄金的重量时，其体积取为两千四百。我们在计算每一个物体的单位重量时，同时写出了一百和两千四百，并把它们译成驻马拉数字，如果有人愿意纠正在抄写过程中出现的错误，为了便利立即由一个来纠正另一个错误，我们给出了把一手肘立方物体的重量用米斯卡拉与甫特的对比值。该表如下。

物体	当水的重量为一百米斯卡拉时，与其相同体积的其他物体的重量用米斯卡拉和斯亚克（重量单位）来表示，又把它转换成塔苏吉					当黄金重量为一百米斯卡拉时，与其相同体积的其他物体的重量用米斯卡拉和斯亚克（重量单位）来表示，又把它转换成塔苏吉					计算中出现的驻马拉数字		
											二次升位	升位	整数
	米斯卡拉或第一位	它们的当葛	它们的塔苏吉	把它们转换成塔苏吉	用驻马拉数字升位	米斯卡拉或第一位	当葛	塔苏吉	它们的分位	它们转换成塔苏吉	升位 整数	整数 分位	分位 秒位
黄金	5	1	2	126	2 6	100	0	0	0	2400	40	0	0
汞	7	2	1	177	2 57	71	1	1	28	1708	28	28	28
铅	8	5	0	212	3 32	59	2	2	25	1426	23	46	25
银	9	4	1	233	3 53	54	0	0	51	1299	21	39	51
黄铜	11	2	0	272	4 32	46	1	3	46	1111	18	31	46
铜	11	3	0	276	4 36	45	2	3	42	1091	18	11	42
铜合金	11	4	0	280	4 40	45	0	0	0	1080	18	0	0
铁	12	5	2	310	5 10	40	3	3	29	975	16	15	29
锡	13	4	0	328	5 28	38	2	1	53	931	15	31	53
蓝宝石	25	1	2	606	10 6	20	6	3	1	499	8	19	1
搪瓷	25	2	2	610	10 10	20	3	3	45	495	8	15	45
红宝石	26	0	0	624	10 24	20	1	0	37	484	8	44	37
宝石	27	0	2	670	11 10	18	4	3	21	451	7	31	21
绿宝石	36	2	0	872	14 32	14	2	2	47	346	5	46	47
青金石	37	1	0	892	14 52	14	0	3	1	339	5	39	1
珍珠	38	3	0	924	15 24	13	3	3	16	327	5	27	16

续表

物体	当水的重量为一百米斯卡拉时，与其相同体积的其他物体的重量用米斯卡拉和斯亚克（重量单位）来表示，又把它转换成塔苏吉					当黄金重量为一百米斯卡拉时，与其相同体积的其他物体的重量用米斯卡拉和斯亚克（重量单位）来表示，又把它转换成塔苏吉					计算中出现的驻马拉数字		
	米斯卡拉或第一位	它们的当葛	它们的塔苏吉	把它们转换成塔苏吉	用驻马拉数字升位		米斯卡拉或第一位	当葛	塔苏吉	它们的分位	它们转换成塔苏吉	二次升位	升位	整数
					整数	分位						升位 整数	整数 分位	分位 秒位
玛瑙	39	0	0	936	15	36	13	2	3	6	323	5	23	6
珊瑚	39	0	3	939	15	39	13	2	2	1	322	5	22	1
水晶	40	0	0	960	16	0	13	0	3	0	315	5	15	0
玻璃	40	1	0	964	16	4	13	0	1	42	313	5	13	42
乌木	46	5	0	1124	18	44	11	1	1	2	269	4	29	2
象牙	61	0	0	1464	24	24	8	3	2	33	206	3	26	33
蜂蜜	没有正确的数据①						7	1	2	30	174	2	54	30
牛奶							5	5	0	35	140	2	20	35
葡萄醋							5	2	1	22	129	2	9	22
葡萄酒							5	2	0	50	128	2	8	50
水②							5	1	2	0	126	2	6	0
蜡	50	1	0	2524	42	4	4	0	3	49	119	1	59	49
橄榄油	没有正确的数据						4	5	0	1	116	1	56	1
柳树	248	0	3	5951	139	15	2	0	2	45	50	0	50	45

---

① 这些液体不可能有固定的密度，因为液体密度与液体纯度有关。
② 这里，水的重量应该是 100 米斯卡拉。

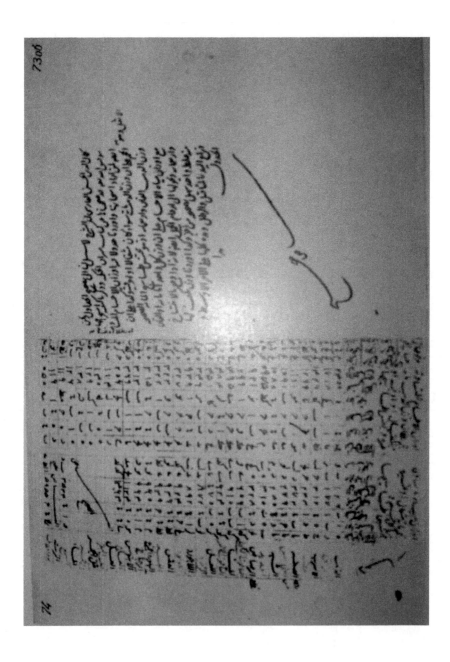

物体	一手肘立方的重量（单位米斯卡拉）及其分位							升位的驻马拉数字				
	十万	万	千	百	十	个	分	三次升位	二次升位	升位	米斯卡拉	米斯卡拉分位
柳树		1	1	5	2	1	54		3	12	1	54
橄榄油		2	1	3	3	9	10		5	55	39	10
蜡		2	7	2	0	2	39		7	33	22	39
水		2	8	6	0	5	40		7	36	55	40
葡萄酒		2	9	3	4	8	55		8	7	28	55
葡萄醋		2	9	3	7	0	0		8	9	30	0
牛奶		3	1	9	1	0	30		8	11	36	30
蜂蜜		3	9	6	1	6	35		11	0	16	35
锡	2	0	9	3	0	8	29		58	8	28	29
铁	2	2	1	4	0	3	6	1	1	30	1	6
铜合金	2	4	5	1	9	1	27	1	8	6	31	27
铜	2	4	7	8	4	6	40	1	8	50	46	40
黄铜	2	5	2	4	0	3	23	1	9	6	43	23
铅	3	2	3	8	3	8	0	1	21	27	18	0

续表

物体	一手肘立方的重量（单位镑、斤）用印度数字表示						用驻马拉数字表示			
	千	百	十	个	补充拉提的米斯卡拉	它们的分	升位	拉提	补充拉提的米斯卡拉	它们的分
柳树		1	2	8	1	54	2	8	1	54
橄榄油		2	9	2	59	10	4	52	59	10
蜡		3	0	2	22	39	5	2	22	39
水		3	1	7	75	40	5	17	75	40
葡萄酒		3	2	4	88	55	5	24	88	55
葡萄醋		3	2	6	30	0	5	26	30	0
牛奶		3	5	4	54	30	5	54	54	30
蜂蜜		4	4	0	16	35	7	20	16	35
锡	2	3	2	5	58	29	38	45	58	29
铁	2	4	6	0	3	6	41	0	3	6
铜合金	2	7	2	4	31	27	45	24	31	27
铜	2	7	5	3	86	40	45	53	86	40
黄铜	2	8	0	4	23	23	46	44	23	23
铅	3	5	9	8	18	0	59	58	18	0

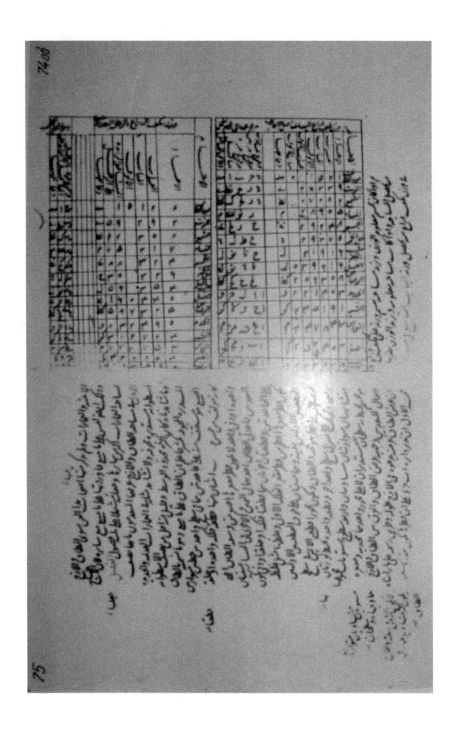

如果所有种类的物体都齐全，而且我们想测量它们，则把物体的重量除以该物体一手肘立方的重量，就得到该物体的体积，反过来某物体的体积是已知的，而且我们想求出该物体的重量，则该物体的体积与该物体一手肘立方的重量相乘，就得到该物体的重量。

第九章　论房屋建筑的测量
（共三个部分）

掌握这门学科的建筑师们，除了提到弓形门和球形穹顶的设计之外，没有提到别的情况（没有提到它们的测量），他们认为这没有必要，但本人认为这很有必要，因为测量建筑的必要性已大大超过了别的测量学，我将这些内容分成三个部分来撰写。

第一部　论弓形门的测量

虽然前辈们已经把它［弓形门］定义为空心半圆柱，但无论是古代建筑或现代建筑，我们都没有看见过这种空心半圆柱形状的弓形门，通常我们看到的弓形门的顶部［比圆柱］向上偏凸，而少数弓形门的顶部比空心半圆柱还要偏瘦。

须知：弓形大门的弓形部分被两侧的门柱所支撑，即弓形部分被夹在同一个平面上的两条平行门柱之间，弓形门的弓形部分由五个部分组成，其中前两个部分的形状与空心圆柱或鼓体的形状相似，鼓体内部的直径等于两个门柱内侧之间的距离，其中的一个鼓体位于右侧，而另一个位于左侧，它们都被两侧的门柱所支撑，后两个部分的形状也是与空心圆柱、戒指或鼓体的形状相似，它们内侧和外侧圆弧的半直径分别不小于前面两个鼓体内侧和外侧圆弧的半直径，这两个部分之和的大小约等于前两个部分中的一个，它们分别位于前两个鼓体的上方，并在大门弓形部分的正中间相接触，右侧两个部分的对称轴位于同一个平面上，左侧两个部分的对称轴位于另一个平面上，最后一部分是由互相对称且对应面相等的四个平面所围成，截面的形状类似于巴旦木①。所有部分的总和是由两个平行曲面围成，其中位于上方的曲面向上偏凸，位于下方的曲面向上偏凹，下方曲面的顶点与大门之间的距离称为［弓形门的］深度，弓形门和球形穹顶的区别在于：弓形门的深度不大于大门的宽度，而球形穹顶的深度大于它的宽度，球形穹顶的深度又称为穹顶的高度，下面介绍五类弓形门的弓形部分图纸的画法：

第一类弓形门图纸的画法：画圆周 $ABCD$，使它的直径等于大门内侧的宽度，点 E 是圆心，用点 A、B、C、D、G、H 把圆周六等分，引直径 AD、BG、CH 并把它们延长到点 I、K、L、M，直径的延长部分之长一般等于门柱的厚度。然后以点 E 为心，以 EI 为半直径，做圆弧 IK、LM；再以 H 为心，以 HC 为半直径，做圆弧 CF；同时以 G 为心，以 GB 为半直径，做圆弧 BF；连接 HF、GF 并把它们延长到点 O 和点 X，使延长部分之长等于门柱的厚度，以点 H 为心，做圆弧 OL；以 G 为心，做圆弧 KX；用直线连接 XN，使 XN 垂直于 FX。同时，用直线连接 ON，使 ON 垂直于 FO，就得到上面所说的五个部分，它们分别为 $AIKB$，$BKXF$，$FXNO$，$FOLC$，$CLMD$，他们都是大门弓形部分正面的组成部分，这里画的 ON 与 XN 不是圆弧而是两条直线，读者将会明白其中的原因。

把圆弧 BF、FC、KX、OL 可用其他的方法画出来，即通过延长内部圆的半直径 EG、EH 来确定上述圆弧的方法，可完全搬到外部的圆弧来进行，但最好还

---

① 这里所说的最后一部分的截面为四边形 $FXNO$，阿尔·卡西称这样的图形为巴旦木，实际上它是一个由四个平面所围成的棱柱。

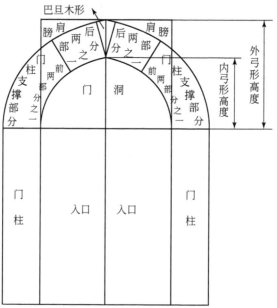

是上述方法。我们把上方的 ABFCD 部分称为门洞，但工程师们称它为门和窗户的空穴，如果我们在点 N 引线段 NP 与 NQ，使它们的长度等于 AE 且垂直于 NF，然后做 PA 与 QD，则它们在点 T 和 S 与外部的弧线相交，这时称 SPN 与 TQN［曲边三角形］为大门的肩膀，称［曲边三角形］AIS 与 DTM 为门柱支撑的部分，直线 EF 称为内弓形的深度，直线 EN 称为外弓形的深度，两个门柱之距不超过五手肘时，该大门的正面既美观又便于建造，我们所见到的一些建筑中把 BF 与 FC 看上去像一条直线，就像 KN 与 LN[①]。

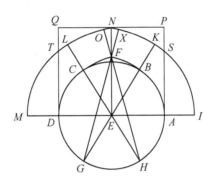

第二类弓形门图纸的画法：以 AD 为直径画上半圆 ABCD，这时 AD 就是大门入口的宽度，把线段 AD 向左右两个方向延长直到 I 与 M，这时 AI 与 DM 是大门门柱的厚度，门柱的厚度我们可任意选择。点 E 为该半圆的圆心，用点 A、B、Z、C、D 把半圆周四等分，用半直径来连接 BE 与 CE，并把它们分别延长至点 H、点 G，与门柱的内侧相交，而另一端延长到点 K 与 L，使 BK 与 CL 等于门柱的厚度 AI 与 DM。以点 E 为心，以 EI 为半直径，做外圆弧 IK 与 ML；以点 H 为心，以 HC 为半直径，做内圆弧 CF；以点 G 为心，以 GB 为半直径，做内圆弧 BF，连接 HF 与 GF 并把它们延长到点 X 与 O，使延长部分的长度等于门柱的厚度。以点 H 为心，以 HO 为半直径，做外圆弧 LO；以点 G 为心，以 GX 为半直径，做外圆弧 KX。然后，画线段 XN，使 XN 垂直于 FX，画线段 ON，使 ON 垂直于 OF，这时大门的弓形部分由曲边四边形 AIKB、BKXF、FXNO、CLOF、DMLC 组成，做四边形面 APQD，使对边互相平行且邻边互相垂直，这里我们所画的 ON 与 XN 不是圆弧而是两条直线，读者将会明白我们的目的。在这种情况下，两个门柱内侧之距等于五到十或十五手肘时，该大门的正面既美观又便于建造，其图纸如下：

---

① 该图在阿拉伯文原著中画在 71o6，见：第 230 页图、第 231 页注③。

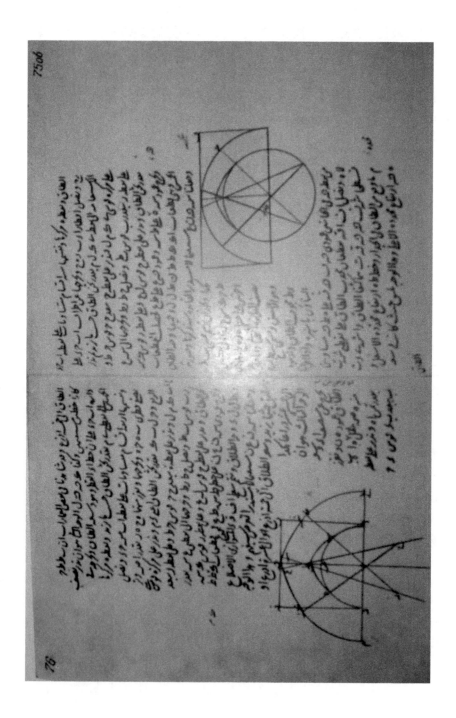

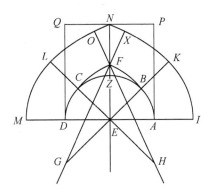

第三类弓形门图纸的画法：引线段 AD 的垂直平分线，即两个门柱内侧之距离 AD 的中点引垂线 EN，在线段 EN 上取点 Z，使 EZ 等于 AE，在线段 AE 上取点 B，使 EB 等于 AE 的八分之一；以点 B 为心，以 BD 为半直径画圆弧 DC，使圆弧 DC 等于整个圆周的八分之一，同时也画圆弧 ML，用直线连接 BCL，把线段 BCL 向点 B 的方向延长至到点 H，使 BH 等于 AZ；然后以 H 为心，以 HC 为半直径画圆弧 CF，该圆弧在点 F 与垂线 EF 相交，把直线 HF 延长到点 O，使 OF 等于门柱的厚度，再把以点 H 为心，以 HO 为半直径画圆弧 LO，在点 O 引垂直于直线 OF 的线段 ON，最后画出对边互相平行且邻边互相垂直的四边形面 ENQD，这样我们就画出了弓形门的弓形部分正面一半的图纸。该图如下。

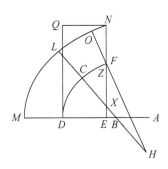

用类似方法可画出弓形门正面的另一半图纸，大门正面的这种设计最适合于两个门柱之距大于十手肘的大型弓形门。

第四类弓形门图纸的画法：把线段 AD 三等分，即把两个门柱内侧之间的距离三等分，其分点为 B 和 G。以点 B 为心，以 BD 为半直径画圆弧 DF，同时以点 G 为心，以 AG 为半直径画圆弧 AF，用直线连接点 B、F 和点 G、F 并把这两条连接线延长到点 H、I，使 HF、IF 等于门柱的弧度，把线段 AD 同时向两个方向延长到 K、L，使 AK 与 DL 等于门柱的厚度。以点 B 为心，以 BL 为半径画圆弧 LH，同时以点 G 为心，以 GK 为半径画圆弧 KI，在点 I 引垂直于直线 FI

的线段 IN，在点 H 引垂直于直线 FH 的线段 HN，这时，由两个曲边四边形 AKIF、DLHF 和一个巴旦木 FINH 构成以下的弓形门弓形部分的正面图。

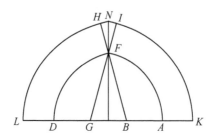

第五类弓形门图纸的画法：作垂直于线段 AD 的两条线段 AC 和 DG，即两个门柱的内侧取两条线段 AC 和 DG，使 AD = AC = DG。然后，以线段 AC 的端点 C 为心，以 CD 为半直径，作圆弧 DF；又以线段 DG 的端点 G 为心，以 GA 为半直径，作圆弧 AF，再把线段 AD 同时向两个方向延长直到点 B、I，使 AB 与 DI 等于门柱的厚度；再以点 C 为心，以 CI 为半直径画圆弧 IH，以点 G 为心，以 BG 为半直径画圆弧 BH，最后得到的图形 ABHIDF 就是所求弓形门弓形部分的正面图。

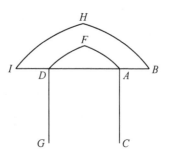

掌握了弓形门弓形部分的正面图纸的画法之后，就开始研究有些量对弓形门和球形穹顶内侧的宽度之比或有些量对弓形门和球形穹顶的厚度之比，我们将稍后介绍编制表时所采用的算法以及求解一些未知量的方法，现把已得到的有关数据以及它们的印度数字形式同时写入表之内，该表如下：

用第二列单元内叙述的方法得到大门弓形部分的面积以后，用大门的深度乘以正面的面积就得到该大门的体积，由于修建大门的关键在于它的弓形部分，因此现叙述第二种类型大门有关的算法。如果大门正面的入口宽度为二十，则第二

第四卷 论 测 量

	用下行数字乘以大门的入口宽度,就得到内弧线的长度				用这下行数字乘以门柱的厚度,得到的积与内弧线长度相加,得到的和与门柱的厚度相乘,得到正面的面积				用下行数字乘以大门的入口宽度,就得到内弓形弧的高度				用下行数字乘以门柱的厚度,得到内外弧线顶点之间的距离,得到的值与内弓形弧的深度相加,得到外弓形的深度				用下行数字乘以两个门柱内侧之距,得到门洞的面积,即得到空穴的面积			
	度	分	秒	毫秒	度	分	秒	毫秒	度	分	秒	毫秒	度	分	秒	毫秒	度	分	秒	毫秒
一正面	1	37	26	6	1	35	37	28	0	34	7	38	1	1	58	4	0	24	28	42
二正面	1	39	2	19	1	35	52	15	0	35	55	16	1	5	55	12	0	25	9	13
三正面	1	42	44	3	1	36	21	47	0	38	17	30	1	6	55	38	0	27	2	34
四正面	1	45	26	17	1	34	34	47	0	38	13	47	1	5	55	12	0	28	41	41
…																				

用印度数字表示

	个位	十位	十进制秒	十进制毫秒	个位	十位	十进制秒	十进制毫秒	个位	十位	十进制秒	十进制毫秒	个位	十位	十进制秒	十进制毫秒	个位	十位	十进制秒	十进制毫秒
一正面	1	6	2	4	1	5	9	4	…	5	6	9	1	1	0	3	3	…	4	0	8
二正面	1	6	5	1	1	5	9	6	…	5	9	8	1	1	0	9	9	4	4	0	9
三正面	1	7	1	3	1	6	0	6	…	6	8	5	1	1	1	9	9	…	4	5	1
四正面	1	7	5	7	1	5	7	6	…	6	4	5	1	1	0	9	9	…	4	7	8
…																				

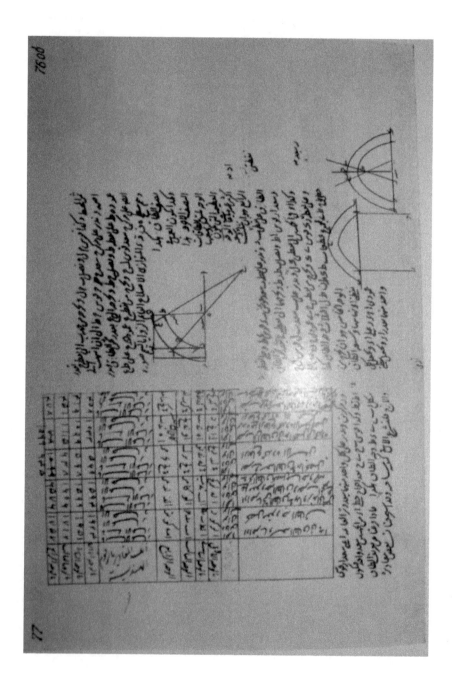

种类型大门正面的内弓形弧的长度为三十三①。内弓形弧的高度为十二②，如果门柱的厚度为五，则两条弓形弧顶点的距离为五又一半③，外弓形弧的长度与内弓形弧的长度相差的一半等于八④。如果我们把该相差的一半与内弓形弧的长度

---

① 内弓形弧弧长的具体算法如下：已知第二种类型大门的入口宽度（门柱内侧之距）为20，即 $AD = 2r = 20$, $r = EA = ED = 10$, $\angle GEF = 135° = \dfrac{3\pi}{4}$, $EH = GE = \sqrt{2(AE)^2} = r\sqrt{2} = 10\sqrt{2}$，在三角形 GEF 中，由正弦定理，有

$$\dfrac{\sin\alpha}{GE} = \dfrac{\sin\beta}{EF} = \dfrac{\sin\angle GEF}{GF} = \dfrac{\sqrt{2}}{20(1+\sqrt{2})}$$

所以 $\sin\alpha = \dfrac{1}{1+\sqrt{2}}$, $\alpha° = 24.46980052°$, $\beta° = 45° - \alpha° = 20.53019948°$，把 $\beta°$ 化成经度，有 $\beta = 0.358319577$，所以内弧线的长度为 $DC + CF + FB + AB = (2r)[\gamma + (1+\sqrt{2})\beta] = 33.00916292 \approx 33$。其中，$\gamma + (1+\sqrt{2})\beta = 1.650458146 = 1\ 39\ 1\ 39$ 就是位于第249页表中第二列第三行第二组的六十进制小数 1 39 2 19 和位于第二列第六行第二组的十进制小数 1.651。

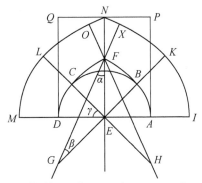

② 内弓形弧高度的具体算法如下：在 $\triangle GEF$ 中，由余弦定理得，$EF = \sqrt{GE^2 + GF^2 - 2GE \times GF \times \cos\beta} = (2r)\sqrt{\dfrac{5}{4} + \dfrac{\sqrt{2}}{2} - \dfrac{\sqrt{2}}{2}(1+\sqrt{2})\cos\beta} = 11.97368227$。其中，

$\sqrt{\dfrac{5}{4} + \dfrac{\sqrt{2}}{2} - \dfrac{\sqrt{2}}{2}(1+\sqrt{2})\cos\beta} = 0.5986841135 = 0\ 35\ 55\ 15$ 就是位于第251页表第四列第三行第二组的六十进制小数 0 35 55 16 和在第四列第六行第二组的十进制小数 0.598。

③ 内外弓形弧的顶点之间距离的算法如下：如果门柱的厚度为5，即 $MD = CL = FO = FX = BK = AI = 5$。

在直角三角形——$\triangle FON$ 中，有 $FN = \dfrac{OF}{\cos\alpha} = 5.493420567 \approx 5.5$。其中，$\dfrac{1}{\cos\alpha} = 1.098684113 = 1\ 5\ 55\ 15$ 就是位于第251页表第五列第三行第二组的六十进制小数 1 55 55 12 和位于第五列第六行第二组的十进制小数 1.099。

④ 外弓形弧与内弓形弧之差的一半的算法如下：$(5\gamma + 5\beta + XN) = 5 \times (\gamma + \beta + \tan\alpha) = 7.994038$，其中 $\gamma + \beta + \tan\alpha = 1.598807601 = 1\ 35\ 55\ 42$ 就是位于第251页表第三列第三行第二组的六十进制小数 1 35 52 15 和位于第三列第六行第二组的十进制小数 1.596。

相加，得到的和与门柱的厚度相乘，就得到大门弓形部分正面的面积①。

如果我们把大门正面的入口宽度的平方乘以五，再把得到的积除以十二，就得到门洞的面积②。

在施工过程中，有时需要测量大门门柱支撑部分的面积和弓形门左右肩膀部分的面积。为此，首先要确定弓形门第一部分内圆弧的半直径，在第一种类型大门或第二种类型大门中，该圆弧的半直径等于大门入口宽度的一半。在第三种类型大门中，该圆弧的半直径等于大门入口宽度的一半与入口宽度一半的八分之一之和；在第四种类型大门中，该圆弧的半直径等于大门入口宽度的三分之二。所有类型的弓形门第一部分外圆弧的半直径等于内圆弧的半直径与门柱的厚度之和。

首先，我们用圆心角的余弦等于内圆弧的半直径与外圆弧的半直径之比的特殊情况来求出该圆心角所对外圆弧的弧长。这时外圆弧与对应圆心角的一条边的一部分位于墙体的内部，外圆弧由圆心出发的一条半直径绕着圆心旋转三百六十度圆周的一部分时所形成的，它的长度与大门入口的宽度有关，所以用以下的方法来求出外圆弧的长度。在第一和第二种类型的大门中，大门入口的宽度与门柱厚度的二倍之和乘以周长对直径之比；当第三种类型的大门时，大门入口的宽度与入口宽度一半的八分之一相加，得到的和与门柱厚度的二倍相加，得到的和与周长对直径之比相乘；当第四种类型的大门时，大门入口的宽度与该宽度的三分之一相加，得到的和与门柱厚度的二倍相加，得到的和与周长对直径之比相乘，得到的结果与圆心角的度量相乘，再把得到的乘积除以三百六十，就得到这四种

---

① 大门弓形部分正面面积的算法如下：

$S_{正面} = \frac{1}{2}\gamma \times (ME)^2 - \frac{1}{2}\gamma \times (DE)^2 + \frac{1}{2}\beta \times (GX)^2 - \frac{1}{2}\beta \times (GF)^2 + 2 \times \frac{1}{2}XF \times XN$

$= 5[(2\gamma \times DE + 2\beta \times GF) + 5 \times (\gamma + \beta + \tan\alpha)]$

其中，第一个小括号内的式子就是内弧线的长度，第二个小括号内的式子就是外弓形弧与内弓形弧之差的一半，而 5 是厚度。

② 内弓形弧与半圆弧的直径所围成部分的面积，也就是门洞的面积，按照阿尔·卡西的上述算法，大门正面入口宽度的平方乘以 5，把得到的乘积除以 12，即 $\frac{20^2 \times 5}{12} = 166.66667$，但实际计算结果为：

$S_{洞CFB} = 2(S_{扇形CHF} - S_{\triangle FEH} + S_{扇形CEF}) = 2\left(\frac{1}{2}\beta \times (CH)^2 - \frac{1}{2}EH \times \sin\beta \times FH + \frac{1}{2} \times \frac{\pi}{4} \times (CE)^2\right)$

$= (2r)^2\left[\frac{1}{4}\beta \times (1+\sqrt{2})^2 - \frac{1}{4}\sqrt{2}(1+\sqrt{2}) \times \sin\beta - \frac{1}{4} \times \frac{\pi}{4}\right] = 167.6469502$

其中，$\frac{1}{4}\beta \times (1+\sqrt{2})^2 - \frac{1}{4}\sqrt{2}(1+\sqrt{2}) \times \sin\beta - \frac{1}{4} \times \frac{\pi}{4} = 0.4191173756 = 0\ 25\ 8\ 49$ 应是位于第 251 页表最后一列第三行第二组和第六行第二组的数据，阿尔·卡西在第 251 页表中取六十进制小数 0 25 9 13 和十进制小数 0.419。

类型大门第一部分外圆弧对应于圆心角弧段的长度①。

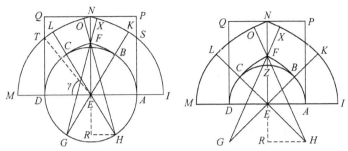

得到外圆弧的弧长与外圆弧的半直径相乘并记住所得到的结果。然后再取该圆心角的正弦值，得到的正弦值与第一部分内圆弧的半直径相乘，从记住的结果中减去得到的乘积，得到的差就是该类型大门弓形部分的位于墙体内部的两个部分[门柱支撑的部分]面积之和②。

从大门弓形穹顶部分的面积中减去上面得到的面积，得到的差与门洞的面积相加，从大门的入口宽度与外弓形弧高度的乘积中减去得到的和，得到的差就是该大门两个肩膀的面积之和③。

---

① 阿尔·卡西所说的特殊情况为 $\triangle DET$，这时有 $\cos\gamma = \dfrac{DE}{ET} = \dfrac{r}{r+DM}$，圆心角 γ 所对的圆弧都是属于大门的第一部分。（虽然阿尔·卡西在原文中提到了直线 ET，但没有把它画出来，本人在下图中添补。）当第一、二种类型的大门时，外圆弧 MT 的弧长等于 $\dfrac{(2r+2DM)\pi\gamma}{360} = \dfrac{2(r+DM)\pi\gamma}{360}$；当第三种类型的大门时，外圆弧 MT 的弧长等于 $\dfrac{(DA+\frac{1}{8}DA+2DM)\pi\gamma}{360} = \dfrac{2(DE+\frac{1}{8}DE+DM)\pi\gamma}{360}$；当第四种类型的大门时，外圆弧 MT 的弧长等于 $\dfrac{(DA+\frac{1}{3}DA+2DM)\pi\gamma}{360} = \dfrac{2(DE+\frac{1}{3}DE+DM)\pi\gamma}{360}$。

② 这里所谓的墙内部分，是指曲边 $\triangle MTD$ 与 ISA，阿尔·卡西把 $DT = r\sin\gamma$ 称为正弦值，于是 $2S_{墙内MDE} = 2S_{扇形MET} - 2S_{三角形TDE} = (弧)MT \times ME - r \times r\sin\gamma$。其中，记住的结果 $MT_{弧} \times ME$ 为圆扇形 MET 面积的二倍，而 $r \times r\sin\gamma$ 为 $\triangle TDE$ 面积的二倍，所以得到的结果为曲三角形 MTD 与 ISA 的面积之和。当第三、四种类型的大门时，以点 B 来代替点 E；当第四种类型的大门时，以点 L 来代替点 M。

③ 这里所谓的大门肩膀，是指曲三角形 TNQ 与三角形 SNP 的面积之和
$$S = AD \times AP - [(S_{正面} - S_{墙内部分}) + S_{门洞}]。$$

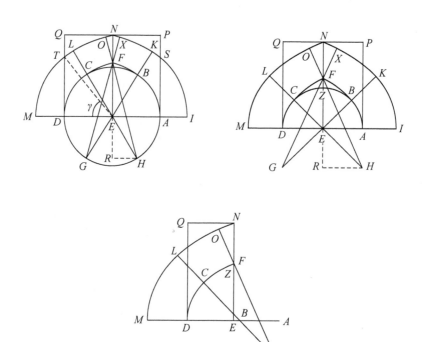

大门的门柱支撑的两个部分面积之和与两个肩膀面积之和分别乘以整个大门的深度，就得到以这些面为底的物体体积。

在测量一项工程时，最好对门墙的高度从地平线起测量，然后测量大门的弓形穹顶部分的面积和门洞的面积，再把大门的入口宽度与二倍的门柱厚度之和与外弓形弧的高度相乘，从得到的乘积中减去大门弓形穹顶部分的面积与入口的面积以及门洞的面积之和，得到的差就是该大门的两个大肩膀面积与两个门柱的正面面积之和，这样我们就不必计算大门的弓形穹顶部分位于墙体内部分的面积。

现在我们该讨论在上面提到过的写入表内数据的求法问题，为此我们先讨论前三种类型大门的弓形穹顶部分，假设大门的入口宽度为二，我们把圆周与直径之比的二倍取为 6 16 59 28[①]。

---

① $2\pi = 6.283185307 = 6\ 16\ 59\ 28$。

	已知数的②			∠		它的正弦	
第一类①弓形门	六分之一	1 2 49 55		∠HEF	150		30 0 0③
第二类弓形门	它的八分之一	0 47 7 26	第一部分中的两条圆弧中的一条,即圆弧AB或CD所对圆心角的度数	∠HEF	135		42 25 34
第三类弓形门	它的八分之一与八分之一的八分之一之和	0 53 0 52		∠HXF	135		42 25 34
这个数与线段相乘	HE 即	1 0 0 0④	得到的积除以第二部分内圆弧的半径HF	2 0 0 0⑤	得到∠HFE的正弦	1 5 0 0	该角的度数,也叫巴旦木的内角	14 28 39
	HE	1 24 51 10		2 24 51 10		24 51 10		24 28 11
	HX	1 35 27 33		2 32 21 10		26 34 59		26 17 55

---

① 这里,阿尔·卡西叙述了在第251页表中给出数据的计算方法,虽在该表中给出了四类弓形门有关的数据,但他在上面只叙述了前三类弓形门的有关算法,该表中位于第一、二、三行的数据分别为第一、二、三类弓形门有关的数据。

② 已知数是指 $2\pi = 6.283185307 = 6\ 16\ 59\ 28$,在第251页表第三列第一、二、三行的数据分别为 $\frac{2\pi}{6} = \frac{\pi}{3} = 1.047197551 = 1\ 2\ 49\ 54$,$\frac{2\pi}{8} = \frac{\pi}{4} = 0.7853981634 = 0\ 47\ 7\ 25$,$\frac{2\pi}{8} + \frac{2\pi}{8^2} = 0.88357299338 = 0\ 53\ 0\ 51$。

③ $\sin\angle HEF = \sin 150° = \sin 30° = \frac{1}{2} = 0.5 = 0\ 30\ 0\ 0$,第二、三行的数据为 $\sin\angle HEF = \sin\angle HXF = \sin 135° = \sin 45° = 0.7071067812 = 0\ 42\ 25\ 34$。

④ 在第一类弓形门中,第一部分内圆弧的半径 $HE = 1$;在第二类弓形门中,线段HE是以线段AE为边的正方形的对角线,所以 $HE = \sqrt{2} = 1.414213562 = 1\ 24\ 51\ 10$;在第三类弓形门中,$HX = AZ$,而AZ是以线段AE为边的正方形的对角线,BX是以 $\frac{1}{8}$ 为边的正方形的对角线,所以 $HX = BH + BX = \sqrt{2} + \frac{1}{8}\sqrt{2} = 1.590990258 = 1\ 35\ 27\ 33$。

⑤ 在第一类弓形门中,第二部分内圆弧的半径为 $HF = 2$;在第二类弓形门中,第二部分内圆弧的半径为 $HF = 1 + \sqrt{2} = 2.414213562 = 2\ 24\ 51\ 10$;在第三类弓形门中,第二部分内圆弧的半径为 $HF = \frac{9}{8} + \sqrt{2} = 2.539213562 = 2\ 32\ 21\ 10$。

如果以门柱的厚度为单位且第二部分外圆弧的全圆周为 360，则第二部分内圆弧的半直径为 56 17 44 49①。

从第一个角的补角中减去巴旦木的内角，得到 ∠FHC 的度数	第二部分内圆弧的半直径为		∠FHC 的弧度与第二部分内圆弧的半直径相乘，那么	这个数与圆弧 CD 相加		这就是内弓形弧的一半，把它已写在第一列单元内，如果把它乘以入口宽度的一半，就得到内弓形弧的一半，如果把它乘以入口的宽度，就得到内弓形弧的长度
15 31 21②		2 0 0 0③	∠FHC	34 36 16④	1 37 26 9⑤	
20 31 49		2 24 51 10		51 54 13	1 39 2 19	
18 42 55		2 32 21 10		49 43 11	1 42 44 3	

---

① 这里，因 $MD = LC = 1$ 且 $2\pi \times HL = 2\pi \times (HC + 1) = 360$，所以 $HC = \dfrac{360}{2\pi} - 1 = 56.29577951 =$ 56 17 44 49。

② 已知大门的入口宽度（门柱内侧之距）为 2，即 $AD = 2$，$EA = ED = 1$，在第一类弓形门中 $\angle HEF = 150°$，$EH = 1$，于是在 $\triangle HEF$ 中，由正弦定理，有 $\dfrac{\sin \angle HFE}{EH} = \dfrac{\sin \angle HEF}{HF} = \dfrac{1}{4}$，所以 $\sin \angle HFE = \dfrac{1}{4} = $ 0 15 00，阿尔·卡西写成 15 00。由于 $\angle HFE = \angle NFO$（对顶角），所以阿尔·卡西称 HFE 的度数为巴旦木的内角，$\arcsin \angle HFE = \arcsin \angle NFO = 14.47751219° = $ 14 28 39，这样 $\angle FHC = 30° - \angle HFE = 15.52248781° = $ 15 31 21。在第二类弓形门中 $\angle HEF = 135°$，$EH = \sqrt{2}$，$HF = 1 + \sqrt{2}$，于是在 $\triangle HEF$ 中，由正弦定理，有 $\dfrac{\sin \angle HFE}{EH} = \dfrac{\sin \angle HEF}{HF} = \dfrac{1}{2 + \sqrt{2}}$，所以 $\sin \angle HFE = \dfrac{\sqrt{2}}{2 + \sqrt{2}} = 0.4142135624 = $ 0 24 51 10，阿尔·卡西写成 24 51 10，同理巴旦木的内角 $\angle HFE = \angle NFO = 24.46980052° = $ 24 28 11，所以 $\angle FHC = 45° - \angle HFE = 20.53019948° = $ 20 31 49。同样，在第三类弓形门中 $\angle HXF = 135°$，$HX = \sqrt{2} + \dfrac{1}{8}\sqrt{2}$，$HF = \dfrac{9}{8} + \sqrt{2}$，于是在 $\triangle HXF$ 中，由正弦定理，有 $\dfrac{\sin \angle HFX}{XH} = \dfrac{\sin \angle HXF}{HF} = \dfrac{8}{9\sqrt{2} + 16}$，$\sin \angle HFE = \dfrac{9\sqrt{2}}{16 + 9\sqrt{2}} = 0.4430505636 = $ 0 26 34 59，阿尔·卡西写成 26 34 59，所以巴旦木的内角度数 $\angle HFE = \angle NFO = 26.29868169° = $ 26 17 55，故 $\angle FHC = 45° - \angle HFE = 18.70131831° = $ 18 42 55，阿尔·卡西写成 18 42 5。

③ 位于这列单元内的数据是第二部分内圆弧 CF 和 FB 的半径，阿尔·卡西已经在第 257 页注⑤中给出这些数据（见：第 257 页注⑤）。

④ 这里，阿尔·卡西算出了第二部分的内圆弧 CF 的弧长。在第一类弓形门中，得 $CF_{弧} = \angle FHC_{弧度} \times FH = \dfrac{\angle FHC \times \pi}{180} \times 2 = 0.5418370408 = $ 0 32 30 37，这个数在阿拉伯文原著中写成 34 36 16，这不是抄书时出现的失误。在第二类弓形门中，得 $CF_{弧} = \angle FHC_{弧度} \times FH = \dfrac{\angle FHC \times \pi}{180} \times (1 + \sqrt{2}) = 0.8650599825 = $ 0 51 54 13。在第三类弓形门中，得 $CF_{弧} = \angle FHC_{弧度} \times FH = \dfrac{\angle FHC \times \pi}{180} \times \left(\dfrac{9}{8} + \sqrt{2}\right) = 0.8287982377 = $ 0 49 43 40。在原著中写成 49 43 11。

⑤ 这里，内圆弧 DC 与 CF 的弧长相加，就得到内弓形弧的一半。在第一类弓形门中，$DC_{弧} + CF_{弧} = \dfrac{2\pi}{6} \times 1 + \angle FHC_{弧度} \times 2 = 1.589034592 = $ 1 35 20 31。由于在第一类弓形门中圆弧 $CF_{弧}$ 算错，所以阿尔·卡西在这里得到 137266，这就是第 251 页表中位于第二列第三行的第一个数据。在第二类弓形门中，$DC_{弧} + CF_{弧} = \dfrac{2\pi}{8} \times 1 + \angle FHC_{弧度} \times (1 + \sqrt{2}) = 1.650458146 = $ 1 39 1 39，这与阿尔·卡西得到的结果基本符合，这就是第 251 页表中位于第二列第三行的第二个数据。

续表

当门柱的厚度为单位长度时,圆周与 6 16 59 28 相加或相减①	它的六分之一②	1 2 49 55	当门柱的厚度为单位长度时,这些数据就是 LM 与 CD 之差③
	它的八分之一	0 47 7 26	
	它的八分之一	0 47 7 26	

当第二部分的内圆弧与外圆弧的半直径之差为单位长度时,这两个圆的周长之差等于 6 16 59 28,这两个圆的周长之差与三百六十的之比等于圆弧 OL 与 CF

---

① 在第三类弓形门中,$DC_{弧} + CF_{弧} = \frac{2\pi}{8} \times DB + \angle FHC_{弧度} \times FH = \frac{2\pi}{8} \times (1 + \frac{1}{8}) + \frac{\angle FHC \times \pi}{180} \times$
$(\frac{9}{8} + \sqrt{2}) = 1.712371172 = 1\ 42\ 44\ 32$,这就是第 251 页表中位于第二列第三行的第三个数据。另外,阿尔·卡西在第 251 页表的最后一个单元中给出了内弓形弧长的算法,即内弓形弧的一半为

入口的一半 × ($\angle DEC_{弧度}$ × 第一部分内圆弧的半径 + $\angle FHC_{弧度}$ × 第二部分内圆弧的半径),

入口 × ($\angle DEC_{弧度}$ × 第一部分内圆弧的半径 + $\angle FHC_{弧度}$ × 第二部分内圆弧的半径)

其中,括号内的 $\angle DEC_{弧度}$ × 第一部分内圆弧的半径 + $\angle FHC_{弧度}$ × 第二部分内圆弧的半径,就是第 251 页表中位于第二列第三行的各个数据的计算公式,这里入口的一半等于1,入口等于2。

虽然阿尔·卡西在第 251 页表中给出了与前四类弓形门有关的数据,但在后面只给出了前三类弓形门的计算方法,至于第五类弓形门只给出了其弓形部分的画法,而没有给出任何有关的数据。

在第四类弓形门中,入口宽度为 AD,内圆弧 DF 的半径为 $DH = \frac{2}{3}AD$,在直角三角形—— $\triangle HEF$ 中,$\cos \angle EHF = \frac{EH}{HF} = \frac{1}{4}$,所以 $\angle EHF = \arccos\left(\frac{1}{4}\right) = 75.52248781°$。于是按照上面的公式,内弓形弧的长度为 $2 \times \angle EHF_{弧度} \times DH = 2 \times \frac{\angle EHF \times \pi}{180} \times \frac{2}{3}AD = AD \times 1.757488095 = AD \times (1\ 45\ 26\ 57)$,其中,括号内的数据 1 45 26 57 就是第 251 页表中位于第二列第三行的第四个数据。

本页表的第一个单元中"门柱的厚度为单位长度时"是指 $DM = AI = 1$,如果第一部分内圆弧的半径为 r,则第一部分的外圆弧与内圆弧之差为:(第一类弓形门) $\frac{2\pi}{6}(r+1) - \frac{2\pi}{6}r = \frac{2\pi}{6} = 1.047197551 = 1\ 2\ 49\ 54$,(第二类和第三类弓形门) $\frac{2\pi}{8}(r+1) - \frac{2\pi}{8}r = \frac{2\pi}{8} = 0.7853981634 = 0\ 47\ 7\ 26$,如果第一部分外圆弧的半径为 r,则同样有(第一类弓形门) $\frac{2\pi}{6}r - \frac{2\pi}{6}(r-1) = \frac{2\pi}{6} = 1\ 2\ 49\ 54$,(第二类和第三类弓形门) $\frac{2\pi}{8}r - \frac{2\pi}{8}(r-1) = \frac{2\pi}{8} = 0\ 47\ 7\ 26$。

② $\frac{2\pi}{6} = 1.047197551 = 1\ 2\ 49\ 55, \frac{2\pi}{8} = 0.7853981634 = 0\ 47\ 7\ 26$。

③ 当门柱的厚度为单位长度时,这些数据就是 LM 与 CD 之差,即当 $DM = 1$ 时,在第一类弓形门中,有 $LM_{弧} - CD_{弧} = \frac{\pi}{3}(DE+1) - \frac{\pi}{3}DE = \frac{\pi}{3} = 1.047197551 = 1\ 2\ 49\ 55$,在第二和第三类弓形门中,有 $LM_{弧} - CD_{弧} = \frac{\pi}{4}(DE+1) - \frac{\pi}{4}DE = \frac{\pi}{4} = 0.7853981634 = 0\ 47\ 7\ 26$。

之差与所对的圆心角之比①，这时 ∠FHC 有关的算法如下：

第一类弓形门	15 31 21②	得到 OL 与 CF 之差	0 17 18 5③	如果巴旦木的内角为	14 28 39④	得到 ON 边的长度	0 15 29 30⑤	得到圆弧 ML 与 LO 后，就得到弓形弧 MLN 与 FCD 之差	1 35 37 28⑥
第二类弓形门	20 31 49		0 21 29 57		24 28 11		0 27 18 19		1 35 52 15
第三类弓形门	18 42 55		0 19 35 3		26 17 55		0 29 39 59		1 36 21 47

---

① 因 $HL - HC = 1$，所以第二部分的两个圆周之差为 $2\pi \times HL - 2\pi \times HC = 2\pi \times (HL - HC) = 2\pi$，又因 $LO_弧 - CF_弧 = \dfrac{\angle FHC \times \pi}{180} \times HL - \dfrac{\angle FHC \times \pi}{180} \times HC = \dfrac{\angle FHC \times \pi}{180} = \dfrac{\angle FHC \times 2\pi}{360}$，所以 $\dfrac{LO_弧 - CF_弧}{\angle FHC} = \dfrac{2\pi}{360} = \dfrac{2\pi \times HL - 2\pi \times HC}{360}$。

② 这一列单元中给出了 ∠FHC 的度量，（见：第 258 页注②）。

③ 在第一类弓形门中，有

$LO_弧 - CF_弧 = \dfrac{\angle FHC \times \pi}{180} \times HL - \dfrac{\angle FHC \times \pi}{180} \times HC = \dfrac{\angle FHC \times \pi}{180} = 0.2709185204 = 0\ 16\ 15\ 18$

在第二类弓形门中，有

$LO_弧 - CF_弧 = \dfrac{\angle FHC \times \pi}{180} \times HL - \dfrac{\angle FHC \times \pi}{180} \times HC = \dfrac{\angle FHC \times \pi}{180} = 0.358319577 = 0\ 21\ 29\ 57$

在第三类弓形门中，有

$LO_弧 - CF_弧 = \dfrac{\angle FHC \times \pi}{180} \times HL - \dfrac{\angle FHC \times \pi}{180} \times HC = \dfrac{\angle FHC \times \pi}{180} = 0.326399579 = 0\ 19\ 35\ 3$

④ 这里巴旦木的内角分别为 $\angle HFE = 14\ 28\ 39$，$\angle HFE = 24\ 28\ 11$，$\angle HFE = 26\ 17\ 55$。

⑤ 在第一类弓形门中，$ON = OF \tan \angle HFE = 0.2581988897 = 0\ 15\ 29\ 31$。同理，在第二类弓形门中，$ON = 0\ 27\ 18\ 19$。在第三类弓形门中，$ON = 0\ 29\ 39\ 13$。

⑥ 这一列单元的数据就是第 251 页表中位于第二列第三行的第三个数据。$MLN_{弓形弧} - FCD_{弓形弧} = ML_弧 + LO_弧 + ON - DC_弧 - CF_弧 = DM \times (\angle MEL_{弧度} + \angle FHC_{弧度} + \tan \angle EFH)$ 其中，在第一类弓形门中，$\angle MEL_{弧度} + \angle FHC_{弧度} + \tan \angle EFH = 1.576314961 = 1\ 34\ 34\ 43$。在第二类弓形门中，$\angle MEL_{弧度} + \angle FHC_{弧度} + \tan \angle EFH = 1.598807601 = 1\ 35\ 55\ 42$。在第三类弓形门中，$\angle MEL_{弧度} + \angle FHC_{弧度} + \tan \angle EFH = 1.605999897 = 1\ 36\ 21\ 36$。

如果我们用门柱的厚度去乘这个数，就得到外弓形弧的一半与内弓形弧的一半之差，即外弓形弧的所有部分之和的一半与内弓形弧的所有部分之和的一半之差，把它写在第二列单元内①	得到的结果与线段 HF 相乘	2 0 0 0②		3 0 0 0 0④		EF	1 8 15 16	这就是第一、第二类弓形门的内弓形弧的高度，当第三类弓形门时，应加上线段 XE 的长度，这时得到 1 16 35 1，把它们都除以二后得到⑤
		2 24 51 50	与∠FHC 的正弦相乘，得到的乘积除以∠HEN 的正弦或∠HXN 的正弦③	42 35 25 4	除以圆弧的正弦后得到的商	EF	1 11 50 32	
		2 32 21 50		42 35 25 4		XE	1 9 5 1	

---

① 见：第 260 页注⑥，阿尔·卡西所说的第 251 页表第二列实际上是第三列。
② 这一列的数据是第二部分内圆弧的半径 HF 的长度。
③ 这里，在△ FEH（第一、二类）或△ FXH（第三类）中，由正弦定理，有 $\frac{\sin \angle FHC}{EF} = \frac{\sin \angle FEH}{FH}$，所以 $EF = \frac{HF \times \sin \angle FHC}{\sin \angle HEN}$，（第三类）$FX = \frac{HF \times \sin \angle FHC}{\sin \angle HXN}$。
④ 这一列的数据是 $\sin \angle HEN$（第一、二类）、$\sin \angle HXN$（第三类）的值。
⑤ 由注④，当第三类弓形门时，$EF = FX + XE = (1\ 9\ 5\ 1) + (0\ 7\ 30) = 1\ 16\ 35\ 1$。

0 34 7 38①	把它写在第三列单元内，然后把单位数一除以巴旦木的余弦，即	58 54 1②	得到的商就是弓形门内外弓形弧的顶点间的距离	1 1 58 4③	这个结果写在第四列单元内	然后把第一部分内圆弧的半直径与圆弧 CD 相乘，就得到扇形面积的二倍
0 35 55 16		54 36 39		1 5 55 12		
0 38 17 30		53 47 23		1 6 55 38		

---

① 在第一类弓形门中，因 $HF = AD$，所以 $EF = AD \times \dfrac{\sin\angle FHC}{\sin\angle HEN} = AD \times (0.5352331345) = AD \times$ (0 32 6 50)。在第二类弓形门中，因 $HF = AD \times \dfrac{1+\sqrt{2}}{2}$，所以 $EF = AD \times \dfrac{(1+\sqrt{2})\sin\angle FHC}{2\sin\angle HEN} = AD \times$ (0.5986841135) $= AD \times$ (0 35 55 16)。在第三类弓形门中，因 $HF = AD \times \left(\dfrac{9}{16} + \dfrac{\sqrt{2}}{2}\right)$，所以 $EF = AD \times \left[\dfrac{1}{16} + \left(\dfrac{9}{16} + \dfrac{\sqrt{2}}{2}\right)\right]\dfrac{\sin\angle FHC}{\sin\angle HXN} = AD \times (0.6381981941) = AD \times$ (0 38 17 30)。其中，AD 是两个门柱内侧之距，而 0 32 6 50、0 35 55 16、0 38 17 30 就是第 251 页表中位于第四列第三行的第三个数据（阿尔·卡西写成第三列）。

② 巴旦木形中用余弦定理为：（第一类）$\cos\angle EFH = \dfrac{\sqrt{15}}{4} = 0.9682458366 = 0\ 58\ 54\ 1$，（第二类）$\cos\angle EFH = \cos(24.46980052°) = 0.9101797211 = 0\ 54\ 36\ 39$，（第三类）$\cos\angle EFH = 0.8964966247 = 0\ 53\ 47\ 23$。

③ 这里，（第一类）$\dfrac{1}{\cos\angle EFH} = \dfrac{4\sqrt{15}}{15} = 1.032795559 = 1\ 1\ 58\ 4$，（第二类）$\dfrac{1}{\cos\angle EFH} = 1.098684113 = 1\ 5\ 55\ 16$，（第三类）$\dfrac{1}{\cos\angle EFH} = 1.115453168 = 1\ 6\ 55\ 38$，这些数据分别位于第 251 页表第五列第三行（六十进制）第一、三组，第六行（十进制）第一、三组。

扇形CED	1 2 49 55①	第二部分圆弧的半直径与圆弧FC相乘，得到	34 36 16②	扇形FHC面积的二倍	1 9 12 32③	从三角形HFE的顶点H到直线FE的延线所引垂线与该三角形外部的线段FN相乘	3 0 0 0 0④	三角形的底边	1 8 15 16⑤
扇形CED	0 47 7 26		51 54 56		2 5 49 59		1 0 0 0		1 11 50 32
扇形CBD	0 59 38 29		49 43 11		2 6 14 56		1 7 30 0		1 9 5 1

得到三角形面积的二倍	34 7 38⑥	从二倍的扇形面积中减去该三角形的面积，得到	FEC	35 4 54⑦	得到的结果与二倍的扇形面积相加	扇形CED	得到门洞部分的面积，当第三类时，应减去二倍的三角形EBX的面积
	1 11 50 32		FEC	53 29 27		扇形CED	
	1 17 43 9		FXC	48 31 47		扇形CBD	

---

① （第一类）$S_{扇形CED} = \dfrac{\pi}{3} = 1.047197551 = 1\ 2\ 49\ 54$，（第二类）$S_{扇形CED} = \dfrac{\pi}{4} = 0.7853981634 = 0\ 47\ 7\ 26$，（第三类）$S_{扇形CBD} = \dfrac{\pi}{4} \times \left(1 + \dfrac{1}{8}\right)^2 = 0.9940195505 = 0\ 59\ 38\ 29$。

② （第一类）$CF_{弧} = 0\ 32\ 30\ 37$，（第二类）$CF_{弧} = 0\ 51\ 54\ 13$，（第三类）$CF_{弧} = 0\ 49\ 43\ 40$。

③ 扇形 FHC 面积的二倍为：（第一类）$\angle FHC_{弧度} \times (HC)^2 = 1\ 5\ 1\ 14$，（第二类）$\angle FHC_{弧度} \times (HC)^2 = 2\ 5\ 18\ 23$，（第三类）$\angle FHC_{弧度} \times (HC)^2 = 2\ 6\ 16\ 11$。

④ 从三角形 HFE 的顶点 H 到直线 FE 的延线所引垂线 HR 分别为：（第一类）$HR = \dfrac{1}{2}AE = \dfrac{1}{2} = 0\ 30\ 0\ 0$，（第二类）$HR = 1 = 1\ 0\ 0\ 0$，（第三类）$HR = 1 + \dfrac{1}{8} = 1\ 7\ 30\ 0$。

⑤ 这里所说的三角形的底边为（第一、二类）三角形 FEH 的 FE 边，（第三类）△FXH 的 FX 边，（第一类）$EF = 1\ 4\ 13\ 41$，（第二类）$EF = 1\ 11\ 50\ 32$，（第三类）$FX = 1\ 9\ 5\ 1$。

⑥ △FEH 在底边 FE 上的高为 HR。所以，（第一类）$2S_{\triangle FEH} = FE \times HR = EH \times FH \times \sin\angle FHC = 0.5352331345 = 0\ 32\ 6\ 50$；（第二类）$2S_{\triangle FEH} = FE \times HR = EH \times FH \times \sin\angle FHC = 1.197368227 = 1\ 11\ 50\ 32$；（第三类）$2S_{\triangle FEH} = FX \times HR = XH \times FH \times \sin\angle FHC = 1.295320937 = 1\ 17\ 43\ 9$。

⑦ 图形 FEC 和 FXC 是两条直线与一条圆弧所围成的曲边三角形，该面积等于：第一、二类时 $S_{扇形FHC} - S_{\triangle FHE}$，第三类时 $S_{扇形FHC} - S_{\triangle FHX}$，所以，（第一类）$2S_{扇形FHC} - 2S_{\triangle FHE} = 0\ 32\ 54\ 23$；（第二类）$2S_{扇形FHC} - 2S_{\triangle FHE} = 0\ 53\ 27\ 52$，（第三类）$S_{扇形FHC} - S_{\triangle FHX} = 0\ 48\ 33\ 2$。

1 37 54 49①	如果大门入口宽度的平方为单位，则得到的面积为	24 28 42②
1 40 37 53		25 9 13
1 47 26 4		27 2 34

最后得到的这些数据写在第五列单元之内。

当你们掌握了前三种类型大门有关的算法之后，我们就不必隐瞒第四种类型大门有关的算法，因为有关它的算法相对于前三类简单而已。例如，内圆弧的半直径等于大门入口宽度的三分之二，它的内半圆弧所对圆心角的余弦等于内圆弧直径的八分之一。

在测量第五类型弓形门时，它的入口宽度的平方与 0 5 35 55 相乘，或入口宽度的平方与十进制小数 933（十进制毫秒）相乘，就得到半门洞的面积③。

---

① 门洞部分的面积为：（第一、二类）$S_{门洞} = 2S_{扇形CED} + 2(S_{扇形FHC} - S_{\triangle FHE})$，所以，（第一类）$S_{门洞} = 2S_{扇形CED} + 2(S_{扇形FHC} - S_{\triangle \cdot FHE}) = \frac{\pi}{3} + 0\ 32\ 54\ 23 = (1\ \ 2\ \ 49\ 55) + (0\ 32\ 54\ 23) = 1\ \ 35\ 44\ 18$；

（第二类）$S_{门洞} = 2S_{扇形CED} + 2(S_{扇形FHC} - S_{三角形FHE}) = 1\ \ 40\ 35\ 18$；（第三类）$S_{门洞} = 2S_{扇形CED} + 2(S_{扇形FHC} - S_{三角形FHX}) - 2S_{三角形XBE} = 1\ \ 47\ 15\ 15$。

② $S_{洞CFB} = 2(S_{扇形CHF} - S_{三角形FEH} + S_{扇形CEF}) = 2\left(\frac{1}{2}\angle FHC_{弧度} \times (CH)^2 - \frac{1}{2}EH \times \sin\beta \times FH + \frac{1}{2} \times \angle CED_{弧度} \times (CE)^2\right)$，当 $(AD)^2 = 1$ 时，

（第一类）$S_{门洞} = (AD)^2\left[\angle FHC_{弧度} - \frac{1}{2} \times \sin\angle FHC + \frac{1}{4} \times \angle CED_{弧度}\right] = 0\ 23\ 56\ 4$

（第二类）$S_{门洞} = (AD)^2\left[\frac{1}{4}\angle FHC_{弧度} \times (1+\sqrt{2})^2 - \frac{\sqrt{2}}{4} \times (1+\sqrt{2}) \times \sin\angle FHC + \frac{1}{4} \times \angle CED_{弧度}\right] = 0\ 25\ 8\ 49$

（第三类）$S_{门洞} = (AD)^2\left[\frac{1}{4}\angle FHC_{弧度} \times \left(\frac{9}{8}+\sqrt{2}\right)^2 - \frac{1}{4} \times \left(\frac{9}{8}+\sqrt{2}\right) \times \left(\frac{9\sqrt{2}}{8}\right) \times \sin\angle FHC + \left(\frac{9}{16}\right)^2 \times \angle CBD_{弧度} - \left(\frac{1}{16}\right)^2\right] = 0\ 26\ \ 48\ \ 49$

以上的三个数据位于第 251 页表第六列，我们可以看出，我们算出的数据与阿尔·卡西给出的数据之间有一些差异，这很可能是阿尔·卡西所使用的三角函数表的准确度偏低所引起的。

③ 现存的三种阿拉伯文手稿中，都把数据 0 5 35 55 和 0.09331212565 漏掉，本人根据图纸计算后添补了这些数据，其算法如下：

$S_{曲边三角DMF} = S_{扇形DFC} - S_{三角形FEC} - S_{三角形DME} = \frac{1}{2}\angle FCD_{弧度} \times (FC)^2 - \frac{1}{2} \times (FC) \times (CE) \times \sin\angle FCD - \frac{1}{2} \times (DM) \times (ME) = (AD)^2\left(\angle FCD_{弧度} - \frac{1}{2} \times \sin\angle FCD - \frac{1}{8}\right)$，其中 AD 为大门入口的宽度，而 $\angle FCD_{弧度} - \frac{1}{2} \times \sin\angle FCD - \frac{1}{8} = 0.09331212565 = 0\ \ 5\ \ 35\ 55$，阿尔·卡西把它写成 933（十进制毫秒）。当然结果的二倍就是整个门洞的面积。

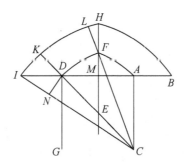

得到的面积与大门的深度相乘,从整个门墙的体积中减去得到的乘积以及大门入口的体积,这样就不必要计算其他部分的体积。

如果有人想修建这样一个工程,则他需要亲自重新画出图纸,首先把连接 CD 的线段延长到点 K,同时把连接 FC 的线段延长到点 L,这里连接 FM 的线段就是门洞的高度,当大门的入口宽度为度量单位时,门洞的高度等于 0 19 22 21[①]。从点 D 向线段 IC 引垂线 DN,线段 DC 的长度等于入口宽度平方二倍的平方根,角 CFM 的正弦等于八分之一圆心角正弦的一半,从八分之一的圆心角中减去角 CFM 的角度,得到角 FCD 的角度[②];线段 CD 与周长对直径之比相乘,得到的乘积与角 FCD 的角度相乘,再取得到乘积的三分之一,就得到圆弧 FD 的长度[③]。当然,圆弧 FD 的长度以大门入口的宽度为度量单位,再把 DK 与 CD 相加,即弓形的厚度与 CD 相加,得到外圆弧的半径 CK,周长对直径之比与线段 DK 相乘,得到的乘积与角 FCD 的角度相乘,再取得到乘积的三分之一,得到外圆弧 KL 与内圆弧 DF 的长度之差[④]。当然,这两条圆弧的长度以大门入口的宽度为度量单位,圆弧 KL 与 DF 之差的一半与圆弧 DF 相加,就得到圆弧 DF 与 KL 之和的一半,得到的结果与 DK 的长度相乘,就得到扇形圆环 FDKL 的面积[⑤],

---

① 首先,在三角形 CFE 中用正弦定理求出角 CFE 和角 FCE 的角度,然后又由正弦定理,得 $FE = \dfrac{FC \times \sin\angle FCE}{\sin\angle FEC} = 0.3228756557 = 0\ 19\ 22\ 21$。

② $DC = \sqrt{2(AD)^2} = \sqrt{2} \times AD$,再从 $\sin\angle CFM = \dfrac{1}{2} \times \sin\dfrac{2\pi}{8} = \dfrac{\sqrt{2}}{4}$,得 $\angle CFM = 20.70481105°$,从而得 $\angle FCE = 45° - \angle CFM = 24.29518895°$。

③ 这里,$FD_{圆弧} = \dfrac{\angle FCE \times 2\pi}{360} \times DC = \dfrac{\angle FCE \times \pi}{180} \times DC$,阿尔·卡西把角度转换成弧度的运算,即 $\dfrac{\angle FCE \times 2\pi}{360}$,误写成该角度乘以 π 后再除以 3,这当然不对。

④ $KL_{圆弧} - DF_{圆弧} = \dfrac{\angle FCE \times \pi}{180} \times DK$。其中,DK 是弓形部分的厚度。

⑤ $S_{扇形圆环} = \dfrac{1}{2}(KL_{圆弧} + DF_{圆弧}) \times DK$。

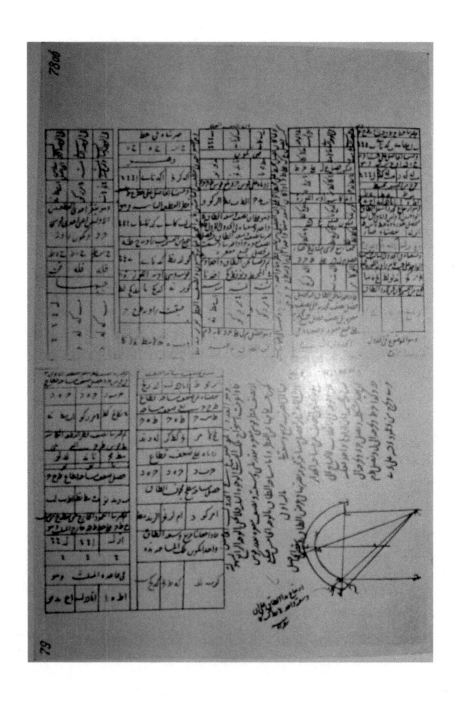

然后把线段 AC 或 AD 除以线段 CI 或 CK，即把大门的入口宽度除以外圆弧的半直径，再由余弦来确定角 ICA 的角度，把大门的入口宽度除以线段 CD，再由正弦来确定角 KCA 的角度，然后从角 ICA 的角度中减去角 KCA 的角度，得到三百六十度圆弧的部分圆弧 IK 所对圆心角的角度，即角 ICK 的角度。但是，该角度与线段 ID 的度量有关，把线段 CK 的长度与该角所对弧长的一半相乘，就得到扇形 KCI 的面积，然后把角 ICK 的正弦与 CD 相乘，得到垂线 DN 的长度，再把 DN 与 CI 的一半相乘，就得到三角形 DIC 的面积，从扇形 KCI 的面积中减去该三角形的面积，就得到图形 KDI 的面积①，同理可得图形 HFL 的面积，这些图形的面积与扇形圆环 FLKD 的面积之和等于图形 FHID 的面积，这就是大门弓形部分面积的一半，该面积的二倍与大门的深度相乘，就得到大门弓形部分的体积②。

因为这类大门的整个外弓形弧与整个内弓形弧之差与弓形的厚度之间没有比例关系，所以我们未能把它写入表，又因为把巴旦木的上方用两条直线来连接，这是为了外弓形弧与内弓形弧之差与弓形的厚度之间保持一种比例关系，这就是我们在上面所说的"为什么用直线来连接巴旦木的上方"的原因③。

大门的下方弓形侧面和上方弓形侧面的面积（即上下弓形的表面积）用下面的方法来计算：大门的深度与内弓形弧的长度相乘，就得到下方弓形侧面的表面积，大门的深度与外弓形弧的长度相乘，就得到上方弓形侧面的表面积。我们把这一部分有关的内容讲述的过于烦琐了。

第二部 论球形穹顶的测量

球形穹顶的形状类似于空心半球体、空心球缺、多边圆锥体或者是这样一种物体，使我们在前面介绍过的弓形门之一的弓形部分按照它的高度旋转一周，即按照它的弓形部分的顶点到底边中点的连线旋转一周而形成的。在它们当中有关前两种类型［空心半球体、空心球缺］的测量问题，我们已在有关球体和球缺的测量部分中讨论过，对第三种类型的情形，我们也在有关圆锥的测量部分中讨论过。在测量最后一类球形穹顶的体积和表面积时，首先，以球形穹顶的顶点为心，在穹顶的表面上画出一族同心圆周，使每两个相邻圆周之间的距离互相相等，这些同心圆周的连线［距离］就是弓形弧位于这些圆周之间的部分弧所对

---

① $S_{\text{图形}KDI} = S_{\text{扇形}ICK} - S_{\text{三角形}ICD} = \frac{1}{2} \times (IC) \times (IC \times \angle KCI_{\text{弧度}} - DC \times \sin\angle KCI)$。

② 这里，阿尔·卡西计算了大门弓形部分（外弓形弧与内弓形弧之间的部分）的面积，该面积等于扇形圆环 FDKL 的面积与图形 KDI、HFL 的面积之和。

③ 因为前四类弓形门中，都用两条直线来连接巴旦木的上方，并且阿尔·卡西一再强调其原因将在后面讲述，原来是为了外弓形弧与内弓形弧之差与弓形的厚度之间保持一种比例关系。

的弦，本人认为画出七个或八个同心圆周就可以了。然后，求出从球形穹顶的顶点到最近圆周的距离，该距离与半周长相乘，然后依次求出每个圆的周长，再把每两个相邻圆的周长之和的一半与这两个圆周之间的距离相乘，得到所有乘积相加，就得到球形穹顶的外表面的面积。在求该物体的体积时，首先，球形穹顶的顶点与最近的圆面之间部分的体积近似地等于圆锥的体积，而其他的每两个相邻的圆面之间部分的体积近似地等于圆台的体积；然后，按照我们在上面所述的方法分别求出这些圆锥和圆台的体积，再把求出的这些体积相加，然后用同样的方法来求出球形穹顶里面的凹形部分的体积，再从第一个体积中减去凹形部分的体积就得到球形穹顶的体积①。

这就是球形穹顶有关的算法。在一般的情况下，画球形穹顶里面的凹形部分的图纸类似于第四类弓形门的图纸，为了简化计算过程，我们已求出了穹顶里面的凹形部分的表面积对底面直径平方之比。方法是这样：穹顶内侧底面直径的平方与 1 46 32（秒）相乘或与 1775 相乘，第二个数的右边第一位是十进制分秒，

	六十进制数字			印度数字			
	整数	分	秒	整数	十进制分	秒	分秒
穹顶的内表面积与底面直径平方之比	1	46	32	1	7	7	5
球形穹顶的体积与直径立方之比	0	18	23	0	3	0	6

---

① 在这里，阿尔·卡西所述的球形拱顶的表面积和体积的算法，实际上是定积分的方法，但由于缺少了极限过程，算出的结果是近似值。首先，球形拱顶的顶点与第一个圆周之间的部分可近似的看成是一个圆锥，其顶点到最近圆周的距离 $FF_1 = l$ 就是该圆锥的母线，如果该圆锥的底面圆半径为 r_1，则其侧面积为 $S_1 = \dfrac{2\pi r_1}{2} \times l$，其余部分都可近似的看成是圆台，这些圆台母线为 $F_1F_2 = F_2F_3 = F_3A = l$，它们的侧面积分别为 $S_i = \pi l(r_i + r_{i+1}) = \dfrac{2\pi r_i + 2\pi r_{i+1}}{2} \times l$ ($i = 1, 2, 3$)。这样球形拱顶的内表面积 S 近似的等于 $S \approx S_1 + S_2 + S_3 + S_4$，当然分解的越细准确度越好。(有关这一问题的详细算法见：本书附录Ⅱ。)

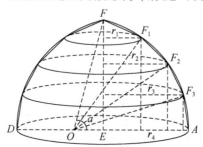

就得到穹顶里面的凹形部分的表面积①，又因为内外侧面互不平行，所以我们把穹顶外侧底面直径的平方与该数相乘，就得到球形穹顶外侧的表面积。如果我们把穹顶内侧底面直径的立方和外侧底面直径的立方分别与 0 18 23 或与 306 相乘（这里第二个数的右边第一位是十进制分秒），再取［内侧底面直径的立方和外侧底面直径的立方分别与 0 18 23 或与 306 相乘］得到乘积的差，就得到整个球形穹顶的体积②。

第三部　论钟孔石形表面积的测量

钟孔石形是指［位于圆柱形塔上端的］由几种不同形状的壁龛形按阶梯形依次镶嵌而成。每个壁龛形的内表面［包括底面、顶盖面和侧面］是由几块平面所围成。其中，每两个相邻平面块相互垂直相交，半垂直相交，一又二分之一垂直［135 度］相交，或按其他任意角度相交，而垂直相交的两块相邻平面块中之一是平行于水平面的平面，即平行于水平面的平面支撑着垂直于它的侧面，按其他任意角度相交的平面块或曲面块都位于壁龛形的顶盖部分，与水平面非平行的每个平面块、曲面块、每两个平面块或曲面块的交线称为这个壁龛形的单元，具有相同单元的相邻壁龛形的底面都位于平行于水平面的同一个平面上，称这个平面为层面，每一个壁龛形的底面与侧面之交线所形成棱的最大值称为钟孔石形的模。［在圆柱形塔上方的钟孔石形中］我们能够看到四种类型的壁龛形。其中之一是最简单的壁龛形，建筑学家们称它为讲台，而其他壁龛形的单元都是用泥

---

① 对于一般情况，由第四类弓形门的画法知，$\angle AOF = \alpha = 75.52248781°$，这里，圆锥和所有圆台的母线都相等，所以有余弦定理，有 $l_n = \frac{2}{3}(AD)\sqrt{2(1-\cos\frac{\alpha}{n})}$，圆锥和各圆台的底面半径分别为，$r_i = \frac{2}{3}(AD)\left[\cos\left(\frac{n-i}{n}\alpha\right) - \frac{1}{4}\right]$，$i = 1，2，3，\cdots，n-1$。球形拱顶的内表面积

$$S \approx \pi l_n r_1 + \pi l_n \sum_{i=1}^{n-1}(r_i + r_{i+1}) = \frac{8\pi}{9} \times (AD)^2 \times \sqrt{2(1-\cos\frac{\alpha}{n})} \times \left\{\left[\sum_{i=1}^{n-1}\cos\left(\frac{n-i}{n}\alpha\right)\right] + \frac{5-2n}{8}\right\}$$

所以 $\frac{S}{(AD)^2} = \frac{8\pi}{9} \times \sqrt{2(1-\cos\frac{\alpha}{n})} \times \left\{\left[\sum_{i=1}^{n-1}\cos(\frac{n-i}{n}\alpha)\right] + \frac{5-2n}{8}\right\}$。

当 $n = 6$ 时，$\frac{S}{(AD)^2} = 1.769187948 = 1\ 46\ 9\ 5$；当 $n = 7$ 时，$\frac{S}{(AD)^2} = 1.773017553 = 1\ 46\ 22\ 52$，当 $n = 8$ 时，$\frac{S}{(AD)^2} = 1.775504264 = 1\ 46\ 31\ 49$。由此可见，阿尔·卡西在上面给出的数据对应于 $n = 8$ 的情形。

② 如果用阿尔·卡西所叙述的初等方法来计算球形穹顶的体积，其计算量是很大的，有兴趣的读者不妨试试（见：译注者补充 I 或 II）。

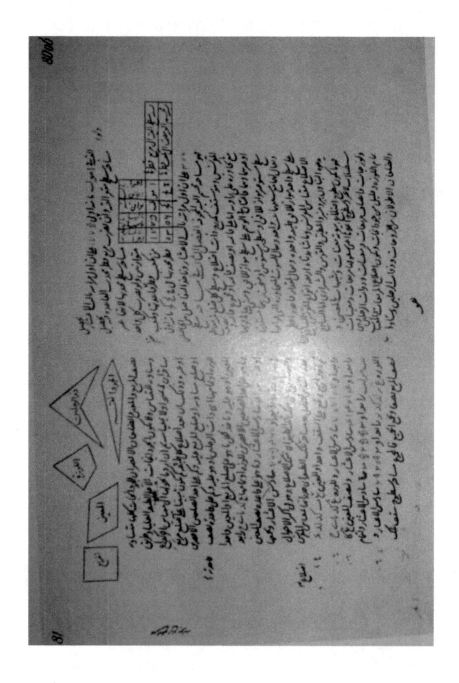

巴做成的弧形曲面或"设拉子"形曲面①，简单壁龛形的单元为菱形、近似菱形和矩形，尤其是它们的顶盖部分由半正方形、半菱形和半巴旦木形或双腿形构成。其中，双腿形是形成巴旦木形时需添补的部分，还有一些少量的壁龛形，含有黑麦种子形单元。这里，正方形和菱形的边长应大于巴旦木形和双腿形的边长，而半正方形和半菱形的边长应小于黑麦种子形的边长，半正方形与半菱形的边长相等并且它们都等于钟孔石形的模，其中的黑麦种子形只能是位于钟孔石形最高层面上的壁龛形的单元。

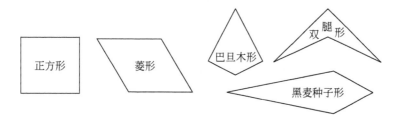

这些钟孔石形表面积的计算方法如下：首先，测量钟孔石形的模，如果方便把测量的结果都转换成相同的度量单位，如手肘或其他度量单位。然后，数一数位于每一个层面上壁龛形的单元，即数一数其中的正方形、以正方形的边为边的菱形、巴旦木形的短边为边的面、巴旦木形的添补部分的面，即以双腿形的短边为边的面、以半正方形的边为边的面等。对于以正方形的边或菱形的边为边的图形，以它们的边长为单位，这时巴旦木形的短边或它的添补部分的短边之长为

---

① 设拉子（Shiraz）：伊朗的一座古代城市。这里，阿尔·卡西叙述了位于兀鲁伯神学院大门两侧的两座圆柱形塔顶部的装饰（下图），它的形状可能与一些自然形成的钟孔石很相似，所以阿尔·卡西称它们为钟孔石形。这座圆柱形塔顶部的装修大概由下面的4种类型壁龛形构成。

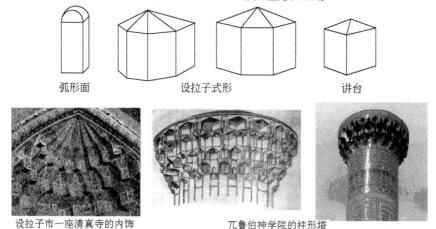

0 24 51 10 8（毫秒）或 414214（十进制第六位），半菱形的短对角线之长为 0 45 55 19 55（毫秒）或 765367（十进制第六位），这些值相加后得到的和与该层面上壁龛形的侧面高度相乘，这个高度在大多数情况下等于钟孔石形的模，得到的结果是以钟孔石形的模为单位的该壁龛形侧面部分的面积。当以正方形的边长为单位时，菱形的面积为 0 42 25 35 4（毫秒）或 707107（十进制第六位），巴旦木形的面积，即双腿形的添补部分的面积为 0 24 51 10 8（毫秒）或 414214（十进制第六位），半菱形的面积为 0 21 12 47 32（毫秒）或 353553（十进制第六位），双腿形的面积为 0 17 34 24 36（毫秒）或 292093（十进制第六位)[①]，半正方形的面积就是一半，所有这些图形的面积相加就得到以正方形的边长为单位的壁龛形的表面积，最后所有这些壁龛形的表面积相加就得到以模为单位的该层面上部分的表面积。如果我们能够求出其他层面上每一个壁龛形的面积，就能够得到其他层面上部分的表面积，然后把得到的所有层面上部分的面积相加，就得到钟孔石形的表面积。如果我们想把它转换成以手肘为单位的面积，则把得到的结果除以一手肘平方即可，这类似于我们在上面所叙述的度量及其分量的转换方法。

对于伊斯法罕[②]的古代建筑上用泥巴制作的钟孔石形来说，它们大多数属于较简单的钟孔石形，它们之间的区别就是层面数不一致，有的只有二层面，而有

---

① 阿尔·卡西算出了壁龛形顶盖部分的面积，这里他所说的巴旦木形是指四边形 ABFD，菱形为 ABCD，双腿形为 BCDF。如果以菱形边长为单位，即 $AB = 1$，则巴旦木形的短边之长为 $BF = \tan\frac{45°}{2} = 0.414214 = 0\ 24\ 51\ 10\ 8$，菱形的短对角线之长为 $BD = 2\sin\frac{45°}{2} = 0.765367 = 0\ 45\ 55\ 19\ 14$，这时菱形的面积为 $AE \times BD = 2\sin\frac{45°}{2} \times \cos\frac{45°}{2} = \sin 45° = \frac{\sqrt{2}}{2} = 0.707107 = 0\ 42\ 25\ 35\ 4$，巴旦木形的面积为：$BF \times AB = 0.414214 = 0\ 24\ 51\ 10\ 8$，半菱形的面积为 $\frac{1}{2} \times AE \times BD = \frac{\sqrt{2}}{4} = 0.353553 = 0\ 21\ 12\ 47\ 32$，双腿形的面积等于从菱形的面积中减去巴旦木形的面积后得到的差，即 $0.707107 - 0.414214 = 0.292893 = 0\ 17\ 34\ 24\ 36$。

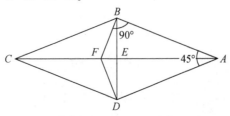

② 伊斯法罕（Esfahàn），位于伊朗中部的第三大城市，始建于阿黑门尼德王朝时期，多次成为王朝首都，著名的手工业与贸易中心，市区以多花园与清真寺等辉煌建筑物和手工艺著名，有银器、铜器、陶器、地毯业等。伊斯法罕不仅风景优美，拥有 11~19 世纪各种伊斯兰风格建筑，伊斯法罕一时富甲天下，所以民间有"伊斯法罕半天下"的美称。

的是三层面，其壁龛形的棱也不明显，但它们表面积的计算方法与简单钟孔石形表面积的计算方法一致。

对于以弧形曲面块为单元的壁龛形来说，它们也属于较简单的壁龛形，每一个壁龛形的单元是由几块曲面构成，每两个相邻壁龛形之间的贴砖是三角形曲面或两个三角形曲面，这类似于双腿形的形状，有时壁龛形的单元上所贴的三角形曲面的形状类似于上面所提到的曲边三角形，另外还有巴旦木形曲面或黑麦种子形曲面，这些壁龛形的［垂直于水平面的］侧面只能是正方形或直角三角形，而侧面的边长要么等于钟孔石形的模，要么等于以模为边的正方形对角线的一半，要么等于对角线与边长之差，要么等于正八边形的边长，这时正八边形的最长对角线的一半等于模，所以我们不必改动在上面得到的四种数据。有关它们的算法如下：

首先，数一数被底边所支撑的侧面，它们的边长要么等于模，要么等于以模为边的正方形对角线的一半，要么等于对角线与边长之差，要么等于正八边形的最长对角线的一半，即正八边形的最长对角线的一半等于模。当第一种情况时，边长等于 1；当第二种情况时，边长等于 0 42 25 35 4（毫秒），或 707107（十进制第六位）；当第三种情况时，边长等于 0 24 51 10 8（毫秒）或 414214（十进制第六位）；当第四种情况时，边长等于 0 45 55 19 55（毫秒）或 765367（十进制第六位）①，再把上面的数据相加并得到的和与 1 43 33 45 41（毫秒）或一又 726045②（十进制第六位）相乘，就得到以钟孔石形的模为单位的侧单元面积，称这个数［是指 1 43 33 45 41 或 1.726045（十进制第六位）］为平衡数③。然后，数一数壁龛形位于顶盖部分的三角形曲面或双腿形曲面的数量。每一个三角形曲面的面积为 0 34 1 38 55（毫秒）或 567129（十进制第六位），每一个小双腿形曲面的面积为 0 36 37 10 56（毫秒）或 610328（十进制第六位），每一个大双腿形曲面的面积为 1 0 52 0 59（毫秒）或一又 14473④（十进制第六位），每一个巴旦木形曲面的面积为 0 38 1 21 3 或 633709（十进制第六位）⑤。如果它的顶盖部分中有黑麦种子形曲面，则以模为单位的长对角线之长与短对角线之长的一半相

---

① 令钟孔石形的模等于 1。则当第二种情况时，以模为边的正方形对角线的一半为 $\frac{\sqrt{2}}{2}$ = 0.707107 = 0 42 25 35 4。当第三种情况时，对角线与边长之差为：$\sqrt{2} - 1$ = 0.414214 = 0 24 51 10 8。当第四种情况时，正八边形的最长对角线的一半为：$2\sin\frac{45°}{2}$ = 0.765367 = 0 45 55 19 14。

② 一又 726045 相当于十进制小数 1.726045。

③ 平衡数（见：第 275 页注⑥）。

④ 一又 14473 相当于十进制小数 1.014473。

⑤ 阿尔·卡西给出的这些数据有一定的误差（见：第 272 页注①）。

乘，就得到该黑麦种子形的面积，然后把上面得到的贴在壁龛形单元上的每个三角形曲面、双腿形曲面、巴旦木形曲面、黑麦种子形曲面等的面积相加，就得到该壁龛形的表面积，最后把得到的面积与它们的数量相乘，就得到钟孔石的表面积。

  对于"设拉子市"的古代建筑［圆柱形塔顶部］的钟孔石形来说，它们的壁龛形也属于简单的形状，其中每个单元之间的边界线是圆弧形。虽然"设拉子"式钟孔石的形状是多种多样的，但我们不需要更新在上面得到的四种数据，这些壁龛形的顶盖部分除粘贴了形状为三角形和双腿形的贴砖之外，还有三角形、四边形、五边形、六边形、齿轮形以及其他形状的平直或弯曲的贴砖，有时它们把贴砖直接贴在非顶盖的墙面上，该处应是门廊形的位置。有关它们的算法如下：首先，选定长度等于圆柱形塔底面半直径的尺子并把它的长度等分为若干个部分，最好把它的长度分成相等尺寸的六十个部分，并用印度数字来标记分点。然后，用该尺子来测量位于每一个层面上壁龛形的所有单元边长，但暂不测量没有贴砖的部分，得到的数据与平衡数 1 43 33 45 41（毫秒）或 1726045（十进制第六位）相乘，得到的结果就是壁龛形所有单元的表面积。然后，测量从外部的角到双腿形的每一条长边所引垂线的长度并把它们相加，得到的和与 0 45 55 2 27（毫秒）或 765290（十进制第六位）相乘，得到所有双腿形的面积。然后，用上述尺子来测量壁龛形与双腿形之外的所有部分的表面积，即三角形、四边形、五边形、六边形以及没有贴砖部分的面积，再把它们的面积与壁龛形的面积和双腿形的面积相加，就得到以该尺寸为单位的钟孔石的表面积。

  图纸的画法：须知，设计师们在画图纸时，该圆柱形塔地基的半直径选定为模，以模为宽边，以二倍的模为长画一个矩形。例如：矩形 *ABCD*，再从该矩形的一个角起，不妨假设从角 *A* 起，画线段 *AE*，使 *AE* 与 *AB* 之间的夹角等于直角的三分之一。然后把线段 *AE* 五等分，再从 *E* 点起确定线段 *EG*，使 *EG* 等于 *AE* 的五分之二，在 *BC* 边上取线段 *EH*，使 *EH* 等于 *EG*，分别以 *H*、*G* 为圆心，以 *HG* 为半径，画两条圆弧，这两条圆弧应相交于矩形内部的 *F* 点。再以 *F* 为圆心，以 *HG* 为半径画圆弧 *HG*，当然圆弧 *HG* 的弧长等于全圆周六分之一，按适当的长度延长 *DC*、*DA* 直到点 *I*、*L*，作 *BC* 平行 *LK* 以及 *AB* 平行 *IK*，准备好形状类似于面 *KIAGHCL* 的大量石膏片。这里，*GH* 是圆弧，壁龛形的所有单元被两块石膏片所围成，其中 *CH* 垂直于层面［水平面］。量 *AG*、*GH*、*HC* 的长度可由线段

AB 来确定。这时线段 AG 的长度为 0 41 34 9 11①,圆弧 HG 的长度为 0 50 15 55 44②,线段 HC 的长度为 0 57 38 43 14③,曲线 $AGHC$ 的长度之和等于 2 29 28 48 9④,曲线 AGH 的长度等于 1 31 50 4 55⑤,它的一半等于 0 45 56 2 27,这时线段 HC 与曲线 AGH 的半长度之和等于 1 43 33 45 41⑥,这就是所谓的平衡数,该数在测量学中被常用。

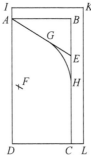

有时需要把石膏片的腿部 HC 缩短或拉伸,这是因为当大门的背部被钟孔石形挡住时,为了不影响整体结构才这样做,这时把石膏片腿部的被缩短的部分应加到平衡数或从平衡数中减掉拉伸的部分,得到的结果作为平衡数来使用。

为了容易比较,我们在这一部分中所参考的数据写入表,该表如下:

① $AG = \dfrac{3}{5}AE = \dfrac{2\sqrt{3}}{5} = 0.6928203 = 0\ 41\ 34\ 9\ 11$。

② $HG = \dfrac{4\pi}{15} = 0.837758 = 0\ 50\ 15\ 55\ 44$。

③ $HC = 2 - BH = 2 - \dfrac{3\sqrt{3}}{5} = 0.9607695 = 0\ 57\ 38\ 46\ 12$。

④ $AG + 弧 \cdot GH + HC = 2.4913478 = 2\ 29\ 28\ 51\ 7$。

⑤ $AG + 弧 \cdot GH = 1.5305783 = 1\ 31\ 50\ 4\ 55$。

⑥ $HC + \dfrac{1}{2}(圆弧\ AGH) = 1.72605865 = 1\ 43\ 33\ 45\ 41$。

	驻马拉数字					印度数字					
	度	分	秒	分秒	毫秒	整数	十进制分	秒	分秒	毫秒	分毫秒	秒毫秒
如果以模为单位，则以模为边的正方形的面积等于模的平方，即等于一，这时巴旦木形的一条短边之长为①	0	24	51	3	8	0	4	1	4	2	1	4
如果正方形的半对角线等于模型，则半菱形的短对角线之长为②	0	45	55	59	55		7	6	5	3	6	7
如果以模为单位，则以模为边的正方形的半对角线等于这个数，如果以模的平方为单位，则菱形的面积也等于这个数③	0	42	25	35	4		7	0	7	1	0	7
半菱形的面积④	0	21	12	47	32		3	5	3	5	5	3

① 这里，以外接圆的半径为模，其长度为1，正方形的对角线 $AC = 2$；这里，$AD = BC = \sqrt{2}$，所以巴旦木形的短边为 $OG = OB \times \tan\angle OBG = \tan\dfrac{45}{2} = \sqrt{2} - 1 = = 0.4142135624 = 0\ 24\ 51\ 10$，巴旦木形的短边等于以 OB 为边的正方形的对角线与边长之差。

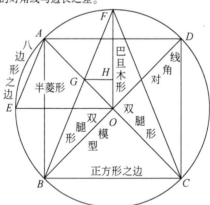

② 如果 AOE 是半菱形，则 $AE = 2\sin\dfrac{45}{2} = 0.7653668647 = 0\ 45\ 55\ 19\ 14$。

③ 如果正方形的边长 $AB = 1$，则菱形的边长为 $AO = \dfrac{\sqrt{2}}{2} = 0.7071067812 = 0\ 42\ 25\ 34\ 48$，巴旦木形的短边（巴旦木形添补部分的边长）为 $OG = OB \times \tan\dfrac{45}{2} = 0.2928932188 = 0\ 17\ 34\ 25\ 12$。

④ 半菱形的面积 $S = \dfrac{1}{4}(AB) \times (OE) = \dfrac{\sqrt{2}}{4} = 0.3535533906 = 0\ 21\ 12\ 47\ 24$，其中 $OE = 1$ 为模，而 $AB = \sqrt{2}$。

续表

	驻马拉数字					印度数字						
	度	分	秒	分秒	毫秒	整数	十进制分	秒	分秒	毫秒	分毫秒	秒毫秒
巴旦木形添补部分的面积（双腿形的面积）①	0	17	34	24	36	0	2	9	2	0	9	3
如果壁龛形的每一个单元边长与平衡数相乘，得到该单元的表面积②	1	43	33	45	41	1	7	2	6	0	4	5
从外角到双腿形的长边所引垂线与这个数相乘，就得到它的面积	0	45	55	2	27	0	7	6	5	2	9	0

---

① 巴旦木形添补部分的面积，等于（双腿形的面积等于从菱形的面积中减去巴旦木形的面积后得到的差）$S = OF \times GH = (\sqrt{2}-1)\frac{\sqrt{2}}{2} = 0.2928932188 = 0\ 17\ 34\ 25\ 12$。

② 这里，$AB = 1$，$\angle BAE = 30°$，所以 $AG = \frac{3}{5\cos 30°} = \frac{2\sqrt{3}}{5} = 0.692820323 = 0\ 41\ 34\ 9\ 11$，圆扇形 GHF 的半径为 $\frac{4}{5}$，圆弧 $GH = \frac{1}{6} \times 2\pi \times \frac{4}{5} = 0.837758041 = 0\ 50\ 15\ 55\ 44$。这里，$HC = 2 - (BE + EH) = \frac{10 - 3\sqrt{3}}{5} = 0.9607695155 = 0\ 57\ 38\ 43\ 14$，$AG + GH + HC = 2\ 29\ 28\ 48\ 9$，曲线 AGH 的长度 $= AG + GH_{圆弧} = \frac{2\sqrt{3}}{5} + \frac{4\pi}{15} = 1.530578364 = 1\ 31\ 50\ 4\ 48$。平衡数 $= HC + \frac{1}{2}(AG + GH_{弧}) = 1\ 43\ 33\ 45\ 41$。这里，曲边形 $AGNHFA_{面积} = S_{三角形AGF} + S_{扇形} = FG \times \frac{1}{2}(AG + GH_{弧})$。其中，$\frac{1}{2}(AG + GH_{弧}) = \frac{1}{2}\left(\frac{2\sqrt{3}}{5} + \frac{4\pi}{15}\right) = 0.765289182 = 0\ 45\ 55\ 2\ 24$ 就是位于表的数据，而 $FG = FH$ 就是阿尔·卡西所谓的"从外角到双腿形的长边所引垂线"。

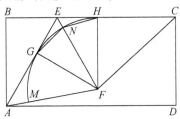

续表

	驻马拉数字					印度数字					
	度	分	秒	分秒	毫秒	整数	十进制分	秒	分秒	毫秒	分毫秒	秒毫秒
以弧线所围成的曲边三角形的面积①	0	34	1	38	35	0	5	6	7	1	2	9
两个曲边三角形所生成的较小双腿形的面积②	0	36	37	10	56	0	6	1	0	3	2	8
两个与曲边三角形有关的较大双腿形的面积③	1	0	52	0	59	1	0	1	4	4	7	3
两个与曲边三角形有关的形状类似于巴旦木形的图形面积④	0	38	1	21	3	0	6	3	3	7	0	9

---

① 这里,阿尔·卡西是指扇形 $MGHF$ 的面积,$S_{扇形} = S_{扇形MGF} + S_{扇形HFG} = 0.5634950176 = 0 \ 33 \ 48 \ 34 \ 48$,这个数据与阿尔·卡西给出的数据相差较大。

② 这里,是指:$S = S_{\triangle AGF} + S_{扇形GHF} = \dfrac{4\sqrt{3}}{25} + \dfrac{8\pi}{75} = 0.6122313456 = 0 \ 36 \ 44 \ 1 \ 48$。

③ 这里,是指:$S = S_{\triangle AEF} + S_{\triangle ECF} = 1.030940108 = 1 \ 1 \ 51 \ 22 \ 48$。

④ 这里,是指:$S = S_{\triangle AEF} + S_{\triangle EHF} = \dfrac{28\sqrt{3}}{75} = 0.6466323015 = 0 \ 38 \ 47 \ 52 \ 48$。

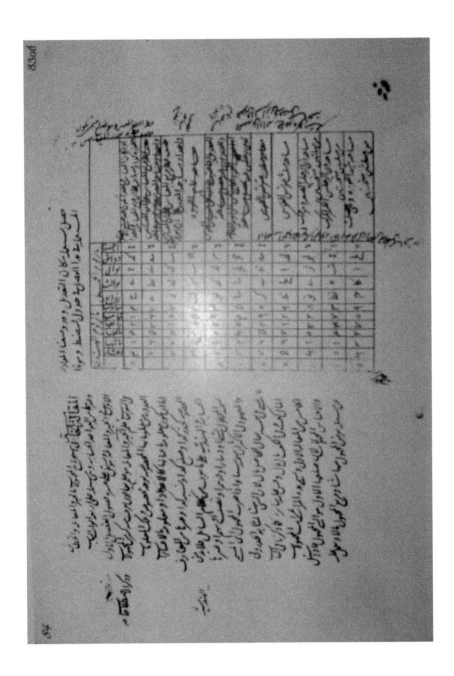

第五卷

论用还原与对消法、双假设法[①]
来求未知数和其他算术法则
（共四章）

[①] 中国的"盈不足数"，在中亚和欧洲称为"双向假设法"或"契丹算法"（al-Khataayn）。

第一章 论还原与对消法（共十个部分）

第一部 定义与例子

所谓"还原与对消"①法则，是指用一些已知的数来求出未知数的一种算法。其中，已知数是指事先已知的数、自明的数、已知数的根、乘方的底数、对已知数的比、或者其他的算术和几何学中已确定的量，而未知数是指询问者的提问。例如，这等于多少，从它得到什么，等等。

未知数可称呼为"物"、"迪纳尔"、"代尔海木"、"成分"等②，但大多数情况下称它为"物"。如果把未知数自乘，则自乘的结果为物的平方，这时物等于它的平方根；如果把物与物的平方相乘，就得到物的立方；如果物与物的立方相乘，就得到物的平方–平方等，这类似于在第一卷的第五章里所述，这些乘积称为未知数的幂，由于这些幂的底数为未知数，所以这些幂也属于未知数的范围。

如果有人提问：未知数是一种物，那么由未知数的平方–平方构成何种物？用算术的哪些法则来求出这些物？这些问题把我们带到被称为"还原与对消"的一种法则。

例子：我们想求出这样一个数，使它的二倍与它的一半之和等于三分之二，假设该数为物，那么它的二倍与它的一半之和，即二又二分之一倍的物等于三分之二，这里所说的物与上面提到的物是一致的，这样我们就知道三分之二等于二又二分之一倍的物。

另一例：我们想求出这样一个数，使它的平方根等于三分之一，假设这个数为物，则物的平方根等于三分之一，而物等于三分之一的平方，这样你就知道同

---

① "还原与对消"一句来源于阿尔·花拉子米的《还原与对消计算概要》一书，该书的阿拉伯文原名 الكتاب المختصر فى حساب الجبر والمقابلة （al-kitap al-mukhtasar fi hisap al-jabr wa-l-mukabala），简称《代数学》（algebra），是花拉子米的最有代表性的作品，成书于公元820年前后，其中的阿拉伯语"al-jabr"，意为还原移项，指把负项移至方程另一端"还原"为正项，到14世纪"al-jabr"演变为拉丁语"algebra"也就成了今天的英文"algebra"。"wa-l-mukabala"，即对消之意，即方程两端可消去相同的项或合并同类项，显然"还原"与"对消"运算就是解方程时所需要的最基本运算，可见数学家花拉子米把自己的以解方程为主题的上述作品，以解方程时所需要的这两种最基本运算来命名。

② 迪纳尔（Dinar）：中世纪在中亚地区流行的金币，其称呼来源于古希腊的"Dinary"。代尔海木（Dirham）：中世纪在中亚地区流行的银币，苏联学者认为其称呼也来源于古希腊的银币"Drahma"。

一个量，一方面等于物，另一方面等于三分之一的平方①。

如果进行某种运算之后方程保持不变，则我们说这个运算为"还原与对消"法则。

如果方程的某一端有减项，则为了只保留加的项，应把减的项消去，并把等于已消去项的式子加到方程的另一端，这样就得到加的项与几个加的项之和之间的方程，这就是"还原"之意②。

例子：若平方与二倍的物之差等于十五，则经过还原运算后，得到平方等于十五与二倍的物之和③。

如果方程中的项含有相同的成分，则消去这些相同的成分之后就得到余式之间的方程。

例子：若物与十之和等于四十，则方程两端同时减去十，就得到剩余的项构成的方程：即物等于三十，这就是"对消"之意④。

如果一个方程中平方项的数量⑤大于一，则应把它递减为一个平方，如果一个方程中平方项的数量小于一，则应把它提升为一个平方，这时对方程中的其他所有的项应进行同样的运算，即方程的每一项同时除以平方项的数量，这时得到数量为一的平方项，而其他项都有相应的变化。

例子：若五倍的平方与十倍的物之和等于三十，则每一个乘积除以五，把三十也除以五，得到平方与二倍的物之和等于六⑥，称这种运算为"递减"运算。

若半倍的平方与五倍的物之和等于七，则把五与七同时除以一半，得平方与十倍的物之和等于十四，称这种运算为"提升"运算。

第二部 论含有数、物、平方、立方等式子和其他式子的加法⑦

一个多项式中的每个被减单项式称为加项，而每个减单项式称为减项⑧。当两个多项式相加时，其中第一个被加多项式中的每个加项写在一列内，同一个多

---

① 这里，所求的数为 x，则 $\sqrt{x} = \frac{1}{3}$，得 $x = \left(\frac{1}{3}\right)^2$。

② 在原文中写成，这就是 "al-jabr" 之意。

③ $x^2 - 2x = 15$，还原后得到 $x^2 = 15 + 2x$。

④ $x + 10 = 40$，得 $x = 30$。在原文中写成，这就是 "wa-l-mukabala" 之意。

⑤ 这里，所说的"平方项的数量"，是指平方项的系数。

⑥ $5x^2 + 10x = 30$，方程两端除以 5，得 $x^2 + 2x = 6$。

⑦ 在阿拉伯文原著中，用"式子"或"类"等名称来称呼多项式，本人根据情况把"式子"或"类"译成"多项式"。

⑧ 阿尔·卡西把多项式的项分成两类，其中一类称为"添加的项"或"加的项"，另一类称为"减去的项"或"减的项"。其中的"加的项"相当于现代的称呼"正项"，而"减的项"相当于现代的称呼"负项"。

项式中的每个减项写在另一列内；然后把第二个被加多项式的每个项写在与第一个被加多项式的同类项的对齐位置，即加项与加项对齐，减项与减项对齐；然后把第一个被加多项式中的各个加项与第二个被加多项式中的同次加项相加，同时把第一个被加多项式中的各个减项与第二个被加多项式中的同次减项相加，这样相同的项相加，不相同的项与连词"与"来连接。相加的两个多项式写成上下两行并在它们之间画出双横线，并使第一个被加多项式的每一项与第二个被加多项式的同类项对齐，如果其中的一个［加多项式或被加多项式中］没有与它对齐的同次项，则把它单独书写并在与它对齐的空位上应写个零。最后，把第一个被加多项式与第二个被加多项式中位于对齐位置上的同次项合并，剩下的就是我们所求的余多项式。

例子：我们把五倍的平方加上数字一百减去十倍的物减去立方后得到的结果，加上立方加上三倍的平方加上六倍的物减去部分平方[①]减去数字五，加法如下：

	加的项				减的项			
第一个被加多项式	0	五倍的平方	0	数字一百	0	0	十倍的物	立方
第二个被加多项式	立方	三倍的平方	六倍的物	0	部分平方	数字五	0	0
对齐项之和	立方	八倍的平方	六倍的物	数字一百	部分平方	数字五	十倍的物	立方
总和	0	八倍的平方	0	数字九十五	部分平方	0	四倍的物	0

它们的总和：八倍的平方加上九十五减去部分平方减去四倍的物[②]。

第三部　论（多项式）减法

所在的如果减多项式与被减多项式都不含减项，则把减多项式的各个项直接写在加所在的项列之内，把被减多项式的项写在减多项式项的对应项的上面或下面，最好把被减多项式的每一项写在减多项式的同次项的下面，然后去考察被减多项式与减多项式是否含有同次项。如果它们含有数量相等的同次项，则在它们的下面画一条横线，并把它们相互对消；如果它们的数量不相等，则从大数量中减去等于小数量的部分并把余项写在大数量的下面，中间画一条分隔线，然后从被减多项式位于其他列格内的项中减去减多项式位于对齐列的项。

---

① 阿尔·卡西把 $\frac{1}{x^2}$ 称为部分平方。类似地，把 $\frac{1}{x}$ 和 $\frac{1}{x^3}$ 分别称为部分物和部分立方。

② $(5x^2 + 100 - 10x - x^3) + \left(x^3 + 3x^2 + 6x - \frac{1}{x^2} - 5\right) = 8x^2 + 95 - \frac{1}{x^2} - 4x$。

例子：如果我们从立方加上六倍的平方加上数字一百加上部分物中减去五倍的平方加上六倍的物加上数字二十，其算法如下：

减多项式	0	五倍的平方	六倍的物	数字二十	[0]①
被减多项式	立方	六倍的平方	[0]	数字一百	部分物
		平方		数字八十	

得到：立方加上平方加上数字八十加上部分物减去六倍的物②。

如果只有被减多项式含有减项，则把被减多项式的这些减项写在位于加项列右边③的减项列之内，使其减项与加项位于同一行之内，然后用类似于上面的方法把减多项式的每一项写在被减多项式的对应项的上面或下面，然后把被减多项式的减项与减多项式的余项相加，并从被减多项式的其他加项中减去得到的和。

例子：我们从二倍的立方加上三倍的物加上数字二加上部分平方减去平方后得到的结果中，减去平方加上二倍的物加上数字五，列表如下。

减多项式	0	平方	二倍的物	数字五	0	0
				数字三		
被减多项式	二倍的立方	0	三倍的物	数字二	部分平方	减平方
			物			

这时一倍的平方与三倍的物留在减多项式的行内，而在二倍的立方、物、部分平方与减平方留在被减多项式的行内。

留在减多项式行的项与被减多项式行的减项相加，即被减多项式行的减平方相加，得到二倍的平方与数字三之和，这些就是减项，而其他项都是位于被减多项式行的加项，最后得到的结果为：二倍的立方加上一倍的物加上部分平方减去二倍的平方减去数字三，这就是我们所求的结果④。

如果减多项式与被减多项式都含有减项，则把减多项式的减项与被减多项式的加项相加，即把减多项式的减项"还原"⑤或相同的项加到被减多项式，把减多项式的所有减项"还原"之后，类似于上述方法，从得到的被减多项式的加项中减去减多项式的加项。

---

① 这个 0 在阿拉伯文原著中被漏掉，本人补上（见：第 286 页图）。
② $\left(x^3 + 6x^2 + 100 + \dfrac{1}{x}\right) - (5x^2 + 6x + 20) = x^3 + x^2 + 80 + \dfrac{1}{x} - 6x$。
③ 为了适应现代的习惯，把原著中"左边"译成了"右边"。
④ $\left(2x^3 + 3x + 2 + \dfrac{1}{x^2} - x^2\right) - (x^2 + 2x + 5) = 2x^3 + x + \dfrac{1}{x^2} - 2x^2 - 3$。
⑤ 原著中使用"al-jabr"一词。

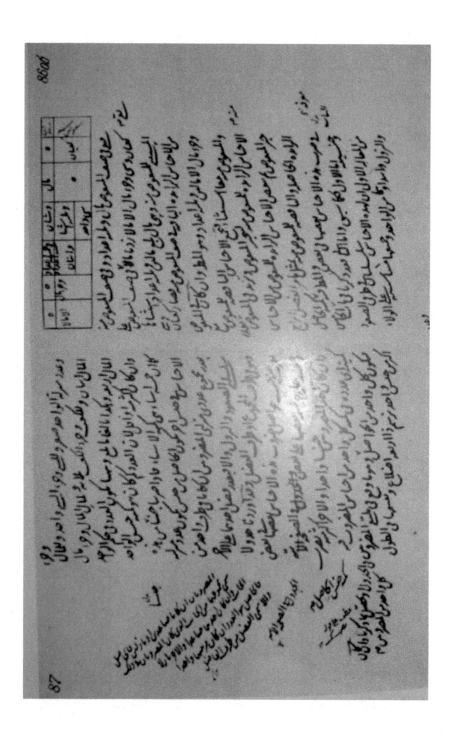

第四部　论（多项式）乘法

　　这里首先让我们明白两个概念，即乘积项的数量①与乘积的次方。其中，乘积项的数量我们可用以前的方法得到。对于第二个问题，就像我们在第一卷的第五章所述，这些多项式是从单位数"一"起向左右两个方向延伸的链锁式，即向递增方向延伸的链锁式和向递减方向延伸的链锁式，但它们的项之间都有比例关系，其中，单位数"一"相当于指数为零的幂②，物与部分物的指数为一，平方与部分平方的指数为二，立方与部分立方的指数为三，平方–平方与部分平方–平方的指数为四等③。数量的大小与指数无关，因为任意数量本身也是一种单独的量，就像当我们说"五倍的物"时，五也表示一种量。如果我们把属于同一个方向链锁式的两个项相乘，则乘积项也属于同一个方向的链锁式，其指数等于这两个项的指数之和④。如果我们把属于不同方向链锁式的两个项相乘，则这两个项的指数相减，这时相乘后得到的项属于指数较大的项所属的链锁式⑤。为了确定两项相乘后得到结果的所属关系，我们已编制下表，由该表也可以确定两项相除后得到结果的所属关系，该表如下。

　　如果要乘的两个多项式中有一个是单项式，而另一个是多于一项的多项式，则把单项式的数量分别乘以多项式的每一项的数量⑥，得到的每一个乘积是乘积多项式的对应项的数量，而乘积多项式的每个项位于表中相乘的两个项所在的行与列相交处的单元之内。

---

　① 乘积项的数量：是指乘积项的系数。
　② $a^0 = 1$ $(a \neq 0)$。
　③ 递增方向的链锁式$\overbrace{\cdots + a_4 x^4 + a_3 x^3 + a_2 x^2 + a_1 x + a_0}$ 递减方向的链锁式$\overbrace{+ \frac{a_{-1}}{x} + \frac{a_{-2}}{x^2} + \frac{a_{-3}}{x^3} + \frac{a_{-4}}{x^4} + \cdots}$
　④ $x^a \cdot x^b = x^{a+b}$，这里 a 与 b 的符号相同。
　⑤ $x^a \cdot \frac{1}{x^b} = x^{a-b}$，若 $a > b$，则 x^{a-b} 属于递增方向的链锁式，若 $a < b$，则 x^{a-b} 属于递减方向的链锁式。这里我们注意到，阿尔·卡西用巧妙的方法绕开了负指数概念。
　⑥ 阿尔·卡西把每一项的系数称之为"每一项的数量"。

	被乘项											
	平方立方部分	平方平方部分	立方部分	平方部分	物的部分	单位	物	平方	立方	平方平方	平方立方	
被除项	平方立方	单位	物	平方	立方	平方平方	平方立方	平方平方立方	平方立方立方	平方平方立方立方	平方立方立方	平方立方	乘项
	平方平方	部分物	单位	物	平方	立方	平方平方	平方立方	平方平方立方	平方立方立方	平方平方立方立方	平方平方	
	立方	部分平方	部分物	单位	物	平方	立方	平方平方	平方立方	平方平方立方	平方立方立方	立方	
	平方	部分立方	部分平方	部分物	单位	物	平方	立方	平方平方	平方立方	平方平方立方	平方	
	物	部分平方平方	部分立方	部分平方	部分物	单位	物	平方	立方	平方平方	平方立方	物	
	单位	部分平方立方	部分平方平方	部分立方	部分平方	部分物	单位	物	平方	立方	平方平方	单位	
	部分物	部分立方立方	部分平方立方	部分平方平方	部分立方	部分平方	部分物	单位	物	平方	立方	部分物	
	部分平方	部分平方立方立方	部分立方立方	部分平方立方	部分平方平方	部分立方	部分平方	部分物	单位	物	平方	部分平方	
	部分立方	部分平方平方立方立方	部分平方立方立方	部分立方立方	部分平方立方	部分平方平方	部分立方	部分平方	部分物	单位	物	部分立方	
	部分平方平方	部分平方立方立方立方	部分平方平方立方立方	部分平方立方立方	部分立方立方	部分平方立方	部分平方平方	部分立方	部分平方	部分物	单位	部分平方平方	
	部分平方立方	部分平方平方立方立方立方	部分平方立方立方立方	部分平方平方立方立方	部分平方立方立方	部分立方立方	部分平方立方	部分平方平方	部分立方	部分平方	部分物	部分平方立方	
		平方立方	平方平方	立方	平方	物	单位	部分物	部分平方	部分立方	部分平方平方	部分平方立方	
	除项											

第五卷 论用还原与对消法、双假设法来求未知数和其他算术法则

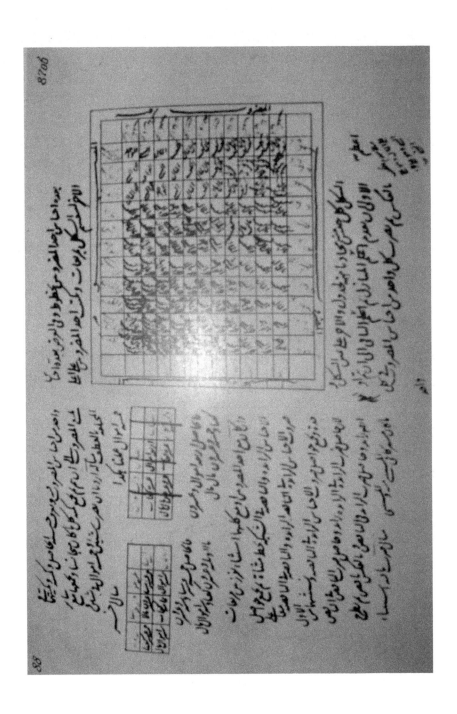

如果要乘的两个多项式都是含有多于一项的多项式，则首先画一个矩形，然后把矩形的长度分成与一个已知多项式的项数相等的部分，同理把矩形的宽度也分成与另一个已知多项式的项数相等的部分，这样得到由一些小格子构成的表，其中一个多项式写在表的上方，使其每一项对齐一列格。同样的方法，把另一个多项式写在表的右边①，然后分别把相乘的两个多项式的最高次项写在第一个位置［上方与右边］，再把其余项中的最高次项写在第二个位置，一直到所有的项写完为止，或者也可以写成相反的顺序，然后把乘多项式的每一项与被乘多项式的每一项相乘。其中，把乘多项式每一项的数量按数的乘法来确定，依此类推。然后求出所有同次项的和，而所有不同次的项与连词"与"来连接。

例子：我们把两倍的物与五倍的平方之和与两倍的物与五倍的平方之和相乘，其写法如下：

	两倍的物	五倍的平方
两倍的物	四倍的平方	十倍的立方
五倍的平方	十倍的立方	二十五倍的平方–平方

得到：四倍的平方、二十倍的立方、二十五倍的平方–平方②。

另一例：

	数字三	四倍的物	三倍的平方
五倍的物	十五倍的物	二十倍的平方	十五倍的立方
二倍的平方	六倍的平方	八倍的立方	六倍的平方–平方

得到：十五倍的物、二十六倍的物、二十三倍的立方、六倍的平方–平方③。

如果相乘的两个多项中有一个或两个都含有减项，则把对应表中位于减项的格子与加项的格子用双竖线来分割，然后把加项与加项相乘时得到的乘积相加，同样把减项与减项相乘时得到的乘积也相加，因为加项与加项的乘积，减项与减项的乘积仍是加项，但加项与减项（或减项与加项）的乘积是减项，所以从得到的和中

---

① 原著中写成"左边"，我把它译成右边。
② $(2x + 5x^2) \times (2x + 5x^2) = 4x^2 + 20x^3 + 25x^4$。
③ $(3 + 4x + 3x^2) \times (5x + 2x^2) = 15x + 26x^2 + 23x^3 + 6x^4$。

阿尔·卡西的算法如下：首先，分别把乘多项式的每一项与被乘多项式的每一项相乘，得到乘积多项式的各个项写在相乘的两个项所在行与列的相交处的单元格内，这时乘积项的系数等于相乘的两项系数的乘积，而乘积项本身等于在下面的表中位于乘的项与被乘的项所在的行与列相交处单元格的项（见：第290页表）。

减去加项与减项相乘时得到乘积的和，最后对消加项与减项中的共同部分①。

含有减项多项式相乘的例子：

②	数字五	二倍的物	立方	减平方	与部分物
二倍的平方	十倍的平方	四倍的立方	二倍的平方-立方	二倍的平方-平方	二倍的物
与立方	五倍的立方	二倍的平方-平方	立方-立方	平方-立方	平方
负的数字四	数字二十	八倍的物	四倍的立方	四倍的平方	四倍的部分物
与物	五倍的物	二倍的平方	平方-平方	立方	单位数一

其中加项的和为：立方-立方、二倍的平方-立方、二倍的平方-平方、十倍的立方、十四倍的平方、单位数一、与四倍的部分物，而减项的和为：平方-立方、三倍的平方-平方、四倍的立方、三倍的平方、十五倍的物、数字二十，这些都是相加的减项，对消加项与减项中的共同部分之后得到的结果为：立方-立方、平方-立方、六倍的立方、十一倍的平方、四倍的部分物、减平方-平方、十五倍的物、数字十九。

---

① 阿尔·卡西在第 290 页中给出的表相当于下表：

						被乘项						
		$1/x^5$	$1/x^4$	$1/x^3$	$1/x^2$	$1/x$	1	x	x^2	x^3	x^4	x^5	
	x^5	1	x	x^2	x^3	x^4	x^5	x^6	x^7	x^8	x^9	x^{10}	x^5
	x^4	$1/x$	1	x	x^2	x^3	x^4	x^5	x^6	x^7	x^8	x^9	x^4
	x^3	$1/x^2$	$1/x$	1	x	x^2	x^3	x^4	x^5	x^6	x^7	x^8	x^3
	x^2	$1/x^3$	$1/x^2$	$1/x$	1	x	x^2	x^3	x^4	x^5	x^6	x^7	x^2
	x	$1/x^4$	$1/x^3$	$1/x^2$	$1/x$	1	x	x^2	x^3	x^4	x^5	x^6	x
被除项	1	$1/x^5$	$1/x^4$	$1/x^3$	$1/x^2$	$1/x$	1	x	x^2	x^3	x^4	x^5	1	乘项
	$1/x$	$1/x^6$	$1/x^5$	$1/x^4$	$1/x^3$	$1/x^2$	$1/x$	1	x	x^2	x^3	x^4	$1/x$
	$1/x^2$	$1/x^7$	$1/x^6$	$1/x^5$	$1/x^4$	$1/x^3$	$1/x^2$	$1/x$	1	x	x^2	x^3	$1/x^2$
	$1/x^3$	$1/x^8$	$1/x^7$	$1/x^6$	$1/x^5$	$1/x^4$	$1/x^3$	$1/x^2$	$1/x$	1	x	x^2	$1/x^3$
	$1/x^4$	$1/x^9$	$1/x^8$	$1/x^7$	$1/x^6$	$1/x^5$	$1/x^4$	$1/x^3$	$1/x^2$	$1/x$	1	x	$1/x^4$
	$1/x^5$	$1/x^{10}$	$1/x^9$	$1/x^8$	$1/x^7$	$1/x^6$	$1/x^5$	$1/x^4$	$1/x^3$	$1/x^2$	$1/x$	1	$1/x^5$
		x^5	x^4	x^3	x^2	x	1	$1/x$	$1/x^2$	$1/x^3$	$1/x^4$	$1/x^5$	
							除项						

② $\left(x^3 + 2x + 5 - x^2 - \dfrac{1}{x}\right) \times (x^3 + 2x^2 + -x - 4) = x^6 + x^5 + 6x^3 + 11x^2 + \dfrac{4}{x} - x^4 - 15x - 19$。

掌握这种乘法的有些学者，把含有两项相除形式项的多项式的乘法也归属了这一种情况。例如，一个物除以另一个物，这类似于一个项乘以同次项的部分项，又如，把一百除以五后得到的商再除以六十，这相当于先把一百除以五，得到的二十乘以把一除以六十后得到的商，因为在这一种情况中没有任何不清楚的地方，所以我们在这里已删去有关这一方面的内容。

第五部　论（多项式）除法

如果我们想把一个单项式除以另一个单项式，则把被除单项式的数量除以除单项式的数量，得到的商就是商单项式的数量。如果它们都属于同一方向的链锁式，则商单项式的指数等于被除单项式的指数与除单项式的指数之差；如果这两个单项式都属于递增方向的链锁式，则当被除单项式的指数大于除单项式的指数时，商单项式属于递增方向的链锁式，否则商单项式属于递减方向的链锁式。如果这两个单项式分别属于不同方向的链锁式，则商单项式的指数等于被除单项式的指数与除单项式的指数之和，这时商单项式属于被除单项式所在方向的链锁式，商单项式位于被除单项式所在行与除单项式所在列相交的单元内，把商单项式可在上面的表中按照我们所叙述的方法去找。

另一种方法如下：在被除单项式所在的列中去找被除单项式，在上行中去找除单项式，这时我们要找的商单项式位于除单项式所对称位置上的单项式所在列与被除单项式所在行相交的单元内[①]。

例子：把三倍的物除以六倍的立方，得到的商为半倍的部分平方[②]。

另一例：把十倍的立方除以二倍的平方，得到五倍的物[③]。

如果我们想把含有多于一项的多项式除以只有一项的单项式，则把被除多项式的每一项分别除以这个单项式，得到商的每一项与连词"与"来连接。如果被除多项式含有减项，则首先把这些减项除以这个除单项式，然后从加项除以这个除单项式后得到的商中减去这些减项除以这个除单项式后得到的商。

我们想从一个多项式中分解出一个单项式或一个多项式，即一个多项式分解成两个多项式的乘积或几个多项式的乘积，如果我们能够求出这样一个多项式，

---

① 这里所说的运算为 $x^a \div x^b = x^{a-b}$，首先在列格中确定 x^a，然后在上行中确定 x^b，这时与 x^b 对称位置上的单项式为 $\frac{1}{x^b}$，所以所求的商位于 x^a 所在行与 $\frac{1}{x^b}$ 所在列的相交之处。

② $\frac{3x}{6x^3} = \frac{1}{2} \times \frac{1}{x^2}$。

③ $\frac{10x^3}{2x^2} = 5x$。

使该多项式与除多项式的乘积等于被除多项式，则这就是我们所求的结果，在这种情况下我们就能够做到多项式的分解，否则这无法做到[①]。

第六部 论（多项式）开方与其他幂底数的确定

如果我们想求出一个单项式的平方根，首先要看这个单项式的指数是否为偶数，即要看它的指数是否等于平方、平方-平方、立方-立方、平方-立方-立方等，则先求出该单项式数量的平方根，再把单项式本身的指数除以二[②]。

例子：九倍平方的平方根等于三倍的物，四倍的平方-立方-立方的平方根等于二倍的平方-平方[③]。

如果一个单项式的指数不为偶数，则该单项式没有平方根，虽然你也可以说它的平方根，但这不意味着它有平方根。同时，由两个单项式之和构成的二项式或四个单项式之和构成的四项式也没有平方根，对于三个项之和构成的三项式来说，当它的项从高次项到低次项的顺序来排列时，如果它的高次项与低次项作为单项式与常数的意义下有平方根，而中间的项等于高次项的平方根与二倍的低次项的平方根的乘积，则这些三个项之和构成的三项式才有平方根[④]。这类似于由二十五倍的平方-平方、二十倍的立方、四倍的平方构成的三项式有平方根，该三项式的平方根等于五倍的平方与二倍的物之和，这很容易用表来进行计算和验证[⑤]。

	二倍的物	五倍的平方
二倍的物	四倍的平方	十倍的立方
五倍的平方	十倍的立方	二十五倍的平方-平方

得到的结果为：二十五倍的平方-平方、二十倍的立方、四倍的平方。

对于五项式来说，如果它的高次项与低次项作为单项式与常数的意义下存在平方根，而这两个平方根乘积的二倍是中次项的一个成分，低次项平方根的二倍与从中次项中减掉两个平方根乘积的二倍［指上面所述的成分］后剩下余项的

---

① 阿尔·卡西在这里谈到了有关多项式的因式分解问题，他所说的"否则这无法做到"，很可能指有些多项式在实数范围内不能因式分解。

② $\sqrt{a\ x^{2n}} = \sqrt{a} \times x^{\frac{2n}{2}} = \sqrt{a} \times x^n$。

③ $\sqrt{9x^2} = 3x$，$\sqrt{4x^8} = 2x^4$。

④ 阿尔·卡西由 $(ax+b)^2 = a^2x^2 + 2abx + b^2$，得出 $\sqrt{a^2x^2 + 2abx + b^2} = ax + b$。

⑤ $\sqrt{25x^4 + 20x^3 + 4x^2} = 5x^2 + 2x$。这里，阿尔·卡西把多项式的平方展开成按照指数递增或递减的形式，作为依据。

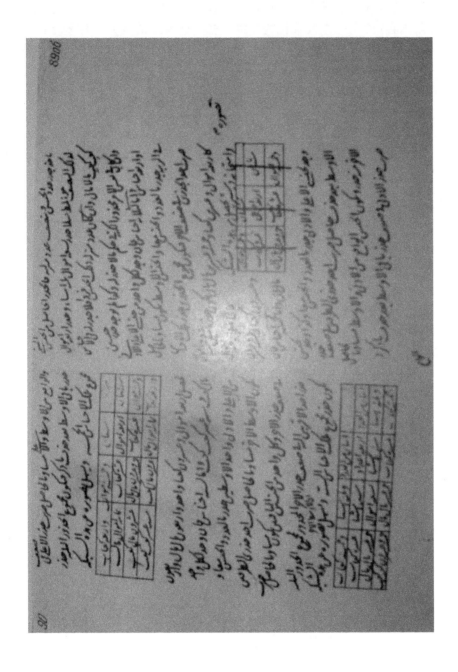

平方根相乘，得到的乘积等于中次项与低次项之间的项，高次项平方根的二倍与从中次项中减掉两个平方根乘积的二倍[指上面所述的成分]后剩下的余项相乘，得到的乘积等于高次项与中次项之间的项，则由这些五个项之和构成的五项式的平方根等于由高次项的平方根、从中次项中减掉两个平方根乘积的二倍后剩下余项的平方根、低次项的平方根之和构成的三项式①，为了便于理解，我们用如下的表来进行计算。

	二倍的物	五倍的平方	四倍的立方
二倍的物	四倍的平方	十倍的立方	八倍的平方-平方
五倍的平方	十倍的立方	二十五倍的平方-平方	二十倍的平方-立方
四倍的立方	八倍的平方-平方	二十倍的平方-立方	十六倍的立方-立方

得到的积等于：十六倍的立方-立方、四十倍的平方-立方、四十一倍的平方-平方、二十倍的立方、四倍的平方②。

对于六项式来说，如果它的各个项之间具有如下的关系，高次项、低次项与一个中次项作为单项式与常数的意义下存在平方根，另一个中次项等于高次项的平方根与低次项平方根的二倍的乘积，其余的每一个项等于其邻近两个项平方根乘积的二倍，则由这些六个项构成多项式的平方根等于由高次项、低次项与中次项的平方根之和构成的三项式。为了便于理解，我们用如下的表来进行计算③。

---

① 阿尔·卡西由 $(ax^2 + bx + c)^2 = a^2x^4 + 2abx^3 + (2ac + b^2)x^2 + 2bcx + c^2$，得出
$$\sqrt{a^2x^4 + 2abx^3 + (2ac + b^2)x^2 + 2bcx + c^2} = ax^2 + bx + c$$
式中，高次项与低次项分别为 a^2x^4 与 c^2，它们的平方根为 ax^2 与 c，中次项为 $(2ac + b^2)x^2 = 2acx^2 + b^2x^2$，其中的 $2acx^2$ 是中次项的成分，从中次项中减掉两个平方根乘积的二倍[指上面所述的成分]后剩下余项的平方根是指 $\sqrt{(2ac + b^2)x^2 - 2acx^2} = bx$，中次项与低次项之间的项为 $2bcx$，高次项与中次项之间的项为 $2abx^3$。另外，由高次项的平方根、从中次项中减掉两个平方根乘积的二倍后剩下余项的平方根、低次项的平方根之和构成的三项式为 $ax^2 + bx + c$。

② $(4x^3 + 5x^2 + 2x)^2 = 16x^6 + 40x^5 + 41x^4 + 20x^3 + 4x^2$，所以
$$\sqrt{16x^6 + 40x^5 + 41x^4 + 20x^3 + 4x^2} = 4x^3 + 5x^2 + 2x$$

③ 阿尔·卡西由 $(ax^3 + bx + c)^2 = a^2x^6 + 2abx^4 + 2acx^3 + b^2x^2 + 2bcx + c^2$，得出
$$\sqrt{a^2x^6 + 2abx^4 + 2acx^3 + b^2x^2 + 2bcx + c^2} = ax^3 + bx + c$$
式中，高次项与低次项分别为 a^2x^6 与 c^2，它们的平方根为 ax^3 与 c，存在平方根的中次项为 b^2x^2，另一个中次项为 $2acx^3$，其余两项 $2abx^4$ 与 $2bcx$ 就是等于邻近两项平方根乘积的二倍，由高次项、低次项与中次项的平方根之和构成的三项式项为 $ax^3 + bx + c$。

	数字二	三倍的物	五倍的立方
数字二	数字四	六倍的物	十倍的立方
三倍的物	六倍的物	九倍的平方	十五倍的平方-平方
五倍的立方	十倍的立方	十五倍的平方-平方	二十五倍的立方-立方

得到的积等于：二十五倍的立方-立方、三十倍的平方-平方、二十倍的立方、九倍的平方、十二倍的物、数字四①。

对于七项式的情况，可直接从下表中看出。

		二倍的物	五倍的平方	四倍的立方	三倍的平方-平方
	二倍的物	四倍的平方	十倍的立方	八倍的平方-平方	六倍的平方-立方
	五倍的平方	十倍的立方	二十五倍的平方-平方	二十倍的平方-立方	十五倍的平方-立方
	四倍的立方	八倍的平方-平方	二十倍的平方-立方	十六倍的立方-立方	十二倍的平方-平方-立方
	三倍的平方-平方	六倍的平方-立方	十五倍的平方-立方	十二倍的平方-平方-立方	九倍的平方-立方-立方
乘积②	4倍的平方	20倍的立方	41倍的平方-平方	52倍的平方-立方	46立方-立方	24平方-立方	九倍的平方-立方-立方
	它的平方根等于二倍的物③		它的一个成分的平方根等于五倍的平方④		它的一个成分的平方根等于四倍的立方⑤		它的平方根等于三倍的平方-平方⑥

---

① $(5x^3 + 3x + 2)^2 = 25x^6 + 30x^4 + 20x^3 + 9x^2 + 12x + 4$，所以 $\sqrt{25x^6 + 30x^4 + 20x^3 + 9x^2 + 12x + 4} = 5x^3 + 3x + 2$。

② 这里，因 $(3x^4 + 4x^3 + 5x^2 + 2x)^2 = 9x^8 + 24x^7 + 46x^6 + 52x^5 + 41x^4 + 20x^3 + 4x^2$，所以 $\sqrt{9x^8 + 24x^7 + 46x^6 + 52x^5 + 41x^4 + 20x^3 + 4x^2} = 3x^4 + 4x^3 + 5x^2 + 2x$。

③ $\sqrt{4x^2} = 2x$。

④ 因 $41x^4 = 25x^4 + 16x^4$，所以阿尔·卡西称 $25x^2$ 为 $41x^4$ 的一个成分的平方根。

⑤ 同样，因 $46x^6 = 30x^6 + 16x^6$，所以 $4x^3$ 是 $46x^6$ 的一个成分的平方根。

⑥ $\sqrt{9x^8} = 3x^4$。

对于八项式的情况，可直接从下表中看出①。

		数字二	五倍的平方	三倍的立方	四倍的平方-平方
数字二		数字四	十倍的平方	六倍的立方	八倍的平方-平方
五倍的平方		十倍的平方	二十五倍的平方-平方	十五倍的平方-立方	二十倍的立方-立方
三倍的立方		六倍的立方	十五倍的平方-立方	九倍的平方-立方	十二倍的平方-平方-立方
四倍的平方-平方		八倍的平方-平方	二十倍的立方-立方	十二倍的平方-平方-立方	十六倍的平方-平方-立方
乘积	数字四	二十倍的平方	十二倍的立方	四十一倍的平方-平方	三十倍的平方-立方	四十九倍的立方-立方	二十四倍的平方-平方-立方	十六倍的平方-立方-立方
乘积	它的平方根等于数字二②			它的一个成分的平方根等于五倍的平方③		它的一个成分的平方根等于三倍的立方④		它的一个成分的平方根等于四倍的平方-平方⑤

不满足上述条件的多项式就不能开方，对于求任意幂的底数而言，如果这个幂是一个单项式并且幂的指数能被某个数整除，而这个数恰好等于根的指数，则这个幂的底数等于以这个幂的指数除以根的指数后得到的商为指数的幂。

例子：我们想求立方-立方-立方-立方的平方-平方根，这个幂的指数为十二，而根的指数为平方-平方，即根的指数为四分之一，十二的四分之一等于三，这样立方-立方-立方-立方的平方-平方根就等于立方⑥。

---

① 这里，因 $(4x^4 + 3x^3 + 5x^2 + 2)^2 = 16x^8 + 24x^7 + 49x^6 + 30x^5 + 41x^4 + 12x^3 + 20x^2 + 4$，所以 $\sqrt{16x^8 + 24x^7 + 49x^6 + 30x^5 + 41x^4 + 12x^3 + 20x^2 + 4} = 4x^4 + 3x^3 + 5x^2 + 2$

② $\sqrt{4} = 2$。

③ 因 $41x^4 = 25x^4 + 16x^4$，所以 $25x^2$ 为 $41x^4$ 的一个成分的平方根。

④ 因 $49x^6 = 9x^6 + 40x^6$，所以 $3x^3$ 是 $49x^6$ 的一个成分的平方根。

⑤ $\sqrt{16x^8} = 4x^4$。

⑥ $\sqrt[4]{x^{12}} = (x^{12})^{\frac{1}{4}} = x^3$。

如果一个幂的指数不能被某个数整除，则不能求出这个幂以该数为根指数的底数。

对于含有多于一项的多项式的开任意次方问题，因这种问题的需求并不多，所以没有必要在这里专门讨论，有关这一问题最好另写一本专著。

第七部　论代数方程的种类

如果运算过程中出现了方程，则可能其中的一个项等于一个项或一个项等于多个项或多个项等于多个项，因为项的类是多种多样，所以方程的数量也是无穷多个，方程的类也是多种多样，每一个项本身所反映的问题也是多种多样。例如，一个项可能等于另一个项，等于另两个项，等于三个项，或等于四个项，甚至一直到无穷多个，又两个项、三个项、四个项或无穷多个项可能等于两个、三个、四个或无穷多个项。

前辈们从没给出过，除了含有数字、物和平方之外还有其他量的方程解法，它们只给出了六种方程的解法。这六种方程如下：三个量中的一个等于另一个，这属于较简单的情况，这一情况含有：第一，数等于物；第二，物等于平方；第三，数等于平方等三种情况。比较复杂的情况是其中的一个量等于其余的两个量之和，这里也有三种情况，第一，数等于物与平方之和；第二，物等于数与平方之和；第三，平方等于数与物之和①。

如果方程除了上面所提到的三种量之外不含其他的量，也就是只含有上面所提到的六种情况中出现的量，即如果方程只要有连续的两个或三个量之间的一种关系，则可通过移项或对消运算，使它们变成上面所述的六种方程之一。

如果方程是由连续的四个量之间的关系，如数、物、平方、立方等四个量之间的关系组成，也就是它们当中的一个量等于另一个量，一个量等于另两个量之和，一个量等于另三个量之和，或其中的两个量之和等于另两个量之和等，则这些方程共有二十五种，从中去掉我们在上面所述的六种方程后，还有十九种方程②。

---

① 六种方程：阿尔·花拉子米在《代数学》一书中提出的六种方程，分别为：第一，$bx = c$（物等于数）。第二，$ax^2 = bx$（平方等于物）。第三，$ax^2 = c$（平方等于数）。阿尔·卡西称这三种方程为简单方程。第四，$ax^2 + bx = c$（平方与物之和等于数）。第五，$ax^2 + c = bx$（平方与数之和等于物）。第六，$ax^2 = bx + c$（平方等于物与数之和）。阿尔·卡西称这三种方程为复杂方程。

② 这19种方程分别为：$ax^3 = d$，$ax^3 = cx$，$ax^3 = bx^2$，$ax^3 = cx + d$，$ax^3 = bx^2 + d$，$ax^3 = bx^2 + cx$，$ax^3 + d = cx$，$ax^3 + d = bx^2$，$ax^3 + cx = d$，$ax^3 + cx = bx^2$，$ax^3 + bx^2 = d$，$ax^3 + bx^2 = cx$，$ax^3 + bx^2 = cx + d$，$ax^3 + cx + d = bx^2$，$ax^3 + bx^2 + d = cx$，$ax^3 + bx^2 + cx = d$，$ax^3 + d = cx + bx^2$，$ax^3 + cx = bx^2 + d$，$ax^3 + bx^2 = cx + d$。

《奇特的注释》① 一书的评论家写道：伊马木–沙里法丁–阿尔·马苏德②已研究除了已经解决的六种方程之外的十九种方程，并给出了能够求出未知数的一些情况的证明。

如果方程是由五种量之间的关系所构成的等式，即方程含有从"数字"一直到平方—平方的五种量，则这种方程共有九十五种，从中减去我们在上面提到的二十五种方程，那么还有七十种方程③。遗憾的是，我们的前辈们从没求出过这些方程所含的未知数的值，我们已研究了含有五个量的这七十种方程的解法，并给出了个别情况的解法，对于这些情况无论是前辈们还是同时代的其他学者们都没有解决④。

据说伊马木–沙里法丁–阿尔·马苏德已经给出十九种方程的解法，但本人还不知他给出的方法对所有十九种方程是否能用。不过我们在这里也给出了多种类型的方程解法，这些方程的一端只含有一个项，而另一端含有一个项、两个项或者三个项的情况，如果位于方程另一端的项数按其次方增多，则需要我们做大

---

① 《闪闪辉煌的算术基础》（al-Fawaid al-Bihaniyinya wa-al Kawavid al-Hisabiyya）一书是 12～13 世纪数学家伊马达迪–哈瓦米–阿尔·巴格达撰写的作品，该作品被认为伊马木–沙里法丁–阿尔·马苏德（Imam-Sharfiddin-al-Masudy）作品的注释，阿尔·卡西称该书为《奇特的注释》，该书的阿拉伯文手稿现藏于柏林国家图书馆，收藏号为 We1129 号（见：第 237 页注②）。

② 伊马木–沙里法丁–阿尔·马苏德（Imam-Sharfiddin-al-Masudy），12 世纪生活在霍拉桑（今在伊朗境内）的著名数学家，是纳西尔丁·图斯的导师之一。他曾继承了海亚姆的方法，研究过有关 19 种三次方程的分类以它们的几何解法，给出了个别三次方程的有解、无解和多解情况的几何证明，但值得强调的是阿尔·卡西以及他的前辈们只讨论了方程的正根，所以它们所谓的"有解"或"有根"是指该方程存在正根。

③ 阿尔·卡西所说的四次方程的种数与实际种数之间有一定的差别，因为四次方程共有 65 种，而不是 75 种，看来阿尔·卡西把四次方程的分类以及四次方程解法的研究还没有进行到底。另外，他给出的四次方程的解法实际上与奥马·海亚姆给出的方法完全一致，也就是利用圆锥曲线的交点来确定方程正根的方法。有关个别四次方程的几何解法的例子。（Mieli A. La science arabe et son role dans l'evolution scientifique mondiale. Leiden：Brill，1939：107.）

④ 65 种四次方程如下：$ex^4 = a$，$ex^4 = bx$，$ex^4 = cx^2$，$ex^4 = dx^3$，$ex^4 = bx + a$，$ex^4 = cx^2 + a$，$ex^4 = dx^3 + a$，$ex^4 = cx^2 + bx$，$ex^4 = dx^3 + bx$，$ex^4 = dx^3 + cx^2$，$ex^4 + a = bx$，$ex^4 + a = cx^2$，$ex^4 + a = dx^3$，$ex^4 + bx = a$，$ex^4 + bx = cx^2$，$ex^4 + bx = dx^3$，$ex^4 + cx^2 = a$，$ex^4 + cx^2 = bx$，$ex^4 + cx^2 = dx^3$，$ex^4 + dx^3 = a$，$ex^4 + dx^3 = bx$，$ex^4 + dx^3 = cx^2$，$ex^4 = cx^2 + bx + a$，$ex^4 = dx^3 + bx + a$，$ex^4 = dx^3 + cx^2 + a$，$ex^4 + dx^3 = cx^2 + bx$，$ex^4 + cx^2 + bx = a$，$ex^4 + dx^3 + a = bx$，$ex^4 + dx^3 + a = cx^2$，$ex^4 + dx^3 + bx + a = cx^2$，$ex^4 + bx + a = dx^3$，$ex^4 + cx^2 + a = dx^3 + bx$，$ex^4 + dx^3 + bx = a$，$ex^4 + dx^3 + bx = cx^2$，$ex^4 + dx^3 + cx^2 = a$，$ex^4 + dx^3 + cx^2 = bx$，$ex^4 + a = cx^2 + bx$，$ex^4 + a = dx^3 + bx$，$ex^4 + a = dx^3 + cx^2$，$ex^4 + bx = cx^2 + a$，$ex^4 + bx = dx^3 + a$，$ex^4 + bx = dx^3 + cx^2$，$ex^4 + cx^2 = bx + a$，$ex^4 + cx^2 = dx^3 + a$，$ex^4 + cx^2 = dx^3 + bx$，$ex^4 + dx^3 = bx + a$，$ex^4 + dx^3 = cx^2 + a$，$ex^4 + dx^3 + cx^2 + bx = a$，$ex^4 + dx^3 + bx + a = cx^2$，$ex^4 + dx^3 + cx^2 + a = bx$，$ex^4 + cx^2 + bx + a = dx^3$，$ex^4 + a = dx^3 + cx^2 + bx$，$ex^4 + bx = dx^3 + cx^2 + a$，$ex^4 + cx^2 = dx^3 + bx + a$，$ex^4 + dx^3 = cx^2 + bx + a$，$ex^4 + cx^2 + a = bx$，$ex^4 + dx^3 + a = cx^2 + bx$，$ex^4 + cx^2 + bx = dx^3 + a$，$ex^4 + dx^3 + bx = cx^2 + a$，$ex^4 + dx^3 + cx^2 = bx + a$，$ex^4 + cx^2 + a = dx^3 + bx$，$ex^4 + dx^3 + a = bx$，$ex^4 + dx^3 + cx^2 = bx + a$。

量的计算和分析，所以对这种方程的解法无法在我们这一本书里给出。如果真主允许，我们可能对这种情况撰写另一本专著，而这一本书里只叙述一些比较简单的情况。

第八部　论上面提到的六种方程的解法

第一种简单方程：物等于数，把数除以物的数量①，就得到未知数的值，即所谓的未知物的值。

例子：二倍的物等于数字十，把十除以二，得五，所以未知物等于五②。

第二种简单方程：平方等于物，我们先进行"还原与对消"运算，把物的数量除以平方的数量，得到与一个平方相等的未知物，从一个平方等于物中得到与一个物相等的数③。

例子：二十倍的物等于五倍的平方，把二十除以五，得四，这就是未知物的值④。

第三种简单方程：平方等于数，先进行"还原与对消"运算，把数除以平方的数量，就得到一个与未知物的平方相等的数，再取它们的根，就得到未知物的值，这就是含在平方成分中物的值⑤。

例子：五倍的平方等于数字二十，把二十除以平方的数量，即把二十除以五，得到的商为四，即一个与未知数的平方等于四，它的根等于二，这就是所要求的未知数的值⑥。

第一种复杂方程：平方与物之和等于数，进行"还原与对消"运算之后得到一个平方与物之和等于数，再取物的半数量的平方，得到的结果与数相加，再取得到和的平方根，从中减去物的半数量，剩下的就是未知数的值⑦。

例子：一个平方与四倍的物之和等于二十一，物的半数量的平方等于四，这个四与数字之和等于二十五，它的平方根等于五，从中减去物的半数量，即从五

---

① 物的数量：未知数的系数。这里，$ax = b$，所以 $x = \dfrac{b}{a}$。

② $2x = 10, x = 5$。

③ $ax^2 = bx, x^2 = \dfrac{b}{a}x$（一个平方等于物），$x = \dfrac{b}{a}$（一个物等于数）。

④ $5x^2 = 20x, x^2 = 4x, x = 4$。

⑤ $ax^2 = c, x^2 = \dfrac{c}{a}, x = \sqrt{\dfrac{c}{a}}$。

⑥ $5x^2 = 20, x^2 = 4, x = 2$。

⑦ $ax^2 + bx = c$，得到 $x^2 + \dfrac{b}{a}x = \dfrac{c}{a}, x = \sqrt{\dfrac{c}{a} + \left(\dfrac{b}{2a}\right)^2} - \dfrac{b}{2a}$。

减去二等于三，这就是所要求的未知数的值①。

为了容易理解和记忆上面所述的算法，我们编制了以下的表：

物的数量	物的半数量	它的平方	数字	物的半数量的平方与数字之和	它的根	从中减去物的半数量，就得到未知数的值
4	2	4	21	25	5	3

第二种复杂方程：平方与数之和等于物，进行"还原与对消"运算之后该方程变为一个平方与数之和等于物，取物的数量之半平方，从中减去数，取得到差的平方根，得到的结果与物的数量之半相加或从物的数量之半中减去它，得到的结果都是未知物的值。如果数字大于物的数量之半平方，则这个方程无解；如果数字等于物的数量之半平方，则未知物等于物的数量之半②。

例子：一个平方与二十一之和等于十倍的物，物的数量之平方等于二十五，从中减去数字，即从二十五中减去二十一，得四，四的平方根等于二，这个结果与物的半数量相加，得七，这就是未知数的值。另外，又从物的数量之半中减去得到的结果，得三，这也是未知数的值，我们可取其中的任一个作为未知数的值，因为未知数的这两个值都适合我们所要求的值③。以上所述的算法可用下面的表来表示：

物的数量	物的半数量	它的平方	数字	从物的半数量的平方中减去数字	它的根	根与物的半数量相加，就得到未知数的值	从物的半数量中减去得到的根，就得到余未知数的值
10	5	25	21	4	2	7	3

第三种复杂方程：平方等于物与数之和，进行"还原与对消"运算之后该方程变为一个平方等于物与数之和，现取物的数量之半平方，得到的结果与数相加，再取得到和的平方根，得到的根与物的数量之半相加，得到的就是所要求的未知数的值④。

---

① $x^2 + 4x = 21$, $x = \sqrt{21 + 2^2} - 2 = 3$。

② $ax^2 + c = bx$, $x^2 + \frac{c}{a} = \frac{b}{a}x$, $x = \frac{b}{2a} \pm \sqrt{\left(\frac{b}{2a}\right)^2 - \frac{c}{a}}$。如果 $\frac{c}{a} > \left(\frac{b}{2a}\right)^2$，则这个方程在实数范围之内无解；如果 $\frac{c}{a} = \left(\frac{b}{2a}\right)^2$，则 $x = \frac{b}{2a}$。

③ $x^2 + 21 = 10x$, $x = \frac{10}{2} \pm \sqrt{\left(\frac{10}{2}\right)^2 - 21} = 5 \pm 2 = \begin{cases} 7 \\ 3 \end{cases}$。

④ $ax^2 = bx + c$，得到 $x^2 = \frac{b}{a}x + \frac{c}{a}$, $x = \frac{b}{2a} + \sqrt{\left(\frac{b}{2a}\right)^2 + \frac{c}{a}}$，阿尔·卡西只求了正根。

例子：平方等于六倍的物与四十之和，先取物的半数量的平方，该平方为九，得到的九与数字四十相加，得四十九，它的根等于七，得到的七与物的半数量相加，得十，这就是所要求的未知数的值①。把这些数据写入表内：

物的数量	物的半数量	它的平方	数字	物的半数量与数字相加	和的根	根与物的半数量相加，就得到未知数的值
6	3	9	40	49	7	10

第九部　论把问题化成含有上述量的六种方程之一及未知数的特征

取指数最小项的数量，再取下一个项的数量作为物的数量，再取再下一个项的数量作为平方的数量，这样该方程就化成上述六种方程之一，所以该方程中的未知数可按上述方法来求出②。

如果平方-立方与八倍的平方-平方之和等于六倍的立方，用数字六来代替六倍的立方，用八倍的物来代替八倍的平方-平方，用平方来代替平方-立方，这样就得到平方与八倍的物之和等于六，这就是第一种复杂方程③。

第十部　论被我们发现的并且已承诺要介绍的问题

如果在进行运算过程中出现一个项等于另一个项的情况，并且它们〔当中未知数〕的指数不相等，则得到一种方程，这类方程有无穷多种，而且前辈们从没提到过这类方程的解法。用本人发明的方法可解出所有这类方程，该方法如下：首先，用高次项的数量来除以低次项的数量并记住得到的商，再取高次项的指数与低次项的指数之差，就得到以指数之差为指数的项与已记住的商之间的等式，再从这个方程中解出未知数的值④。

例子：四倍的立方-立方等于六十四倍的平方，用立方-立方项的数量除以平方项的数量，即把六十四除以四，得到的商为十六，再从立方-立方项的指数中减去平方项的指数，得到以平方-平方为指数的项，再从平方-平方等于数的

---

① $x^2 = 6x + 40$, $x = 3 + \sqrt{3^2 + 40} = 3 + 7 = 10$。

② 这里，把方程 $\pm ax^{n+2} \pm bx^{n+1} \pm cx^n = 0$ 化成方程 $\pm ax^2 \pm bx \pm c = 0$。

③ $x^5 + 8x^4 = 6x^3$，得到 $x^2 + 8x = 6$。

④ 若 $px^n = qx^m$，且 $n > m$，则 $x^{n-m} = \dfrac{q}{p}$，所以 $x = \sqrt[n-m]{\dfrac{q}{p}}$。

方程中求出未知数，这个未知数的值等于二①。

另一例：五倍的立方等于四十，把四十除以五，得八，立方项的指数与数字项的指数之差为三，得到的方程为立方等与八，而立方项的指数为三，所以它的底数应为二，这就是未知数的值②。

另一例：三倍的平方–平方等于二百四十三，把二百四十三除以平方–平方项的数量，即把二百四十三除以三，得到的商为八十一，所以立方项的底数应等于三，这就是所要求的未知数的值③。

上述三种简单方程④就是我们早已承诺过的在本卷中应要介绍的问题，如果至高无上的并且唯一的真主允许，被我们发现的其他类型方程的解法可能写入另一本书里，另外在本卷第四章中还将介绍用"还原与对消法"来求未知数的问题。

---

① $4x^6 = 64x^2$, $x^4 = 16$, $x = 2$。
② $5x^3 = 40$, $x^3 = 8$, $x = 2$。
③ $3x^4 = 243$, $x^4 = 81$, $x = 3$。
④ 阿尔·卡西在上面的三个例子中，把所述的方程说成三种方程，其实在后面两个例子中给出的方程属于同一类情况。

第二章　用双假设法来求出未知数的值

我们用这一方法也可以求出未知数的值①，具体算法如下：首先，用一个确定的数来代替未知数，如一的一半、一的二倍、一与一半之和或一与一半之差、一与一个确定数的乘积等。如果问题是未知数与未知数的乘积，或未知数与未知数的商，或未知数的平方根或立方根等运算有关，就不能用这一方法②。

当我们假定方程中的未知数等于某一个确定数时，这个数可根据问题的具体情况任意选定，如果把选定的数代入方程后得到的结果等于已给定的数，则选定的数就是我们所要求的答数，否则从得到的结果中减去给定的数，得到的差就是第一个假数（或第一次得到的错值）。再选定另一个数作为未知数的值，对于这个数也进行上述运算，如果得到的结果等于已给定的数，则选定的数就是我们所要求的答数，否则要从已给定的数中减去得到的结果，得到的差就是第二个假数（或第二次得到的错值）。通过两次假设后用如下的方法可得到正确的结果，如果两个选定数都是相同运算的结果，即两次选定数同时等于已给定的数与假数之

---

① 双假设法是古代中国人发明的一种方程解法，它就是《九章算术》第七章中所述的"盈不足术"，这一方法后来通过丝绸之路传到中亚地区，并以 al-Khataayn（契丹算法）的名称出现在中世纪的一些阿拉伯学者的文献稿中（当时的阿拉伯学者称中国为契丹，甚至这种称呼延用至今。例如，俄罗斯人和苏联其他加盟共和国的人至今称中国为Китай）。这种方法后来通过阿拉伯文手稿的传入欧洲也随之传播到了欧洲，并直到18世纪末作为主要教学内容（三率法）的形式写入大部分教科书里。13世纪的意大利数学家斐波那契《算经》一书中也有一章讲 "al-Khataayn"，后来意大利人根据具体算法把阿拉伯文献中的"al-Khataayn" 译成拉丁文 duarum falsarum posicionum regula（双假设法），而英国人把它译成英文是 rule of double false position。

如果我们设所求算术问题的答数 x 满足一个方程 $f(x) = 0$，则先假设一个答数为 x_1，此时对应的 $f(x_1)$ 为 y_1，再假设另一个答数为 x_2，此时对应的 $f(x_2)$ 为 $-y_2$，则可按盈不足求出

$$x = \frac{x_1 y_2 + x_2 y_1}{y_1 + y_2} = \frac{x_2 f(x_1) - x_1 f(x_2)}{f(x_1) - f(x_2)}$$

对线性函数这个解答是正确的，对非线性函数这个解答只是 x 的一个线性近似值，盈不足术实质上是一种线性插值法。

有趣的是，"盈不足术"还可用于求解含有多个未知数的较复杂不定线性方程问题，在《九章算术》中用"盈不足术"的方法来求解含有两个未知数的线性方程，13世纪以后在欧洲面世的一些算术文献中用"盈不足术"的方法来求解含有两个、三个甚至四个未知数的线性方程。（Бобынин В. В. Очерки истории развития физико- математических знаний в России. XVII столетие. Вып. I. Москва：Изд- во редакции журнала "Физико-математические науки в настоящем и прошедшем"，1886：98-104.）

② 在这里，阿尔·卡西强调双假设法只适合求解线性问题，这是完全正确。

和或同时等于已给定的数与假数之差，则第一次得到的假数与第二次选定的数相乘，第二次得到的假数与第一次选定的数相乘，得到的乘积之差除以两次得到的假数之差，得到的商就是我们所要求的未知数的值。如果两个选定数是不同运算的结果，即其中一个选定的数等于已给定的数与假数之和，而另一个选定的数等于已给定的数与假数之差，则得到的乘积之和除以假数之和，得到的商就是我们所要求的未知数的值①。

例子：我们想求这样一个数，使它与三相乘后得到的积与十相加，得到和的二倍与十相加，得到的和等于九十。假设该数为五，五与三相乘得十五，得到的积与十相加的二十五，二十五的二倍等于五十，五十与十相加等于六十，得到的六十小于九十，这样按第一次假设得到的数不足三十（第一个假数为三十）。再假设该数为七，对于七也进行上述运算，这样按第二次假设得到的数不足十八（第二个假数为十八），这个题属于相减的情况，把第一次假设的数与第二个假数相乘，即五与十八相乘得九十，然后把第二次假设的数与第一个假数相乘，即七与三十相乘得二百一十，由于两次得到的假数都属于相减的情况，因此取乘积

---

① 阿尔·卡西所述的双假设法适用于 $ax+b=c$ 形式的一次方程。其中，c 是已给定的数。其方法如下：首先，假设 $x=x_1$（x_1 为第一次选定的数）并把它代入方程，得 $ax_1+b=c_1$，其中 c_1 为得到的结果；再假设 $x=x_2$（x_2 为第二次选定的数）并把它代入方程，得 $ax_2+b=c_2$。其中，c_2 为得到的结果。另外，阿尔·卡西称 $c_1-c=d_1$ 为第一假数，称 $c-c_2=d_2$ 为第二假数。

阿尔·卡西分两种情况。第一种情况为：c_1，$c_2>c$ 或 c_1，$c_2<c$。第二种情况为：c 位于 c_1 与 c_2 之间。

在第一种情况下，若 $c_1, c_2 > c$，则 $\begin{cases} c_1 - c = d_1 \\ c - c_2 = d_2 \end{cases} \Rightarrow \begin{cases} c_1 = c + d_1 \\ c_2 = c + d_2 \end{cases}$；若 $c_1, c_2 < c$，则 $\begin{cases} c_1 - c = -d_1 \\ c - c_2 = d_2 \end{cases}$

$\Rightarrow \begin{cases} c_1 = c - d_1 \\ c_2 = c - d_2 \end{cases}$。

这种情况属于阿尔·卡西所述的：两个选定数都是相同运算的结果，即两次选定的数同时等于已给定的数与假数之和或同时等于已给定的数与假数之差，这时未知数的计算公式为

$$x = \frac{x_1 d_2 - x_2 d_1}{d_2 - d_1}$$

在第二种情况下，若 $c_1 < c < c_2$，则 $\begin{cases} c_1 - c = -d_1 \\ c - c_2 = -d_2 \end{cases} \Rightarrow \begin{cases} c_1 = c - d_1 \\ c_2 = c + d_2 \end{cases}$；若 $c_2 < c < c_1$，则 $\begin{cases} c_1 - c = -d_1 \\ c - c_2 = d_2 \end{cases}$

$\Rightarrow \begin{cases} c_1 = c + d_1 \\ c_2 = c - d_2 \end{cases}$。

这种情况属于阿尔·卡西所述的：两个选定数是不同运算的结果，即其中一个选定的数等于已给定的数与假数之和，而另一个选定的数等于已给定的数与假数之差，这时未知数的计算公式为：

$$x = \frac{x_1 d_2 + x_2 d_1}{d_2 + d_1}。$$

阿尔·卡西得到了未知数的两种表达式，这是因为他绕开了负数运算才导致。

之差,得到的差等于一百二十,把它除以两个假数之差,即把一百二十除以十二,得十,这就是我们所要求的未知数的值①。

---

① 这里所说的方程为:$2(3x+10)+10=90$,设 $x=5$ 并把它代入方程,得 $2(3\times5+10)+10=60$,第一个假数 $90-60=30$,再设 $x=7$ 并把它代入方程,得 $2(3\times7+10)+10=72$,第二个假数 $90-72=18$,由于 60, $72<90$,属于第一种情况,所以 $x=\dfrac{7\times30-5\times18}{30-18}=10$。

第三章 求未知数的过程中需要的
算术法则（共五十道法则）

法则一：如果我们想把一个数的平方根与另一个数的平方根相乘，或一个幂的平方根与另一个同次幂的平方根相乘，并且我们无法提前知道这些幂平方根的值，则首先把这些数或这些幂相乘，再取得到乘积的平方根，就得到所要求的结果①。

例子：如果我们想求出九的平方根与二十五的平方根的乘积，则先把九与二十五相乘，得二百二十五，再取二百二十五的平方根，得十五，这就是所要求的数②。用类似方法，把九立方的平方根与五立方-立方的平方根相乘，得十五的立方③。

另一例：我们想二的平方根与八的平方根相乘，二与八相乘得十六，它的平方根等于四，这就是我们所要求的数④。用类似方法，二平方-平方的平方根与八平方-平方的平方根相乘，先把被开方的两个数相乘，即二平方-平方与八平方-平方相乘，得十六的平方-平方，它的平方根等于四的平方-平方⑤。

在进行同次幂之间的乘法运算或者不同次幂之间的乘法运算时，其中的所有同次幂的底数相乘⑥。例如，某一数的立方次幂与另一数的立方次幂相乘或者同一式中的几个立方次幂相乘，或者某一式中的平方-平方次幂与另一式中的平方-平方次幂相乘或者同一式中的几个平方-平方次幂相乘时，可使用上述法则。

例子：我们想把三的立方根与九的立方根相乘，把三与九相乘得二十七，再取二十七的立方根，得三，这就是所要求的结果⑦。

如果我们把一个幂的底数与另一个同次幂的底数相乘，或一个幂的底数与另一个不同次幂的底数相乘。例如，我们想把立方根的底数与平方-平方根的底数

---

① $\sqrt{a} \times \sqrt{b} = \sqrt{a \times b}$，$\sqrt{a^n} \times \sqrt{b^n} = \sqrt{(a \times b)^n}$。

② $\sqrt{9} \times \sqrt{25} = \sqrt{225} = 15$。

③ 这个题的后半部分在阿拉伯文抄稿和俄文译稿中都被误写成："把九平方的平方根与二十五平方-平方的平方根相乘，得十五的立方。"因为 $\sqrt{9^2} \times \sqrt{25^4} = 5625 \neq 15^3$，所以本人把它改成：$\sqrt{9^3} \times \sqrt{5^6} = \sqrt{(9 \times 25)^3} = \sqrt{225^3} = 15^3$。

④ $\sqrt{2} \times \sqrt{8} = \sqrt{16} = 4$。

⑤ $\sqrt{2^4} \times \sqrt{8^4} = \sqrt{(2 \times 8)^4} = \sqrt{16^4} = 4^4$，这个题在原文中误写成："二立方的平方根与八平方-立方的平方等于四平方-平方。"显然，$\sqrt{2^3} \times \sqrt{8^5} \neq \sqrt{16^8} \neq 4^4$。

⑥ $\sqrt[n]{a} \times \sqrt[n]{b} = \sqrt[n]{a \times b}$。

⑦ $\sqrt[3]{3} \times \sqrt[3]{9} = \sqrt[3]{27} = 3$。

相乘，则取其中的一个幂或可同时取两个幂，把每一个幂的底数自乘，得到的乘积与底数相乘，得到的二次乘积与底数相乘等，一直进行到使这两个幂变成同次的幂为止，然后把这两个同次幂相乘，这时它的底数等于这两个同次幂的底数乘积，这就是所要求的数①。

例子：我们想把九的平方根与八的立方根相乘，先把九自乘得八十一，这时已知九的平方根就等于八十一的平方–平方根，再把八十一与九相乘得七百二十九，这时已知九的平方根就等于七百二十九的立方–立方根，然后把八的立方根的底数自乘，得六十四，这时已知数八的立方根就等于六十四的立方–立方根，这样这两个根就变成同次的根，即都变成立方–立方根，再把这两个根的底数相乘，即把七百二十九与六十四相乘，得四万六千六百五十六，这个数的立方–立方次方根就等于六，这就是所要求的数②。

如果我们想把九平方根的平方–平方的平方根与八平方根的立方根相乘，则把九的平方–平方自乘得八十一的平方–立方–立方，得到的乘积与九的平方–平方相乘得七百二十九的立方–立方–立方，所求的根是这个数的立方–立方根。这里的立方重复四次，然后把数字八自乘得六十四，这个六十四的立方–立方根就是所求八的立方根，再把九的平方–平方与八的立方相乘，即把七百二十九的重复四次的立方与立方相乘，得四万六千六百五十六的重复四次立方，再取它的立方–立方根，得六的平方，这就是所要求的数③。

对于除法运算也有相同的法则：即如果我们把某一个数的根或某一个幂的根除以另一个数的根或另一个幂的根，则先把被除根的底数除以除数根的底数，再取得到商的根④。

法则二：如果我们想按照法则求出一个未知项或几个未知项之和的平方根，而不用以前的方法，这时我们不妨设所求的根等于一个未知项，则其求法如下：

我们不妨设某一个项或几个项之和的平方等于所求根的平方，这样根的求法就变成由两个项或几个项所构成的方程解法。例如，数等于物，物等于平方，平方与立方之和等于部分平方与部分物之和，等等，这时首先用高次项的数量除以低次项的数量，然后求出其中一个物的分量。把它代入原式就得到所求未知根的值。这时用一个物分量的平方来代替平方，即用除法得到的商来代替平方，用一

---

① $\sqrt[n]{a} \times \sqrt[m]{b} = \sqrt[nm]{a^m} \times \sqrt[nm]{b^n} = \sqrt[nm]{a^m \times b^n}$

② $\sqrt{9} \times \sqrt[3]{8} = \sqrt[6]{9^3} \times \sqrt[6]{8^2} = \sqrt[6]{9^3 \times 8^2} = \sqrt[6]{729 \times 64} = \sqrt[6]{46656} = 6$。

③ $\sqrt{(\sqrt{9})^4} \times \sqrt[3]{8^2} = \sqrt[4]{(\sqrt{9})^8} \times \sqrt[6]{8^4} = \sqrt[6]{(\sqrt{9})^{12}} \times \sqrt[6]{8^4} = \sqrt[6]{9^6} \times \sqrt[6]{64^2} = \sqrt[6]{729^2 \times 64^2} = \sqrt[6]{(46656)^2} = 6^2$。

④ $\dfrac{\sqrt[n]{a}}{\sqrt[n]{b}} = \sqrt[n]{\dfrac{a}{b}}$，$\dfrac{\sqrt[n]{a^m}}{\sqrt[n]{b^m}} = \sqrt[n]{\left(\dfrac{a}{b}\right)^m}$。

个物分量的立方来代替立方，用一个物分量的平方-平方来代替平方-平方等，如此把一个物的分量分别按每一个未知项的次方数自乘，再求得到乘积之和的根，这就是所要求的结果①。

例子：我们想求出三倍的立方之平方根，不妨设三倍的物等于所求的根，即所求根的平方应等于九倍的平方，把低次项的数量除以高次项的数量，即用三除以九得三，得到的商就是一个物的值，它的平方等于九，它的立方等于二十七，三倍的立方等于八十一，它的平方根等于九，这就是三倍的立方之平方根②。

另一例：我们想求出六倍的物与六倍的平方之和的平方根，不妨设三倍的物等于所求的根，即九倍的平方等于所求根的平方。进行"还原与对消"运算之后，即方程中的公共项对消之后，得到的方程为：三倍的平方等于六倍的物，用三除以六得到的商为二，这就是一个物的分量，但我们要求的是六倍的物与六倍的平方之和之平方根，所以把二自乘六次得十二，再把二的平方自乘六次得二十四，它们的和等于三十六，而三十六的平方根为六，这就是六倍的物与六倍的平方之和的平方根③。

另一例：我们想求出数字十六与二十倍的物与三倍的平方之和的平方根，不妨设四与二倍的物之和等于所求的根，这样所求根的平方等于十六与十六倍的物与四倍的平方之和。去掉公共部分之后，即去掉数字十六、十六倍的物、三倍的平方之后，得到四倍的物与一个平方之间的方程，用一除以四得四，这就是一个物的分量，二十倍的物等于八十，三倍的平方等于四十八，它们与数字十六相加，得一百四十四，它的平方根等于十二，这样数字十六与二十倍的物与三倍的平方之和之平方根等于十二，这就是我们所要求的根。这里得到的十二只是物等于四时对应根的值，因为所求根对应项的取法不是唯一的，所以得到根的值也是无穷多种④。

例子：在上面所说的例子，即在求数字十六与二十倍的物与三倍的平方之和之平方根时，我们不妨设四与二倍的物之差的平方等于所求根的平方，即所求根的平方等于从四倍的平方与数字十六之和中减去十六倍的物。进行"还原与对消"运算之后，得到一个平方等于三十六倍的物，用平方的数量除以物的数量，因除数为一，所以得到的商等于三十六，这就是一个物的分量，这时二十倍的物

---

① 不妨设 $\sqrt{P(x)} = Q(x)$，得方程 $P(x) = Q^2(x)$，阿尔·卡西取特殊情况，即取 $ax^n = bx^{n+1}$，得 $x = \frac{a}{b}$，再把它代入 $\sqrt{P(x)}$ 并求出它的值。阿尔·卡西所说的以前的方法，就是本卷第一章第六部（见：第296~302页）所述的方法。

② 不妨设 $\sqrt{3x^3} = 3x$，$3x^3 = (3x)^2 = 9x^2$，$x = 3$，所以 $\sqrt{3x^3} = \sqrt{81} = 9$。

③ 不妨设 $\sqrt{6x + 6x^2} = 3x$，$6x + 6x^2 = 9x^2$，$3x^2 = 6x$，$x = 2$，所以 $\sqrt{6x + 6x^2} = \sqrt{6 \times 2 + 6 \times 4} = 6$。

④ $\sqrt{16 + 20x + 3x^2} = 4 + 2x$，$16 + 20x + 3x^2 = 16 + 16x + 4x^2$，$x^2 = 4x$，$x = 4$，$\sqrt{16 + 20x + 3x^2} = 12$。

等于七百二十,三倍的平方等于3888,这些数据与十六相加得4624,它的平方根等于六十八,这就是所求根的值,而物本身等于三十六①。

须知:用这种方法来开方根始终依赖于所假设的多项式的选择,即依赖于未知项的选择,但这种方法来求出根的值比直接计算相对容易而已。

法则三:如果我们想求出从一到某一个数的连续自然数之和,则把一与最后一个数相加,得到的和与最后一个数的一半相乘,或者得到和的一半与最后一个数相乘②。

例子:我们想求出从一到十的连续自然数之和,一与十相加得十一,得到的十一与十的一半相乘,得五十五③。

如果我们想加的连续自然数没有从一开始,而且从某一个数开始的连续自然数,则首位的最小数与末位的最大数相加,得到的和与项数的一半相乘④。

例子:我们想求出从三到十的连续自然数之和,三与十相加得十三,得到的十三与项数的一半相乘,即十三与四相乘,得五十二,这就是所要求的结果⑤。

法则四:如果我们想求出连续的奇数之和,即不含偶数的情况,则把最后一个奇数与一相加,得到和的一半与自乘,就得到所要求的和⑥。

例子:如果我们想求出从一到九的连续奇数之和,则一与九相加得十,它的一半的平方等于二十五,这就是所要求的和⑦。

法则五:如果我们想求出连续的偶数之和,则把最后一个数的一半与最后一个数下一个相邻数的一半相乘,就得到所要求的和⑧。

例子:如果我们想求出从二到十的连续偶数之和,五去乘六得三十,这就是所要求的数⑨。

---

① $\sqrt{16+20x+3x^2} = 4-2x$, $16+20x+3x^2 = 16-16x+4x^2$, $x^2=36x$, $x=36$, $\sqrt{16+20x+3x^2} = \sqrt{16+720+3888} = \sqrt{4624} = 68$。阿尔·卡西把数字3888与4624用东阿拉伯数字书写。

② $1+2+3+\cdots+n = \dfrac{n}{2} \times (n+1)$。

③ $1+2+3+\cdots+10 = \dfrac{10}{2} \times (10+1) = 55$。

④ (首项 + 末项) $\times \dfrac{项数}{2}$。

⑤ $(3+10) \times \dfrac{8}{2} = 52$。

⑥ $1+3+5+\cdots+2n-1 = \dfrac{2n-1+1}{2} \times \dfrac{2n-1+1}{2} = n^2$。

⑦ $1+3+5+7+9 = \dfrac{9+1}{2} \times \dfrac{9+1}{2} = 25$。

⑧ $2+4+6+\cdots+2n = \dfrac{2n}{2} \times \dfrac{2n+2}{2} = n(n+1)$。

⑨ $2+4+6+8+10 = 5 \times 6 = 30$。

法则六：如果我们想求出二倍的连续奇数之和，则把项数自乘并取得到乘积的二倍，这就是所要求的和①。

例子：如果我们想求出十个二倍的连续奇数之和，其中最小的数二，则十的平方等于一百，它的二倍就是所要求的和②。

如果有人问：当二倍的连续奇数序列不是从二起，而且从六起时，其和如何？，这时我们可以把二补上，然后按照上述法则求和，再从得到的和中减去二，即可得到所要求的和。

对二倍的连续偶数之和的情况，留到法则九才叙述。

法则七：如果我们想求出从一起或从任意数起按等数增加的数列之和，则从项数中减掉一，得到的差与等加数相乘，得到的乘积与最小的数相加，这里最小的数等于一或大于一，这无关紧要，得到的和就是这个数列的最后一个数，得到的最后一个数与最小数相加，得到的和与项数的一半相乘，得到的乘积就是这个数列之和。这也是被我们发现的法则之一③，它完全包含了法则三。

例子：我们想求出每一项比前一项大三个单位的六个数之和，它们分别为：一、四、七、十、十三、十六。从六减去一得五，得到的五与三相乘，得十五，得到的十五与一相加，即其中的最小数与十五相加，得十六，这就是第六个数字，这个数又与一相加，得十七，得到的十七与项数六的一半相乘，得五十一，得到的结果就是这些数的和④。

另一例：我们想求出从七起每一项比前一项大三个单位的四个数之和，它们分别为：七、十、十三、十六。从四减去一得三，得到的三与三相乘，即得到的三与

---

① $2 \times 1 + 2 \times 3 + 2 \times 5 + \cdots + 2 \times (2n-1) = 2 \times (1 + 3 + 5 + \cdots + 2n - 1) = 2 \times n^2$。

② $2 \times 1 + 2 \times 3 + \cdots + 2 \times 19 = 2 \times 10^2 = 200$。

③ 如果等差数列由 n 个项 a_1，a_2，$\cdots$，a_n 组成，其公差为 d，则其通项公式为 $a_n = a_1 + (n-1)d$，前 n 项之和为 $S_n = \frac{n}{2}(a_1 + a_n)$。但我们注意到，阿尔·卡西所述的等差数列的公差始终是正数，所以他把首项 a_1 称为最小的数，公差称为等加数。关于等差数列的上述公式是否是被阿尔·卡西发现的？这有疑问。因为古代埃及人就知道用 a_0，n，d 来表示 a_n 和一些等差数列的简化求和，古代巴比伦人在公元前 18 世纪就知道有些数列的求和问题，另外，古希腊的毕达哥拉斯学派约公元前 5 世纪就知道 $1 + 3 + 5 + \cdots + 2n - 1 = n^2$ 和 $2 + 4 + 6 + \cdots + 2n = n(n+1)$。古希腊和古印度人约公元前 3 世纪就已经掌握了一般等差数列的求和公式（Cantor M. Vorlesungen über Geschichte der Mathematik. Heidelberg：Leipzig Press，1907；Выгодский М. Я. Арифметика и Алгебра в древнем Мире. Москва-Ленинград：Издательство Огиз. Гос. изд-во технико-теорет. лит, 1941.）中国北宋数学家沈括（1031～1095 年）撰写的《梦溪笔谈》卷十八中的 "垛积术" 就是关于长方台形垛积的求和公式，后被中国数学家杨辉和朱世杰推广成高阶等差数列的求和公式，显然包含了一般等差数列的求和公式。（李文林. 数学史教程. 北京：高等教育出版社；海德堡：施普林格出版社，2000：97-101.）

④ $S_6 = \frac{6}{2}(a_1 + a_6) = 3 \times (1 + 16) = 51$。

等加数三相乘，得九，得到的九与七相加，即得到的九与最小数相加，得十六，这就是这些数中最大的数字，得到的最大数又与最小数相加，得二十三，得到的和与二相乘，即得到的和与项数四的一半相乘，得四十六，这就是所要求的和①。

法则八：我们想求出从一起连续增加的数列之和，如果它们的等加数为一，则该数列的项为一、二、三、等顺序增加，如果数列的等加数从一起连续加倍增加，则该数列的项为一、三、六、十、十五等，如果数列的等加数从二起连续加倍增加，则称该数列为正方形项数列，即一、四、九、十六等，如果它们的等加数从三起连续加倍增加，即一、五、十二、二十二、三十五等，用如下的方法可求出上述所有情况数列的前几项之和：从项数中减去一，得到的差与等加数相乘，得到的乘积与一相加，得到的结果与相同项数的自然顺序数列之和相乘，得到的结果就是所要求的和②。

---

① $S_4 = \frac{4}{2}(a_1 + a_4) = 2 \times (7 + 16) = 46$。

② 这就是高阶等差数列的求和公式，首先它们的各个项分别为
$$a_1 = 1, \ a_2 = a_1 + d + 1, \ a_3 = a_2 + 2d + 1, \ \cdots, \ a_n = a_{n-1} + (n-1)d + 1$$
这个数列的求和公式为
$$S = \frac{n(n+1)}{2} \times \left[1 + \frac{(n-1)d}{3} \right]$$
其中，自然数列之和为：$1 + 2 + 3 + \cdots + n = \frac{n(n+1)}{2}$。

阿尔·卡西所述的这些数列的名称来源于古希腊的多边形数，第 n 个 k 边形数相当于下面数列的前 n 项之和，$1 + [1 + (k-2)] + [1 + 2(k-2)] + \cdots + [1 + (n-1)(k-2)] = \frac{n}{2} \times [2 + (n-1)(k-2)]$。

公元前 5 世纪的毕达哥拉斯学派由公式 $1 + 2 + 3 + \cdots + n = \frac{n(n+1)}{2}$ 给出的数称为"三角形数"。

| 1 | 1+2 | 1+2+3 | 1+2+3+4 | | 1 | $1+3=2^2$ | $1+3+5=3^2$ | $1+3+5+7=4^2$ |

三角形数　　　　　　　　　　　正方形数

由序列 $1 + 3 + 5 + 7 + \cdots + (2n-1)$ 的和形成的数称为"正方形数"，还有五边形数、六边形数等，用同样的方式可以定义所有的多边形数，第 n 个 k 边形数也叫做第 n 个 k 边棱锥形数（下图）。

2 世纪的希腊数学家牌库玛赫在自己的《算术入门》一书中讨论了 k 边形数的性质，k 边形数列的求和公式最早出现在 1 世纪罗马学者的作品中。很显然，这些内容是从希腊学者的作品中学到的。（Cantor M. Vorlesungen über Geschichte der Mathematik. Heidelberg: Leipzig Press, 1907；Выгодский М. Я. Арифметика и Алгебра в древнем Мире. Москва-Ленинград：Издательство Огиз. Гос. изд-во технико-теорет. лит, 1941.）另外有关高阶等差数列的求和公式也出现在中世纪的中国和印度数学家的作品中。

例子：我们把（具有从三起连续加倍增加的等加数的）十个数相加，该数列的第一个数为一，另外从十中减去一得九，得到的九与三相乘，即九与连续加倍增加的等加数相乘，得二十七，它的三分之一等于九，得到的九与一相加，得十，得到的十与五十五相乘，即得到的十与一到十的自然顺序的十个数之和相乘，得五百五十，这就是我们所要求的结果①。

法则九：我们想求出从一起或从某一个数起连续进行二倍运算后得到的一列数之和，这种数列的求和公式也是被我们发现的法则之一。方法如下：如果该数列中的最后一个数是已知的，则从二倍的最后一个数中减去一，得到的差就是这些数的和②。如果最后一个数是未知的，则要看看乘二运算的次数是否等于以某一个数为指数，以二为底数的幂，如果是这样，则得到最后一个数的方法如下：因为我们提前知道这个项的指数是一个以二为底数的幂，所以首先要看看这个幂的指数能够分解成几个以一为指数的幂，即要看看进行几次除二运算才得到一。为了确定这个幂的指数，把二进行连续自乘直到得到这个幂的指数为止，即把二自乘，得到的乘积与二相乘，得到的第二次乘积与二相乘等直到得到这个幂的指数为止，即直到得到这个数列的最后一个数为止。得到了最后一个数以后，把它与二相乘，再从得到的乘积中减去一，就得到这些数的和，如果我们把一与上面得到的结果相加，则把得到的结果进行若干次除二运算后变成一，这样又可以用上面的方法得到增加一个项后得到数列的和。

例子：我们想求出从一开始进行连续八次二倍运算后得到数列的和，因已知数八进行三次除二运算后才变成一，所以八等于二的立方，即二的指数为三，这说明需要从二起进行三次平方运算，第一次的平方等于四，第二次的平方等于十六，第三次的平方等于二百五十六，这就是最后一个数，它的二倍等于512，从中减去一，得511，这就是我们所要求的数，如果我们从511中减去一，得510，这就是连续二倍运算后［不含第一项］得到的八个数之和③。

另一例：如果我们把棋盘上的第一个格子上放一，第二个格子上放二，第三个格子放四等，如此地二倍运算一直进行到棋盘上的所有格子放满为止，则共得到六十三个二倍运算的数字。为了得到最后一个数的二倍，使二倍运算进行六十

---

① $1+5+12+22+35+51+70+92+117+145 = \frac{10 \times 11}{2} \times \left(1 + \frac{9 \times 3}{3}\right) = 550$。

② 这里，阿尔·卡西所说的是一个等比数列：$1, 2, 2^2, 2^3, \cdots, 2^{n-1}$，或 $a, 2a, 2^2a, 2^3a, \cdots, 2^{n-1}a$，其和为 $S = 1 + 2 + 2^2 + 2^3 + \cdots + 2^{n-1} = 2 \times 2^{n-1} - 1 = 2^n - 1$，或 $S = a + 2a + 2^2a + 2^3a + \cdots + 2^{n-1}a = 2 \times 2^{n-1}a - a = a \times (2^n - 1)$。

③ $S = 1 + 2 + 2^2 + 2^3 + \cdots + 2^8 = 2 \times 2^8 - 1 = 511, S = 2 + 2^2 + 2^3 + \cdots + 2^8 = 511 - 1 = 510$。

四次，又因六十四是六个二的乘积，所以进行六次平方运算①。

第一次平方	第二次平方	第三次平方	第四次平方
4	16	256	65536
四	十六	二百五十六	六万五千五百三十六
这是第二次二倍运算的结果，即位于第三格的数，它是二的平方	这是第四次二倍运算的结果，即位于第五格的数，它是二的平方-平方	这是第八次二倍运算的结果，即位于第九格的数，它是二的平方-立方-立方	这是第十六次二倍运算的结果，即位于第十七格的数，它是二的平方-平方-立方-立方-立方-立方

第五次平方			第六次平方							
4	294	967	296	18	446	744	073	709	551	616
四千 千千	二百九 十四千千	九百六 十七千	二百九 十六	十八千 六次	四百四十 六千五次	七百四十 四千四次	七十三 千千千	七百零 九千千	五百五 十一千	六百一 十六
这是第三十二次二倍运算的结果，即位于第三十三格的数，它是二的平方-十倍的立方			这是第六十四次二倍运算的结果，即如果棋盘上除了所有的格子之外再加一个格子，则这个数据就是位于该格子上的数据，它是二的平方-平方-二十倍的立方。							

① 阿尔·卡西的这道题来源于下面的故事：古时候，在古代印度王国里有位聪明的大臣，他发明了国际象棋，献给了国王，国王从此迷上了国际象棋，国王为了对聪明的大臣表示感谢，便问那位大臣，作为对他忠心的奖赏，他需要得到什么赏赐。大臣开口说道：请您在棋盘上的第一个格子上放 1 粒麦子，第二个格子上放 2 粒，第三个格子上放 4 粒，第四个格子上放 8 粒，即每一个格子中放的麦粒都必须是前一个格子麦粒数目的两倍数，直到最后第 64 格放满为止，这样我就十分满足了，国王答应满足这位大臣的要求。然而等到麦子成熟时，国王才发现，按照与大臣的约定，全印度的麦子竟然连棋盘一半的格子数目都不过。这位大臣所要的麦粒数目实际上是天文数字。得出的最后数字是：

$$1 + 2 +^{2} + 2^{3} + \cdots + 2^{63} = 2^{64} - 1 = 18446744093709551615$$

最后用二除以第六次平方的结果，得
$$9\ 223\ 372\ 036\ 854\ 775\ 808$$
这就是棋盘上位于最后一格子内的数据。

如果某一个数无法直接用二的连续乘积来表示，则首先取它的能够用二的连续乘积来表示的最大部分，然后用同样的方法，把剩下的余数进行分解，一直进行到余数为零或为一为止，最后把已知数用这些数的和来表示。例如，已知数为十，把十分解成八与二之和，这两个部分中的每一个数能够用二的连续乘积来表示，若已知数为一百，则把一百可以分解成六十四、三十二与四之和，然后去考察其分解的每一部分为几个二的连续乘积，再把每一个部分分别写在表内，每一部分的连续乘积次数写在对应的列单元格之内，并称它们为该部分的重复次数。

如果分解的部分中含有数字一，则在对应的列单元格之内填上零①，再对二进行连续平方运算直到得到表上的最大数为止，最后的平方次数写在对应于最大数的列单元格之内，同时每一个部分的重复次数也写在对应的列单元之内。这时，每一个部分的平方次数位于该部分对应的列单元之内，并表示把二需要进行连续几次平方运算才得到该格子内的数，如果有没有平方运算的部分，则该部分的重复次数为零，然后位于每一个格子内的重复次数对应的数字相乘，最后一个乘积就等于最后一个数，再从二倍的最后一个数中减去一，这就是所要求的数。

例子： 我们想求出由一进行连续十一次乘二后得到数列的和，这里一共有十二个加数。首先，把十一分解成能够用二的连续乘积来表示的三个部分，这些部分为八、二、一，其中的八能够分解成三个二的乘积，二的重复次数为一，至于第三部分，即一不能分解成部分，所以我们不能说出重复几次。表中填入重复次数的共有三个单元格，分别为三、一、零，对于二进行连续三次平方运算，第三次平方运算的结果为二百五十六，对于二进行一次平方运算得四，把数字二本身写在表中第三格的对齐位置上，即对齐于零的格子上。

十一的部分	重复次数	二的平方次数	对应位置的平方数
八	连续三次乘二	对于二进行连续三次平方运算，得到最后的平方	256
二	一次	对于二进行一次平方运算	4
一	零	数二	2

---

① 这里，阿尔·卡西叙述了任何一个自然数可分解成若干个以二为底的幂之和。例如，100 = 4 + 32 + 64 = $2^2 + 2^5 + 2^6$。另外，当 $2^n = \overbrace{2 \times 2 \times \cdots \times 2}^{n}$ 时，称 n 为重复次数，显然重复次数为零的数等于1。

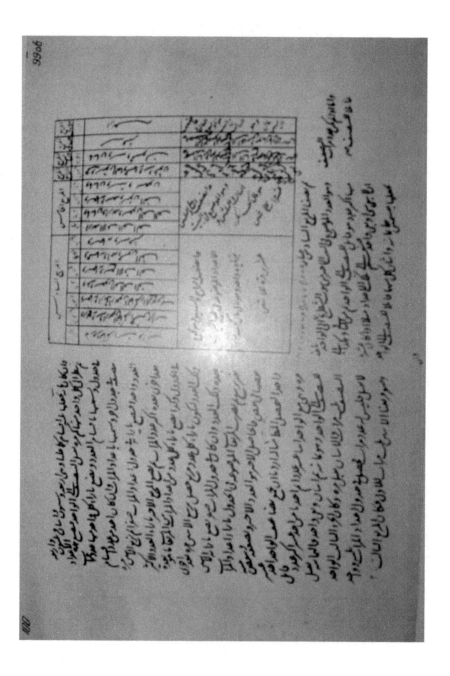

再把 256 与四相乘,得 1024,得到的 1024 与二相乘,得 2048,这就是最后一个数,把它与二相乘并从得到的乘积中减去一,得 4095,这就是所要求的数①。

如果我们想求出对某一数连续进行乘二运算后得到数列的和,类似于上面。首先,对于一连续进行相等次数的乘二运算。然后,把得到的最后一个数或得到的和与所需要的数相乘,即把得到的最后一个数或得到的和与要进行乘二运算的数相乘,就得到对应于这个数列的最后一个数或这些数的和②。

例子:我们想求出把五进行连续十一次乘二后得到数列的和,这时最后一个数与第一个数之比等于 2048,其算法类似于上面,得到的这个数与五相乘,得 10240,这个数就是对应于第一个数为五的最后一个数,所以当第一个数为五时,它们的和等于 20475,这就是所要求的数③。

法则十:已知从一起的自然顺序数列,如果我们想求出其中的一与二相乘、二与三相乘、三与四相乘等如此进行下去后得到的一列乘积之和,则其求法如下:首先求最后一个乘数与一之差的三分之二,得到的结果与自然顺序的数列之和相乘④。

例子:如果我们想求出从一到六之间相邻两数的乘积构成数列的和,则从六减去一后再取它的三分之二,得三又三分之一,得到的数与自然顺序的数列之和相乘,即三又三分之一与二十一相乘,得七十,这就是所要求的数⑤。

法则十一:已知从一起的自然顺序构成数列,如果我们想求出由一个数与其相邻的一个数相乘,得到的积与再下一个相邻数相乘得到乘积构成的一列数之和,则去掉原数列中的最后一个数后剩下的[自然]数列求和,从得到的和中减去一后得到的差与得到和相乘,就得到所要求的数⑥。

例子:如果我们想求出从一到六的数中,由一个数与其相邻的一个数相乘,得到的积与再下一个相邻数相乘得到乘积构成的一列数之和,则从一到五的五个

---

① $1 + 2 + 2^2 + \cdots + 2^{11} = 1 + 2 + 2^2 + \cdots + 2 \times 2^2 \times 2^8 = 2 \times 2 \times 2^2 \times 2^8 - 1 = 4095$。

② $S = a + 2a + 2^2 a + 2^3 a + \cdots + 2^{n-1} a = 2 \times 2^{n-1} a - a = a \times (2^n - 1)$。

③ $S = 5 + 5 \times 2 + 5 \times 2^2 + \cdots + 5 \times 2^{11} = 5(1 + 2 + 2^2 + \cdots + 2^{11}) = 5 \times 4095 = 20475$。

④ $1 \cdot 2 + 2 \cdot 3 + 3 \cdot 4 + \cdots + n \cdot (n+1) = \frac{2}{3} \times (n+1-1) \times \frac{(n+1)(n+2)}{2} = \frac{1}{3} n(n+1)(n+2)$。

这个级数求和与平方级数求和有着密切关系,因为 $1 \cdot 2 + 2 \cdot 3 + 3 \cdot 4 + \cdots + n \cdot (n+1) = 1^2 + 2^2 + \cdots + n^2 + 1 + 2 + \cdots + n$。

⑤ $1 \cdot 2 + 2 \cdot 3 + 3 \cdot 4 + 4 \cdot 5 + 5 \cdot 6 = \frac{2}{3} \times (6-1) \times \frac{(5+1)(5+2)}{2} = 70$。

⑥ $1 \cdot 2 \cdot 3 + 2 \cdot 3 \cdot 4 + 3 \cdot 4 \cdot 5 + \cdots + n \cdot (n+1)(n+2) = \frac{(n+1)(n+2)}{2} \times \left[\frac{(n+1)(n+2)}{2} - 1\right] = \frac{1}{4} n(n+1)(n+2)(n+3)$。

数之和为十五，得到的十五与十四相乘，得到二百一十，这就是所要求的数①。

法则十二：如果我们想求出从一起由每一个数的平方构成的一列数之和，则先求最后一个数的二倍与一之和的三分之一，再把得到的结果与自然顺序的数列之和相乘②。

例子：如果我们想求出从一到六之间的每一个数的平方构成的一列数之和，最后一个数的二倍与一之和等于十三，它的三分之一等于四又三分之一，得到的结果与自然顺序的数列之和相乘，即得到的结果与二十一相乘，得九十一，就得到所要求的数③。

法则十三：如果我们想求出从一起由每一个数的立方构成的一列数之和，则把这些自然顺序的一列数之和自乘，就得到所要求的数④。

例子：如果我们想求出从一到六的每一个数的立方构成的一列数之和，则这些自然顺序的一列数之和等于二十一，把得到的二十一自乘，就得到四百四十一，就得到所要求的结果⑤。

法则十四：如果我们想求出从一起由每一个数的平方-平方构成的一列数之和，则从这些自然顺序的一列数之和中减去一并求出得到差的五分之一，得到的

---

① $1·2·3+2·3·4+3·4·5+4·5·6 = (1+2+3+4+5)(1+2+3+4+5-1) = 15×14 = 210$。

② $1^2+2^2+3^2\cdots+n^2 = \dfrac{n(n+1)}{2} \times \dfrac{2n+1}{3} = \dfrac{1}{6}n(n+1)(2n+1)$。

平方数列的求和公式早已出现在古代巴比伦的泥版文书中。另外，古希腊数学家阿基米德在求曲边梯形的面积时，所采用的方法相当于计算积分 $\int_0^a x^2 dx$，而计算的具体过程相当于计算平方数列求和，自然数的平方构成数列的求和公式也出现在5世纪的阿里哈提（Ariahatti）和9世纪的麦加维拉（Magavera）的文献中（Cantor M. Vorlesungen über Geschichte der Mathematik. Heidelberg: Leipzig Press, 1907; Выгодский М. Я. Арифме-тика и Алгебра в древнем Мире. Москва-Ленинград: Издательство Огиз. Гос. изд-во техн ико-теорет. лит, 1941.），另外11世纪的中国北宋数学家沈括（1031~1095年）撰写的《梦溪笔谈》中也给出求和公式

$$S = ab+(a+1)(b+1)+\cdots+cd = \dfrac{n}{6}[(2b+d)a+(2d+b)c]+\dfrac{n}{6}(c-a)$$

已包含了平方数列的求和公式。（李文林. 数学史教程. 北京: 高等教育出版社; 海德堡: 施普林格出版社, 2000. 97-101.）

③ $1^2+2^2+3^2\cdots+6^2 = \dfrac{6(6+1)}{2} \times \dfrac{2\times6+1}{3} = 21 \times \dfrac{13}{3} = 91$。

④ $1^3+2^3+3^3\cdots+n^3 = \left[\dfrac{n(n+1)}{2}\right]^2 = \dfrac{1}{4}n^2(n+1)^2$。

公元1世纪的亚历山大数学家尼可马克斯（Nichomachus）在叙述形数的性质时指出，奇数级数的项可用适当的方式组合，使它满足下列等式：$1=1^3$，$3+5=2^3$，$7+9+11=3^3$，$13+15+17+19=4^3$，…。不过尼可马克斯的这一结论出现在罗马时期成书的有关测量土地的一部文献中，根据这些等式我们很容易得到立方数列的求和公式（Cantor M. Vorlesungen über Geschichte der Mathematik. Heidelberg: Leipzig Press, 1907: 432, 559.）

⑤ $1^3+2^3+3^3\cdots+6^3 = \left[\dfrac{6(6+1)}{2}\right]^2 = (21)^2 = 441$

结果与这些自然顺序的一列数之和相加,得到的和与这些数的平方构成的一列数之和相乘,就得到所要求的结果①。

例子:如果我们想求出从一到六的每一个数的平方-平方构成的一列数之和,则先求出这些自然顺序的一列数之和,得到的和等于二十一,从中减去一,得二十,它的五分之一等于四,得到的四与二十一相加,得二十五,得到的二十五与九十一相乘,即得到的二十五与由这些自然顺序的一列数的平方构成的一列数之和相乘,得两千二百七十五,就得到所要求的结果②。

法则十五:如果我们想求出以任意数为底的连续幂构成的任一列数之和,这也是被我们发现的法则之一。

第一种方法:底数与最后一个幂相乘,再从得到的乘积中减去底数,把得到的差除以底数与一之差,得到的结果正是我们所要求的数③。

第二种方法:从最后一个幂中减去一,得到的差与底数相乘,得到的乘积除以底数与一之差,得到的结果也是我们所要求的数④。

第三种方法:从最后一个幂中减去底数,得到的差除以底数与一之差,得到的商与最后一个幂相加,得到的结果也是我们所要求的数⑤。

第一种方法的例子:如果我们想求出从四起一直到四的平方-立方次方幂之

---

① $1^4 + 2^4 + 3^4 \cdots + n^4 = \left\{ \dfrac{1}{5} \left[\dfrac{n(n+1)}{2} - 1 \right] + \dfrac{n(n+1)}{2} \right\} \times \dfrac{n(n+1)(2n+1)}{6}$。

阿拉伯数学家伊本·阿尔-海塞姆(Ibn al-Haytham),在计算抛物线的弓形绕着垂直于对称轴的直线旋转一周所形成的旋转体的体积时,才得到了有关由自然数的三次方与四次方构成数列的求和公式,它的计算过程相当于用定义来计算积分 $\int_0^a x^4 \mathrm{d}x$。(Suter H. Die Abhandlung über die Ausmessung des Paraboloides von Ibn al-Haitham. Bibliotheca Mathematica Leipzig: 3. Folge, 1912: 289-332.)因计算平面图形面积和空间立体体积的需要,17世纪以后有些数学家才开始研究由自然数的高次方构成级数的求和问题,如费马、帕斯卡、卡瓦列里和沃里斯等。当然,这些问题相当于用定义来计算积分 $\int_0^a x^n \mathrm{d}x$。(Meyer, Raphael. Geschichte Der Mathematik Im XVI Und XVII Jahrhundert. Deutschland: Kessinger Publishing, 1903.)

② $1^4 + 2^4 + 3^4 \cdots + 6^4 = \left\{ \dfrac{1}{5} \left[\dfrac{6 \times (6+1)}{2} - 1 \right] + \dfrac{6 \times (6+1)}{2} \right\} \times \dfrac{6 \times (6+1)(2 \times 6+1)}{6} = (4+21) \times 91 = 2275$。

③ $x + x^2 + x^3 + \cdots + x^n = \dfrac{x^{n+1} - x}{x - 1}$。

④ $x + x^2 + x^3 + \cdots + x^n = \dfrac{(x^n - 1)x}{x - 1}$。

⑤ $x + x^2 + x^3 + \cdots + x^n = \dfrac{x^n - x}{x - 1} + x^n$。

古代埃及人和古代巴比伦人就早已掌握了一些特殊的等比级数的求和公式。另外,欧几里得在自己的《几何原本》一书中也给出了一般等比级数的求和公式(欧几里得.几何原本.兰纪正,朱恩宽译.西安:陕西科学技术出版社,2003:307.),古代希腊人在公元前3世纪就熟悉等比级数的求和公式,该公式也出现在9世纪印度学者麦加维拉(Magavera)的文献中。

和，则先把第一个数，即底数四与最后一个以平方-立方为指数的幂相乘，即四与 1024 相乘，得 4096，从中减去四，得 4092，把它除以三，即把它除以底数与一之差，得到的商等于 1364，这就是我们所要求的数①。

第二种方法的例子：从最后一个幂中减去一，即从 1024 中减去一，得 1023，得到的差与底数相乘，即 1023 与四相乘，得 4092，把它除以三，得商为 1364，这就是我们所要求的数。

第三种方法的例子：从最后一个幂中减去底数四，即从 1024 中减去四，得一千零二十，把它除以三，即把它除以底数与一之差，得到的商等于三百四十，把它与最后一个幂相加，即三百四十与一千零二十四相加，得 1364，这就是我们所要求的数。

如果底数是一个分数，则从最后一个幂的分母中减去它的分子，得到的差与底数的分子相乘，把得到的结果除以底数的分母与分子之差，如果得到的商大于最后一个幂的分母，则把得到的商除以最后一个幂的分母，否则得到的商与最后一个幂的分母写成分数的形式②。

例子：如果我们想求出从四分之三起一直到四分之三的平方-平方幂之和，四分之三的平方-平方次方等于 $\frac{81}{256}$，从分母中减去分子，得 175，把它与底数的分子相乘，即把它与三相乘，得 525，把它除以最后一个幂的分母，得 $2\frac{13}{256}$，这就是我们所要求的数③。

另一例：如果我们想求出从七分之三起一直到七分之三的立方的连续幂之和，七分之三的立方等于 $\frac{27}{343}$，从分母中减去分子，得 316，把它与底数的分子

---

① $4 + 4^2 + 4^3 + 4^4 + 4^5 = \frac{4^{5+1} - 4}{4 - 1} = 1364$。

② 则 $S = x + x^2 + x^3 + \cdots + x^n = \frac{x - x^{n+1}}{1 - x}$。令 $x = \frac{p}{q}$，则

$$S = \frac{\frac{p}{q} - \left(\frac{p}{q}\right)^{n+1}}{1 - \frac{p}{q}} = \frac{\frac{pq^n - p^{n+1}}{q^{n+1}}}{\frac{q - p}{q}} = \frac{(q^n - p^n)p}{q - p} \div q^n$$

③ $\frac{3}{4} + \left(\frac{3}{4}\right)^2 + \left(\frac{3}{4}\right)^3 + \left(\frac{3}{4}\right)^4 = \frac{(4^4 - 3^4) \times 3}{4 - 3} \div 4^4 = 2\frac{13}{256}$。

相乘，即把它与三相乘，得948，把它除以底数的分母与分子之差，即把它除以四，得到的商为237$\frac{0}{343}$，这个237$\frac{0}{343}$与最后一个幂的分母之比等于237$\frac{0}{343}$，这就是我们所要求的数。

底数无论是整数或分数都可通用的法则如下：首先取一与底数之差，再取一与最后一个幂之差，第二个差与底数相乘，把得到的乘积除以第一个差或者把第二个差除以第一个差，得到的商与底数相乘，结果就是我们所要求的数。

例子：我们想求出从七分之三起一直到七分之三的立方的连续幂之和，第一个差等于七分之四，第二个差等于316$\frac{0}{343}$，底数与第二个差相乘，即七分之三与第二个差相乘，得 948$\frac{0}{343}$，把它除以第一个差，即把它除以七分之四，得到的商为237$\frac{0}{2401}$。或者用第二种方法，把第二个差除以第一个差，得到的商为30$\frac{1}{49}$，把它与底数相乘，即把它与七分之三相乘，得237$\frac{0}{343}$，这就是我们所要求的数。

法则十六：如果我们想求出一个数的以较大数为指数的幂，则可直接求出这个幂，而不需要知道底数的连续次幂，这也是被我们发现的法则之一。因为该幂的指数是已知的，如果该幂的指数能够用二的连续乘积来表示，则我们就知道乘积的重复次数，这时我们把所求幂的底数按照二的重复次数次平方，最后得到的结果就是所要求的数。

例子：如果我们想求出五的平方-立方-立方次幂，则它的指数为八，而八可用二的连续三次乘积来表示，这样把五进行三次平方运算，第一次平方得二十五，第二次平方得625，第三次平方得390625，这就是五的平方-立方-立方幂[①]。

如果已知幂的指数不能用二的连续乘积来表示，则我们现取其中的能用二的连续乘积来表示的最大部分，再对余数也进行同样的分解，这样的分解一直进行到余数等于零或等于一为止。分解后的每一个数不但能用二的连续乘积来表示，

---

① $5^8 = 5^{2\times 2\times 2} = [(5^2)^2]^2 = (25^2)^2 = (625)^2 = 390625$。

而且它们的和等于这个幂的指数，其中的某一个部分为一，其余部分能用二的连续乘积来表示，得到的每一个部分按照法则九的方法写在表内，即求出每一个部分的重复次数并把它们也写在表内，当然一的重复次数为零。然后，对幂的底数直到等于最大部分的重复次数的平方进行运算，再把最后的平方值和平方次数分别写在对应的格内，底数本身写在对齐于零的格内，最后把表内得到的幂相乘，得到的最后乘积就是我们所要求的结果①。

例子：如果我们想求出三的平方-立方-立方-立方-立方次幂，已知幂的指数为十四，把它可分解成八、四、二，这些数写入表，进行如下的运算：

		二的重复次数		
十四的部分	八		三次乘二②	对底数进行三次平方运算	6561
	四		二次	对底数进行两次平方运算	81
	二		一次	对底数进行一次平方运算	9

再把6561与81相乘，得531441，把它与九相乘，得4782969，这就是三的平方-立方-立方-立方-立方次幂③。

我们在法则九中详细地叙述了底数为二时的算法原理，为了掌握更换底数时的运算法则，这里就给出了这一法则的一般情况。

法则十七：如果四个数成比例，即第一个数对第二个数之比等于第三个数对第四个数之比，则第一个数与第四个数的乘积等于第二个数与第三个数的乘积④。

若两个量之比等于另两个量之比，则称前两个量之比等于后两个量之比。

法则十八：前两个量中的较大量对第三个量之比大于［前两个量中］较小的量对第三个量之比⑤，或者第三个量对较小量之比大于第三个量对较大量之比⑥。

法则十九：如果第一个量对第二个量之比等于第三个量对第四个量之比以及第五个量对第二个量之比等于第三个量对第六个量之比，则第一个量对第六个量

---

① 若 $m = 2^{m_1} + 2^{m_2} + \cdots + 2^{m_k} + 1$，则 $a^m = a^{2^{m_1}} \cdot a^{2^{m_2}} \cdot \cdots \cdot a^{2^{m_k}} \cdot a$。

② 三次乘二，是指从1起，$1 \times 2 = 2, 2 \times 2 = 4, 2 \times 4 = 8$。

③ $3^{14} = 3^{8+4+2} = (3^{2^3}) \times (3^{2^2}) \times 3^2 = [(3^2)^2]^2 \times (3^2)^2 \times 3^2 = 4782969$。

④ $a_1 : a_2 = a_3 : a_4 \Leftrightarrow a_1 \times a_4 = a_2 \times a_3$。

⑤ 若 $a_1 : a_2 = a_3 : a_4$，且 $a_1 > a_2$，则有 $a_1 : a_3 > a_2 : a_3$。

⑥ 若 $a_1 : a_2 = a_3 : a_4$，且 $a_1 > a_2$，则有 $a_3 : a_2 > a_3 : a_1$。

之比等于第五个量对第四个量之比①。

法则二十：如果第一个量对第二个量之比等于第三个量对第四个量之比以及第一个量对第五个量之比等于第六个量对第四个量之比，则第二个量对第六个量之比等于第五个量对第三个量之比②。

法则二十一：如果第一个量对第二个量之比等于第三个量对第四个量之比以及第五个量对第二个量之比等于第六个量对第四个量之比，则第一个量与第五个量之和对第二个量之比等于第三个量与第六个量之和对第四个量之比③。

法则二十二：如果第一个量对第二个量之比等于第三个量对第四个量之比以及第一个量对第五个量之比等于第三个量对第六个量之比，则第一个量对第二个量与第五个量之和的比等于第三个量对第四个量与第六个量之和的比④。

法则二十三：如果四个量成比例，即第一个量对第二个量之比等于第三个量对第四个量之比，则这些比例倒过来也成比例，即第二个量对第一个量之比等于第四个量对第三个量之比，或第四个量对第三个量之比等于第二个量对第一个量之比，比例的这种性质称为比例的可倒性⑤。

法则二十四：如果四个量成比例，则前一个量对前一个量之比等于后一个量对后一个量之比，比例的这种性质称为比例的可换位性⑥。

法则二十五：如果四个量成比例，则第一个量对第一个量与第二个量之和的

---

① 若 $a_1:a_2=a_3:a_4, a_5:a_2=a_3:a_6$，则有 $a_1:a_6=a_5:a_4$。因由条件，有 $a_1=\dfrac{a_2a_3}{a_4}$，$a_6=\dfrac{a_2a_3}{a_5}$，所以 $\dfrac{a_1}{a_6}=\dfrac{\frac{a_2a_3}{a_4}}{\frac{a_2a_3}{a_5}}=\dfrac{a_5}{a_4}$，故 $a_1:a_6=a_5:a_4$。

② 若 $a_1:a_2=a_3:a_4, a_1:a_5=a_6:a_4$，则有 $a_2:a_6=a_5:a_3$。因由条件，有 $a_2=\dfrac{a_1a_4}{a_3}$，$a_6=\dfrac{a_1a_4}{a_5}$，所以 $\dfrac{a_2}{a_6}=\dfrac{\frac{a_1a_4}{a_3}}{\frac{a_1a_4}{a_5}}=\dfrac{a_5}{a_3}$，故 $a_2:a_6=a_5:a_3$。

③ 若 $a_1:a_2=a_3:a_4, a_5:a_2=a_6:a_4$，则有 $(a_1+a_5):a_2=(a_3+a_6):a_4$。因由条件，有 $a_1=\dfrac{a_2a_3}{a_4}$，$a_5=\dfrac{a_2a_6}{a_4}$，所以 $\dfrac{a_1+a_5}{a_2}=\dfrac{\frac{a_2a_3}{a_4}+\frac{a_2a_6}{a_4}}{a_2}=\dfrac{a_3+a_6}{a_4}$，故 $(a_1+a_5):a_2=(a_3+a_6):a_4$。

④ 若 $a_1:a_2=a_3:a_4, a_1:a_5=a_3:a_6$，则有 $a_1:(a_2+a_5)=a_3:(a_4+a_6)$。因由条件，有 $a_2=\dfrac{a_1a_4}{a_3}$，$a_5=\dfrac{a_1a_6}{a_3}$，所以 $\dfrac{a_1}{a_2+a_5}=\dfrac{a_1}{\frac{a_1a_4}{a_3}+\frac{a_1a_6}{a_3}}=\dfrac{a_3}{a_4+a_6}$，故 $a_1:(a_2+a_5)=a_3:(a_4+a_6)$。

⑤ 若 $a_1:a_2=a_3:a_4$，则有 $a_2:a_1=a_4:a_3$，或 $a_4:a_3=a_2:a_1$。

⑥ 若 $a_1:a_2=a_3:a_4$，则有 $a_1:a_3=a_2:a_4$。

比等于第三个量对第三个量与第四个量之和的比值，比例的这种性质称为比例的可加性①。

法则二十六：如果四个量成比例并前者大于后者，则第一个量对第一个量与第二个量之差的比值大于第二个量对第一个量与第二个量之差的比值，另外第一个量对第一个量与第二个量之差的比值等于第三个量对第三个量与第四个量之差的比值，比例的这种性质称为比例的可分解性②。

法则二十七：若有满足下列关系的两组比例，第一个组中的两个量之比等于第二个组中对应位置的两个量之比。例如，第一组中的第一个量对第二个量之比等于第二组中的第一个量对第二个量之比，第一组中的第二个量对第三个量之比等于第二组中的第二个量对第三个量之比等。依此类推，则第一组中的第一个量对第三个量之比等于第二组中的第一个量对第三个量之比③。称这种比例为可调整顺序的方程。

法则二十八：若有满足下列关系的两组比例，第一个组中连续的两个量之比等于第二组中的连续的另两个量之比。例如，第一组中的第一个量对第二个量之比等于第二组中的第二个量对第三个量之比，第一组中的第二个量对第三个量之比等于第二组中的第一个量对第二个量之比，则第一组中的第一个量对第三个量之比等于第二组中的第一个量对第二个量之比④。

法则二十九：已知四个数具有循环的比例关系，即第一个数对第二个数之比等于第二个数对第三个数之比，它们又等于第三个数对第四个数之比，则第一个数的平方与第四个数的乘积等于第二个数的立方，第四个数的平方与第一个数的乘积等于第三个数的立方⑤。

法则三十：已知具有循环比例关系的一列数，若其中的第一个数为一，则第三个数等于平方，第五个数等于平方-平方，第七个数等于立方-立方等每隔一个数，第四个数等于立方，第七个数等于立方-立方，第十个数等于立方-立方-

---

① 若 $a_1 : a_2 = a_3 : a_4$，则有 $a_1 : (a_1 + a_2) = a_3 : (a_3 + a_4)$。因由条件，有 $a_2 = \dfrac{a_1 a_4}{a_3}$，所以 $\dfrac{a_1}{a_1 + a_2} = \dfrac{a_1}{a_1 + \dfrac{a_1 a_4}{a_3}} = \dfrac{a_3}{a_3 + a_4}$。

② 若 $a_1 : a_2 = a_3 : a_4$ 且 $a_1 > a_2$，$a_3 > a_4$，则有 $a_1 : (a_1 - a_2) > a_2 : (a_1 - a_2)$，$a_3 : (a_3 - a_4) > a_4 : (a_3 - a_4)$，也有 $a_1 : (a_1 - a_2) = a_3 : (a_3 - a_4)$。

③ $a : b = c : d$，$A : B = C : D$，若 $\dfrac{a}{b} = \dfrac{A}{B}$，$\dfrac{b}{c} = \dfrac{B}{C}$，则有 $\dfrac{a}{c} = \dfrac{A}{C}$。

④ $a : b = c : d$，$A : B = C : D$，若 $\dfrac{a}{b} = \dfrac{B}{C}$，$\dfrac{b}{c} = \dfrac{A}{B}$，则有 $\dfrac{a}{c} = \dfrac{A}{C}$。

⑤ 若 $\dfrac{a}{b} = \dfrac{b}{c} = \dfrac{c}{d}$，则 $a^2 d = b^3$，$ad^3 = c^3$。（这里，因 $ac = b^2$，$bd = c^2$，$ad = bc$。）

立方等每隔两个数，第五个数等于平方-平方，第九个数等于平方-立方-立方等每隔三个数，第六个数等于平方-立方等每隔四个数，第七个数等于立方-立方等每隔五个数，这些幂都具有相同的底数，而指数为连续增长的数①。

法则三十一：已知四个数具有循环的比例关系，如果我们把第一个数与第三个数相乘，第二个数与第四个数相乘，则第一个乘积等于第二个数的平方，第二个乘积等于第三个数的平方，则这些乘积的平方根的乘积等于第一个数与第四个数的乘积以及第二个数与第三个数的乘积②。

法则三十二：如果我们从两个数之比中的每一个数中分别减去具有相同比值关系的另两个数的对应数，或两个数之比中的每一个数分别与具有相同比值关系的另两个数的对应数相加，则得到的差或得到的和也具有相同的比值关系③。

法则三十三：如果我们把相比的两个数分别与任意一个数相乘，则得到两个乘积的之比等于原两个数之比④。

法则三十四：如果已知任意一个数与另一个数的乘积，则其中一个因数对自身平方之比等于另一个因数对乘积之比，这种关系的反过来关系也成立，即乘积对一个因数平方的之比等于另一个因数对该平方的平方根之比⑤。

例子：十六对十六的平方根与三的乘积之比，即十六对十二之比等于十六的平方根对三之比，因为四与三相乘等于十二，所以十二对四的平方之比，即十二对十六之比等于三对四之比⑥。

法则三十五：如果我们把一个比值自乘或除以自身的倒数，则得到的乘积或得到的商等于该比值的平方⑦。

法则三十六：如果我们把两个比值分别除以各自的倒数，得到商的和乘以其中一个比值除以另一个比值的商，则得到的乘积等于比值的平方之和⑧。

---

① 若 $\dfrac{1}{a} = \dfrac{a}{b} = \dfrac{b}{c} = \dfrac{c}{d} = \dfrac{d}{e}\cdots$，则 $b = a^2$，$c = a^3$，$d = a^4$，$e = a^5\cdots$ 等。

② 若 $\dfrac{a}{b} = \dfrac{b}{c} = \dfrac{c}{d}$，则 $ac = b^2$，$bd = c^2$，$\sqrt{ac \cdot bd} = ad = bc$。

③ 若 $\dfrac{a}{b} = \dfrac{c}{d}$，则 $\dfrac{a-c}{b-d} = \dfrac{a}{b} = \dfrac{c}{d}$ 或 $\dfrac{a+c}{b+d} = \dfrac{a}{b} = \dfrac{c}{d}$。

④ $\dfrac{a}{b} = \dfrac{a \cdot c}{b \cdot c}$。

⑤ 若 $\dfrac{a}{a^2} = \dfrac{b}{ab}$，则 $\dfrac{ab}{a^2} = \dfrac{b}{\sqrt{a^2}} = \dfrac{b}{a}$ 与 $\dfrac{a^2}{ab} = \dfrac{\sqrt{a^2}}{b} = \dfrac{a}{b}$。

⑥ $\dfrac{16}{4 \times 3} = \dfrac{4}{3}$，或 $\dfrac{4 \times 3}{4^2} = \dfrac{3}{4}$。

⑦ $\dfrac{a}{b} \times \dfrac{a}{b} = \left(\dfrac{a}{b}\right)^2$ 或 $\dfrac{a}{b} \div \dfrac{b}{a} = \left(\dfrac{a}{b}\right)^2$。

⑧ 若 $\dfrac{a}{b} = \dfrac{c}{d}$，则 $\left(\dfrac{a}{b} \div \dfrac{b}{a} + \dfrac{c}{d} \div \dfrac{d}{c}\right) \times \left(\dfrac{a}{b} \div \dfrac{c}{d}\right) = \left(\dfrac{a}{b}\right)^2 + \left(\dfrac{c}{d}\right)^2$。

法则三十七：如果我们把已知两个数中的第一个数除以第二个数，又把第二个数除以第一个数，则把得到的第一个比值除以第二个比值得到的商等于原比值的二重比值，如果把数字一除以得到比值中的一个，则得到该比值的倒数，如果得到比值中的一个与数字一相加，得到的和与比值的分母相乘，就得到这两个数之和①。

法则三十八：如果我们把任一个数除以另一个数，则得到的比值对比值平方之比等于除数对被除数之比，如果我们想求出平方根之比，则该比值对该比值的平方根之比等于这两个数的平方根相除时所得到的商②。

法则三十九：度量单位相同的情况下，物价对物价之比等于第二个物价对应的度量与第一个物价对应的度量之比，物价相同的情况下，反之也成立③。

例子：如果一米斯卡拉④珍珠的价格为十迪纳尔，一米斯卡拉黄金的价格为五迪纳尔，则二十米斯卡拉黄金的价值是一百迪纳尔，十米斯卡拉珍珠的价值也是一百迪纳尔⑤。

重量之比也是如此，对于不同的城市或不同的部落中所流行的两种手肘单位之比也是如此。例如，众所周知一胳膊手肘等于四分之三哈西米提手肘，所以用哈西米提手肘量出的一块布料的长度等于该长度的四分之三胳膊手肘，反过来也是如此。因胳膊手肘的平方对哈西米提手肘的平方之比等于九对十六之比，所以用哈西米提手肘测量的面积对胳膊手肘测量的面积之比等于九对十六之比，又因胳膊手肘的立方对哈西米提手肘的立方之比等于 27 对 64 之比，又因立方是体积单位，所以用哈西米提手肘测量的体积对胳膊手肘测量的体积之比等于 27 对 64 之比。

同理：一名工人所得到的报酬对另一名工人在相同天数的劳动后所得到的报

---

① $\frac{a}{b} \div \frac{b}{a} = \left(\frac{a}{b}\right)^2$，$1 \div \frac{a}{b} = \frac{b}{a}$，$\left(\frac{a}{b} + 1\right) \times b = a + b$。根据古希腊人定义，由两个比值 $\frac{a}{b}$ 与 $\frac{c}{d}$ 的乘积构成的比值称为 $\frac{a}{b} \cdot \frac{c}{d}$ 形比值，而 $\frac{a}{b} \cdot \frac{a}{b} = \left(\frac{a}{b}\right)^2$ 称为比值 $\frac{a}{b}$ 的二重比值，$\frac{a}{b} \cdot \frac{a}{b} \cdot \frac{a}{b}$ 称为比值 $\frac{a}{b}$ 的三重比值等。阿尔·卡西根据希腊人的定义，把二重比值与比值的平方不加区别。（见：法则 38、43、44，以及欧几里得．几何原本（第 V 卷）．兰纪正，朱恩宽译．西安：陕西科学技术出版社，2003：120.）

② $\frac{a}{b} \div \left(\frac{a}{b}\right)^2 = \frac{b}{a}$，$\frac{\sqrt{a}}{\sqrt{b}} = \frac{a}{b} \div \sqrt{\frac{a}{b}}$。

③ 如果某种度量的两种商品具有相同的成本价，则第一种商品的单位价格对第二种商品的单位价格之比等于第二种商品的度量对第一种商品的度量之比。

④ 米斯卡拉——重量单位。

⑤ $\frac{10 \text{ 迪纳尔}}{5 \text{ 迪纳尔}} = \frac{20 \text{ 米斯卡拉}}{10 \text{ 米斯卡拉}}$。

酬之比等于在同等待遇的条件下，第二名工人的劳动天数对第一名工人的劳动天数之比。

同理：如果一个单项式等于另一个单项式，则高次幂对低次幂之比等于低次单项式的数量对高次单项式的数量之比①。

例子：如果十倍的物等于三倍的平方，则一个平方对一个物之比等于十对三之比，倒过来的关系也是成立。这里就是两个比值的相等关系，即一个物对一之比等于十对三之比，倒过来的关系也是成立②。

法则四十：任何一个数的平方等于它的两个部分的平方之和再加上一个部分与二倍的另一个部分的乘积，两个数的平方之差等于这两个数之和与这两个数之差的乘积③。

法则四十一：把一个数分成相等的两个部分，又把它分成互不相等的两个部分，如果我们把不相等的两个部分相乘，得到的乘积与从半数中减去一个不等部分后得到差的平方相加，得到的和等于半数的平方，同时两个不等部分的平方之和等于半数平方的二倍与从半数中减去一个不等部分后得到差的平方的二倍之和④。

法则四十二：如果把已知数分成两个部分并把其中的一个部分与该数本身相乘，得到的积与另一个部分一半的平方相加，得到的和等于该数的一个部分与另

---

① 若 $ax^n = bx^m$，且 $n > m$，则 $\dfrac{x^n}{x^m} = \dfrac{b}{a}$。

② 若 $10x = 3x^2$，则 $\dfrac{x^2}{x} = \dfrac{10}{3}$，即 $\dfrac{x}{1} = \dfrac{10}{3}$，$x = \dfrac{10}{3}$，或 $\dfrac{1}{x} = \dfrac{3}{10}$。

③ $(a+b)^2 = a^2 + 2ab + b^2$，$a^2 - b^2 = (a+b)(a-b)$。
这两个等式中的第一个等式就是《几何原本》(第Ⅱ卷) 命题 4。(欧几里得. 几何原本 (第Ⅱ卷). 兰纪正, 朱恩宽译. 西安：陕西科学技术出版社, 2003：47.) 若把一条线段在任一点割开, 则以整个线段为边的正方形面积等于每一段为边的正方形面积加上以两段为边矩形的面积。

b	ab	b^2
a	a^2	ab
	a	b

在《几何原本》中不存在直接对应第二个等式的命题，《几何原本》第Ⅰ～Ⅵ卷涉及所谓"几何代数"的内容, 即以几何形式处理代数问题。(李文林. 数学史教程. 北京：高等教育出版社；海德堡：施普林格出版社, 2000：47-48.)

④ 如果 $a+b = 2c$，则 $ab + (c-a)^2 = c^2$，同时有 $a^2 + b^2 = 2c^2 + 2(c-a)^2$。(欧几里得. 几何原本 (第Ⅱ卷). 兰纪正, 朱恩宽译. 西安：陕西科学技术出版社, 2003：48, 49.)

一部分的一半之和的平方①。

法则四十三：平方对平方之比等于底数对底数之比的二重比值，所以底数对底数之比等于平方对平方之比的半重比值。类似，半重比值的半重比值是原比值（底数）的四分之一重比值等②。同样，一个圆的面积对另一个圆的面积之比等于直径对直径之比的二重比值。更一般地，两个相似图形的面积之比等于对应边、对应直径或对应对角线之比的二重比值等③。

法则四十四：立方对立方之比等于底数之比的三重比值，同样，球的体积对另一个球的体积之比等于直径对直径之比的三重比值。更一般地，两个相似物体的体积之比等于对应棱、对应直径或对应对角线等之比的三重比值，这样幂的比值随着指数的增大，底数比值的重数也增大，即底数比值的重数等于幂的指数。例如，平方-立方对平方-立方之比等于底数之比的五重比值④。

法则四十五：我们想把已知数分成互不相等的两个部分，使该数对大部分之比等于大部分对小部分之比，即小部分对大部分之比等于大部分对大小部分之和的比，分法如下：

先把已知数自乘，得到乘积的四分之一与乘积相加，再取得到和的平方根，然后从得到的结果中减去已知数的一半，得到的差就是已知数的大部分。如果该数的大部分是已知的，而小部分以及大小部分之和是未知的，则用上面的方法进行运算，再把得到结果中的已知数用大部分来代替即可，而大小部分之和就是被分成大小部分的数。如果我们把不相等的两个部分中只知道小部分的值，则用上面的方法进行运算，再把得到结果中的已知数用小部分来代替，然后把得到的结

---

① 设已知数为 $a+b$。其中，a 与 b 是已知数的部分，则 $(a+b)a+\left(\dfrac{b}{2}\right)^2 = \left(a+\dfrac{b}{2}\right)^2$。（欧几里得．几何原本（第Ⅱ卷）．兰纪正，朱恩宽译．西安：陕西科学技术出版社，2003：50．）

② $\dfrac{a^2}{b^2} = \left(\dfrac{a}{b}\right)^2$，$\dfrac{a}{b} = \left(\dfrac{a^2}{b^2}\right)^{\frac{1}{2}} = \sqrt{\dfrac{a^2}{b^2}}$，$\sqrt{\sqrt{\dfrac{a}{b}}} = \sqrt[4]{\dfrac{a}{b}}$。

③ $\dfrac{\frac{1}{4}\pi d_1^2}{\frac{1}{4}\pi d_2^2} = \dfrac{d_1^2}{d_2^2} = \left(\dfrac{d_1}{d_2}\right)^2$。另外，相似图形面积之比等于对应线段之比的平方。有关 $a^{\frac{m}{n}}$ 类无理数之比的概念，在欧洲第一次出现在 16 世纪的数学家欧利科马（N. Orecma）的著作中。（Cantor M. Vorlesungen über Geschichte der Mathematik. Heidelberg: Leipzig Press, 1907; Выгодский М. Я. Арифметика и Алгебра в древнем Мире. Москва-Ленинград: Издательство Огиз. Гос. изд-во технико-теорет. лит, 1941: 133-137.）

④ 一般，有 $\dfrac{a^n}{b^n} = \left(\dfrac{a}{b}\right)^n$。例如，$\dfrac{a^5}{b^5} = \left(\dfrac{a}{b}\right)^5$。

果与已知小部分相加，就得到所要求的大部分①。

另一种分法：任何一个已知数与 37 4 55 20 29 39（第六位）相乘，再从该数中减去得到的乘积，这时得到的乘积是已知数的大部分，得到的差就是它的小部分。如果该数的大部分是已知的，则把大部分除以 37 4 55 20 29 39（第六位），得到的商就是它的小部分；如果小部分是已知的，则把它除以一与上面的数据的差，即把小部分除以 22 55 4 39 30 21（第六位），得到的商就是它的大部分②。

须知：如果这三个量中有一个量是有理数，则其余两个量一定不是有理数。我们从"原理"中得到了这一法则③。

法则四十六：在直角三角形中，直角的两条邻边的平方之和等于第三边的平方④。

---

① 假设已知数为 a，x 是所求的大部分，由已知条件，有 $\dfrac{a}{x} = \dfrac{x}{a-x}$，这样就得到有关 x 的二次方程，$x^2 + ax + a^2 = 0$，$x = \sqrt{\dfrac{a^2}{4} + a^2} - \dfrac{a}{2} = \dfrac{\sqrt{5}-1}{2} a$（只取它的正根），即该数的大部分 $x = \dfrac{\sqrt{5}-1}{2} a \approx 0.618a$。如果已知它的大部分 x，则它的小部分等于 $a - x = \dfrac{\sqrt{5}-1}{2} x$，如果小部分 $a - x$ 是已知的，则它的大部分为 $x = (a-x)\left(\dfrac{\sqrt{5}-1}{2}\right)^{-1} = \dfrac{\sqrt{5}+1}{2}(a-x) = \dfrac{\sqrt{5}-1}{2}(a-x) + (a-x)$。

这种分割是公元前六世纪古希腊数学家毕达哥拉斯所发现，后来古希腊美学家柏拉图称这种分割为黄金分割，而数 $x = \dfrac{\sqrt{5}-1}{2} a \approx 0.618a$，称为黄金数。其实是一个数字的比例关系，即把一条线段分为两部分，此时长段与短段之比恰恰等于整条线段与长段之比，其数值比为 1.618 : 1 或 1 : 0.618，也就是说长段的平方等于全长与短段的乘积。

② 这里，因 $\dfrac{\sqrt{5}-1}{2} = 0.61803399 = 0°374\ 55\ 20\ 29\ 39$，$1 - \dfrac{\sqrt{5}-1}{2} = 0.38196601 = 0°\ 22\ 55\ 4\ 39\ 30\ 21$。

③ 线段的黄金分割问题用二次方程来解决，另外黄金分割问题在几何学、植物学、人体学、美学和工程学等方面有着许多应用。古希腊毕达哥拉斯学派给出了这一问题的几何解法，欧几里得在《几何原本》中多处提到了这一问题。例如，第Ⅱ卷命题 11、第Ⅳ卷命题 10、第Ⅵ卷命题 30 提到了黄金分割问题（欧几里得. 几何原本. 兰纪正，朱恩宽译. 西安：陕西科学技术出版社，2003：58，108，188.），第 XIII 卷也有一系列有关黄金分割的命题。

④（欧几里得. 几何原本（第Ⅰ卷命题 47）. 兰纪正，朱恩宽译. 西安：陕西科学技术出版社，2003：41. 虽然欧洲人称这一定理为毕达哥拉斯定理，但现存的中国古代数学著作《周髀算经》卷上记载西周开国时期周公与大夫商高讨论勾股测量的对话。商高答周公问时提到"勾广三，股修四，径隅五"，这是勾股定理的特例。卷上另一处叙述周公后人荣方与陈子（约公元前 6~7 世纪）的对话中，则包含了勾股定理的一般形式："……以日下为勾，日高为股，勾、股各乘并开方除之得邪至日"，中国古代数学家称直角三角形为勾股形，较短的直角边称为勾，另一直角边称为股，斜边称为弦，所以勾股定理也称为勾股弦定理。世界上几个文明古国都已发现勾股定理并且进行了广泛深入的研究，因此有许多名称，例如，法国和比利时称为驴桥定理，埃及称为埃及三角形等。

法则四十七：在任何三角形中，如果从三角形的一个顶点到对边引一条线段，该三角形被所引线段分成两个三角形，那么其中一个三角形的面积和另一个三角形的面积之比等于所形成两个三角形的对应底边之比①。

法则四十八：在圆内的两条相交弦，每条弦被交点分成两条线段，各条弦被交点所分成的两段的乘积相等②。

如果弦与直径垂直相交，那么直径被交点所分成的两段弦的乘积等于半弦的平方。

法则四十九：所有真约数之和等于它本身的数是完全数，即它的所有真约数加起来就等于它本身。例如，六是一个完全数，它的真约数为一、二、三，它们的和等于六，如果我们想求出一个完全数，则其求法如下：先求出从一起通过连续乘二运算后得到的一列数构成的数列之和，使该数列的和是一个素数，即得到的和除了一之外没有其他的真约数，然后把得到的和与该数列的最后一项相乘，得到的数是一个完全数③。

例子：一、二、四相加等于七，而七除了一之外没有其他的真约数，七与最后一个数四相乘，得二十八，所以二十八是一个完全数，因为二十八等于它的所

---

① 设已知三角形为 △ABC，从顶点 A 到对边 BC 所引线段为 AD，作 AF ⊥ BC，则

$$\frac{S_{\triangle ABD}}{S_{\triangle ADC}} = \frac{\frac{1}{2}BD \times AF}{\frac{1}{2}DC \times AF} = \frac{BD}{DC}$$

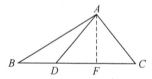

欧几里得. 几何原本（第 VI 卷命题 1）. 兰纪正，朱恩宽译. 西安：陕西科学技术出版社，2003：151.

② 设 AC 与 BD 是两条相交弦，则 $AF \times FC = BF \times FD$。（欧几里得. 几何原本（第 III 卷命题 35）. 兰纪正，朱恩宽译. 西安：陕西科学技术出版社，2003：93.）

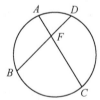

③ 若 $S = 1 + 2 + 2^2 + \cdots + 2^{n-1} = 2^n - 1$ 且 $2^n - 1$ 是一个素数，则 $(2^n - 1) \times 2^{n-1}$ 是一个完全数。

公元前 6 世纪的毕达哥拉斯是最早研究完全数的人，他已经知道 6 和 28 是完全数，接下去的两个完全数看来是 1 世纪毕拉哥斯学派的继承者尼克马修斯发现的。完全数诞生后一直对数学家和业余爱好者有着一种特别的吸引力，但寻找完全数并不是容易的事，经过不少数学家的不断努力和研究，到目前为止，一共找到了 47 个完全数。

有真约数之和，即一、二、四、七以及十四之和恰好等于二十八。

法则五十：如果我们想求出一对亲和数，即需要求出这样两个数，使第一个数的所有真约数之和等于第二个数，而第二个数的所有真约数之和等于第一个数，则我们要从二起通过连续进行二倍运算后得到的结果中去寻找这样的数，如果我们先把二与一又二分之一相乘，然后把二与三相乘，再从每一个乘积中减去一，则得到的每一个差值除了一之外没有其他的真约数。求出了这两个差值之后，我们称第一个差值为第一个奇数，第二个差值为第二个奇数，其中的第二个奇数等于二倍的第一个奇数与一之和，然后把第一个奇数与第二个奇数相乘并把得到的乘积称为第三个奇数，再从二起连续二倍运算后得到的结果与第三个奇数相乘，又从二起连续二倍运算后得到的结果与第一个奇数与第二个奇数之和相乘，则得到的第一个乘积就是一对亲和数中之一，如果把第二个乘积与第一个亲和数相加就得到一对亲和数中的另一个①。

---

① 已知两个数 a 和 b，如果 a 的所有真因数之和等于 b，b 的所有真因数之和等于 a，则称 a、b 是一对亲和数。

据说，毕达哥拉斯的一个门徒向他提出这样一个问题："我结交朋友时，存在着数的作用吗？"毕达哥拉斯毫不犹豫地回答："朋友是你的灵魂的倩影，要像 220 和 284 一样亲密。"又说："什么叫朋友？就像这两个数：一个是你，另一个是我。"后来，毕氏学派宣传说：人之间讲友谊，数之间也有"相亲相爱"。从此，把 220 和 284 叫做亲和数、朋友数或相亲数。这就是关于亲和数这个名称来源的传说。220 和 284 是人类最早发现，又是最小的一对亲和数。

在以后的 1500 年间，世界上有很多数学家致力于探寻亲和数，却始终没有收获。9 世纪，阿拉伯数学和天文学家泰比特·依本库拉曾提出过一个求亲和数的法则，因为他的公式比较繁杂，难以实际操作，因此使数学家没有走出困境。

到了 15 世纪，本书的作者阿尔·卡西（可能以泰比特·依本库拉提出的法则为基础）给出了求亲和数的上述法则并发现了 2024 与 2296 是另一对亲和数。距离第一对亲和数诞生 1500 多年以后，法国数学家费尔马（P. de Fermat，1601~1665 年）才发现了第三对亲和数：17296 和 18416，重新点燃寻找亲和数的火炬。两年之后，"解析几何之父"——法国数学家笛卡儿（René Descartes）于 1638 年 3 月 31 日也宣布找到了第四对亲和数 9437506 和 9363584。这样阿尔·卡西、费尔马和笛卡儿打破了上千年的沉寂，激起了数学界重新寻找亲和数的波涛。

在 17 世纪以后的岁月，许多数学家投身到寻找新的亲和数的行列，可是，无情的事实使他们省悟到，已经陷入了一座数学迷宫。正当数学家们真的感到绝望的时候，平地又起了一声惊雷。1747 年，年仅 39 岁的瑞士数学家欧拉竟向全世界宣布：他找到了 30 对亲和数，后来又扩展到 60 对，不仅列出了亲和数的数表，而且还公布了全部运算过程。

时间又过了 120 年，到了 1867 年，意大利有一个爱动脑筋，勤于计算的 16 岁中学生白格黑尼，竟然发现数学大师欧拉的疏漏——让眼皮下的一对较小的亲和数 1184 和 1210 溜掉了。这戏剧性的发现使数学家如痴如醉。

在以后的半个世纪的时间里，人们在前人的基础上，不断更新方法，陆陆续续又找到了许多对亲和数。到了 1923 年，数学家麦达其和叶维勒汇总前人研究成果与自己的研究所得，发表了 1095 对亲和数，其中最大的数有 25 位。同年，另一个荷兰数学家里勒找到了一对有 152 位数的亲和数。

人们还发现每一对奇亲和数中都有 3，5，7 作为素因数。1968 年波尔·布拉得利（P. Bratley）和约翰·迈凯（J. Mckay）提出：所有奇亲和数都是能够被 3 整除的。1988 年巴蒂亚托（S. Battiato）和博霍（W. Borho）利用电子计算机找到了不能被 3 整除的奇亲和数，从而推翻了布拉得利的猜想。

另外欧拉提出了这样一个问题：是否存在一对亲和数，其中有一个是奇数，另一个是偶数？因为现在发现的所有奇偶亲和数要么都是偶数，要么都是奇数，这一问题 200 多年来尚未解决。

例子： 先选取数字四作为二的二倍运算后得到的结果，把四与一又二分之一相乘，得六，从六减去一，得五，因五除了一之外没有其他的真约数，所以五就是第一个奇数。然后把四与三相乘，得十二，从十二减去一，得十一，因十一除了一之外没有其他的真约数，所以十一就是第二个奇数。如果我们把第一个奇数的二倍与一相加，则得到第二个奇数，第一个奇数与第二个奇数相乘，得五十五，这就是第三个奇数。再把四与第三个奇数相乘，得二百二十，这就是一对亲和数中的一个，又把四与第一个奇数与第二个奇数之和相乘，得六十四，把二百二十与六十四相加，得二百八十四，这就是一对亲和数中的另一个。

为了让读者很好的掌握这一法则，我们编制了一个表并举出了与此有关的其他例子，如果有人用这一法则来求出亲和数，则他可以随时使用这一表，该表如下：

选取从二起连续二倍运算后得到的结果，这个数就是具有上述特征的数	把它与一又二分之一相乘，再从乘积中减去一，得到的差就是第一个奇数	第一个奇数的二倍与一相加，就得到第二个奇数	第一个奇数与第二个奇数相乘，就得到第三个奇数	第一个奇数之和与第二个奇数相乘	从二起连续二倍运算得到的结果与第三个奇数相乘，就得到较小的亲和数	第一个奇数、第二个奇数之和与从二起连续二倍运算后得到的结果相乘，得到的积与较小的亲和数相加，就得到较大的亲和数
4	5	11	55	64	220	284
8	11	23	253	272	2024	2296

为了验证计算结果的正确性，需要求出每一个亲和数的真约数。为此，首先从较小的亲和数起，从一起连续进行二倍运算直到得到我们选取的偶数为止，再分别对第一个奇数和第二个奇数连续进行与选取偶数的分解数量相等的二倍运算，然后对第三个奇数连续进行与选取偶数一半分解的数量相等的二倍运算，这样就得到较小亲和数的所有真约数，它们的和等于较大的亲和数。

有关由四得到的一对亲和数的真约数之和求法的例子：

较小数 220 的约数之和等于较大数				较大数 284 的约数之和等于较小数	
一以及一的连续二倍运算结果，一直到四	第一个奇数以及它的连续两次二倍运算结果	第二个奇数以及它的连续两次二倍运算结果	第三个奇数以及它的二倍运算结果	一以及一的连续二倍运算结果，一直到四	三个奇数之和以及它的二倍运算结果
1	5	11	55	1	71
2	10	22	110	2	142
4	20	44		4	

有关求一对亲和数的真约数之和的例子：

较小数 2024 的约数之和等于较大数				较大数 2296 的约数之和等于较小数	
一以及一的连续二倍运算结果，一直到八	第一个奇数及其连续三次二倍运算结果	第二个奇数及其连续三次二倍运算结果	第三个奇数及其连续两次二倍运算结果	一以及一的连续二倍运算结果，一直到八	三个奇数之和及其分别连续两次二倍运算结果
1	11	23	253	1	287
2	22	46	506	2	574
4	44	92	1012	4	1148
8	88	184		8	

第四章　有关热门问题的几个例子

须知：用一些已知的数来确定未知数的方法有多种多样，就像"还原与对消的科学"中的方法，应把未知数假设为一个不确定的物，或者就像专门研究已知数有关的法则并被认为是"算术观点"的学科中的方法，应先绕过未知数，或者在"双假设法"中应用比例的有些法则和性质。我在上面已强调过这种方法的特殊性并用特殊的方法叙述了这一法则，即先假设未知数等于一个已知数，再假设该未知数等于另一个已知数等。有些问题依照已知的条件看起来非常复杂，难以理解其中的未知数与已知数之间的关系，也难以判断用哪些已有的法则来求解该问题或用还原与对消法来求解该问题。因此遇到这种问题的学者，应具备扎实的算术基础和掌握有关的法则，与此同时应注意到问题的条件、未知数与已知数之间的关系以及一个量与另一个量之间的关系，用哪些法则才容易解出未知数等，这些过程被称为分析和分解问题。另外求解未知数时，需要一定的技巧、聪明才智、分析能力和健康的提问本能等。我们用这些例子来介绍怎样用已学过的法则，怎样用已知数来表示问题中的未知数等方法。为了让初学者通过下面的四十个例子来掌握所学过的法则，我们将这些例子分成三个部分来叙述，这些例子中的一部分已在《灿烂辉煌的注释》一书中记载，但这一部分中主要叙述没有记载过该书中的一些法则，对于着重学习这一部分的学者来说，也没有什么隐藏利益冲突。

第一部　共二十五个例子

例一：我们想求出这样一个数，使它的两倍与一相加，得到的和与三相乘，得到的积与二相加，得到的结果与四相乘后得到的积与三相加，得九十五。

解题方法如下：先用还原与对消法。假设该数为物，二倍的物与一相加，得二倍的物与一之和，得到的和与三相乘，得六倍的物与三之和，得到的和与二相加，得六倍的物与五之和，得到的和与四相乘，得二十四倍的物与二十之和，得到的结果与三相加，得二十四倍的物与二十三之和，得到的结果等于九十五，舍去相等的成分后得二十四倍的物等于七十二，方程已化成第一个简单方程，把数除以物的数量后得三，这就是未知数的值①。

---

① $4[3(2x+1)+2]+3=95$，$24x=72$，$x=3$。

用分析法更容易得到这一题的答案。方法如下：从已知数九十五中减去三，得到的差为九十二，把九十二除以四，得二十三，从中减去二，得二十一，把二十一除以三，得七，从中减去一，得六，取它的一半，得三，这就是所要求的数。

用双假设法：［如果我们假设该数为二，则得到七十一，显然七十一］比九十五小二十四，这是第一个错值。如果再假设该数等于四，则得一百四十三，这个数比九十五大四十八，这是第二个错值。把第一个假数与第二个错值相乘，即二与四十八相乘，得九十六，把第二个假数与第一个错值相乘，即五与二十四相乘，得一百二十，因一个选定的数等于已给定的数与假数之和，而另一个选定的数等于已给定的数与假数之差，所以得到的乘积之和除以假数之和，即二百一十六除以七十二，得到的商为三，这就是所要求的数。

例二： 一群人进了果园，第一个人摘了一个石榴，第二个人摘了两个石榴，第三个人摘了三个石榴等，每一个人比前一个人多摘了一个，最后所摘的所有石榴平均分给每个人，这时每个人获得六个石榴，问人数是多少？

我们可用已学过的"法则三"来最容易的得出这个问题的答案，从每个人得到部分的二倍中减去一，得十一，这就是人数①。

用还原与对消法： 假设未知数为物，把物与一相加得物与一之和，得到的和与半倍的物相乘，得半倍的平方与半倍的物之和。根据法则三得知，这就是所摘石榴的总数，然后把六与物相乘，即每个人得到的份额与物相乘，得六倍的物，这也是所摘石榴的总数。这应与前面得到的乘积相等，即这与半倍的平方与半倍的物之和相等，对消其中的共同部分，即应将半倍的物去掉，得到五倍的物与一半之和等于半倍的平方，方程已化成第三个简单方程，五倍的物与半倍的物之和除以半倍的物等于十一，这就是人数，这个结果与上面得到的结果一致②。

例三： 有一天，在沿着湖边行走的两个人朝着相反的方向相互离去，其中有一个人每天行走十里路，而另一个人朝着相反的方向第一天行走一里路，第二天行走两里路，第三天行走三里路等，每天增加一里路。另外，这两个人始终没有偏离湖边，当这两个人相遇时，第一个人行走了沿着湖边整个一圈路程的六分之一，第二个人行走了沿着湖边整个一圈路程的六分之五，我们想知道沿着湖边整

---

① 假设人数是 n，则所摘的石榴总数为 $1 + 2 + 3 + \cdots + n = \dfrac{n(n+1)}{2}$，每个人得到的份额为 $\dfrac{n(n+1)}{2} \div n = 6, n + 1 = 12$，即 $n = 11$。

② 假设人数是 x，则 $\dfrac{x}{2} \times (x+1) = 6x, \dfrac{x^2}{2} + \dfrac{x}{2} = 6x$，去掉共同部分，得 $\dfrac{x^2}{2} = 5x + \dfrac{x}{2}$，两端除以 $\dfrac{x}{2}$，得 $x = 11$。

个一圈路程的长度和行走的天数。

假设行走的总天数为物，则第一个行人所走的路程是十倍的物，第二个行人所走的路程等于半倍的平方与半倍的物之和，这类似于前一例，即自然顺序的一列数之和。第二个人行走了整个路程的六分之五，而第一个人行走了整个路程的六分之一，所以第一个人所走的路程乘以五，得五十倍的物，这等于半倍的平方与半倍的物之和，对消其中的共同部分，剩下的是半倍的平方等于四十九又二分之一倍的物，把它除以平方的数量，即把它除以二分之一，这相当于二倍运算，于是就得到九十九，这就是我们要所求的未知数①，即行走的总天数。这个数与第一个行人的行走量相乘，即十与九十九相乘，得到九百九十，这就是沿着湖边整个一圈路程的六分之一，所以沿着湖边整个一圈路程等于五千九百四十里，从中减去第一个行人所走过的路程，得四千九百五十里，这就是第二个行人所走的路程。行走的总天数为九十九，该数与一之和等于一百，把得到的一百与总天数的一半相乘，同样得到四千九百五十②。

如果用已学过的法则来解此题，则第一个行人每天的行走量与五相乘，得五十，它的两倍等于一百，从中减去一等于九十九，这就是行走的总天数③。

例四：原有布料共十手肘，其价格是未知的，但已售出的布料金额等于总金额的七分之一，售出金额为十七又二分之一迪纳尔，我们想知道布料的总金额和售出部分的手肘数量。

用已学的法则来解：布料的手肘数量对金额之比等于售出部分的手肘数量对售出金额之比，由我们已讲过的法则十七，布料的手肘数量与已售出部分的金额相乘，即十与十七又二分之一相乘，得一百七十五，由法则十七，取一百七十五的七分之一，得二十五，取它的平方根，得五，这就是已售出布料的手肘数量，所以布料的总金额为三十五迪纳尔④。

用还原与对消法则来解：假设已售出布料的手肘数量为物，则布料的总金额为七倍的物，它们的乘积等于七倍的平方，这个数应等于布料的总手肘数量与已

---

① 假设行走的总天数为 n，则第一个人所走的路程为 $10n$，第二个人行走的路程为 $1 + 2 + 3 + \cdots + n = \dfrac{n(n+1)}{2} = \dfrac{n^2}{2} + \dfrac{n}{2}$，这样有 $\dfrac{n^2}{2} + \dfrac{n}{2} = 5 \times 10n$，$\dfrac{n^2}{2} = 49\dfrac{1}{2}n$，故 $n = 99$。

② 第一个人所走的路程为 $99 \times 10 = 990$，绕着湖边的整个路程为 $990 \times 6 = 5940$，第二个人所走的路程为 $5940 - 990 = 4950$。

③ 因为第二个人所走的路程是第一个人的五倍，第二个人行走平均速度是第一个人的五倍，又第二个人的平均速度为 $\dfrac{n(n+1)}{2} \div n = \dfrac{n+1}{2}$，所以 $\dfrac{n+1}{2} = 5 \times 10$，同样得 $n = 99$。

④ 假设已售出部分的手肘数量为 x，则总金额等于 $7x$，由题意，有 $\dfrac{10}{7x} = \dfrac{x}{17\dfrac{1}{2}}$，$7x^2 = 175$，$x = 5$ 手肘，总金额为 35 迪纳尔。

售出布料金额的乘积，即七倍的平方等于一百七十五，这个方程属于第三种简单方程，所以把数除以平方的数量，得到的商等于二十五，它的平方根等于五，这就是已售出布料的手肘数量，把它与七相乘，得布料的总金额为三十五。

另一种方法：假设布料的总金额为物，把布料的总金额数除以布料的总手肘数量与已售出布料的售出金额的乘积，即把布料的总金额除以一百七十五，得到的商等于物的一百七十五部分〔以一百七十五为分母的分数〕，这应等于一与七分之一物之比，因物分之一〔以物为分母的分数〕对物之比等于平方分之一〔以物的平方为分母的分数〕，故把部分可换成数，把物可换成平方，得到一百七十五等于平方的七分之一。得到的是第三种简单方程，用平方的数量来除以数，即用平方的分母去乘一百七十五，即七与一百七十五相乘，得1225，这就是得到的商，再取它的平方根，得三十五，这就是布料的总金额，又因三十五对七之比等于五，所以已售出的布料为五手肘①。

例五：我们以十迪纳尔的单价购买一批商品，并以十二迪纳尔的单价卖出去，我们得到的总利润等于所花资金平方根的三倍，所花资金是多少？

用已学过的法则来解：根的数量与商品的价格相乘，即三与十相乘，得三十，把它除以商品的单价之差，即把它除以二，得到的商为十五，这就是所花资金的平方根。由法则三十四，乘积对一个因数平方的之比等于另一个因数对该平方的平方根之比，所以资金等于二百二十五②。

另一种方法：用分析和总结法，一般来说本题的解法如下：如果我们想求出所谓的平方数，则三倍的平方根等于底数的五分之一，再把三与分数的分母相乘，得十五。须知：十五的平方等于根的底数，即平方根以及它的底数与上面得到的结果一致③。

用还原与对消法则来解：假设资金为平方，因为我们需要它的根，三倍的根等于根的平方的五分之一，这是第二种简单方程。用平方的数量除以根的数量，即用五分之一除以三，得十五，这就是未知物，再取它的平方，得二百二十五，这就是上面所说的资金。

---

① 假设布料的总金额为 x，则总金额等于 $7x$，由题意，有 $\dfrac{x}{17\frac{1}{2}\times 10}=\dfrac{1}{\frac{1}{7}x}$，$\dfrac{1}{7}x^2=175$，$x^2=1225$，$x=35$ 迪纳尔，所以已售出的布料为 5 手肘。

② 假设所花资金为 x，由题意，总利润为 $3\sqrt{x}$，另一方面购买商品的数量为 $\dfrac{x}{10}$，出售每一个商品所得到的利润为 2，所以总利润为 $\dfrac{x}{10}\times 2$，故 $\dfrac{2}{10}x=3\sqrt{x}$，$\dfrac{x}{\sqrt{x}}=\dfrac{30}{2}$，$\dfrac{x^2}{x}=225$，$x=225$。

③ 这里，$\dfrac{2}{10}x=3\sqrt{x}$，$3\sqrt{x}=\dfrac{1}{5}x$，$\sqrt{x}=\dfrac{1}{15}x$，$x=225$。

例六：用黄金与珍珠来制作首饰，它们的总重量是三米斯卡拉，成本是二十四迪纳尔，每米斯卡拉黄金的价格为五迪纳尔，每米斯卡拉珍珠的价格为十五迪纳尔，我们想求出它们的分别重量。

用还原与对消法则来解：假设黄金的重量为物，则它的成本为五倍的物，而从三米斯卡拉中减去物就等于珍珠的重量，得到的重量与珍珠的价格相乘，即把它与十五迪纳尔相乘，得到四十五迪纳尔减去十五倍的物，得到的两种成本相加，得到四十五迪纳尔减去十倍的物，这应等于二十四迪纳尔，即它等于整个首饰的成本。进行还原与对消运算后，得到的方程为：二十一迪纳尔等于十倍的物，这是第一种简单方程，用物的数量来除以数，即用十除以二十一，得二又十分之一，这就是未知物，即黄金的重量，而珍珠的重量为十分之九①。

用已学过的法则来解：首饰的重量与较贵的价格相乘，即三与十五相乘，得四十五，从中减去首饰的成本，即从四十五中减去二十四，得二十一，把它除以价格之差，即把它除以十，这就是所要求的数。

另一种方法：整个首饰的重量与较便宜的价格相乘，即三与五相乘，从首饰的成本中减去它，得九，把它除以价格之差，即把它除以十，得到的商为十分之九，这就是珍珠的重量。

例七：首饰由黄金、珍珠和蓝宝石制成，其重量是三米斯卡拉，成本是六十迪纳尔，其中每米斯卡拉黄金的价格为四迪纳尔，每米斯卡拉珍珠的价格为二十迪纳尔，每米斯卡拉蓝宝石的价格为三十迪纳尔，我们想知道每一种物体的重量。

具有三种解法：

解法一：首饰的重量与最贵的价格相乘，从中减去首饰的成本，把得到的差除以最贵的价格与最便宜的价格之差后记住得到的商。然后我们假设其中价格最便宜物体的重量小于记住的数②，不妨设黄金的重量为半米斯卡拉，则它的成本为两个迪纳尔，从首饰的重量中减去所假设的重量，从首饰的成本中减去所假设重量黄金的成本，这样就剩下珍珠和蓝宝石两种物体，它们的总重量为二又二分

---

① 假设黄金的重量为 x，黄金的成本为 $5x$，珍珠的重量为 $3-x$，珍珠的成本为 $15(3-x) = 45 - 15x$，所以 $5x + 15(3-x) = 24$，$45 - 10x = 24$，得黄金重量为 $x = 2\frac{1}{10}$，珍珠重量为 $\frac{9}{10}$。

② 这是一个具有无穷多个解的三元一次不定方程组。另外，根据问题的实际意义，应选取该不定方程组的正数解。这里，阿尔·卡西所述的"整个首饰的总重量与最贵的价格相乘，从中减去首饰的总成本，把得到的差除以最贵的价格与最便宜的价格之差后记住得到的商"一段相当于运算 $\frac{3 \times 30 - 60}{30 - 4} = \frac{30}{26}$。若 $x \geq \frac{30}{26}$，则 $y \leq 0$，所以阿尔·卡西假设其中最便宜首饰的重量小于记住的数 $\frac{30}{26}$ 迪纳尔，故他假设为 $x = \frac{1}{2}$。

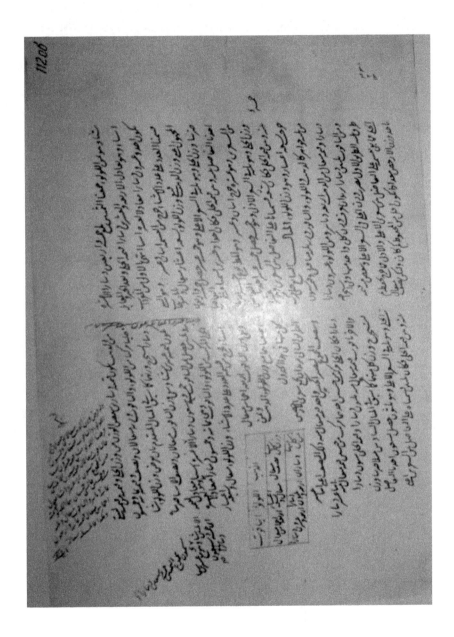

之一米斯卡拉，而成本为五十八迪纳尔，它们的重量可按上面的例子求出。若假设珍珠的重量为物，则它的成本为二十倍的物，从二又二分之一米斯卡拉中减去物后得到的差就是蓝宝石的重量，而蓝宝石的成本等于从七十五迪纳尔中减去三十倍的物后剩下的余数，这两种成本之和等于珍珠和蓝宝石两种物体的总成本，即从七十五迪纳尔中减去十倍的物等于五十八迪纳尔。进行还原与对消运算后，得到的方程为：十七迪纳尔等于十倍的物，用物的数量除以数后得到的商就是珍珠的重量，即珍珠的重量等于一又十分之七米斯卡拉。最后剩下的是蓝宝石的重量，它的重量为五分之四米斯卡拉。这些重量和黄金的重量以及它们的成本都写在表内①。

	黄金	珍珠	蓝宝石
重量	半米斯卡拉	一又十分之七米斯卡拉	五分之四米斯卡拉
成本	两个迪纳尔	三十四迪纳尔	二十四迪纳尔

另一种方法：较便宜的两种物体的价格相加并把得到的和二等分，这相当于得到另一种物体，它的一米斯卡拉的价格为十二迪纳尔，这样问题就变成了由两种物体构成的新问题。其中之一是由两种物体合成的新物体，它的一米斯卡拉的价格为十二迪纳尔；另一个是蓝宝石，它的一米斯卡拉的价格为三十迪纳尔，首饰的成本还是六十迪纳尔，它们当中的每一个重量按照例六中的方法来确定。例如：首饰的重量与最贵的价格相乘，即三与三十相乘，得九十，从中减去首饰的成本，得三十，把它除以价格之差，即把它除以从三十中减去十二后得到的差，即把三十除以十八，得到的商是一又三分之二米斯卡拉，把这个重量平均分配给上面的两种物体，而剩下的就是蓝宝石的重量，该重量为一又三分之一米斯卡拉②。请看下表：

---

① 这是三元一次不定方程组：$\begin{cases} x+y+z=3 \\ 4x+20y+30z=60 \end{cases}$。假设 $x=\dfrac{1}{2}$，则 $\begin{cases} y+z=2\dfrac{1}{2} \\ 20y+30z=58 \end{cases}$。解这个方程组，得 $x=\dfrac{1}{2}$，$y=1\dfrac{7}{10}$，$z=\dfrac{4}{5}$。

② 令 $x=y=\dfrac{t}{2}$，则 $\begin{cases} t+z=3 \\ 12t+30z=60 \end{cases}$，解得：$t=1\dfrac{2}{3}$，$z=1\dfrac{1}{3}$。所以，$x=y=\dfrac{t}{2}=\dfrac{5}{6}$，$z=1\dfrac{1}{3}$。

	黄金	珍珠	蓝宝石
重量	六分之五米斯卡拉	六分之五米斯卡拉	一又三分之一米斯卡拉
成本	三又三分之一迪纳尔	十六又三分之二迪纳尔	四十迪纳尔

用还原与对消法则：假设黄金的重量为物，与此同时珍珠的重量也是物，剩下的就是蓝宝石的重量，它等于从三米斯卡拉中减去二倍的物后剩下的差。这时黄金的成本是四倍的物，珍珠的成本是二十倍的物，蓝宝石的成本等于从九十迪纳尔中减去六十倍的物后剩下的差，这些成本的和等于从九十迪纳尔中减去三十六倍的物后得到的差，这个差应等于六十迪纳尔。进行还原与对消运算后，得到的方程为：三十等于三十六倍的物，如果用物的数量来除以数，则得到黄金的重量，它等于六分之五米斯卡拉，珍珠的重量也是如此，类似于上面，从三米斯卡拉中减去它们的重量之和，就得到蓝宝石的重量。

如果要求出这三种物体中的一个物体的重量，而其余两个物体中的一个物体的重量是已知的或它的重量是所求重量的四分之一或具有其他的关系，则我们可假设所求物体的重量为物。如果所求的物体与其他的三个物体或四个物体具有某种关系，则用同样的方法来完成算法。

如果有四种物体，则类似于第一种方法，首饰的重量与最贵的价格相乘，从中减去首饰的成本，把得到的余数除以从最贵的价格中减去最便宜的两个价格之和或最便宜的三个价格之和的三分之一后得到的差，令第一个物体的重量等于第二个物体重量的一半，从第二个物体的重量中减去第一个物体的重量并记住所得到的结果。然后分别算出最便宜的两个物体的重量，这时无论它们的重量是否相等，但它们的重量之和小于记住的数量，从首饰的重量中减去它们的重量之和，从首饰的成本中减去它们的成本之和，这时第一个减法运算得到的结果是其余两个物体的重量，第二个减法运算得到的余数是其余两个物体的成本，然后按照例六的方法来确定它们的重量。这样我们得到由重量相等的两种物体与其他的两种物体构成的情况，或者如果我们假设其中的三个是一种物体，即由三种物体构成的新的一种物体，则得到重量相等的三种物体等。

如果问题由多种物体构成，则由方法三，不妨设除了价格最贵的物体之外，其他所有物体的重量为物，从首饰的重量中减去这些物之和，得到的余数是价格最贵物体的重量，剩余的算法如上。

例八：一名工人的月薪，即三十天的工钱是十迪纳尔和一件衬衣，它打工了三天就能买到一件衬衣，问衬衣的价格是多少？。

假设衬衣的价格为物，则他的月薪为十迪纳尔与一个物之和，取这个和的十分之一，他的打工天数是一个月的十分之一，即三天，所以一迪纳尔与十分之一的物之和等于一件衬衣的价格，即一迪纳尔与十分之一的物之和等于物。进行还原与对消运算后，得到的方程为；一迪纳尔等于十分之九倍的物，用物的数量除

以迪纳尔,得到的商是一又九分之一,这就是所要求的数①。

如果该工人打了七天工才能买到一件衬衣,则衬衣的价格是多少?

假设衬衣的价格为物,则该工人的月薪为十迪纳尔与一个物之和,月薪对月的天数之比等于物对打工天数之比,由法则十七,三十与物相乘,得三十倍的物,七与十迪纳尔与物之和相乘,得七十与七倍的物之和,对消其中的共同部分,得到的方程为:七十迪纳尔等于二十三倍的物,用物的数量来除以数,得到的商为三又二十三分之一,这就是未知数,即衬衣的价格②。

验证:得到的数与十相加,得月薪,即三十又二十三分之一,这个数与打工天数相乘,即三十又二十三分之一与七相乘,得九十一又二十三分之七,把得到的结果除以一个月的天数,得到的结果为三又二十三分之一,这就是衬衣的价格,由已学过的法则,如果该工人打了七天工,则衬衣就是它的工钱。如果他继续打工到该月剩下的日子,则它又可以领取十迪纳尔的工钱,把十除以余数,即把十除以二十三,得到的商为二十三分之十,这就是一天的工钱,所以七天的工钱为三又二十三分之一。

例九:三名工人打工。其中,第一名工人的月薪为五迪纳尔,第二名工人为四迪纳尔,第三名工人为三迪纳尔。每一个工人的打工天数都是未知的分数,但所有工人的打工天数之和是三十天,它们领取的工钱相等,我们想知道每一个工人的打工天数。

第一个工人的月薪对第二个工人的月薪之比等于五对四之比,第一个工人的月薪对第三个工人的月薪之比等于五对三之比,所以第一个工人的打工天数对第二个工人的打工天数之比等于四对五之比,第一个工人的打工天数对第三个工人的打工天数之比等于三对五之比。因我们在法则三十九中叙述过有关报酬方面内容,所以其中哪一个工人的月薪为五迪纳尔,我们就用物来表示他的打工天数,哪一个工人的月薪为四迪纳尔,则取物与物的四分之一之和作为他的打工天数,哪一个工人的月薪为三迪纳尔,则取物与物的三分之二之和作为他的打工天数。他们的打工天数相加,得三倍的物与物的十二分之十一之和,得到的和应等于三十,用物的数量来除以三十,得到的商为七又四十七分之三十一,这就是所谓的物,即月薪为五迪纳尔的工人的打工天数。再取它的四分之一,得一又四十七分之四十三,得到的数与第一个工人的打工天数相加,得九又四十七分之二十七天,这就是月薪为四迪纳尔的工人的打工天数。然后取第一个工人打工天数的三

---

① 假设衬衣的价格为 x,由题意,有 $\frac{10+x}{10} = x$,得 $x = 1\frac{1}{9}$。

② 假设衬衣的价格为 x,由题意,有 $\frac{10+x}{30} = \frac{x}{7}$,得 $x = 3\frac{1}{23}$。

分之二，得五又四十七分之五，得到的数与第一个工人的打工天数相加，得十二又四十七分之三十六，这就是第三个工人的打工天数。

如果我们把第二个工人的打工天数与它的三分之一相加，就得到第三个工人的打工天数。我们对这一题制作表，并进行了验证①。

	第一个工人	第二个工人	第三个工人
月薪	五迪纳尔	四迪纳尔	三迪纳尔
打工天数	7 31 47	9 27 47	12 36 47
验证	每一个乘积除以三十，得到的每一个商等于一又四十七分之十三迪纳尔。		1 13 47

例十：四个工人的月薪分别为：第一个为六，第二个为五，第三个为四，第四个为三迪纳尔。每一个工人的打工天数都是未知数，但所有工人的打工天数之和是三十天，它们领取的工钱相等，我们想知道每一个工人的打工天数。

设第一个工人的打工天数为物，则类似于上面，第二个工人的打工天数为物与五分之一的物之和，第三个工人的打工天数为一又二分之一倍的物，第四个工人的打工天数为二倍的物。它们的和等于五又十分之七倍的物，得到的和应等于三十，把三十除以五又十分之七，得到的商为五又五十七分之十五，这是第一个工人的打工天数。其余工人的打工天数直接写在表内②。

---

① 假设第一、二、三个工人的打工天数分别为 x, y, z，则 $\frac{x}{y} = \frac{4}{5}$，$\frac{x}{z} = \frac{3}{5}$，从而得 $y = \frac{5}{4}x$，$z = \frac{5}{3}x$。这里，有 $x+y+z = \left(1+1\frac{1}{4}+1\frac{2}{3}\right)x = 30$，$\frac{47}{12}x = 30$，$x = \frac{360}{47} = 7\frac{31}{47}$，$y = \frac{5}{4}x = \frac{450}{47} = 9\frac{27}{47}$，$z = \frac{5}{3}x = \frac{600}{47} = 12\frac{36}{47}$。验证：$\frac{5x}{30} = \frac{4y}{30} = \frac{3z}{30} = 1\frac{13}{47}$。

② 假设第一、二、三、四个工人的打工天数分别为 x, y, z, t，则 $\frac{x}{y} = \frac{5}{6}$，$\frac{x}{z} = \frac{4}{6}$，$\frac{x}{t} = \frac{3}{6}$，从而得 $y = \frac{6}{5}x$，$z = \frac{6}{4}x$，$t = \frac{6}{3}x$。这里，有 $x+y+z+t = \left(1+1\frac{1}{5}+1\frac{1}{2}+2\right)x = 30$，$\frac{57}{10}x = 30$，$x = \frac{300}{57} = 5\frac{15}{57}$，$y = \frac{6}{5}x = \frac{360}{57} = 6\frac{18}{57}$，$z = \frac{3}{2}x = \frac{450}{57} = 7\frac{51}{57}$，$t = 2x = \frac{600}{57} = 10\frac{30}{57}$。验证：$\frac{6x}{30} = \frac{5y}{30} = \frac{4z}{30} = \frac{3t}{30} = 1\frac{3}{57}$。

	第一个工人	第二个工人	第三个工人	第四个工人
月薪	六迪纳尔	五迪纳尔	四迪纳尔	三迪纳尔
打工天数	5 15 57	6 18 57	7 51 57	10 30 57
	乘以六	乘以五	乘以四	乘以三
验证	1 3 57	每一个乘积除以三十，得到的每一个商等于一又五十七分之三十迪纳尔，这就是给每一个工人按其打工天数发放的工钱		

例十一：我们想把十分成两个部分，其中一个部分的平方与另一个部分的和也构成平方。

设该部分为物，如果我们把第二部分取为两倍的物与一之和，则得到的和与物的平方之和能够构成平方。因为第一个平方，即物的平方与第二部分之和等于物的平方与两倍的物与一之和，即它们的和构成平方，所以物与一之和是它的平方根，所分成的两个部分相加，得三倍的物与一之和，这个和应等于十，去掉它们当中的共同部分，得三倍的物等于九，用三除以九，得到的商为三，这就是未知物，即第一部分。另一部分等于七，这样三的平方与七之和等于十六，即十六也是平方①。

若有必要，我们不妨设第一部分为二倍的物，第二部分为十二倍的物与九之和，这样第一部分的平方与第二部分之和，即二倍物的平方与十二倍的物与九之和构成平方，它的根等于二倍的物与三之和，两个部分相加，得十四倍的物与九之和，这个和应等于十，去掉它们当中的共同部分九，得十四倍的物等于一，用十四除以一，得七分之一的一半。这是一个未知数，然而我们假设第一部分为二倍的物，所以第一部分为七分之一，另一部分为九又七分之六。这样第一部分的平方与第二部分之和等于九又四十九分之四十三，这也是一个平方，因为它的根

---

① 设把十分成两个部分后，其中的一个部分为 x，另一个部分为 y。由题意，应有 $y = 2x + 1$，由 $x + y = 10$，有 $3x + 1 = 10$，即 $x = 3$ 且 $y = 7$。

等于三又七分之一，这就是二倍的物与三之和①。

例十二：我们想求出一个数，使它与三又二分之一相加或从中减去三又二分之一，得到的和或差是一个平方。换句话说：我们想求出一个数，使它的平方与七相加，得到的和是一个平方，因为如果求出了这样的数，并且我们把三又一半与该数的平方相加，则我们得到这样一个数，使从该数中减去三又一半或该数与三又一半相加，得到的和或差是一个平方。

用还原与对消法则：假设该数为物，则它的平方就是物的平方，如果该平方与七相加，则得到物的平方与七之和，得到的这个和与物的平方与二倍的物与一之和相比较，比较的条件我们在法则二中叙述过，去掉它们当中的共同部分，得到的余式为六等于二倍的物。用二除以六得三，这就是我们所要求的未知数。如果它的平方与三又二分之一相加，得十二又二分之一，这也是我们所要求的数，即它是这样一种数，使它的平方与三又二分之一相加或从中减去三又二分之一，得到的和或差是一个平方②。

如果我们把四倍的物与四相加后得到的和与平方〔平方与七之和〕相比较，则去掉它们当中的共同部分之后，得到的方程为：三等于四倍的物，用物的数量来除以数，得四分之三，如果它的平方与上面提到的七相加，即十六分之九与七

---

① 设第一部分为 $2x$，第二部分为 $12x+9$，这样第一部分的平方与第二部分之和，即 $4x^2+12x+9=(2x+3)^2$，又因 $2x+12x+9=14x+9=10$，$x=\dfrac{1}{14}$，故 $2x=\dfrac{1}{7}$，这是第一部分，而第二部分为 $9\dfrac{6}{7}$。阿·卡西的这一方法，实际上在求解方程组 $\begin{cases} u+v=10 \\ u^2+v=t^2 \end{cases}$ 的有理根时，取 $u=mx$，$v=2mnx+n^2$。其中，m，n 为正整数，这样 $t^2=u^2+v$ 是一个有理数的平方。该问题就是求解有关有理数的方程 $t^2=a^2u^2+bu+c$ 的有理根，这个问题在 3 世纪被希腊数学家丢番图（Diophontus）所解。按照现代的说法，相当于求 $\sqrt{a^2u^2+bu+c}$ 时，取 $t=au+z$，这时，得 $u=\dfrac{z^2-c}{b-2az}$，当 z 取为不同的有理数时，可得到 u 的一系列有理值，虽然丢番图只求了一个根，但他的方法具有一般性。另外，丢番图的这一方法可能受东方数学的影响。（Zeuthen H G. Geschichte der Mathematik im Altertum und Mittelalter. Kopenhagen：Verlag von Andr. Fred. Host & Son in Kopenhagen，1896：243-260.）

② 假设该数为 x，由题意，要求出下面方程组的有理解：$\begin{cases} x+3\dfrac{1}{2}=t^2 \\ x-3\dfrac{1}{2}=u^2 \end{cases}$，阿·卡西把方程组改成 $t^2-u^2=7$，$t^2=u^2+7$，再用前一题的解法，即令 $2u+1=7$，得 $u=3$，故 $x=u^2+3\dfrac{1}{2}=12\dfrac{1}{2}$，这就是所要求的数。东方数学家早已有这种方程组的解法。例如，方程组 $\begin{cases} x^2+5=t^2 \\ x^2-5=u^2 \end{cases}$，由东方数学的继承者梨欧纳都（13 世纪）解决。（Zeuthen H G. Geschichte der Mathematik im Altertum und Mittelalter. Kopenhagen：Verlag von Andr. Fred. Host & Son in Kopenhagen，1896：243-260.）这里，阿·卡西取 $u=\dfrac{7-z^2}{2z}$，则有 $t=u+z$ 与 $(t+u)(t-u)=7$，其中 $t-u=z$，$t+u=z+2u$，阿·卡西取 $z=2$。

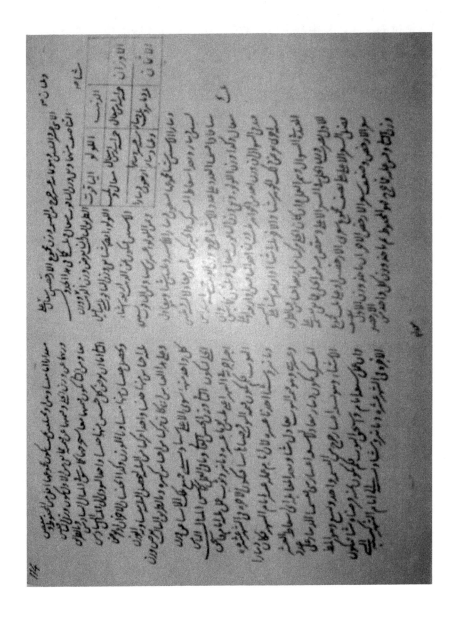

相加，得七又十六分之九，这就是二与四分之三之和的平方①。

用已学过的法则：从中减去较小数的平方，即从中减去位于两个平方数之间数的平方，把得到差的一半除以这个平方的平方根，得到的商就是我们所要求的数。较小数平方的平方根与被减平方的平方根之和等于较大数平方的平方根②。例如，在这个问题中要减去的平方就是四，它应位于两个平方数之间，要从七中减去它，得到的差等于三，这个差的一半除以该平方的平方根，即一又二分之一除以二，得到的商为四分之三，这是较小的平方数，即我们所要求的数。如果我们取位于两个平方数之间数一半的平方，得到的平方与四分之一相加，得到的和与位于两个平方数之间数的一半相加或从得到的和中减去位于两个平方数之间数的一半，则同样得到一个平方数③。

例十三：我们想把二十分成两个部分，使其中一部分等于另一部分的平方。

假设其中的一部分为物，则另一部分等于从二十中减去的物，它应等于平方。还原后得：二十等于平方与物之和，由第一个复杂方程的解法；取物数量的一半的平方，得四分之一，得到的四分之一与数相加，即得到的四分之一与二十相加，得二十又四分之一，再取它的平方根，得四又一半，从中减去物的数量的一半，即从四又一半中减去一半，得四，这就是我们所要求的数④。为了看清在运算中所使用的数字与符号，我们编制了下表：

物的数量	它的一半	物数量的一半的平方	数	它们的和	和的平方根	从中减去物的数量的一半，得未知数
一	0 1 2	0 1 4	20	20 1 4	4 1 2	四

例十四：一名工人的月薪为九十迪纳尔，他的打工天数是未知的，他得到的工钱为：从月薪中减去两个迪纳尔后得到的差等于打工天数的平方。换言之：我们想求出这样一个数，使从该数的三倍中减去二后得到的差等于平方，其中工钱

---

① 在 $t^2 = u^2 + 7$ 中，令 $t = 2 + u$，则 $4u + 4 = 7$，得 $u = \frac{3}{4}$，这样 $u^2 + 7 = \frac{9}{16} + 7 = \left(2 + \frac{3}{4}\right)^2$。

② 这里，所求的数为 $u = \frac{7 - z^2}{2z}$，则较大的数为 $t = u + z$。

③ 这里，$\left(\frac{z}{2}\right)^2 + \frac{1}{4} \pm \frac{z}{2} = \left(\frac{z}{2} \pm \frac{1}{2}\right)^2$。

④ 设一部分为 x，则另一部分 $20 - x$，由题意得：$x^2 = 20 - x$，移项后得 $x^2 + x = 20$，这是复杂的三种方程中的第一个，故 $x = \sqrt{\frac{1}{4} + 20} - \frac{1}{2} = 4$。

第五卷　论用还原与对消法、双假设法来求未知数和其他算术法则　·355·

对打工天数之比等于三对一之比。

假设打工天数为物，则工钱等于三倍的物，从中减去两个迪纳尔，得三倍的物减去二，得到的差等于平方。还原后得：三倍的物等于平方与二之和，由复杂方程中的第二个方程。解法如下：取物的数量的一半，得一又一半，它的平方等于二又四分之一，从中减去二，得四分之一，它的平方根等于一半，首先得到的一半与物的数量的一半相加，得二，下一次从物的数量的一半中减去一半，得一，得到的这两种结果都是未知数的值①。为了让读者明白，所使用的数据写在表内。该表如下：

物的数量	它的一半	物数量的一半的平方	数	从物数量一半的平方中减去它	它的平方根	第一次：它与物的数量的一半相加	第二次：从中减去它
3	1 1/2	2 1/4	2	0 1/4	0 1/2	2	1

验证：若打了两天工，则工钱为六迪纳尔，从中减去二，得四，这就是二的平方。若只打了一天工，则工钱为三个迪纳尔，从中减去二，得一，这也是一的平方。

例十五：我们想求出一个数，如果从该数的二倍中减去一后得到的差与三相乘，从得到的乘积中减去二后得到的差与四相乘，从得到的乘积中减去三，则得到差的平方根等于二又三分之一倍的该数。

假设该数为物，从它的二倍中减去一，得二倍的物与一之差，得到的差与三相乘，得六倍的物与三之差，从中减去二，得六倍的物与五之差，得到的差与四相乘，得二十四倍的物与二十之差，从中减去三，得二十四倍的物与二十三之差，得到的差等于二又三分之一倍物的平方，即得到的差等于五又九分之四倍的物的平方。进行还原与对消运算之后，得到的方程为：二十四倍的物等于五又九分之四倍的物的平方与二十三之和。把平方的数量取为一，而其余两个项都除以平方的数量，得到的方程为：四又四十九分之二十倍的物等于平方与四又四十九分之十一之和，此方程的解法类似于复杂方程中的第二个方程的解法②。在下面的表中可以看出未知数的具体求法：

---

① 假设打工天数为 x，由题意，有 $3x = x^2 + 2$，故 $x = \frac{3}{2} \pm \sqrt{\frac{9}{4} - 2} = \begin{cases} 2 \\ 1 \end{cases}$。

② 假设未知数为 x，由题意，有 $\sqrt{4[3(2x-1)-2]-3} = 2\frac{1}{3}x$，即 $24x - 23 = 5\frac{4}{9}x^2$，$4\frac{20}{49}x = x^2 + 4\frac{11}{49}$，$x = 2\frac{10}{49} \pm \sqrt{4\frac{2060}{2401} - 4\frac{11}{49}} = 2\frac{10}{49} \pm \frac{39}{49} = \begin{cases} 3 \\ 1\frac{20}{49} \end{cases}$，即 $x = 3$，$x = 1\frac{20}{49}$。

物的数量	它的一半	物数量的一半的平方	数	从物数量一半的平方中减去它	它的平方根	物数量的一半与平方根相加后得到的未知数	从物数量的一半中减去平方根后得到的未知数
4	2	4	4	0	0		1
20	10	2060	11	1521	39	3	20
49	49	2401	49	2401	49		49

例十六：我们想把十分成两个部分，使从十中减去其中一个部分的一半后得到的差等于另一部分的平方。换言之：我们想求出一个数，使该数的平方与该数之差等于十与该数的平方之差。

假设该数为物，从十中减去它，得到十与物之差，得到的差就是两个部分中的另一个部分，它的一半等于五与半倍的物之差，从十中减去得到的差，得五与半倍的物之和，得到的和应等于平方。此方程的解法类似于复杂方程中的第三个方程的解法。物的数量的一半等于四分之一，它的平方等于十六分之一，得到的结果与数相加，得五又十六分之一，它的平方根等于二又四分之一，得到的根与物的数量的一半相加，即二又四分之一与四分之一相加，得二又二分之一，这就是未知数。它是十的部分，另一个部分为七又二分之一。如果从十中减去七又二分之一的一半，即从十中减去三又四分之三，得六又四分之一，它就是二又二分之一的平方①。我们把所使用的数据写在表内。

物的数量	它的一半	它的平方	数	它们的和	取平方根	未知数的值
0	0	0	5	5	2	2
1	1	1	1	1	1	1
2	4	16		16	4	2

例十七：有两种商品，其中一种商品的十个为一迪纳尔，另一种商品的十五个为一迪纳尔，我们将花费一迪纳尔购买相等数量的两种商品。

用已学过的法则：寻找[十与十五的最小公倍数]最小公倍数，现确定它为三十，把它除以十，得三，把它除以十五，得二，得到的两个商相加，得五，以五为分母，把得到的两个商分别除以这个分母，第一个结果为五分之三，第二个

---

① 假设未知数为 x，由题意，$10 - \frac{1}{2}(10-x) = x^2$，整理 $5 + \frac{1}{2}x = x^2$，这是第三种复杂方程，$x = \frac{1}{4} \pm \sqrt{\frac{1}{16} + 5} = \frac{1}{4} \pm \frac{9}{4} = \begin{cases} 2\frac{1}{2} \\ -2 \end{cases}$，阿尔·卡西只取了正根。此题的后面部分相当于验证，$10 - 7\frac{1}{2} \div 2 = 10 - 3\frac{3}{4} = 6\frac{1}{4} = \left(2\frac{1}{2}\right)^2$，说明从十中减去其中一个部分的一半后得到的差等于另一部分的平方。

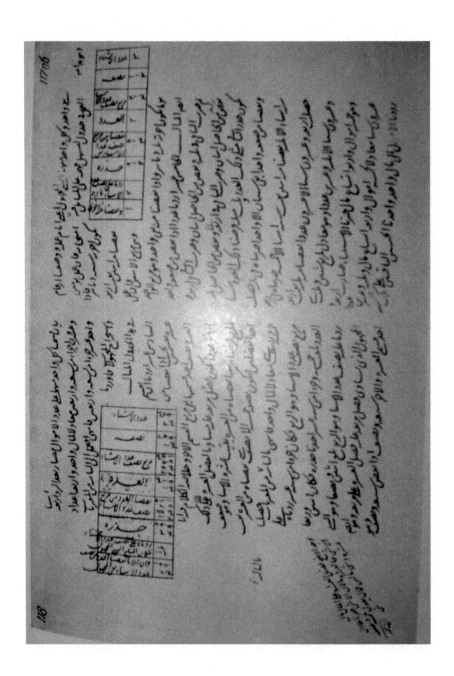

结果为五分之二〔如果用五分之三迪纳尔购买第一种商品，用五分之二迪纳尔购买第二种商品〕，则这两种商品的数量相等，它们都等于六①。

另一种方法：两种商品的数量相加，得二十五，第二种商品的数量对总和之比等于五分之三对一之比〔第一种商品的数量对总和之比等于五分之二对一之比〕。由法则三十九：用五分之三迪纳尔购买第一种商品，用五分之二迪纳尔购买第二种商品，这两种商品的数量都等于六。如果我们想花费五迪纳尔或五分之一迪纳尔购买相等数量的两种商品，则先花费一迪纳尔购买相等数量的两种商品，然后购买每一种商品时所花的迪纳尔乘以五或五分之一等。

用还原与对消法则：假设购买一种商品时所花的迪纳尔为物，则另一个等于一迪纳尔与物之差，把第一个量与第一种商品的数量相乘，把第二个量与第二种商品的数量相乘，第一个乘积等于十倍的物，这个乘积应等于第二个乘积，即等于十五迪纳尔与十五倍的物之差。进行还原与对消运算后，得到的方程为：二十五倍的物等于十五迪纳尔，用物的数量来除以数，得五分之三，这就是未知数的值。五分之三与十相乘，得六，一迪纳尔的第二部分为五分之二，把它与十五相乘，得六，这就是所要求的结果②。

如果我们想花费一迪纳尔购买十四个商品，则十四与乘积之和之间存在着相等关系，即十五迪纳尔与五倍的物之差等于十四，进行还原与对消运算之后，得到的方程为：五倍的物等于一迪纳尔，用五除以迪纳尔，得到的商为五分之一迪纳尔，这就是未知数。把它与十相乘，得二。一迪纳尔的第二部分为五分之四，把它与十五相乘，得十二，这就是所要求的另一个数，它们的和等于十四，这就是我们所要求的结果③。

如果我们想花费三迪纳尔购买四十个商品，则其中大的量与三相乘，从得到的乘积中减去四十，得到的差等于五，把得到的五除以物的数量之差，即把五除以五，得一，这样我们花费一迪纳尔购买第一种商品，能买到十个商品。其余的迪纳尔（二迪纳尔）能买到三十个第二种商品，这样它们的和等于四十，这就是

---

① 假设每一种商品的数量为 x，则 $\frac{x}{10} + \frac{x}{15} = 1$，$5x = 30$，$x = 6$。

② 假设购买一种商品时所花的迪纳尔为 x，由题意，$10x = 15(1-x)$，$25x = 15$，$x = \frac{3}{5}$，而购买另一种商品时所花的迪纳尔为 $1 - x = \frac{2}{5}$，因此，$10 \times \frac{3}{5} = 15 \times \frac{2}{5} = 6$。

③ 假设购买一种商品时所花的迪纳尔为 x，由题意，$10x + 15(1-x) = 14$，$5x = 1$，$x = \frac{1}{5}$，而购买另一种商品时所花的迪纳尔为 $1 - x = \frac{4}{5}$，因此，$10 \times \frac{1}{5} + 15 \times \frac{4}{5} = 2 + 12 = 14$。

我们所要的结果①。

例十八：有三种商品，其中一种商品的十个为一迪纳尔，另一种商品的十五个为一迪纳尔，第三种商品的三十个为一迪纳尔，我们将花费一迪纳尔购买相等数量的三种商品。

用已学过的法则：先求出这三个数的最小公倍数，现确定它为六十②，把它分别除以这三个量，第一个商为六，第二个商为四，第三个商为二，把得到的每一个商分别除以这三个商之和，即把得到的每一个商分别除以十二，第一个商为一半，第二个商为三分之一，第三个商为六分之一，它们构成一个迪纳尔的三个部分。如果我们花一迪纳尔的第一部分购买第一种商品，花第二部分购买第二种商品，花第三部分购买第三种商品，则购买的各商品数量相等，也就是十的一半、十五的三分之一，三十的六分之一都相等。为了让读者明白，我们把所使用的运算法则写在表内。该表如下：

第一种商品	第二种商品	第三种商品
一迪纳尔十个	一迪纳尔十五个	一迪纳尔三十个
我们将花费一迪纳尔购买相等数量的三种商品，为此先求出这三个数的最小公倍数，现确定它为六十，把它分别除以这三个量，得到：		
六	四	二
它们的和等于十二，把上面得到的每一个商分别除以十二，得：		
一半	三分之一	六分之一
购买每一个部分（迪纳尔）对应的商品		
五	五	五

当商品的数量较多时，应按照上述法则来进行计算。

用还原与对消法则：长话短说，该问题是这样：我们想把一个迪纳尔分成三个部分，使得第一部分与十相乘、第二部分与十五相乘，第三部分与三十相乘，得到的乘积相等。为此，假设其第一部分为物，因为第一部分与十相乘、第二部分与十五相乘，得到的乘积相等。由法则十七，第一部分对第二部分之比等于十五对十之比，所以第二部分为三分之二的物。虽然这样的算法比较容易理解，但更容易理解的方法是：第一种商品的价格对第二种商品的价格之比等于第二种商品的数量对第一种商品的数量之比。这类似于我们已学过的法则三十九。这样，

---

① 假设购买一种商品时所花的迪纳尔为 x，由题意，$10x + 15(3-x) = 40$，$5x = 5$，$x = 1$，而购买另一种商品时所花的迪纳尔为 $3 - x = 2$，因此，$10 \times 1 + 15 \times 2 = 10 + 30 = 40$。

② 三个数 10、15、30 的最小公倍数是 30，而不是 60。

一迪纳尔的第三部分等于：一迪纳尔与物之差，再从得到的差中减去三分之二的物。第一部分与十相乘，第二部分与十五相乘，得（这两个乘积都等于）十倍的物。第三部分与三十相乘，得三十迪纳尔与五十倍的物之差，得到的差应等于前两次的乘积结果，即等于十倍的物。进行还原运算后得到，三十迪纳尔等于六十倍的物，用物的数量来除以数，得到的商为二分之一。这就是一迪纳尔的第一部分；第二部分等于它［第一部分］的三分之二，即等于三分之一；第三部分等于剩下的余数，它等于六分之一①。

如果有人不明白这些部分之间的关系，从而未能解出这类问题，则他可以把第一部分假设为物，第二部分假设为法里斯②（فالص），这时第二部分等于从迪纳尔中减去物与法里斯之和后剩下的差。这样，第一个乘积为十倍的物，第二个乘积为十五倍的法里斯，第三个乘积等于从三十迪纳尔中减去三十倍的物与三十倍的法里斯之和后剩下的余数。其中，十五倍的法里斯等于十倍的物，这里的乘积都是近似的相等，因为三十倍的法里斯等于二十倍的物，所以第三个乘积等于从三十迪纳尔中减去五十倍的物，而其他的运算类似于上面。这一方法对于初学者来说是比较方便，但对已经掌握这种运算者来说是不方便，因为用这一方法者在运算的后部才知道法里斯与物之间的关系，但掌握这种运算者解题以前就确定了它们之间的关系③。

如果我们想花费一迪纳尔购买二十个商品，即把一迪纳尔分成三个部分，则把第一部分与十相乘，第二部分与十五相乘，第三部分与三十相乘，得到的这些乘积之和等于二十。按法则来确定未知数的方法有三种，这些方法在上面有关首饰的例子中已叙述过，所以我们在这里只强调：这里的商品数量相当于哪里的物价以及相反，这里的成本相当于哪里的和，这里的便宜商品相当于哪里的贵商品以及相反。我们在这里叙述这一问题，只是为了给初学者提供方便。

方法一：先确定未知数，从最大数中减去二十，即从三十中减去二十，把得到的差除以最大数与最小数之差，即把十除以二十，得二分之一，记住这一结果。一迪纳尔的第一部分应小于记住的数，假设它等于五分之二，这一数与最小数相乘，得四。从一迪纳尔中减去五分之二，得五分之三，从二十中减去四，得十六。这样原问题就变成有关两种商品的问题，其中一种商品的十五个为一迪纳

---

① 假设其第一部分为 x，则第二部分为 $\frac{2}{3}x$，第三部分为 $1-x-\frac{2}{3}x=1-\frac{5}{3}x$。由题意：$10x=30\left(1-\frac{5}{3}x\right)$，$60x=30$，故第一部分为 $x=\frac{1}{2}$，第二部分为 $\frac{1}{3}$，第三部分为 $\frac{1}{6}$，每一种商品购买5个。

② 法里斯（فالص）：中世纪在东方国家中流行的铜币。

③ 我们从这一段可以看出，阿尔·卡西已经掌握了二元一次方程的概念。

尔，另一种商品的三十个为一迪纳尔，我们将花费五分之三迪纳尔购买十六个商品①。该问题的解法类似于上述例子的解法。

方法二： 取前两个数量之和的一半，得十二又一半，它是这两个数的平均数，我们把它看成另一个数量，就得到与两种商品有关的问题。其中之一是花费一迪纳尔购买十二又二分之一个商品，另一个是花费一迪纳尔购买三十个商品，另外，我们想花费一迪纳尔购买二十个商品。

该问题的解法类似于上面例子。从一迪纳尔减去的数就是半倍的量，假设该量为物，则第三量等于一迪纳尔减去二倍的物后得到的差，把它们分别与对应的数量相乘，并与得到的积相加，得到的和等于二十。用上述三种方法算出的结果写入下面的表内②。

	用第一种方法算出的结果				用第二种方法算出的结果		
	第一个商品	第一个商品	第一个商品		第一个商品	第一个商品	第一个商品
商品总和为二十	四	二	十四	商品总和为二十	$2\frac{6}{7}$	$4\frac{2}{7}$	$12\frac{6}{7}$
迪纳尔总和	$0\frac{6}{15}$	$0\frac{2}{15}$	$0\frac{7}{15}$	迪纳尔总和	$0\frac{2}{7}$	$0\frac{2}{7}$	$0\frac{3}{7}$

如果我们想花费五迪纳尔购买这些商品或商品的种类多于三类，则可用以前的方法来求解。

---

① 首先，因 $\frac{30-20}{30-10} = \frac{1}{2}$，所以应取 $x < \frac{1}{2}$，令 $x = \frac{2}{5} < \frac{1}{2}$，则 $10x = 4$，$1-x = \frac{3}{5}$，$20-4 = 16$。阿尔·卡西假设 $x < \frac{1}{2}$，是为了保证方程有正数解，另外取 $x = \frac{2}{5}$，是为了保证 $10x$ 是一个整数。这样 x 只能取 $\frac{1}{10}$，$\frac{1}{5}$，$\frac{2}{5}$ 这三个数之一，而阿尔·卡西只取了 $x = \frac{2}{5}$。这样由上面的方法，得方程 $15y + 30\left(\frac{3}{5} - y\right) = 16$，$y = \frac{2}{15}$，又 $\frac{3}{5} - \frac{2}{15} = \frac{7}{15}$，于是，迪纳尔的分布为 $\frac{2}{5}$，$\frac{6}{15}$，$\frac{2}{15}$，$\frac{7}{15}$，对应商品的分布为 4，2，14。

② 因 $\frac{10+15}{2} = 12\frac{1}{2}$，假设未知数的一半为 x，则 $12\frac{1}{2} \times 2x + 30(1-2x) = 20$，解得：$x = \frac{2}{7}$。所以迪纳尔的分布为 $\frac{2}{7}$，$\frac{2}{7}$，$\frac{3}{7}$，对应商品的分布为 $2\frac{6}{7}$，$4\frac{2}{7}$，$12\frac{6}{7}$。阿尔·卡西的这一解法有问题，因为根据问题的实际意义，商品的数量不能为分数，但我们不考虑它的实际意义，从单纯的方程来看，当然得到的解是满足方程。另外阿尔·卡西在上面提到，这种方程的解法有三种，但他只给出了两种，也许他在上面介绍的其他方法含有第三种解法。

第五卷 论用还原与对消法、双假设法来求未知数和其他算术法则

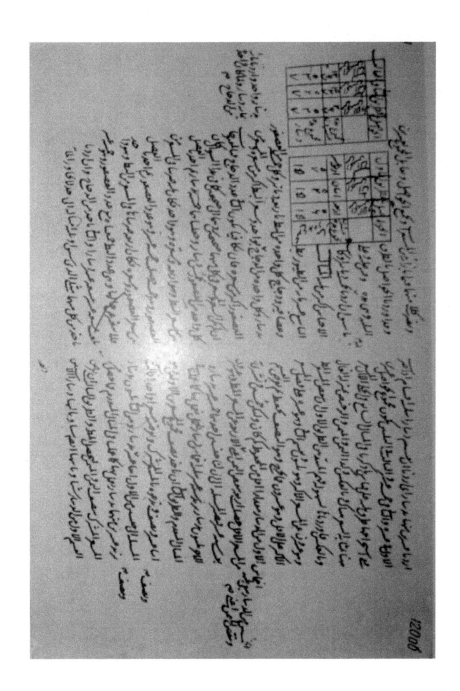

例十九：鸭子、麻雀和鸡共有一百只，鸭一值钱四，麻雀五值钱一，鸡一值钱一，我们想花费一百迪纳尔购买家禽一百只①。

因为一只鸡值钱一迪纳尔，所以鸭子比鸡贵，麻雀的数量比鸡多，它们之间应有一种相等关系，能否用鸡的数量来表示其他数量。

用已学的法则：如果数量与价钱非整数，则首先使它们变成整数。在这一问题中的每一只麻雀值钱五分之一，所以我们可看成五只麻雀值钱一。先取鸭子的价钱与数量之差，即它的价钱四与数量一之间的差等于三，得到的差与麻雀的数量相乘，即三与五相乘，得十五，这是麻雀的数量。然后取麻雀的数量与价钱之差，得到的差为四，把它与鸭子的价钱相乘，即四与一相乘，乘积不变，这是鸭子的数量，把它与麻雀的数量相加，即十五与四相加，得十九。鸭子与麻雀之和值钱十九，然后用剩下的所有钱购买鸡。如果需要，我们可以取它们的[鸭子和麻雀的数量以及对应的价钱]二倍、三倍等，一直进行到不超过一百为止，用剩下的所有钱购买鸡，得到下面的表②。

		鸭子	麻雀	鸡
第一对	数量	4	15	81
	价钱	16	3	81
第二对	数量	8	30	62
	价钱	32	6	62
第三对	数量	12	45	43
	价钱	48	9	43
第四对	数量	16	60	24
	价钱	64	12	24
第五对	数量	20	75	5
	价钱	80	15	5

---

① 这就是古代中国数学中的"百鸡问题"。

② 在中世纪的东方和欧洲的课本上都出现这种类型的不定方程问题，阿尔·卡西在后面给出的例21也属于这种类型，这种类型的问题在欧洲通常用"双假设法"来解。（Vogel K. Die Practica des Algorismus Ratisbonensis. Schriftenreihe zur bayerischen Landesgeschichte, Band 50. München, 1954: 218-222.）百鸡问题记载于中国古代 5~6 世纪成书的《张邱建算经》中，是原书卷下第38题，也是全书的最后一题。该问题导致三元不定方程组，其重要之处在于开创"一问多答"的先例，此题相当于求不定方程组的一系列正整数解：

$$\begin{cases} x + y + z = 100 \\ 4x + \dfrac{1}{5}y + z = 100 \end{cases}$$

解得：$z = 100 - \dfrac{19}{4}x$，$y = \dfrac{15}{4}x$。其中，$x = 4, 8, 12, 16, 20$。

如果所说的两个差是倍分数或同度数，则我们只取两个差中的对立数，再按照差数的处理方法进行处理。

每三只鸭子值钱七，每九只麻雀值钱二，每一只鸡值钱一。先取鸭子的价钱与数量之差，得到的差与麻雀的数量相乘，即四与九相乘，得三十六，这就是麻雀的数量；得到的差与麻雀的价钱相乘，即四与二相乘，得八，这就是麻雀的价钱；然后取麻雀的数量与价钱之差，得到的差与鸭子的数量相乘，即七与三相乘，得二十一，这就是鸭子的数量；得到的差与鸭子的价钱相乘，即七与七相乘，得四十九，这就是鸭子的价钱；从一百中减去它［鸭子与麻雀数量之和］，得四十三，这就是鸡的数量。

	鸭子	麻雀	鸡
批量	三	九	一
价钱	七迪纳尔	两个迪纳尔	迪纳尔
相差	4	7	0
数	二十一	三十六	四十三
价钱	四十九迪纳尔	八迪纳尔	四十三迪纳尔

如果所得到的数量是分数或鸭子与麻雀数量是一对同度数，则取它们的对立部分。例如，在这一问题中，我们可取鸭子的数量为七，麻雀的数量为十二，它们的和等于十九，它们的价钱也是十九迪纳尔。剩下的就是鸡的数量，对于七与十二之和的倍数，可用类似方法进行计算。

如果它们的价钱之和不等于一百。例如，我们花二百迪纳尔购买一百只家禽，则每一种家禽的数量乘二，再从每一种家禽二倍的数量中减去它的价钱，得到的差与另一种家禽的数量相乘，这时每一只鸡应值钱二迪纳尔①。如果我们想求出反过来的问题，则上述方法对这两种情况都通用②。

---

① 此题相当于求不定方程组的一系列正整数解：
$$\begin{cases} x + y + z = 100 \\ \dfrac{7}{3}x + \dfrac{2}{9}y + 2z = 200 \end{cases}$$
解得：$z = 100 - \dfrac{57}{48}x$，$y = \dfrac{9}{48}x$。其中，$x = 48$，$y = 9$，$z = 43$。

② 相反的问题是指：花一百迪纳尔购买二百只家禽。

第五卷　论用还原与对消法、双假设法来求未知数和其他算术法则

	鸭子	麻雀	鸡
数量	3	9	1
价钱	7	2	2
价钱与二倍的数量之差	1	16	0
它们（家禽）的总数	48	9	43
值钱，共二百迪纳尔	112	2	86

如果每一只鸡的价钱必须是一迪纳尔，则我们可用还原与对消法则。

用还原与对消法则：假设鸭子的数量为物，取麻雀的数量为它的数目，即取麻雀的数量等于九，则把它们相加，得到物与九之和，鸭子的价钱等于二又三分之一部分物，麻雀的批量价为二迪纳尔，它们的和，即二又三分之一部分物与二迪纳尔相加等于物与九之和，对消其中的共同部分之后剩余的部分为：一又三分之一部分物等于七，把七除以一又三分之一，得五又四分之一。得到的结果与位于分母上的数相乘，得到鸭子的总数量为二十一，麻雀的总数量为三十六，它就是分数的分母与九的乘积，这样得到的结果与用已学过的法则得到的结果一致①。

如果家禽的总价钱等于它们总数量的二倍，但每一类家禽的价格不变，则使鸭子与麻雀的价钱之和等于家禽的总价钱与总数量之差、鸭子的数量与麻雀的确定数量之和，再从得到的方程中求出未知数②。

例子：我们想花二百五十迪纳尔购买一百五十只家禽，假设鸭子的数量为物，取麻雀的总数量为三十六，如果麻雀的数量为九，则三十六是它的数量的四倍，这是为了家禽的数量不为分数而这样取，也就是为了保证家禽的总数量为一百五十。鸭子的价格是二又三分之一部分物，麻雀的价钱为八迪纳尔，把它们的和为二又三分之一部分物与八迪纳尔，得到的和等于鸭子的数量与麻雀的数量与一百之和，即得到的和等于总价钱与总数量之差与物之和。进行还原与对消运算之后，得到的方程为：一又三分之一部分物等于一百二十八，把一百二十八除以一又三分之一，得到的商为九十六，这就是鸭子的数量。鸭子与麻雀的数量之和等于一百三十二，从一百五十中减去它，得十八，这就是鸡的数量。每一类家禽

---

① 此题相当于求下列不定方程组的解：
$$\begin{cases} x+y+z=100 \\ \dfrac{7}{3}x+\dfrac{2}{9}y+z=100 \end{cases}$$
解得：$z=100-\dfrac{57}{21}x$，$y=\dfrac{36}{21}x$。其中，$x=21$，$y=36$，$z=43$。

② $\begin{cases} x+y+z=100 \\ \dfrac{7}{3}x+\dfrac{2}{9}y+z=200 \end{cases}$（因 $x=\dfrac{300}{4}+\dfrac{7}{12}y$，为了得到正整数解），可取 $y=12$，从第二个方程减去第一个方程，得 $\dfrac{3}{7}x-x+\dfrac{2}{9}y-y=100$，$\dfrac{7}{3}x+\dfrac{8}{3}=100+x+12$，得 $4x=328$，$x=82$，$y=12$，$z=6$。

的数量与它们的价钱分别写在下面的表内①。

	鸭子	麻雀	鸡
家禽总数量为一百五十	96	36	18
总价钱为二百五十	224	8	18

　　如果家禽的种类多于三种，或者总价钱多于总数量，或者总数量大于总价钱，也就是其中有贵的和便宜的，或者有些家禽的一只卖出价也是一迪纳尔等，则先求出每一种家禽的价钱与数量之差，如果有必要，我们不妨取这些差值为正整数。为了求出每一种便宜家禽的价钱，把较贵家禽的价格与数量之差相加，得到的和分别与较便宜家禽的价格相乘，为了求出每一种便宜家禽的数量，得到的和分别与较便宜家禽的数量相乘。为了求出每一种较贵家禽的数量，把较便宜家禽的价格与数量之差相加，得到的和分别与较贵家禽的价格相乘，为了求出每一种较贵家禽的数量，得到的和分别与较贵家禽的数量相乘。为了求出所有家禽的总数量，得到的这些数据之和与一只一迪纳尔的家禽的数量相加。

　　例子：如果我们想花三百迪纳尔购买三百只家禽，则用上面的方法来进行计算。我们把具体的计算以及有关的说明写入表内②。

---

① 此题相当于求下列不定方程组的解：
$$\begin{cases} x + y + z = 150 \\ \dfrac{7}{3}x + \dfrac{2}{9}y + z = 250 \end{cases}$$
（因 $x = \dfrac{300}{4} + \dfrac{21}{36}y$，为了得到正整数解），阿尔·卡西取 $y = 36$，解得 $\dfrac{3}{7}x - x + \dfrac{2}{9}y - y = 100, 2\dfrac{1}{3}x + 8 = 100 + x + 36, x = 96, y = 36, z = 18$。

② 假设家禽的数量按顺序为：$x_i(i = 1, 2, 3, \cdots, 10)$，由条件，有
$$\begin{cases} x_1 + x_2 + x_3 + x_4 + x_5 + x_6 + x_7 + x_8 + x_9 + x_{10} = 300 \quad (1) \\ 3x_1 + \dfrac{5}{3}x_2 + \dfrac{3}{2}x_3 + \dfrac{1}{2}x_5 + \dfrac{1}{2}x_6 + \dfrac{1}{3}x_7 + \dfrac{1}{4}x_8 + \dfrac{1}{5}x_9 + \dfrac{1}{6}x_{10} = 300 \quad (2) \end{cases}$$
阿尔·卡西所说的每一种家禽的价钱与数量之差，相当于运算式(2) - 式(1)，得到
$$2x_1 + \dfrac{2}{3}x_2 + \dfrac{1}{2}x_3 - \dfrac{1}{2}x_5 - \dfrac{1}{2}x_6 - \dfrac{2}{3}x_7 - \dfrac{3}{4}x_8 - \dfrac{4}{5}x_9 - \dfrac{5}{6}x_{10} = 0$$
把较便宜家禽的数量移到等式的另一端，即把负项移到等式的另一端，得
$$2x_1 + \dfrac{2}{3}x_2 + \dfrac{1}{2}x_3 = \dfrac{1}{3}x_5 + \dfrac{1}{2}x_6 + \dfrac{2}{3}x_7 + \dfrac{3}{4}x_8 + \dfrac{4}{5}x_9 + \dfrac{5}{6}x_{10} \quad (3)$$
为了求出每一种便宜家禽的数量，阿尔·卡西把较贵家禽的价格与数量之差相加，相当于式(3)左端各项系数的分子相加，得5，把式(3)的两端除以5，得
$$\dfrac{2}{5}x_1 + \dfrac{2}{15}x_2 + \dfrac{1}{10}x_3 = \dfrac{1}{15}x_5 + \dfrac{1}{10}x_6 + \dfrac{2}{15}x_7 + \dfrac{3}{20}x_8 + \dfrac{4}{25}x_9 + \dfrac{5}{30}x_{10} \quad (4)$$
阿尔·卡西把式 (4) 右端的 $x_i(i = 5, 6, 7, 8, 9, 10)$ 分别取为对应系数的分母，即 $x_5 = 15$，$x_6 = 10$，$x_7 = 15$，$x_8 = 20$，$x_9 = 25$，$x_{10} = 30$。再把式 (3) 的两端除以16，得
$$\dfrac{2}{16}x_1 + \dfrac{2}{48}x_2 + \dfrac{1}{32}x_3 = \dfrac{1}{48}x_5 + \dfrac{1}{32}x_6 + \dfrac{2}{48}x_7 + \dfrac{3}{64}x_8 + \dfrac{4}{80}x_9 + \dfrac{5}{96}x_{10} \quad (5)$$
把式 (5) 右端的 $x_i(i = 1, 2, 3)$ 分别取为对应系数的分母，即 $x_1 = 16$，$x_2 = 48$，$x_3 = 32$，剩下的就是鹧鸪的数量，所以 $x_4 = 89$。

	贵的				中等的	便宜的				
	仙鹤	鹅	鸭子	鹧鸪	鹬	松鸡	鸽子	鸡	鹌鹑	麻雀
数量	1	3	2	1	3	2	3	4	5	6
价格	3	5	3	1	2	1	1	1	1	1
相差	2	2	1	0	1	1	2	3	4	5
运算说明	这些差的和等于五，把它分别与每一种便宜家禽的价格以及所对应的数量相乘，得到该家禽的总价钱与总数量					这些差的和等于十六，得到的十六分别与每一种贵家禽的数量相乘，得到该家禽的总数量，然后把得到的十六别与每一种贵家禽的价格相乘，得到该家禽的总价钱。				
数量的总和为三百	16	48	32	89	15	10	15	20	25	30
总价钱为三百	48	80	48	89	10	5	5	5	5	5

除了鹧鸪之外的其他家禽的数量之和等于二百一十一，从三百中减去它，得八十九，这就是鹧鸪的数量，它们的价钱也是八十九迪纳尔。这样家禽的总数量为三百，它们的总价钱也是三百迪纳尔，这就是我们所要求的结果。

例二十：已知五个数，其中第一个数与第二个数之和等于十，第二个数与第三个数之和等于十五，第三个数与第四个数之和等于十八，第四个数与第五个数之和等于二十四，第五个数与第一个数之和等于三十。

假设第一个数为物，从十中减去它，得第二个数，从十五中减去得到的结果，得第三个数等。为了让读者明白，我们把所使用的运算法则写在表内。计算方法如下①：

---

① 假设已知数分别为 x_1, x_2, x_3, x_4, x_5，则该问题相当于解方程组：
$$\begin{cases} x_1 + x_2 = 10 \\ x_2 + x_3 = 15 \\ x_3 + x_4 = 18 \\ x_4 + x_5 = 24 \\ x_5 + x_1 = 30 \end{cases}$$
其中，第二个数为 $x_2 = 10 - x_1$，第三个数 $x_3 = 5 + x_1$，第四个数 $x_4 = 13 - x_1$，第五个数 $x_5 = 11 + x_1$，因第五个数与第一个数之和等于三十，所以 $11 + 2x_1 = 30$。第一个数为 $x_1 = 9\frac{1}{2}$，第二个数为 $x_2 = \frac{1}{2}$，第三个数为 $x_3 = 14\frac{1}{2}$，第四个数为 $x_4 = 3\frac{1}{2}$，第五个数为 $x_5 = 20\frac{1}{2}$。

问题	第一个数与第二个数之和等于十	第二个数与第三个数之和等于十五	第三个数与第四个数之和等于十八	第四个数与第五个数之和等于二十四	第五个数与第一个数之和等于三十
算法说明	假设第一个数为物，从十中减去它，得第二个数	第二个数等于从十中减去的物，从十五中减去它等于第三个数	第三个数等于五与物之和，从十八中减去它	得第四个数，它等于从十三中减去的物，从二十四中减去它	得第五个数，它等于十一与物之和
	第五个数与第一个数之和等于十一与二倍的物之和，这个和应等于三十，对消后得到的方程为：二倍的物等于十九，把十九除以二，得商为九又一半，这就是第一个数					
答案	九又二分之一	二分之一	十四又二分之一	三又二分之一	二十又二分之一

例二十一：已有想买马的五个人，其中的第一个人对第二个人说：你把随身钱的五分之四给我，我的钱才足够买上这匹马。第二个人对第三个人说：你把随身钱的五分之三给我，我的钱才足够买上这匹马。第三个人对第四个人说：你把随身钱的五分之二给我，第四个人对第五个人说：你把随身钱的五分之一给我，第五个人对第一个人说：你把随身钱的六分之一给我，我的钱才足够买上这匹马。

用还原与对消法则：假设这匹马的价钱为物，第一个人出的钱为一单位，在这个问题中未知数的数量不只是一个，而是任意多个。我们把上面所提到的五个人命名为：扎伊德、阿米尔、巴克热、哈里德、瓦利德。为了简化问题的求解，我们把其余的计算过程写在表内。

扎伊德	阿米尔	巴克热	哈里德	瓦利德
阿米尔应支出随身钱的五分之四，他们的钱才足够买上这匹马	巴克热应支出随身钱的五分之三分	哈里德应支出随身钱的五分之二分	瓦利德应支出随身钱的五分之一分	扎伊德应支出随身钱的六分之一分
假设扎伊德所支出的钱为一单位，从物中减去一，即从马的价钱中减去一，得物与一之差，这应等于阿米尔随身钱的五分之四，它的四分之一与五相乘或它的四分之一与它相加，得到阿米尔的随身钱	阿米尔所支出的钱为：从物与四分之一部分物之和中减去一，再减去四分之一，然后从物中减去得到结果，剩下的就是巴克热应支出的部分，这就是一又四分之一减去四分之一部分物，这是应等于巴克热随身钱的五分之三，它的三分之二与它相加，得到巴克热的随身钱	巴克热 $\dfrac{2}{12}$数 $\dfrac{0}{12}$减 $\dfrac{5}{12}$物	哈里德 $\dfrac{3}{24}$物 减 $\dfrac{5}{24}$数	瓦利德 $\dfrac{26}{24}$数 $\dfrac{12}{24}$减17物
		从物中减去它，得到哈里德支出的部分	从物中减去它，得到瓦利德支出的部分	从物中减去它，得到扎伊德支出的部分
		$\dfrac{1}{12}$ $\dfrac{2}{12}$ 5物减 数	$\dfrac{5}{24}$ $\dfrac{2}{24}$ 数 5减13物	$\dfrac{13}{24}$ $\dfrac{26}{24}$ 17物减数 1
		得五分之二，这就是哈里德应支出的部分	得五分之一，这就是瓦利德应支出的部分	得六分之一，这就是扎伊德应支出的部分

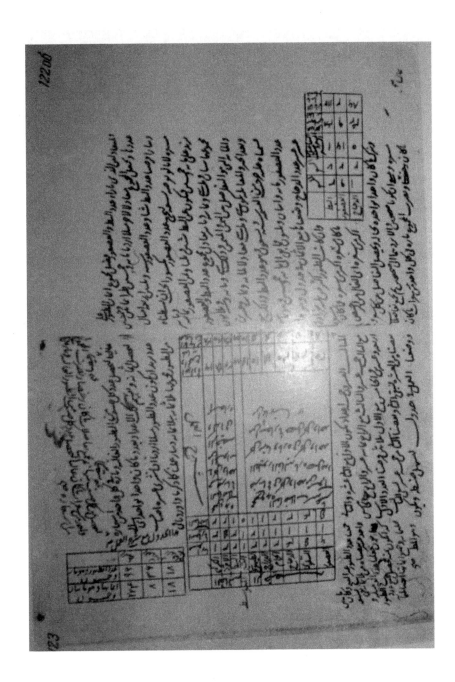

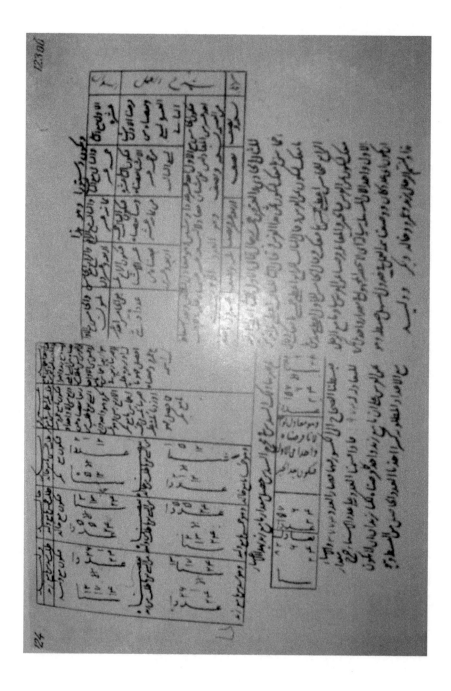

然后把它［从马的价钱中减去瓦利德支出的部分后剩下的余数］与分数六分之一的位于分母上的六相乘，就得到扎伊德应支出的部分①。

82　　　　156 6　物　减　数　6 24　　　　　24	这等于一，所以先写一，然后去还原	157　　　　82 数　6　等于　6　物 24　　　　　24

把带分数化成假分数后再去分母，得：数 3774 等于 1974 倍的物，如我们所假设的那样，扎伊德随身的钱是单位数一，则用物的数量来除以数，就得到马的价钱。如果是这样，扎伊德所出的钱为分数，把带分数化成假分数时所得到的数，即马的价钱取为 3774，把物的数量，即把带分数化成假分数时所得到物的数量 1974 取为扎伊德的随身钱，这样我们得到的两个等式都是两种度量之间的关系，其中之一是物，而另一个是数，也就是物等于数，这类似于一个物对于一之比。由法则三十九，如果我们得到的是马的价钱和扎伊德所出的钱，则可求出其他人的随身钱。从马的价钱中减去扎伊德所出的钱，得到的差应等于阿米尔的随身钱的五分之四，所以得到的差与它的四分之一之和就是阿米尔的随身钱。然后从马的价钱中减去阿米尔所出的钱，得到的差应等于巴克热的随身钱的五分之三。类似于巴克热的随身钱的求法，可求出其他人的随身钱②。

---

① 假设这匹马的价钱为 x，以第一个人（扎伊德）出的钱为单位。又假设阿米尔、巴克热、哈里德、瓦利德的随身钱分别为 y, z, t, μ，则由题意，阿米尔出的钱为：$x - 1 = \frac{4}{5}y$。所以阿米尔的随身钱为：$y = \frac{5}{4}(x-1)$。巴克热出的钱为：$x - \frac{5}{4}(x-1) = \frac{3}{5}z$。所以巴克热的随身钱为：$z = 2\frac{1}{12} - \frac{5}{12}x$。哈里德出的钱为：$x - \left(2\frac{1}{12} - \frac{5}{12}x\right) = \frac{2}{5}t$。哈里德的随身钱：$t = 3\frac{13}{24} - 5\frac{5}{24}$。瓦利德出的钱为：$x - \left(3\frac{13}{24}x - 5\frac{5}{24}\right) = \frac{1}{5}\mu$。所以瓦利德的随身钱为：$\mu = 26\frac{1}{24} - 12\frac{17}{24}x$。扎伊德出的钱为：$x - \left(26\frac{1}{24} - 12\frac{17}{24}x\right) = \frac{1}{6}$。整理后得，$82\frac{6}{24}x - 156\frac{6}{24} = 1$，有 $82\frac{6}{24}x = 157\frac{6}{24}$。

② 阿尔·卡西在上面得到的方程 $82\frac{6}{24}x = 157\frac{6}{24}$ 中带分数化成假分数，得 $\frac{1974}{24}x = \frac{3774}{24}$，分母去掉，得 $1974x = 3774$，这里扎伊德出的钱为 1974。但阿尔·卡西假设该数为一个单位，这样马的价钱为 3774。阿米尔出的钱为：$3774 - 1974 = \frac{4}{5}y$。因此阿米尔的随身钱为：$y = 2250$。巴克热出的钱：$3774 - 2250 = \frac{3}{5}z$。所以巴克热的随身钱为：$z = 2540$。哈里德出的钱为：$3774 - 2540 = \frac{2}{5}t$。所以哈里德的随身钱为：$t = 3085$。瓦利德出的钱为：$3774 - 3085 = \frac{1}{5}\mu$。所以瓦利德的随身钱为：$\mu = 3445$。

第五卷　论用还原与对消法、双假设法来求未知数和其他算术法则　·377·

扎伊德的	阿米尔的	巴克热的	哈里德的	瓦利德的
1974	2250	2540	3085	3445

我们把这些量又用"斯亚克"数字书写，因为在进行这种计算时，使用斯亚克数字来计算相对于其他计算来说既方便又容易理解①。算法如下：

1974 是扎伊德的随身钱，而 1800 是阿米尔随身钱的五分之四，这两个数相加，得 3774	2250 是阿米尔的随身钱，而 1524 是巴克热随身钱的五分之三，这两个数相加，得 3774	2540 是巴克热的随身钱，而 1234 是哈里德的随身钱的五分之二，这两个数相加，得 3774	3085 是哈里德的随身钱，而 689 是瓦利德的随身钱的五分之一，这两个数相加，得 3774	3445 是瓦利德的随身钱，而 329 是扎伊德的随身钱的六分之一，这两个数相加，得 3774

如果人数为四个，他们是扎伊德、阿米尔、巴克热和哈里德，他们当中的每一个人让自己的伙伴出的钱也不变，但不同的是以前哈里德要求让瓦利德出钱，而现在哈里德要求让扎伊德出钱，则把物和单位数一的取法与上面类似，但凡与瓦利德有关的算法都删掉②。

数　1　减　12　物 　　　　　24　　24	进行还原与对消运算之后	数　1　　25 　　　　24	等于 17 物 　　　 24
2　　　12		25	12

把带分数化成假分数后，再去分母，得：马的价钱为 601，扎伊德的随身钱取为 305。所以让每一个伙伴出的余额如下：

305 是扎伊德的随身钱，而 296 是阿米尔随身钱的五分之四，这两个数相加，得 601	370 是阿米尔的随身钱，而 231 是巴克热随身钱的五分之三，这两个数相加，得 601	385 是巴克热的随身钱，而 216 是哈里德随身钱的五分之二，这两个数相加，得 601	540 是哈里德的随身钱，而 61 是扎伊德随身钱的五分之一，这两个数相加，得 601③

---

① 表中的数在原著中一律用斯亚克写法书写。

② 假设这匹马的价钱为 x，以第一个人（扎伊德）出的钱为单位，又假设阿米尔、巴克热、哈里德的随身钱分别为：y，z，t。则由题意，阿米尔出的钱为：$x-1=\frac{4}{5}y$。所以阿米尔的随身钱为：$y=\frac{5}{4}(x-1)$。巴克热出的钱为：$x-\frac{5}{4}(x-1)=\frac{3}{5}z$。所以巴克热的随身钱为：$z=2\frac{1}{12}-\frac{5}{12}x$。哈里德出的钱为：$x-\left(2\frac{1}{12}-\frac{5}{12}x\right)=\frac{2}{5}t$。哈里德的随身钱为：$t=3\frac{13}{24}x-5\frac{5}{24}$。扎伊德出的钱为：$x-\left(3\frac{13}{24}x-5\frac{5}{24}\right)=\frac{1}{5}$。整理后得：$12\frac{17}{24}x=25\frac{1}{24}$。

③ 表中的数在原著中一律用斯亚克写法书写。

如果人数为三，则它们的算法同上：

85 是扎伊德的随身钱，而 64 是阿米尔随身钱的五分之四，这两个数相加，得 149	80 是阿米尔的随身钱，而 69 是巴克热随身钱的五分之三，这两个数相加，得 149	115 是巴克热的随身钱，而 34 是哈里德随身钱的五分之二，这两个数相加，得 149①

用已学过的法则：先制作列数等于人数的表，在每一列上书写有关人的名字，在每一个名字的下面写出该人对自己的伙伴所要求部分的分子和分母，然后把位于分子上的数相乘，使第一个分子与第二个分子相乘，得到的乘积与第三个分子相乘，一直进行到乘法结束为止。每次得到的乘积分别写在分母下方的另一行内，使每一个乘积与对应乘数的分母对齐，即把第一个乘积写在第二列内，第二个乘积写在第三列内等。这一例子中的最后一个乘积是 24，这个数称为第一次记住的乘积。然后把位于分母上的数相乘，类似于上面，把得到的乘积写在第一次记住的乘积下面一行内并分别与对应的乘积对齐。最后一个乘积是 3750，这个数称为第二次记住的乘积。

由于人数是奇数，所以把两次记住的乘积相加，得 3774，这就是马的价钱，同时我们可以求出每个人对自己的伙伴所要求的部分。

如果人数是偶数，则得到的最后两次乘积之差就等于马的价钱。这时第二组乘积的下方另画一行，把编号为奇数的人名所对应的乘积之和写在该行的对应单元之内，同样编号为偶数的人名所对应的乘积之差写在该行的对应单元之内。如果人数等于五，则马的价钱应位于第五列上；如果人数等于四，则马的价钱应位于第四列上。同样，人数为三，[马的价钱] 位于第三列；人数为二，[马的价钱] 位于第二列。然后在这些数据所在行的下方引对应长度的一条横线，由这一条横线所生成行的下方书写表示列编号为偶、奇的标志词并称该横线为标志线。然后，把扎伊德向阿米尔所要部分的分母除以该分数分子，得一又四分之一，把它写在标志线下方的第二列内②，由于列编号是偶，因此从得到的商中减去一后得到的四分之一写在它的上方的位置上，然后把得到的四分之一与位于同一列分数的分母相乘，得一又四分之一，再把它除以该分数的分子，即把一又四分之一

---

① 表中的数在原著中一律用斯亚克写法书写。

② 阿尔·卡西在这里所说的是，在 $x - 1 = \frac{4}{5}y$ 中，把分数 $\frac{4}{5}$ 的分母除以分子，即 $\frac{5}{4} = 1\frac{1}{4}$。

除以三，得 $5\frac{0}{12}$，把它写在第三列中标志线的下方①。由于该分数所在列的编号是奇，因此把它与一相加后得到的和写在它的上方的位置上，然后把得到的 $5\frac{1}{12}$ 与位于同一列分数的分母相乘，得 $1\frac{7}{12}$，把它除该分数的分子，得 $13\frac{3}{24}$，把它写在第四列中标志线的下方。然后从中减去一后得到的差写在它的上方的位置上，再把得到的差与位于同一列分数的分母相乘，得 $17\frac{12}{24}$，把它除该分数的分子，由于该分数的分子为一，所以得到的商不变，把它写在第五列中标志线的下方。由于该分数所在列的编号是奇，因此把它与一相加后得到的和写在它的上方的位置上，再把得到的和与位于同一列分数的分母相乘，得 $6\frac{82}{24}$，把它除该分数的分子，得到的商不变，把它写在标志线下方的适当位置上。然后把写在标志线下方的分数化成假分数，再把得到分数的分子写在该分数所在行下面的另一行的对应位置上。如果扎伊德和他的伙伴共五个人，则它［分数的分子］位于第五列的外面，如果他们是四个人，则它位于第五列，如果他们是三个人，则它位于第四列，如果他们是两个人，则它位于第三列等。

---

① 所说的运算相当于：$\frac{1}{4} \div \frac{3}{5} = \frac{5}{12}$。

	列号	1	2	3	4	5	
	姓名	扎伊德	阿米尔	巴克热	哈里德	瓦利德	
	分子与分母	4/5	3/5	2/5	1/5	1/6	
	第一次乘积		12	24	24	24	第一次记住的
	第二次乘积		25	125	625	3750	第二次记住的
标志线	和或差		13	149	601	3774	
	需要加的或减的未知数的数量①		0 1 4 偶数时	1 5 12 奇数时	2 13 24 偶数时	13 17 24 奇数时	
	商②		1 1 4	0 5 12	3 13 24	12 17 24	82 6 24
	说明③	5	5，若有两个人	85，若有三个人	305，若有四个人	1974，若有五个人	

① 需要加的未知数数量——未知数的系数为正，需要减的未知数数量——未知数的系数为负。

② 这里所说的商：把未知数的系数除以每一个人的伙伴所出的部分后得到的商。

③ 当人数为 1 时，以第一个人的随身钱为单位，由 $x-1=\dfrac{4}{5}$，得 $5x=9$，所以马的价钱为 9，第一个人的随身钱为 5。当人数为 2、3、4、5 时，可用类似方法算出。

我们还算出了含有五个人的其他情况。其中，第一个人要求让第二个人承担一半，第二个人要求让第三个人承担三分之一，第三个人要求让第四个人承担四分之一，第四个人要求让第五个人承担五分之一，第五个人要求让第一个人承担六分之一。算法是这样：

列号［姓名］	1 扎伊德	2 阿米尔	3 巴克热	4 哈里德	5 瓦利德①
分子与分母	1 2	1 3	1 4	1 5	1 6
第一个乘积 第二个乘积		1 6	1 24	1 120	1 720
和或差		5 1	25 4	119 15	721 76
标志线		偶列若两个人，则等于2	奇列若三个人，则等于3	偶列若四个人，则等于17②	奇列若五个人，则等于75

---

① 不知什么原因，在原著中没有画出第五列，本人认为本题应该有第五列，在上面表中的第五列是本人补充的。

② 这个数在原著中误写成17，本人没有把它改过来，实际上该数应等于16。

456 是扎伊德的随身钱，而 265 是第二个人随身钱的一半，这两个数相加，得 721	530 是阿米尔的随身钱，而 191 是第三个人随身钱的三分之一，这两个数相加，得 721	573 是巴克热的随身钱，而 148 是哈里德随身钱的四分之一，这两个数相加，得 721	592 是哈里德的随身钱，而 129 是瓦利德随身钱的五分之一，这两个数相加，得 721	625 是瓦利德的随身钱，而 76 是扎伊德随身钱的六分之一，这两个数相加，得 721
75 是扎伊德的随身钱，而 44 是第二个人随身钱的一半，这两个数相加，得 119	88 是阿米尔的随身钱，而 31 是第三个人随身钱的三分之一，这两个数相加，得 119	93 是巴克热的随身钱，而 26 是第四个人随身钱的四分之一，这两个数相加，得 119	104 是哈里德的随身钱，而 15 是第一个人随身钱的五分之一，这两个数相加，得 119①	

例二十二：阿米尔财产的三分之一与一千之和等于扎伊德的财产，巴克热财产的四分之一与一千之和等于阿米尔的财产，从一千中减去哈里德的六分之一财产等于巴克热的财产，扎伊德财产的七分之一与一千之和等于哈里德的财产。

用还原与对消法则：解法如下：

假设扎伊德的财产为物，则一千与七分之一的物之和等于哈里德的财产，因为一千与扎伊德的七分之一相加，得到的和就是哈里德应有的数量，所以这个财产应归属于哈里德。由题意，计算扎伊德的财产如下： 1402　　0 7　减　1　物 9　　504 因为第一个人的财产设为物，所以上式应等于物②	阿米尔的 1208　　0 1　减　1　物 3　　168 取它的三分之一，等于 402　　0 7　减　1　物 9　　504 把它与一千相加，应得到归属于扎伊德的部分	巴克热的 833　　0 1　减　1　物 3　　42 它的四分之一，等于 208　　0 1　减　1　物 3　　168 把它与一千相加，应得到归属于阿米尔的部分	哈里德的是一千与七分之一的物之和，取它的六分之一 166　　0 2　加　1　物 3　　42 从一千中减去它，就得到巴克热的财产

---

① 表中的数在原著中一律用斯亚克写法书写。

② 假设扎伊德的财产为 x，则上面的表相当于方程：$1000 + \frac{1}{3}\left\{1000 + \frac{1}{4}\left[1000 - \frac{1}{6}\left(1000 + \frac{1}{7}x\right)\right]\right\} = x$。

还原后，数 $1402\frac{7}{9}$ 等于 $1\frac{1}{504}$ 物①，把物的数量除以数后再化成假分数，这时物的分数部分的分子为 505，物的分数部分的分母为 504，这样得到五百零五倍的物等于 707000。把它除以假分数的分子，即把 707000 除以 505，得到的商为 1400，这就是归属于扎伊德的部分。用同样的方法可算出归属其他人的部分②。

扎伊德的 1400，它的七分之一等于 200，把它与一千相加，得到哈里德的部分	阿米尔的 1200，它的三分之一等于 400，把它与一千相加，得到扎伊德的部分	巴克热的 800，它的四分之一等于 200，把它与一千相加，得到阿米尔的部分	哈里德的 1200，它的六分之一等于 200，从一千中减去它，得到巴克热的部分

例二十三：现有一头牛，其每一条腿的重量等于牛重量的立方根，牛头的重量等于四条腿的重量之和，其余部分的重量等于一条腿重量平方的二倍。

假设一条腿的重量为物，则牛的重量为立方，牛头的重量等于四倍的物，其余部分的重量等于二倍的平方。因出现的三种量都与物有关，即数、物与平方都与物有关，所以用数来代替物，用二倍的物来代替二倍的平方，用平方来代替立方，得到：数字八与二倍的物之和等于平方，这就是第三种复杂方程，把物数量的一半的平方与数相加，即把一与八相加，得九，它的平方根等于三，把它与物数量的一半相加，得四，这就是未知物，即一条腿的重量。它的立方，即六十四就是牛的重量，腿重量的四倍，即十六就是牛头的重量，剩下的三十二就是一条腿重量平方的二倍③。

---

① 注意：这里的"数 $1402\frac{7}{9}$ 等于 $1\frac{1}{504}$ 物"，相当于方程 $1402\frac{7}{9} = 1\frac{1}{504}x$，由此来看，阿尔·卡西的表示法与现代写法只差了一步。

② 假设扎伊德的财产为 x，由题意，有
$$1000 + \frac{1}{3}\left\{1000 + \frac{1}{4}\left[1000 - \frac{1}{6}\left(1000 + \frac{1}{7}x\right)\right]\right\} = x$$
整理后，得 $1402\frac{7}{9} - \frac{1}{504}x = x$，$1\frac{1}{504}x = 1402\frac{7}{9}$。把它化成假分数，得 $\frac{505}{504}x = \frac{12625}{9}$，得到 $505x = 707000$，$x = 1400$，这就是扎伊德的财产。哈里德的财产等于 $1000 + \frac{1}{7}x = 1200$，巴克热的财产等于 $1000 - \frac{1}{6}\left(1000 + \frac{1}{7}x\right) = 800$。阿米尔的财产等于 $1000 + \frac{1}{4} \times 800 = 1200$。

③ 由题意，有 $8x + 2x^2 = x^3$，$x = 1 + \sqrt{1+8} = 4$。

第五卷 论用还原与对消法、双假设法来求未知数和其他算术法则

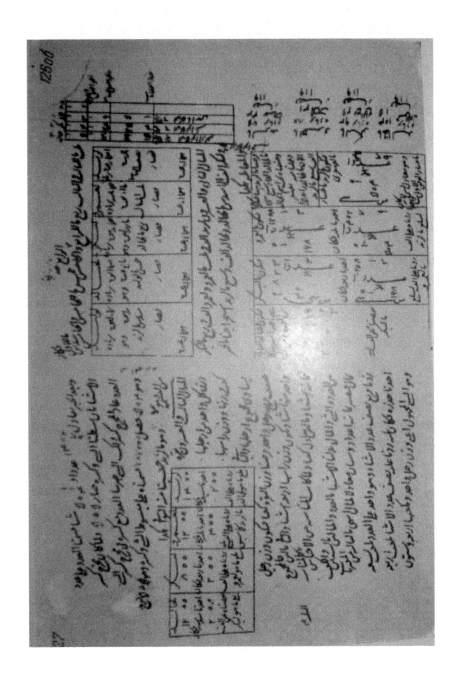

例二十四：已知一个一端有洞的棱柱形物体，其底面是一个正方形，该物体的长度等于底面边长的立方与边长之和，其中洞口的边长度为一手肘，洞的深度等于物体的底面边长，物体的实体积［把洞的体积去掉］等于二百四十三手肘，我们想求出物体的长度和底面边长。

假设物体的底面边长为物，则洞口所在部分的实底面面积等于平方与一之差，物体的长度等于立方与物之和，把它与实底面面积相乘，得平方-立方与物之差，得到的积与从物体长度中减去洞的深度之后得到的差相加，即得到的积与物相加，得平方-立方，这个量应等于二百四十三。这样我们得到的方程属于本书［第五卷］第一章第十部所提到的不属于六种方程中的任何一个方程的情况，用平方-立方的数量来除以数，即把二百四十三除以一，得到的商等于被除数，再取平方-立方的底数，得三，这就是物体底面的边长，它的立方等于二十七，把它与边长之和等于三十，这就是物体的长度①。

验证：把物体的边长自乘，即三与三相乘，得九，把它与物体的长度相乘，即九与三十相乘，得二百七十，这是含空心的整个物体体积，从中减去空心部分的体积，即一乘一后得到的积与二十七相乘，得二十七，从二百七十中减去二十七，恰好等于二百四十三，这就是已知的体积。

例二十五：鱼头的重量等于整个鱼重量的九分之四，如果整个鱼的重量是一个平方-立方次幂，则鱼尾的重量等于它的底数的五倍，其余部分等于鱼尾重量的八倍。

用还原与对消法则：假设鱼的重量为平方-立方，则鱼尾等于五倍的物，鱼头的重量等于平方-立方次幂的九分之四部分，其余部分等于从平方-立方次幂的九分之五部分中减去五倍的物后剩下的余数，因为其余部分的重量等于八倍的鱼尾，而鱼尾等于五倍的底数，所以这个余数应等于四十倍的物。进行还原与对消运算之后，得到的方程为：平方-立方次幂的九分之五部分等于四十五倍的物，这样我们得到的方程属于本书［第五卷］第一章第十部所提到的情况，把物的数量除以平方-立方的数量，即平方-立方的数量的分母与物的数量相乘，得四

---

① 假设物体的底面边长为 x，则物体的空心面积为 $x^2 - 1$，空心物体的体积为 $(x^2 - 1) \times (x^3 + x) = x^5 - x$，物体的实心部分的体积为 $1 \times (x^3 + x - x^3) = x$，所以整个物体的实体积为 $x^5 - x + x = x^5$，它应等于243，即 $x^5 = 243 = 3^5$，物体的底面边长为 $x = 3$，物体的长度（高度）为 $x^3 + x = 30$。

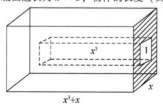

百零五，再把四百零五除以平方-立方的数量的分子，即除以五，得八十一，另外高次幂的指数与低次幂的指数相差等于四，这就是平方-平方的指数，这样上面得到的商等于平方-平方，它的底数应等于三，这就是未知物的值，即鱼重量的底数，而鱼的重量等于该数平方-立方，即鱼的重量等于二百四十三，鱼尾的重量等于十五，鱼头的重量等于一百零八，其余部分的重量等于一百二十，它应等于鱼尾重量的八倍①。

分析和总结法：假设鱼尾的重量为一个分量，则剩下的鱼体是八个分量，这两个部分之和等于九个分量，把九与五相乘，得四十五，这应等于鱼重量的九分之五，它的五分之四等于三十六，这是鱼头的分量，两个数相加，得八十一个分量，它应等于二百四十三，于是一个分量等于三②。

第二部　论遗嘱（共八个例子）③

方法是这样：我们首先去寻找一个最小整数，然后把这个整数按照遗嘱中所提到的份额分给每一个遗产的继承者。如果遗嘱者的财产等于该数，则该数就是我们所要求的数，如果遗嘱者的财产大于或小于该数，则为了知道每一个继承者应得到的份额，把财产除以该数后得到的商分别与每一个份额相乘。

例一：一个人给三个儿子留下遗产并嘱咐其中相当于一个儿子的份额遗赠给另一个人，另外该人又嘱咐：首先从总财产的三分之一中减去一个份额后剩下部分的三分之一又遗赠给第二个人，然后从总财产中扣去给第二个人遗赠的财产之后剩下的部分平均分给三个儿子和另一个人。

用还原与对消法则：假设该人的总财产为物，从总财产的三分之一中减去给第一个人遗赠的部分，得到从物的三分之一中减去一个份额，得到差的三分之一就是分给第二个人的部分，该部分等于从物的九分之一中减去一个份额三分之一，再从物中减去所有遗赠部分之和，得到从九分之三的物中减去份额的三分之二，得到的差应等于第一个人得到份额的三倍，这个数就是给继承者留下的遗产。进行还原与对消运算后，得到物的九分之八等于份额的三又三分之二。这就

---

① 假设鱼的重量为 x^5，由题意得：$\frac{5}{9}x^5 - 5x = 40x$，$\frac{5}{9}x^5 = 45x$，$x^4 = 81$，$x = 3$。鱼尾等于15，鱼体120，鱼头为108。

② 假设鱼重量为 x^5，鱼尾的重量为 $5x$，鱼体的重量为 $8(5x)$，鱼尾与鱼体之和等于 $9(5x) = 45x$，它又等于鱼重量的 $\frac{5}{9}$，则 $\frac{5}{9}x^5 = 45x$，$x^5 = \frac{9 \times 45}{5}x$，鱼头的重量 $\frac{4}{9}x^5 = \frac{4}{5} \times 45x = 36x$，$x^5 = 81x$，$x = 3$。

③ 这一部分共有七个例子，而不是八个例子。另外，本人在翻译本部时，凡出现的阿拉伯语"الوصايا"译成了遗嘱，而"التراث"译成了遗产。

是简单方程中的第一类情况。我们想用物的数量除以数，除法类似于上面，把带分数化成假分数或把两个分数化成相同分母的分数，这里被除数是三又三分之二，把它化成以九为分母的分数，这时物的数量的分子是除数，它等于八，把被除数除以除数，得到一个带分数，再把它化成假分数。这时我们把未知物可取为三十三，即遗嘱者的财产可取为三十三，份额［第一个人的份额］取为八，这里数对物的数量之比等于物对一之比，这我们在上面的法则三十九中已叙述过①。

验证：如果总财产等于三十三，则它的三分之一等于十一，如果我们取第一个被遗嘱人得到的份额为八，则所遗嘱的余额等于三，第二个被遗嘱人应得到它的三分之一，所以第二个人得到一，两个被遗嘱人得到的部分之和等于九，从总财产中减去九，得到二十四，这就是三个儿子应得到的遗产，所以每个儿子得到的份额等于八。写法如下：

财产总数为三十三				
遗赠部分为九		留给儿子们的遗产为二十四		
扎伊德	阿米尔	儿子	儿子	儿子
八	一	八	八	八

阿布·艾里-哈萨尼-伊本·哈里斯-阿尔·胡毕毕-阿尔·花拉子米已发现了求解这种问题的另一种方法，愿真主保佑他，利用他的方法比较容易求出所要求的未知数。

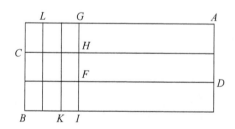

---

① 假设遗嘱者的总财产为 x，第一个人得到的份额为 y，则第二个人得到的份额为 $\frac{1}{3}\left(\frac{x}{3} - y\right)$。由题意，有 $3y = x - \left[\frac{1}{3}\left(\frac{x}{3} - y\right) + y\right]$，整理后，得 $\frac{8}{9}x = \frac{11}{3}y$，$x = \frac{33}{8}y$。为了得到整数，取 $y = 8$，这时 $x = 33$，遗嘱者的总财产 33，第一个人得到的部分为 8，第二个人得到的部分为 1，从总财产中减去两个人得到部分之和，得 24，这样遗嘱者的每个儿子应得到 8 份。

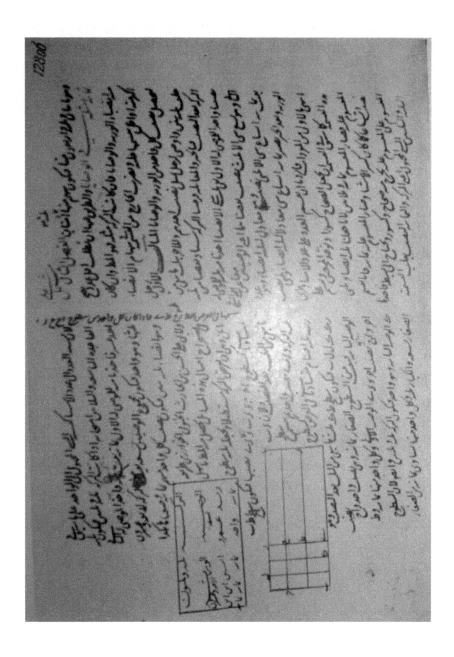

方法是这样：假设所求财产的数量等于一个长方形的面积，把它分成面积相等的三个长方形，它们分别为：AC、CD、BD，线段 GHFI 横穿这些长方形的宽度。如果用长方形 AH、HD、DI 的面积来表示他的儿子们所得到的份额，又因为长方形 DB 的面积等于财产的三分之一，ID 是一个份额，则长方形 FB 的面积等于从三分之一中减去儿子得到的份额后剩下的部分，然后把长方形 GB 分成面积相等的三个长方形，它们分别为长方形 GK、KL、LB。因为长方形 FK 的面积等于从三分之一中减去儿子得到的份额后得到差的三分之一，所以它应等于按照遗嘱分给第二个人的部分。这时还剩下八个小的长方形，它们的面积之和等于一个份额，两外长方形 AH、HD、DI 的每一个的面积也是一个份额，所以它们每一个的面积等于八，而 FK 的面积等于分给第二个人的部分，它等于一，所以总财产等于三十三，这与上面得到的结果一致。三个大长方形的每一个的面积等于八个小的长方形面积之和，所以三个大长方形的面积之和等于二十四，所有长方形的面积之和等于三十三。

例二：一个人给三个儿子留下相等份额的遗产，并嘱咐从总财产的三分之一中扣去遗赠的部分，再把剩下部分的三分之一从一个儿子的份额中减去后剩下的部分遗赠给另一个人。

用还原与对消法则：假设遗赠给别人的部分为物，则该人的总财产等于三倍的份额与物之和，它的三分之一等于一个儿子的份额与遗赠部分的三分之一之和，即份额与物的三分之一之和，从中减去遗赠部分，即从中减去物，得份额与物的三分之二之差，再取它的三分之一，得份额的三分之一与物的九分之二之差，从份额中减去得到的差，得到份额的三分二与物的九分之二之和，得到的和应等于一个物，对消物的九分之二之后，得到的方程为：物的九分之七等于份额的三分之二。把数除以物的数量，得物等于份额的七分之六，这就是未知数的值。如果一个份额等于七，则遗赠的部分等于六，这时总财产等于二十七[①]。写法如下：

遗赠部分 六	总财产为二十七		
	留给儿子们的遗产为二十一		
	儿子 七	儿子 七	儿子 七

---

① 假设遗赠给别人的部分为 x，留给每一个儿子的份额为 y，则总财产等于 $3y+x$。由题意，有 $x = y - \dfrac{1}{3}\left(\dfrac{x+3y}{3} - x\right)$，简化后得：$\dfrac{7}{9}x = \dfrac{2}{3}y$，$x = \dfrac{6}{7}y$。为了得到整数，取 $y = 7$，$x = 6$，每一个儿子得到的遗产为 7，另一个人得到 6，总财产为 27。

另一种方法：遗赠的部分是一个儿子得到份额的一部分，每一个继承者得到自己的份额之后应把剩下部分的三分之一去掉①，又把去掉部分的一半去掉②。

假设遗嘱者的总财产为物，从物的三分之一中减去一个继承者得到的份额，得物的三分之一与份额之差，用二除以得到的差，得物的六分之一与份额的一半之差，再从份额中减去得到的差，得份额的一又二分之一与物的六分之一之差，再从物中减去得到的差，得物的一又六分之一与份额的一又二分之一之差，得到的差应等于三倍的份额。进行还原运算之后，得到的方程为：物的一又六分之一等于份额的四又二分之一，把数除以物的数量，未知物等于二十七，这就是总财产，而份额等于七，因为第一个乘数是份额，第二个乘数是物的数量，遗赠部分等于六③。

用阿布·艾里–哈萨尼–伊本·哈里斯–阿尔·胡毕毕的方法：假设所求总财产的数量等于一个长方形的面积。例如，把长方形 AB 分成面积相等的三个长方形，它们分别为 AC、CD、BD，并把它们用线段 GHFI 又分成面积相等的三个长方形，然后用线段 KL 把长方形 GB 的面积二等分，这时长方形 GB 被分成面积相等的六个小的长方形，用线段 MN 从长方形 DI 中分割出长方形 MI，使长方形 MI 的面积等于六个小长方形的面积之一。如果分别用长方形 AH、HD、DI 的面积来表示他的儿子们所得到的份额，则长方形 DN 的面积等于遗赠部分的数量，从用 DI 的面积来表示的份额中减去面积等于 MB 的三分之一的 MI 的面积，即从 DB 中减去遗赠部分后剩下余数的三分之一，又 MI 的面积等于 FB 的面积的一半，即从 DB 面积的三分之一中减去 FB 的面积后剩下的部分，这时给儿子的份额等于七个小长方形的面积之和，所以每一个份额等于七，遗赠部分等于六，结果与上面一致④。

例三：一个人给一个儿子和三个女儿留下遗产，另外给第一个陌生人遗赠了相当于一个儿子的份额，给第二个陌生人遗赠了从总财产的三分之一中减去儿子

---

① 假设遗嘱人的总财产为 x，每一个儿子得到的份额为 y，阿尔·卡西的这一句话相当于 $-\frac{x-3y}{3}$。

② 这里所说的也是 $-\frac{1}{2}\left(-\frac{x-3y}{3}\right)$。

③ 假设遗嘱人的总财产为 x，每一个儿子得到的份额为 y，由题意，得 $x - \left[y - \frac{1}{2}\left(\frac{x-3y}{3}\right)\right] = 3y$，得 $x = \frac{27}{7}y$，为了得到整数，取 $y = 7$，$x = 27$，遗赠给谋生人的等于 6。

④ 这里，$\frac{S_{AB} - S_{AI}}{3} = \frac{S_{GB}}{3} = S_{FB} = 2S_{MI}$，$\frac{1}{3}S_{DB} - S_{FB} = S_{MI}$，$S_{DB} - 3S_{FB} = 3S_{MI}$，$S_{DI} = S_{BM} + 2S_{FB} = 3S_{MI} + 4S_{MI} = 7S_{MI}$，所以每一个儿子得到的份额为 7，遗赠部分为 6，遗嘱人的总财产为 27。

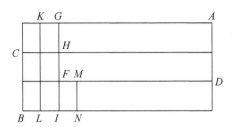

的份额之后剩下部分的三分之一，给第三个陌生人遗赠了相当于一个女儿得到的份额与该份额的三分之一之和。

假设遗嘱人的总财产为物，其他算法写在表内。

如果每一个继承人得到的份额都是整数，则它们得到的份额之和等于五份①。但按照第二份遗嘱，我们还要取他的每一个女儿得到份额的三分之一，所以为了让这个三分之一构成整数，把所有继承人得到的份额之和取为十五份，这样每一个女儿得到的份额为三，儿子得到的份额为六②	所以第一个遗赠的部分等于六份③	为了得到第二个遗赠的部分，取财产的三分之一，即取物的三分之一，从中减去儿子得到的份额，得物的三分之一减去六，再取得到差的三分之一，得到物的九分之一减去二，这就是第二个遗赠的部分④	第三个遗赠的部分等于一个女儿得到的份额与该份额的三分之一之和，即等于四⑤

把继承人得到的份额与遗赠的份额相加，得到的和等于二十三加上物的九分之一，它应等于一个物，对消其中的共同部分，即对消物的九分之一，得二十三等于物的九分之八⑥。由法则三十九，把数除以物的数量并把物放大成八，如果我们把财产取为二百零七，则继承人的一个份额等于八，把它与女儿应得到的份额相乘，即把它与三相乘，得到的二十四就是女儿应得到的部分，而儿子应得到的部分等于四十八。把财产的分配写成如下的顺序：

---

① 根据伊斯兰法规定：儿子得到的份额等于女儿得到的份额的二倍，所以儿子得到2份，三个女儿各得到1份，这样所有继承人得到的份额之和等于5份。

② 因为按照第二份遗嘱：给第三个人遗赠的部分等于一个女儿得到的份额与该份额的三分之一之和，所以为了得到整数份额，把总份额取为15份，这样每一个女儿得到的份额是3份，儿子得到的份额是6份。

③ 第一个遗赠的部分等于儿子的份额，即6份。

④ 假设遗嘱人的总财产为 x，儿子得到的份额为 y，则第二个遗赠的部分等于 $\frac{1}{3}\left(\frac{x}{3}-y\right)$。

⑤ 第三个遗赠的部分等于女儿得到的份额与该份额的三分之一之和，即得：4份。

⑥ 假设遗嘱人的总财产为 x，把所有的份额相加等于总财产，所以 $9+6+4+6+\frac{1}{3}\left(\frac{x}{3}-6\right)=x$，得 $\frac{8}{9}x=23$。

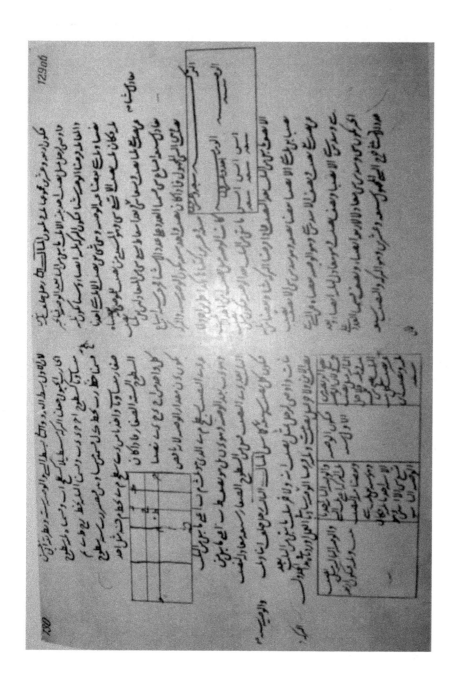

总财产为：二百零七			
继承人应得到的部分为： 一百二十		受赠人应得到的部分为： 八十七	
儿子得到： 四十八	女儿得到： 二十四	扎伊德得到： 等于儿子的 份额： 四十八	阿米尔得到： 财产的三分之一中减去儿 子的份额之后剩下部分的 三分之一： 七
女儿得到： 二十四	女儿得到： 二十四	巴克热得到： 一个女儿的份额与该份额的三 分之一之和： 三十二	

因为这里的遗赠部分大于三分之一，所以如果所有继承者同意，则按照伊斯兰法这样的分配是合法的。但从单纯的伊斯兰法来说，遗赠的部分等于财产的三分之一才是合法的，如果遗赠部分大于三分之一，则遗嘱是非法的，除非所有继承人一致同意。

如果继承人不同意，则把总财产的三分之一按照份额比例在受赠人中分配，把总财产的三分之二按照法律规定的继承比例在继承人中分配。

例子：在这一问题中，我们把归继承人所有的遗产按照法律规定的继承比例在继承人中分配，即总财产中去掉遗赠给陌生人的三分之一后剩下的部分在继承人中分配，这相当于取遗赠给陌生人财产的二倍，即取八十七的二倍，得到一百七十四，因为这个数不能被五整除，所以继承人得到的份额为不是整数，但为了得到被五整除的数，我们可把他乘以五，得到八百七十，这就是继承人应得到的部分，把它在继承人中分配，然后把每一个受赠者得到的份额乘以五，得到每一个受赠人得到的部分，它们的和等于总财产的三分之一①。得到的结果如下：

---

① 受赠人应得到部分的总和为 48+7+32=87，继承人应得到的部分为：87×2 = 174。因为174不能被五整除，所以取 174×5 = 870，儿子得到的部分为：$\frac{2}{5}$×870 = 348。三个女儿得到的部分为：$\frac{3}{5}$×870 = 522。每一个女儿得到的部分 522×$\frac{1}{3}$ = 174。第一个受赠人得到的部分为：48×5 = 240。第二个受赠人得到的部分为：32×5 = 160。第三个受赠人得到的部分为：7×5 = 35。

		总财产：			
		一千零三十五			

继承人应得到的部分为：			受赠人应得到的部分为：		
八百七十			一百六十五		
儿子得到的：	女儿得到的：	女儿得到的：	扎伊德得到的：	阿米尔得到的：	巴克热得到的：
三百四十八	一百七十四	一百七十四	二百四十	三十五	一百六十
	女儿得到的：				
	一百七十四				

用阿布·艾里–哈萨尼–伊本·哈里斯–阿尔·胡毕毕的方法：假设所求总财产的数量等于一个长方形 AB 的面积，把它分成面积相等的三个长方形，它们分别为 AC、CD、BD，并把它们用线段 GHFI 又分成面积相等的三个长方形，后用线段 IK、LM 把长方形 EB 的面积三等分。长方形 DF 的面积假设为儿子和第一个受赠人得到的份额，又假设长方形 HK 的面积为第二个受赠人得到的部分，长方形 HB 的三分之一；长方形 HK 是第二个遗赠部分，即把总财产的三分之一 DB 中减去儿子得到的部分后剩下部分的三分之一，然后用线段 NX 把长方形 DG 分成两个部分，使长方形 DX 的面积等于长方形 DG 面积的一半，这时长方形 NO 与 NH 的面积之和等于女儿得到的份额与它的三分之一之和，即第三个遗赠部分；长方形 AG 的面积等于儿子的份额，长方形 OX 的面积等于女儿得到份额的三分之二，所以剩余的八个小长方形的面积等于女儿的两倍与其三分之一的和，如果 OX 的面积等于女儿得到份额的三分之二，把八除以二与三分之一的和，得到的商为三又七分之三，所以三又七分之三个小长方形的面积为女儿得到的份额，如果我们把每一个小长方形又分成七个小长方形，则一个女儿得到二十四份，所以儿子得到四十八份，所有继承者得到份额之和为一百二十。这时第一个遗赠部分等于四十八，第二个遗赠部分等于七，第三个遗赠部分等于三十二，这与上面得到的结果一致。

例四：一个人给父母、两个儿子和两个女儿留下遗产，给第一个陌生人遗赠了相当于一个儿子的份额，给第二个陌生人遗赠的部分与女儿的份额之和等于总财产的六分之一，给第三个陌生人遗赠的部分与父亲的份额之和等于总财产的五分之一，给第四个陌生人遗赠的部分等于从总财产中减去所有继承人得到的份额之和，再把得到的差从总财产的三分之一中减去后剩余部分的三分之一。

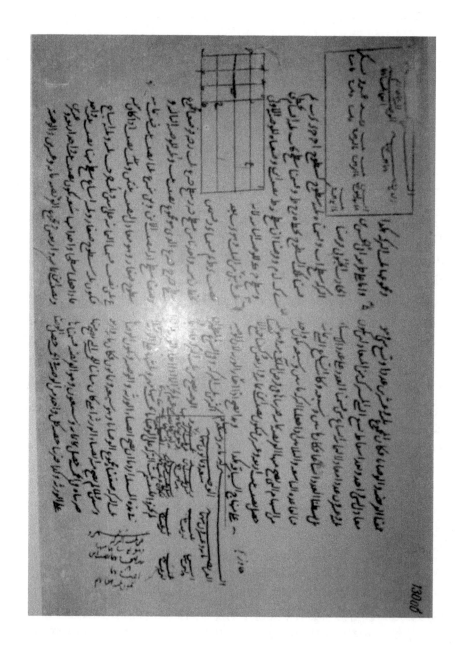

第五卷 论用还原与对消法、双假设法来求未知数和其他算术法则 ·397·

为了使每一个继承人得到的份额为整数，每一个女儿得二份，每一个儿子得四份，父母中的每一个得三份。假设遗嘱人的总财产为物，则总财产的分配如下：首先把遗赠部分写在表内①。

| 第一个遗赠部分等于儿子的份额 | 第二个遗赠部分等于物的六分之一减去二 | 第三个遗赠部分等于物的五分之一减去三 | 第四个遗赠部分：如果我们把总财产取为物并使每一个份额为整数，则所有继承人得到的部分等于十八，因此四个受赠人得到部分之和等于十八，从物减去十八，又把得到的差从物的三分之一中减去，得到十八减去物的三分之二，它的三分之一等于六减去物的九分之二，这就是第四个遗赠部分 |

这样我们得到：五与物的九十分之十三之和，把它与十八相加，得到二十三与物的九十分之十三之和，得到的和应等于总财产。对消其中的共同部分之后得到：二十三等于九十分之七十七，用物数量的分母去乘数，得到：物等于两千零七十，这就是未知数的最小值，即所有继承人得到的财产与所有受赠人得到部分的总和。七十七与十八相乘，即用物数量的分子去乘十八，得一千三百八十六，这就是所有继承人得到部分的总和，该数在继承人中的分配如下：

---

① 假设财产为 x，女儿得到的份额为 y，因为儿子得到的份额等于女儿得到份额的二倍，所以父母各得到的部分等于女儿得到份额的一又二分之一，这时每一个儿子得到 $2y$，父母每一个得到 $\frac{3}{2}y$，第一个遗赠部分等于儿子的份额，即等于 $2y$，第二个遗赠部分等于 $\frac{x}{6} - y$，第三个遗赠部分等于 $\frac{x}{5} - \frac{3}{2}y$，第四个遗赠部分等于 $\frac{1}{3}\left[\frac{x}{3} - (x - 9y)\right] = \frac{1}{3}\left(9y - \frac{2}{3}x\right) = 3y - \frac{2}{9}x$，从中得到

$$x = 2y + 3y + 2y + \frac{x}{6} - y + \frac{x}{5} - \frac{3}{2}y + 3y - \frac{2}{9}x$$

整理后得，$\frac{77}{90}x = \frac{23}{2}y$，$x = \frac{23 \times 45}{77}y$，取 $y = 154$，则 $x = 2070$，父母各得到231，儿子和第一个受赠者得到308，第二个受赠者得到191，第三个受赠者得到183，第四个受赠者得到2。

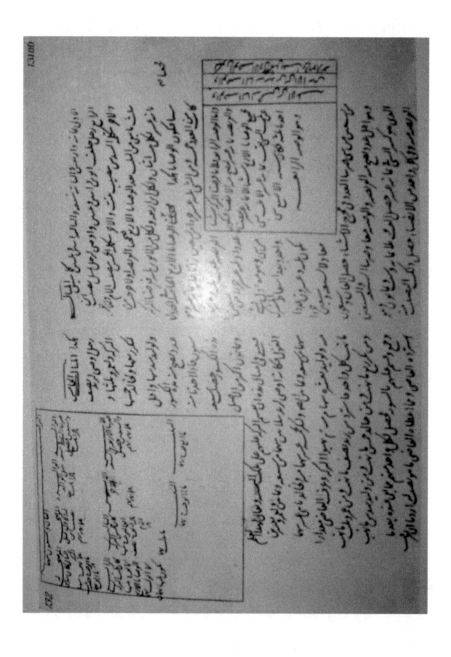

总财产：两千零七十			
继承人得到的部分		受赠人得到的部分	
父亲： 三与七十七相乘， 得231	母亲： 与父亲相同，得231	第一个受赠人： 得到的份额与儿子相同，得231	第二个受赠人： 物的六分之一等于345，从中减去女儿得到的154，得191
儿子： 四与七十七相乘， 得308 女儿：得154	第二个儿子：得308 女儿： 得154	第三个受赠人： 物的五分之一等于414，从中减去母亲得到的231，得183	第四个受赠人： 物的三分之一等于690，从物中减去所有继承人得到的部分，得684，从690减去684后得到差的三分之一，得2①

例五：一个人把财产的一半遗赠给扎伊德，三分之一遗赠给阿米尔，四分之一遗赠给巴克热，五分之一遗赠给哈里德，六分之一遗赠给瓦利德，这些分数的最小同分母是六十。

如果我们把这些分数同分后相加，则得到分数的分子等于八十七，这个数比前面得到的数还大，在解这种问题时把财产按照这个数的比例来分配，其算法如下：假设该人把财产的八十七分之三十遗赠给扎伊德，八十七分之二十遗赠给阿米尔，八十七分之十五遗赠给巴克热，八十七分之十二遗赠给哈里德，八十七分之十遗赠给瓦利德。现在我们认为财产的这种分配是非法的，法官也知道每一个人得到的份额是非法的，所以削减了扎伊德得到部分的一半，阿米尔得到部分的三分之一，巴克热得到部分的四分之一，哈里德得到部分的五分之一，瓦利德得到部分的六分之一，并把所有的削减部分相加后再平分给每一个受赠者。另外，法官要求削减每一个人得到的部分后剩下的部分都归他所有，我们想求出每一个人非法得到的部分与法官想要的部分。假设法官分给每一个人的部分为物的五分

---

① 表内的数据一律用斯亚克写法书写。

之一，其他运算写在表内①。

按照法官的要求削减后，归扎伊德所有的部分为：三十份减去物的五分之一，因为扎伊德以前得到部分的一半是非法的，所以法官要求退回的部分也等于三十份减去物的五分之一	按照法官的要求削减后，归阿米尔所有的部分为：二十份减去物的五分之一，因为阿米尔以前得到部分的三分之一是非法的，所以法官要求退回的部分等于十份减去物的十分之一	按照法官的要求削减后，归巴克热所有的部分为：十五份减去物的五分之一，因为巴克热得到部分的四分之一是非法的，所以法官要求退回的部分等于五份减去物的五分之一的三分之一	归哈里德所有的部分为：十二份减去物的五分之一，这个份额比法官的要求大四倍，即这个份额是非法得到部分的五分之一，所以法官要求退回的部分等于三份减去物的十分之一的一半	归瓦利德所有的部分为：十份减去物的五分之一，这个份额比法官的要求大五倍，即这个份额是非法得到部分的六分之一，所以法官要求退回的部分等于二份减去物的五分之一的五分之一，即二份减去物的二十五分之一

然后把法官要求所有退回的相加，得五十份减去物的三百分之一百三十七，这个应等于我们所假设的物，进行对消运算之后，得到：五份等于物的一又三百分之一百三十七。

用物的数量来除以数，得：物等于四百三十七分之五十乘三百份，这就是未知数的值，即他们退回给法官的部分。我们想所有进行除法运算后得到的商、非法得到的部分以及退回的部分为整数，为此同时放大两个相等的部分，这时放大后的数等于一万零五份，我们把该数取为未知数的值，即他们退回给法官的部

---

① 按照初步分配，扎伊德、阿米尔、巴克热、哈里德和瓦利德分别得到财产的 $\frac{30}{87}$, $\frac{20}{87}$, $\frac{15}{87}$, $\frac{12}{87}$, $\frac{10}{87}$ 份额。假设被法官削减的部分之和为 x，则法官应把 x 平分给每一个人，所以当它们同意法官的请求以后，被法官削减后剩下的部分为 $\frac{30}{87}-\frac{x}{5}$, $\frac{20}{87}-\frac{x}{5}$, $\frac{15}{87}-\frac{x}{5}$, $\frac{12}{87}-\frac{x}{5}$, $\frac{10}{87}-\frac{x}{5}$。由题意，法官从每一个人中得到初步分配的 $\frac{1}{2}$, $\frac{1}{3}$, $\frac{1}{4}$, $\frac{1}{5}$, $\frac{1}{6}$ 部分，所以每一个受赠者在初步分配中非法得到的部分为

$$2\left(\frac{30}{87}-\frac{x}{5}\right), \quad \frac{3}{2}\left(\frac{20}{87}-\frac{x}{5}\right), \quad \frac{4}{3}\left(\frac{15}{87}-\frac{x}{5}\right), \quad \frac{5}{4}\left(\frac{12}{87}-\frac{x}{5}\right), \quad \frac{6}{5}\left(\frac{10}{87}-\frac{x}{5}\right),$$ 所以法官分别夺回了每一个人得到部分的

$\frac{30}{87}-\frac{x}{5}$, $\frac{1}{2}\left(\frac{20}{87}-\frac{x}{5}\right)=\frac{10}{87}-\frac{x}{10}$, $\frac{1}{3}\left(\frac{15}{87}-\frac{x}{5}\right)=\frac{5}{87}-\frac{x}{15}$, $\frac{1}{4}\left(\frac{12}{87}-\frac{x}{5}\right)=\frac{3}{87}-\frac{x}{20}$, $\frac{1}{5}\left(\frac{10}{87}-\frac{x}{5}\right)=\frac{2}{87}-\frac{x}{25}$。把它们相加，得 $\frac{50}{87}-\frac{137}{300}x$，这应等于 x，所以 $\frac{437}{300}x=\frac{50}{87}$，故 $x=\frac{15000}{87\times 437}$。假设财产等于 $87\times 437=38019$，我们得到 $x=15000$，如果受赠者得到的份额正确计算，则他们分别得到 13110、8740、6555、5244、4370，而按照初步分配，他们分别得到：20220、8610、4740、2805、1644。

分。物的放大后的数量等于四百三十七,我们把该数取为上面提到的份额之一,把它与每一个份额数量相乘,即四百三十七与八十七相乘,得财产为三万八千零十九,这就是本题的最小的整数解。他们当中的每一个人非法得到部分的计算方法写在表内。

| 被放大后的物的数量与扎伊德得到的份额相乘,即四百三十七与三十相乘,得13110,这就是扎伊德得到的份额,从中减去法官要求退回部分的五分之一,即从13110中减去15000的五分之一,得10110,它的两倍等于扎伊德非法得到的部分:20220 | 被放大后的物的数量与阿米尔得到的份额相乘,即四百三十七与二十相乘,得8740,这就是阿米尔得到的份额,从中减去法官要求退回部分的五分之一,即从13110中减去3000,得5740,得到的数与该数的一半之和,即5740与2870之和等于阿米尔非法得到的部分:8610 | 被放大后的物的数量与巴克热得到的份额相乘,即四百三十七与十五相乘,得6555,这就是巴克热得到的份额,从中减去3000,得3555,得到的数与该数的三分之一之和,即3555与1185之和等于巴克热非法得到的部分:4740 | 四百三十七与十二相乘,得5244,从中减去3000,得2244,得到的数与该数的四分之一之和,即2244与561之和等于哈里德非法得到的部分:2805 | 四百三十七与十相乘,得4370,从中减去3000,得1370,得到的数与该数的五分之一相加,即1370与274相加,得到瓦利德非法得到的部分:1644 |

用斯亚克的方法验证如下:

38019		财产 法官削减15000,它的五分之一等于3000			
扎伊德	阿米尔	巴克热		哈里德	瓦利德
非法得到的部分为20220,法官取回它的一半,即:10110,得到的差与法官削减部分的五分之一相加,即10110与3000相加,得13110	非法得到的部分为8610,法官取回它的三分之一,即:2870,得到的差与法官削减部分的五分之一相加,即5740与3000相加,得8740	非法得到的部分为4740,法官取回它的四分之一,即:1185,得到的差与法官削减部分的五分之一相加,即3555与3000相加,得6555		非法得到的部分为2805,法官取回它的五分之一,即:561,得到的差与法官削减部分的五分之一相加,即2244与3000相加,得5244	非法得到的部分为1644,法官取回它的六分之一,即:274,得到的差与法官削减部分的五分之一相加,即1370与3000相加,得4370[①]

---

① 表内的数据一律用斯亚克写法书写。

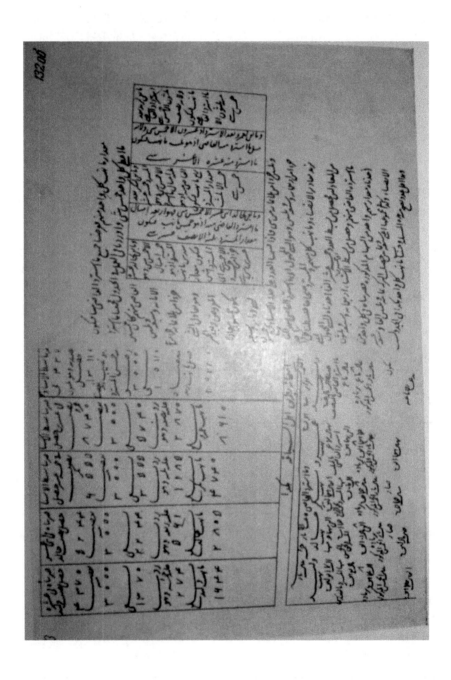

例六：一个人给三个儿子留下遗产，另给一个陌生人遗赠的财产相当于一个儿子份额的平方根。在求解这一类问题时，没有必要取使继承者得到的份额为整数的最小数，把财产直接除以物的数量即可，因为根与平方之比不能等于另一个根与平方之比，所以两个数之比不能等于这两个数的平方之比，这一点我们已在法则四十三中叙述过。像这一类问题，我们应要提前知道财产的准确值。假设继承人得到的份额为平方，受赠人得到的份额为物，那么三倍的平方与物之和等于总财产，进行还原与对消运算之后，得到的方程为：平方与物的三分之一之和等于财产的三分之一，得到复杂方程中的第一个方程，把物数量一半的平方与财产的三分之一相加，再取它的平方根，然后从得到的平方根中减去物数量的一半，得到的差就是给谋生人遗赠的部分，它的平方就是一个继承人应得到的份额[①]。

例如：总财产为一千二百二十，则遗赠部分等于二十，每一个继承人得到的份额为四百，即继承者得到的份额等于遗赠部分的平方，这里不必进行像以前那样用物的数量来除以数的运算。

例七：一个人给三个儿子留下遗产，给第一个陌生人遗赠了相当于一个儿子的份额，给第二个陌生人遗赠的部分等于从总财产的三分之一中减去所有继承人得到的份额之和后剩余部分的平方根。

类似于上题，应要提前确定财产的数量。假设财产为一千迪纳尔并遗赠给第二个人的部分为物，则从总财产的三分之一中减去所有继承人得到的份额之和后剩余部分等于一个平方，从总财产的三分之一中减去它，即三百三十三又三分之一减去平方，这是一个份额，因此两个遗赠与三个遗产之和等于一千迪纳尔，即一千三百三十三又三分之一迪纳尔减去四倍的平方加上物等于一千迪纳尔。进行还原与对消运算之后，得三百三十三又三分之一迪纳尔加上物等于四倍的平方，用平方的数量除以所有部分之后得到：八十三又三分之一迪纳尔加上物的四分之一等于平方，属于复杂方程中的第三个方程，取物数量的一半的平方，得到六十四分之一，把它与数相加，得到八十三又一百九十二分之六十七，把分数部分化成十进制分、秒、分秒、毫秒等，得到八十三又 3489 十进制毫秒，取它的近似平方根，得九又 1295 十进制毫秒，得到的根与物数量的一半相加，即把它与八分之一相加，或把它与 125 十进制分秒相加，得到九又 2545 十进制毫秒，这就是第二个遗赠部分。从一千中减去它，得到九百九十又 7455 十进制毫秒，把它

[①] 令总财产为 a，则 $3x^2 + x = a$，$x^2 + \frac{1}{3}x = \frac{1}{3}a$，所以 $x = \sqrt{\frac{1}{36} + \frac{a}{3}} - \frac{1}{6}$。

除以四，得二百四十七又 6864 十进制毫秒，这就是一个继承人应得到的部分①。

验证：从财产的三分之一中减去它，得八十五又 6469 十进制毫秒，取它的平方根，得九又 2545 十进制毫秒，这就是第二个遗赠部分。

如果财产等于 792，它的三分之一等于 264，则一个份额等于 264 减去平方，三个人得到的遗产与两个遗赠部分之和，即 1056 加上物减去四倍的平方等于 792，进行还原与对消运算之后，66 加上物的四分之一等于一个平方，取物数量一半的平方，得六十四分之一，把它与数相加，得六十六又六十四分之一，这个数对于平方根来说是个有理数，取它的平方根，得八又八分之一，把它与物数量的一半相加，得八又四分之一，这就是第二个遗赠部分。从财产中减去它，即从七百九十二中减去它，得七百八十三又四分之三，再取它的四分之一，得一百九十五又十六分之十五，这是一个份额，如果从物的三分之一中减去它，得到八又四分之一的平方。

第三部　为了吸引初学者以及使学数学成为其一种习惯，将通过八个例子来介绍用几何法则来求出未知数的方法②

例一：一根矛垂直立于水中，其露出水面部分的长度等于三手肘，风力使矛倾斜，致矛端恰在水面上，矛底端的位置未变，矛端的新位置到矛干原位置的距离为五手肘，我们想知道矛的长度。

如果用 AB 来表示水面，用 CD 来表示垂直立于水中的矛，用 BD 来表示风力使矛倾斜并矛端恰在水面时的位置，则矛干的原位置与矛端的新位置之间的距离为 EB，在垂直立于水中时露出水面的部分为 CE，矛端的移动轨迹为圆弧 CB，但矛底端的位置未变，即点 D 的位置未变，矛干的长度就是圆弧 CB 的半直径，线段 EB 是弦的一半。

证明：由法则四十八和《几何原本》第三卷中的命题三十四，矛端的新位置到原矛干的距离为 EB，它的平方等于二十五，得到的平方等于 CE 与从直径中减去 CE 后剩下部分的乘积，把平方除以 CE，即二十五除以三，得到的商等于八又三分之一，把得到的商与 CE 相加，得把八又三分之一与三相加，得十一又三分之一，这就是圆弧 CB 的直径的长度，半直径等于五又三分之二，即矛的长度

---

① 如果用 x 来表示第二个遗赠部分，则由题意，有 $4\left(333\frac{1}{3} - x^2\right) + x = 1000$，$333\frac{1}{3} + x = 4x^2$，$83\frac{1}{3} + \frac{x}{4} = x^2$，然后把分数化成十进制分数，阿尔·卡西取为 $\frac{1}{3} \approx 0.3333$，得到：$x \approx \sqrt{83.3489} + 0.1250 \approx 9.1295 + 0.1250 = 9.2545$。

② 本部共有七个例子，而不是八个例子。

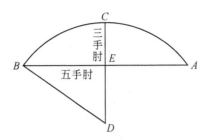

等于五又三分之二①。

用还原与对消法则：假设 ED 的长度为物，则它是矛的一部分，即矛垂直立于水中时沉在水内的部分，该部分的平方就等于物的平方，EB 的平方等于二十五，它们的和等于平方与二十五之和。由法则四十六和《几何原本》第一卷中以"新娘定理"为名的命题②，BD 等于 CD，即矛的长度等于物与三之和，它的平方等于平方加上六倍的物加上九，得到的这个和应等于上面的两个平方之和，对消其中的共同部分之后得到：六倍的物等于十六，用物的数量除以数，得到的商等于二又三分之二，这就是未知物的值，即 ED 的长度，把它与三相加，即 DE 与 EC 相加，得五又三分之二，这就是矛的长度③。

例二：矛的一部分沉在水里，其露出水面部分的长度等于三手肘，矛倾斜立于水中，风力使矛沉在水里，致矛端恰在水面上，矛底端的位置未变，矛端的沉水点到矛干的露出水面点之间的距离为四手肘，矛端的原位置与新位置之间的距离等于三手肘，我们想知道矛的长度。

假设 AB 为水面，CD 为矛，ED 为矛露出在水面的部分，EB 是露出水面点与沉水点之间的距离，DB 为矛端的原位置与沉水点之间的距离，从点 E 到线段 DB 引垂线 EG，同时从点 C 到线段 DB 引垂线 CH，这时垂足 H 位于线段 DB 的中点。由《几何原本》第三卷命题三以及第二卷命题十三，从 DB 与 ED 的平方之和中减去 EB 的平方，即从十八中减去十六，得二，把它除以二倍的 DB，即

---

① 由第 273 页法则四十八，有 $BE^2 = CE \times (2r - CE)$，$2r = \dfrac{BE^2}{CE} + CE = 11\dfrac{1}{3}$，$r = 5\dfrac{2}{3}$。

② 阿拉伯语العروس意为新娘，所以本人将原著中的复合名词 "نظرية العرائس" 译成"新娘定理"，这里提到的法则四十六以及《几何原本》第一卷中以"新娘定理"为名的命题，是指本书第 333 页法则四十六，这就是"勾股定理"，由此看来"新娘定理"是"勾股定理"（毕达哥拉斯定理）的另一种称呼。另外，阿拉伯语العروس来源于希腊语中的 γυϑφη（意为：新娘，又指飞翔的蜜蜂），直角三角形的形状确实与飞翔的蜜蜂有些相似。阿尔·卡西给出的这一例子也出现在古代中国的《九章算术》中。（Mikami Y. The Development of Mathematics in China and Japan. Leipzig: Teubner Verlag, 1913. 23.）。

③ $x^2 + 25 = (x + 3)^2$，$x = 2\dfrac{2}{3}$，$DC = x + 3 = 5\dfrac{2}{3}$。

第五卷 论用还原与对消法、双假设法来求未知数和其他算术法则

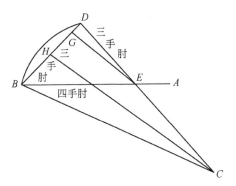

把它除以六，得到的商等于三分之一手肘，这就是线段 DG 的长度①。由三角形 DGE 与三角形 DHC 的相似性，得到：DG 对 DE 之比等于 DH 对 DC 之比，因 DG 等于三分之一手肘，DE 等于三手肘，所以 DG 对 DE 之比等于一对九之比，这里 HD 对 DC 之比也是如此，但是 DH 等于 DB 的一半，所以 DC 等于十三又二分之一，这就是矛的长度②。

例三：如果矛与水表面之间的倾斜角等于半直角，其露出水面部分的长度等于三手肘，矛端的沉水点到矛干的露出水面点之间的距离为四手肘，则矛的长度等于多少？

我们取上题中的图纸，从点 D 到线段 AB 引垂线 DF，因角 DEB 等于半直角，所以角 DEF 的正弦等于 42 25 35。如果我们把线段 DE 的长度假设为六十，又已知它的长度为三手肘，所以 DF 的长度等于 2 7 16 45 手肘，EF 的长度也等于它，剩余的 FB 等于 1 52 43 15，它的平方等于 3 31 45 2 49，DF 的平方等于 4 30 1 2 49，它们的和等于 8 1 46 5 38 毫秒，它的平方根等于 2 50 1 秒，这就是线段 DB 的长度。角 BDF 的正弦等于 39 46 48，这个正弦的弧等于③ 41 31 44，又因角 DGB 是直角，所以角 EDB 等于 86 31 44，即它是个锐角，角 DEG 等于 3 28 16，它的正弦等于 3 37 18。如果假设六十等于三手肘，则我们可算出线段 DG 与 DE 的长度，这时 DG 的长度等于 0 10 53 54，DH 的长度等于 DB 的一半，即 2 50 1 的一半等于 1 25 0 30，因它（DH）对 DC 之比等于 DG 对 ED，所以 DC

---

① 由勾股定理，在直角三角形——△BGE 中，有 $BG^2 + GE^2 = BE^2$，在直角三角形 DGE 中，有 $DG^2 + GE^2 = DE^2$，从而得：$DG = \dfrac{DB^2 + DE^2 - BE^2}{2BD} = \dfrac{1}{3}$。

② 因三角形 DGE 与三角形 DHC 相似，所以 $\dfrac{DG}{DE} = \dfrac{HD}{DC} = \dfrac{1}{9}$，得 $DC = 9HD = 13\dfrac{1}{2}$。

③ 阿尔·卡西所说的"正弦的弧"相当于反正弦的值，即角度。

等于23 24 1，这就是矛的长度，我们想求的数是23 24 1秒①。

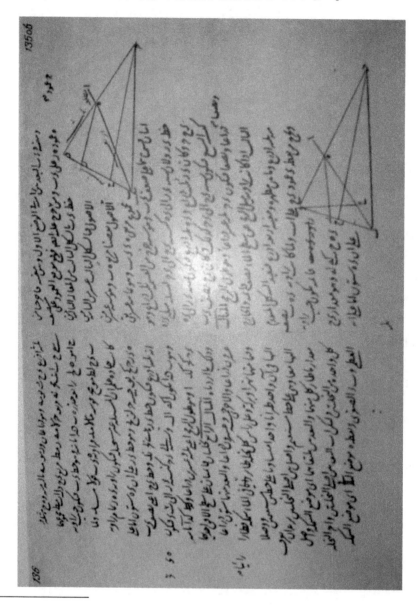

---

① 因 $\sin\angle DEF = \frac{\sqrt{2}}{2}$，$DF = DE \times \sin 45 = 3 \times \frac{\sqrt{2}}{2} = 2\ \ 7\ \ 16\ \ 45$（分秒），$BF = BE - EF = 4 - \frac{3\sqrt{2}}{2} = 1\ \ 52\ \ 43\ \ 15$（分秒），$DB = \sqrt{BF^2 + FD^2} = 2.833626 = 2\ \ 50\ \ 1$（秒），$\angle BDE = 86\ \ 31\ \ 44$（秒），$\angle DEG = 3\ \ 28\ \ 16$（秒），所以，$DG = DE \times \sin\angle DEG = 0\ \ 10\ \ 53\ \ 54$（分秒），$\frac{HD}{DC} = \frac{DG}{DE}$，$DC = 23\ \ 24\ \ 1$（秒）。

第五卷 论用还原与对消法、双假设法来求未知数和其他算术法则 ·409·

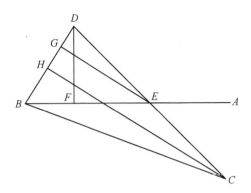

例四：现有垂直于地平线生长的两颗棕榈树，其中之一的高度为二十手肘，另一颗是二十五手肘，这两颗棕榈树之间的距离是六十手肘，它们之间有河流或水池，每棵树的树顶上都停着一只鸟，这两只鸟同时看见棕榈树间的水面上游出一条鱼，它们立刻飞去抓鱼，并且同时到达目标。我们想求出每一只鸟的飞行距离以及它们的相遇距离，即从鱼到每一颗棕榈树树根之间的距离[①]。

令这两颗棕榈树树根之间的距离为AB，大棕榈树之高为AC，小棕榈树之高为BD，相遇点为E，即这两只鸟的相遇点，CE与DE是这两只鸟的飞行距离，这两个量相等。

假设EB的长度，即相遇点到小棕榈树树根之间的距离为物，则它的平方就是物的平方，BD的平方等于四百，即小棕榈树之高等于四百，应记住它们的和，即应记住平方与四百之和。因从小棕榈树树根到相遇点之间的距离BE等于物，所以距离AE，即相遇点到大棕榈树树根之间的距离等于六十手肘减去物，它的平方等于三百六十手肘加上平方减去一百二十倍的物，得到的量与AC的平方相加，即得到的量与大棕榈树之高的平方相加，得到的和等于已记住的和，对消其中的共同部分之后，得到：一百二十倍的物等于三千八百二十五手肘，用物的数量来除以数，得到未知数的值，它等于三十一又八分之七手肘。这时EB的长度，即从小棕榈树树根到相遇点之间的距离，所以距离AE，即相遇点到大棕榈树树根之间的距离等于从六十中减去EB后得到的差，即二十八又八分之一。第一个距离的平方等于$1\frac{1016}{64}$，第二个距离的平方等于$1\frac{791}{64}$。第一个平方与小棕榈

[①] 阿尔·卡拉奇在自己的作品中也给出了类似的问题，但其中的数据有一些差别。（Попов Г Н. Исторические задачи по Елементарной Математике. Москва- Ленинград：Государственное технико-теоретическое издательство，1932：задача 179.）

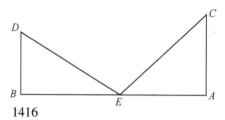

树之高的平方之和等于 $1\dfrac{1}{64}$，这个数又等于第二个距离的平方与大棕榈树之高的平方之和，它的平方根约等于三十七又一百分之十三，这就是每一个鸟的飞行距离①。

例五：三角形的底边等于十八，其余两边中的一边长度等于另一边长度的一半，从底边所对角到底边所引垂线长度等于二，我们想求出其余两边中的每一边的长度。

已知三角形 ABC 的底边 BC 与高 AD 之长，AC 边之长等于 AB 边之长的一半，我们想求出它们的长度。把 BC 边延长到点 E，使 BC 等于 CE，把 AC 边延长到点 G，使 AC 等于 CG，连接 EG 并把它延长到点 H，使 AC 等于 GH，连接 BH，把线段 EG 二等分，连接 AF（线段 AF 在点 I 与线段 CE 相交），因 CG 等于 AC，CE 等于 BC，角 ACB 与 ECG 是对顶角，它们相等。由《几何原本》第六卷命题六与命题四，三角形 ABC 与三角形 ECG 是全等三角形，所以由《几何原本》第一卷命题二十七，角 ABC 等于角 CEG 以及 AB 平行于 EH，线段 GF 与 HG 都等于线段 AC，而线段 HF 等于二倍的 AC，即平行且等于 AB，所以由《几何原本》第一卷命题三十三，AF 与 BH 平行且相等，又因 AG 等于 AB，GF 等于 AC，HF 平行 AB，角 BAC 等于角 AGF，所以三角形 GAF 等于三角形 ABC，因此线段 AF 等于线段 BC，即线段 AF 等于三角形的底边，又因 BH 与 FI 平行，所以三角形 EHB 与三角形 EFI 相似，EF 等于 EH 的三分之一，所以 EI 等于 EB 的三分之一，所以从 EC 或 CB 中减去它们的三分之二，得到的差等于 IC，它等于 BC 与 CE 的三分

---

① 假设 $BE = x$，则 $DE^2 = x^2 + BD^2 = x^2 + 400$，$CE^2 = AE^2 + AC^2 = (60-x)^2 + 625$，因由条件鸟的飞行距离相等，所以 $x^2 + 400 = (60-x)^2 + 625$，得 $x = \dfrac{3825}{120} = 31\dfrac{7}{8}$，$AE = 60 - x = 28\dfrac{1}{8}$。（在原著中把 $28\dfrac{1}{8}$ 误写成 $28\dfrac{1}{7}$，我在翻译时把它改过来。）$BE^2 = 1016\dfrac{1}{64}$，$AE^2 = 791\dfrac{1}{64}$。（在原著中把 $791\dfrac{1}{64}$ 误写成 $792\dfrac{1}{64}$，我在翻译时把它改过来。）$DE = \sqrt{BE^2 + BD^2} = \sqrt{1016\dfrac{1}{64} + 400} = \sqrt{1416\dfrac{1}{64}} \approx 37\dfrac{13}{100}$。阿尔·卡西算出的结果为 $\sqrt{1416\dfrac{1}{64}} \approx 37\dfrac{13}{100} = 37.13$，但 $\sqrt{1416\dfrac{1}{64}} \approx 37.62998306$，两者之间的区别较大。

之一。因三角形 AGF 与三角形 EGC 全等，AC 等于 EF，角 ACE 等于角 AFE，线段 AI 与 EI 相等，它们都等于底边的三分之二，从 AI 的平方中减去 AD 的平方，即从底边的三分之二的平方中减去 AD 的平方，即从 144 中减去四，等于 140，再取它的平方根，得到十一又 832（十进制分秒）①，这就是线段 DI 的长度，从中减去线段 CI，即从中减去底边的三分之一，而底边的三分之一等于六，得到五又 832（十进制分秒），这就是线段 DC 的长度，它的平方等于三十四又 12224（十进制第五位），高的平方等于四，这个平方与高的平方之和等于三十八又 12224（十进制第五位），再取它的平方根，得到六又 1662（十进制毫秒），这就是 AC 的长度，它的二倍等于 AB，这就是我们所要求的数。

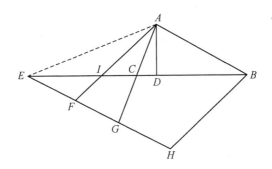

用还原与对消法：假设 DC 的长度为物，则 AC 的平方等于平方与四之和，AB 的平方等于它的二倍，即四倍的平方与十六之和，剩下的线段 BD 等于十八减去物，它的平方等于 324 减去三十六倍的物加上平方，得到的结果与 AD 的平方相加，得到 328 加上平方减去三十六倍的物，它应等于四倍的平方与十六之和。进行还原与对消运算之后，得到 312 等于三倍的平方加上三十六倍的物，用平方的数量来除以所有的部分，得 104 等于平方加上十二倍的物。取物数量一半的平方，得 36，把它与数相加，得 140，再取 140 的平方根，类似于上面得到十一又 832（十进制分秒），从中减去物数量的一半，得五又 832（十进制分秒），这就是未知数的值，即线段 DC 的长度。其他量的值也与上面相同②。

例六：三角形的底边等于十六，其余两边中的一边长度等于另一边长度的三倍，从底边所对角到底边所引垂线长度等于三，我们想知道其余两边的长度。

---

① 十一又 832（十进制分秒）是指十进制分数 11.832。

② 假设 DC 的长度为 x，则因 $2AC = AB$，得方程 $2\sqrt{x^2 + 4} = \sqrt{(18-x)^2 + 4}$，等式的两端平方后再整理，得 $x^2 + 12x = 104$，所以 $x = \sqrt{\left(\frac{12}{2}\right)^2 + 104} - \frac{12}{2} = \sqrt{140} - 6 = 11.832 - 6 = 5.832$。

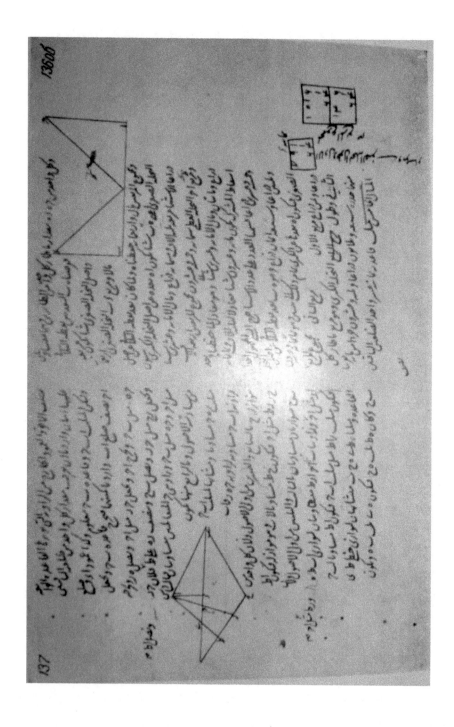

在三角形 ABC 中，已知底边 AC，BI 同样是已知的高，我们想知道 AB 与 BC 边的长度，已知它们之间的关系，即 AB 等于 BC 的三倍，把线段 AC 延长到点 D，使 AD 等于 AC 的三倍，把 BC 延长到点 E，使 BE 等于 BC 的三倍，连接 DE 并把它延长到点 G，使 EG 等于 BC 的二倍，连接 AG，取线段 EH，使 EH 等于 BC，连接 BFH。因角 BCI 等于角 ECD，线段 CD 等于 AC 的二倍，EC 是 BC 的二倍，所以三角形 ABC 与三角形 DEC 相似，角 BAC 等于角 EDC，故线段 AB 与线段 DE 平行。又因 CE 等于 BC 的二倍，EH 等于 BC，GH 等于 AB，AG 平行 BH，所以如果点 F 是线段 AD 与 BH 的交点，则三角形 ABF 与三角形 FHD 相似。又因 CD 等于二倍的 AC，所以 ED 也等于二倍的 AB，同时 ED 等于六倍的 BC，GD 等于八倍的 BC，DH 等于五倍的 BC，DH 等于 DG 的八分之五，所以 DF 也等于 AD 的八分之五。又因三角形 BCF 与三角形 DFH，所以 BC 等于 DH 的五分之一，BF 等于 DF 的五分之一，同时 BF 等于 AD 的八分之一。又因 AD 等于底边 AC 的三倍，BF 等于 AC 的八分之三，已知底边长等于十六，BF 等于六，所以 CF，即 DC 与 DF 之差，即二倍的底边与 DF 之差，而 DC 等于 AD 的三分之二，DF 等于 AD 的八分之五，所以 CF 等于 AD 的八分之一的三分之一，这就是底边长的八分之一，即 AC 的八分之一，又是 BF 的三分之一，即 CF 等于二。如果我们从 BF 的平方中减去 BI 的平方，即从三十六中减去九，得二十七，它的平方根等于五又 1961 十进制分毫，这就是线段 FI 的长度。它的平方等于十又 21506（十进制毫秒），得到的结果与 BI 的平方相加，得十九又 21506（十进制毫秒），取它的平方根，得到四又 3848（十进制毫秒），这就是线段 BC 的长度，所以线段 AB 的长度十三又 1544（十进制毫秒），这就是我们所要求的边长。

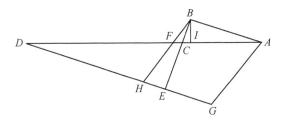

例七：一个三角形的内部放置这样一个点，使得该点与三角形的三个顶点连接后得到三个三角形，其中第一个三角形的面积等于第二个三角形面积的一半，第二个三角形的面积等于第三个三角形面积的三分之一，我们想知道这些线段的交点以及该点到三角形的三条边所引垂线的长度。

已知三角形 ABC，把 BC 边分成三段，使得第一段的长度等于第二段长度的一半，第二段的长度等于第三段长度的三分之一，这些线段分别为 CD、DE、EB，其中 DE 等于二倍的 CD，EB 等于三倍的 DE，即 EB 等于六倍的 DC，而整

个 BC 等于九倍的 CD，连接 AD。《几何原本》第六卷命题一的证明以及法则四十七指出①，三角形 ACD 的面积也等于三角形 ADE 面积的一半，而 ADE 的面积又等于三角形 AEB 面积的三分之一。然后从点 D 出发作与 AC 平行的直线 DG，同时从点 E 出发作与 AB 平行的直线 EH，DG 与 EH 在点 F 相交，这就是我们想要求的点。如果我们连接 FA、FC、FB，则所得到的三角形 AFC 的面积等于三角形 ADC 的面积，这两个三角形在《几何原本》第一卷命题三十七所叙述的那样位于两条平行线之间的同底三角形，用同样的道理，三角形 AFB 的面积等于三角形 AEB 的面积，余三角形 FCB 的面积等于余三角形 ADE 的面积②，所以三角形 AFC 的面积等于三角形 FCB 面积的一半③，而三角形 FCB 的面积等于三角形 AFB 面积的三分之一。这些三角形就是我们想求的三角形，再求出从点 F 到三角形的三条边所引垂线 FI、FK、FL 的长度即可。

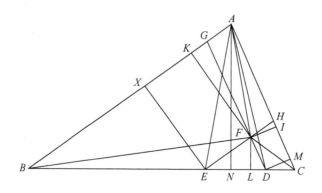

在三角形 ABC 中，如果 AC 边的长度为十，AB 边的长度为十七，BC 边的长度为二十一，则三角形的面积等于八十四，它的九分之一等于九又三分之一，这就是三角形 AFC 的面积，把它除以 AC 边的一半，得到的商就是垂线 FI 的长度，它等于一又十五分之十三，再把九又三分之一［三角形 AFC 的面积］的二倍除以 BC 边的一半，得一又九分之七，这就是垂线 FL 的长度。然后把面积［三角形 AFC 的面积］的三乘二倍［六倍］除以 AB 边的一半，即五十六除以 AB 边的

---

① 见：本书第 334 页法则四十七。
② 因 $S_{AFB} = S_{AEB}$，$S_{AFC} = S_{ADC}$，所以，由
$$\begin{cases} S_{ABC} - S_{AFB} - S_{AFC} = S_{FCB} \\ S_{ABC} - S_{AEB} - S_{ADC} = S_{ADE} \end{cases}$$
得到：$S_{FCB} = S_{ADE}$。阿尔·卡西称 △FCB 与 △ADE 为余三角形。
③ 因 $DE = 2CD$，所以 $S_{ADE} = 2S_{ACD}$，又因 $S_{ACD} = S_{AFC}$，$S_{ADE} = S_{FCB}$，所以 $S_{ADE} = 2S_{AFC}$。

一半，得到的商为六又十七分之十，这就是垂线 FK 的长度①。

另一种方法：从点 A 作 BC 之垂线 AN，由《几何原本》第二卷命题十三，从 AC 的平方与 BC 的平方之和中减去 AB 的平方，得 252，再把它的一半除以 BC，得到 CN 的长度，CN 等于六②，从 AC 的平方中减去 CN 的平方得到 AN 的平方，AN 的平方等于 64，它的平方根等于八，这就是三角形的高 AN。又因线段 FE、FD 分别平行于线段 AB、AC，所以三角形 FDE 与三角形 ABC 相似，又因 DE 等于 BC 的九分之二，所以 FD 的长度也等于 AC 的九分之二，EF 的长度也等于 AB 的九分之二，同样因三角形 FDL 与三角形 CAN 相似，所以直角边 FL 等于 AN 的九分之二，DL 等于 CN 的九分之二，所以 FL 等于一又九分之七，DL 等于一又三分之一，LD 与 DC 之和 LC 等于三又三分之二，它的平方等于十三又九分之四，FL 的平方等于三又八十一分之十三，再取这两个平方之和的平方根，得四又 0754（十进制毫秒），这就是线段 FC 的长度。然后从点 D 到 AC 引垂线 DM，从点 E 到 AB 引垂线 EX，在三角形 DCM 与三角形 CAN 中，由于角 C 是公共角，角 N、角 M 都是直角，所以三角形 DCM 与三角形 ACN 相似，故 AC 对 AN 之比等于 CD 对 DM 之比，其中 DM 等于一又十五分之十三，而 DM 等于 FI，这就是我们想求的线段之一。同样，AC 对 CN 之比等于 DC 对 CM 之比，所以 CM 等于一又五分之二，而 IM 等于 FD，即 IM 等于二又九分之二，所以 CI 等于三又四十五分之二十八，余线段 AI 等于六又四十五分之十七。该三角形的一条边 AF 等于 AI 的平方与高 FI 的平方之和的平方根，而 FI 等于 DM，所以 AF 的长度等于六又 6439（十进制毫秒）。在三角形 BEX 与三角形 BAN 中，由于 B 是公共角，角 N、角 X 都是直角，所以三角形 BEX 与三角形 BAN 相似，故 AB 对 AN 之比等于 BE 对 EX 之比，其中 BE 等于十四，所以 EX 等于六又十七分之十，这又等于我们所要求的 FK，这就是我们想要求的第三个高。

为了验证所作运算的正确性，我们发现 AB 对 BN 之比等于 BE 对 BX 之比，其中 BN 等于十五，BE 等于十四，这样 BX 等于十二又十七分之六。由于 KX 等

---

① 因 $S_{ABC} = 84$，所以 $S_{AFC} = \frac{1}{9} S_{ABC} = 9\frac{1}{3}$，又因 $S_{AFC} = \frac{1}{2} \times AC \times FI$，$FI = S_{AFC} \div \frac{1}{2} AC = 1\frac{13}{15}$。

因 $S_{FCB} = 2 S_{AFC} = \frac{1}{2} \times BC \times FL$，所以 $FL = 2 S_{AFC} \div \frac{1}{2} BC = 1\frac{7}{9}$。同理，$FK = 6 S_{AFC} \div \frac{1}{2} \times AB = 6\frac{10}{17}$，在原著中把 $6\frac{10}{17}$ 误写成 $\frac{16}{17}$。

② 由 $\begin{cases} AC^2 - NC^2 = AN^2 \\ AB^2 - (BC - NC)^2 = AN^2 \end{cases}$ 得

$$NC = \frac{AC^2 + BC^2 - AB^2}{2BC} = 6$$

于 EF，它们又等于三又九分之七，BK 等于十六又一百五十三分之二十①，FB 是以 FK 为高的三角形［三角形 AFB］的斜边，所以 FB 的长度为十七又 4243 十进制分毫，同样我们可求出所要求出的垂线之长②。

　　这就是我们在本书想叙述的最后一部分内容，一切赞美、感谢和颂扬，全归于至尊至贵和伟大的真主，感谢真主缔造的人中最精华者穆罕默德和他的子孙后代。

　　在赋予一切的真主帮助下，回历九百六十五年舍尔邦月二日③，请求真主宽容的不幸奴仆阿玛努拉的儿子瓦力-沙阿杜拉抄书者在加兹温市亲笔抄写完毕本书④，愿真主宽容一切，献给穆罕默德和他的精华的子孙后代。

---

① 在原著中，把 $16\frac{20}{153}$ 误写成 $16\frac{20}{135}$。

② 阿尔·卡西省略了最后一步，$FK = \sqrt{BF^2 - BK^2} = \sqrt{(17.4243)^2 - \left(16\frac{20}{153}\right)^2} = 6.5883 = 6\frac{10}{17}$。

③ 回历 965 年舍尔邦月（شعبان，8月）2 日相当于 1558 年 5 月 20 日星期五，但《算术之钥》俄文译本的前言部分误写成 1554 年 7 月 3 日，也许他们把回历转换成公历时出现了失误。

④ 加兹温市：伊朗西北部城市，从德黑兰通往伊朗西北部、黑海和伊拉克的公路在此分岔。始建于 4 世纪，16 世纪曾为萨非王朝首都。

附 录

附录 I 《圆周论》

阿尔·卡西 原著
依里哈木·玉素甫 译注

周长对直径之比以及所有复杂量和简单量的准确值只有真主才知道，我们应赞美蓝天大地和白昼的创造者——伟大的主。

我们应为穆罕默德的幸福和安宁祈祷，他是个幸福的人，如果我们把所有使者的全体看成一个圆域，他位于圆心，该圆的直径就是通往真理的道路和手册。愿他的崇高而尊贵的子孙后代和圣门弟子们幸福和安宁。

最后，比其他人更需要让真主宽容、被真主缔造的人之一，是以贾米西提·伊本·麦素地·伊本·马赫木德·大夫·阿尔·卡西①为名的赫亚斯，让真主妥善安排他的后世。阿尔·卡西这样说！

阿基米德证明了任何一个圆的周长大于直径的三倍，即周长小于直径的三又七分之一，大于直径的三又七十一分之十②，这两个分数之间的差等于四百九十七分之一③，所以当直径等于四百九十七手肘、卡萨巴或法尔仓④时，圆的周长大约有一手肘、一卡萨巴或一法尔仓的误差，对于很大的圆球或我们居住的地球来

---

① 阿尔·卡西：al-Kāshī 或 al-Kāshāni 两种称呼都表示卡尚（كاشان）人之意，另一方面 kahsan 一词来源于波斯语中许多数字之意的 Kāsh 一词，因此阿尔·卡西一名具有双重意义。

② 希腊数学家阿基米德发现圆周对直径的比值在 $3\frac{1}{7}$ 与 $3\frac{10}{71}$ 之间，他在《圆的测量》一书命题3中写道："任何圆的周长大于直径的三倍，该比值小于三又七分之一，大于三又七十一分之十。"[阿基米德《论球与圆柱》（两本书订成一本书）中圆的测量有关的命题]，该书被 Ф. 彼得鲁舍夫斯基译成俄文。(Архимеда. Две книги о шаре и цилиндре, Измерение круга и леммы. Перевод Петрушевского Ф. Санкт-петербург：В типографии Депертамента народного Просвещ -ения，1823：144.)

③ $3\frac{1}{7}d - 3\frac{10}{71}d = \frac{1}{497}d$。

④ 阿尔·卡西所使用的长度单位如下：法尔仓（فارساخ）、卡萨巴（كاسابا）、手肘（زيرا）、伊斯巴（英寸）（نسبا）、大麦籽粒的（الشعير الحبوب）平均之厚，马鬃（شعر الخيل）之粗。其中，1法尔仓 = 2000卡萨巴，1卡萨巴 = 6手肘，1手肘 = 24伊斯巴，1伊斯巴 = 6大麦籽粒的平均之厚，1大麦籽粒的平均之厚 = 6马鬃之粗，1手肘 = 0.58厘米，则1法尔仓 = 6.96公里，1马鬃之粗 = 0.067厘米。这些长度单位的来源可追溯到巴比伦时代。[Luckey Paul. Der Lehrbrief über den Kreisumfang (ar-Risala al-Muhitiya). Berlin：Berlin Akademie-Verlag，1953：38.]

说，大约有五法尔仓的误差①，对于黄道带②来说，这个误差更大，即大于十万法尔仓。这些误差对于圆周来说是一个不小的数据，如果我们计算这些圆的面积，则结果如何？

阿基米德算出了圆内接九十六边形的周长，而多边形的每一条边是直弦，每一条弦小于所对的圆弧，所以他得到的数据应小于圆的周长，即所有边长之和小于外接圆的周长。与此同时，他又算出了同一个圆的外切多边形的周长，他在自己作品的第一卷命题一中，证明了该多边形的周长大于圆的周长，从而得到了在上面所述[外切多边形的周长与内接多边形的周长之差]的误差③。

艾布·瓦法-阿尔·伯加尼④首先取直径为一百二十的圆，再求出半度圆心角所对弦的长度，然后用该长度去乘七百二十来求出圆内接多边形的周长。

用类似的方法，他又求出了圆外切多边形的周长。这样当圆的直径为一百二十时，他求出了该圆周长的整数部分为376，其分数部分大于59 10 59（分秒）小于59 23 54 12（毫秒）。以上两个值的相差等于12 55 12（分秒），这对于地球的大圆来说约等于一千手肘。因此他把弦的长度[多边形的每边长度]取为0 31 24 55 54 55 是错误，正确的值应为 0 31 24 56 58 36，我们在下面说明这一点。

阿布·热依汗-阿尔·比鲁尼求出了地球大圆的三百六十度分之二 $\left[\dfrac{2}{360}\right]$ 圆心角所对应弦的长度，他以圆的直径为单位，在地球表面上得到直径约一法尔仓的并不大的一个圆，再求出了该圆内接一百八十边形的周长，得到分数的小数部分用印度数字来表示。

但他在计算上犯了错误，把[三百六十分之一]圆心角所对弦的二倍长度取为 2 5 39 43 36，本来这个数取为 2 5 39 26 22 才正确。但他在自己的《马苏德规律》一书所给出的正弦表中，把一度[三百六十分之一]圆心角所对的弦，即二倍长度弦的一半取为 1 2 49 43，这个值是正确的，所以他做的乘二运算有误。

---

① 阿尔·卡西所说的地球大圆的误差为 5 法尔仓，即 $3\dfrac{1}{7}d - 3\dfrac{10}{71}d = \dfrac{1}{497}d = 5$，所以地球的直径约等于 $d = 5 \times 497 = 2485$ 法尔仓，这样地球的半径约等于8647.8公里，而地球的大圆周长约等于：$2485 \times \pi = 7807$ 法尔仓。这些数据与现代的准确数据之间有一定的差别。

② 本人将原著中 "دائرة البروج" 译成黄道带。

③ 根据阿尔·卡西的叙述，阿基米德作品第一卷中的命题一是有关"圆的外切多边形的周长大于圆周长的证明"，而阿基米德作品的第一卷是《圆的度量》，遗憾的是该命题不在《圆的度量》一卷内，而在《论球和圆柱》一卷内。在阿拉伯文手稿中阿基米德的这两部作品中的个别内容混在一起，这可能是现收藏在伊斯坦布尔图书馆的阿拉伯文手稿的一大缺点。阿拉伯文手稿中，《圆的度量》一书被认为是对《论球和圆柱》一书的一个注释。

④ 艾布·瓦法-阿尔·伯加尼（Abul-Wafa-al-Buzijany，公元940~约997年）是中亚数学家。

因为上面的运算中都有错误，所以我们想求出圆的直径所对圆弧的弧长，我们取的直径等于地球直径的六十万倍，我们相信得到的弧长与实际弧长之间的误差不超过一马鬃之粗，即不超过大麦籽粒平均之厚的六分之一，对于一个圆来说这个误差是相当小，故不能用任何度量单位来测量。

本人撰写了包含上述准确值在内的这一本书，并命名它为《圆周论》①，其内容将分成十个部分来叙述。最后请求万能并赋予一切、引导我们通往真理之道的真主的帮助②。

---

① 这本书的书名《圆周论》并不是阿拉伯文原著中书名的直接翻译，阿拉伯文原著的书名为"Ar-risala al-Muhitiyyo"。其中，"Ar"或"Ariz"是地球之意，"risala"是书或注释之意，而"al-Muhitiya"是环境或领域之意，苏联学者根据书的内容把书名译成《圆周论》Трактат об окружности，译注者在译成中文时直接把俄文书名翻译成中文。

阿尔·卡西的《圆周论》一书的成书时间比《算术之钥》的成书时间早一些，这一点我们从《算术之钥》的前言中可看得出，译注者根据该书现收藏在伊斯坦布尔图书馆、属于 16～17 世纪的阿拉伯文抄稿复印件和俄文译稿翻译成中文。

② 古代埃及和巴比伦人早已知道圆周率的大概值，例如：$\pi = 3$，$\pi = \left(\frac{16}{9}\right)^2 \approx 3.1605$（古代埃及），$\pi = 3\frac{1}{8} \approx 3.125$（古代巴比伦），但是圆的周长对直径的比值（圆周率）的严格且科学的算法可以说是从阿基米德开始。（Neugebauer O. The Exact Sciences in Antiquity. Copenhagen：Published by Ejnar Munks-gaard, 1951：45-46.）有些人猜测希腊数学家阿波罗尼奥斯（Apollonius，公元前 262～前 190 年）继阿基米德之后算出圆周率为 $\pi \approx 3.1416$，公元 2 世纪的天文学家托勒密（Ptolemy，约公元 100～170 年）给出的六十进制值为 $\pi \approx 3830$，这相当于十进制的 $\pi \approx 3 + \frac{8}{60} + \frac{30}{3600} = \frac{377}{120} \approx 3.14167$。另外，印度人也使用了不同的圆周率。例如，阿耶波多（公元 500 年左右）取 $\pi \approx \frac{62832}{20000} \approx 3.1416$，婆罗摩及多（7世纪）取 $\pi \approx 3$，但他又推荐更准确的值为：$\pi \approx \sqrt{10} \approx 3.1623$。另外，印度人也知道：$\pi \approx 3\frac{1}{7}$。（Cantor M. Vorlesungen über Geschichte der Mathematik. Heidelberg：Leipzig Press，1907.）

古代，中国人在计算圆周率方面早已取得超越时代的惊人的成绩，在《九章算术》中取 $\pi \approx 3$，$\pi \approx \sqrt{10} \approx 3.16227766$。刘徽（3世纪）把从圆内接正多边形去逐步逼近圆的方法作为计算周长和圆周率的基础，并称此方法为割圆术，他从正六边形出发，并取半径 r 为 1 尺，一直计算到 192 边形，得出了圆周率的精确到小数后二位的近似值 $\pi \approx \frac{157}{50} \approx 3.14$。祖冲之（公元 429～500 年）取半径 r 为 10^8 尺，并沿用了刘徽的割圆术，从正六边形出发连续计算到正 24576 边形，得到 $3.1415926 < \pi < 3.1415927$，祖冲之得到的这一结果直到阿尔·卡西时代，保持了世界纪录近千年。祖冲之在圆周率计算方面的另一项重要结果是："密率：圆径一百一十三，圆周三百五十五。约率：圆径七，圆周二十二。"就是说，祖冲之还确定了圆周率的分数形式的近似值：约率 $\frac{22}{7}$，密率 $\frac{355}{113}$。其中，密率 $\frac{355}{113} \approx 3.14159292$ 是精确到小数点后六位的近似值，完全满足现代精确计算的要求。（李文林. 数学史教程. 北京：高等教育出版社；海德堡：施普林格出版社，2000：79, 85.）

第一部　论确定小于半圆周的圆弧所对弦、小于半圆周的圆弧与余弧的一半之和构成的圆弧所对弦之间的关系

直径与任何一条小于半圆周的弧所对的弦之和与半径的乘积，所表示的面积等于半径与垂直于半径的弦所支撑的弧与余圆弧的一半之和构成的圆弧所对弦的平方所表示的面积，这个圆弧等于第一个圆弧与余圆弧的一半之和，所以这个圆弧与余圆弧的一半之和等于半圆周①。

为了证明这个结论，我们以 AB 为直径，以 E 为以线段 AB 后中点 E 为圆心作半圆 ACB，作任意弦 AC，并取点 D 为圆弧 BC 的中点，圆弧 BC 是圆弧 AC 的相对于半圆周的余圆弧，连接点 D 与点 A。这样上述命题可叙述为：半径与线段 AB、AC 之和的乘积所标示的面积等于 AD 的平方所表示的面积②。

证明： 连接 BD，由《几何原本》第三卷命题三十，角 ADB 为直角③，再从点 D 到直线 AB 引垂线 DG，得到两个三角形 DBG 与 DAG，由《几何原本》第六卷

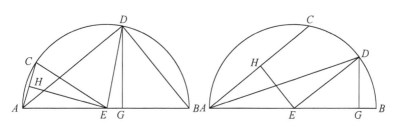

命题八，这两个三角形［三角形 DBG 与三角形 DAG］与三角形 ADB 相似④，因此 AB 对 AD 之比等于 AD 对 AG 之比，由《几何原本》第七卷命题十九，半圆

---

① 阿尔·卡西所说的第一个圆弧为圆弧 AC，第二个圆弧为圆弧 BC，阿尔·卡西称第二个圆弧 BC 为圆弧 AC 的相对于半圆周的余圆弧。
② 阿尔·卡西把两条线段的乘积看成以这两条线段为边的长方形的面积。
③ 该命题是《几何原本》的中文译本第Ⅲ卷命题 31，半圆周上的圆周角是直角。(欧几里得．几何原本．兰纪正，朱恩宽译．西安：陕西科学技术出版社，2003：88.)
④ 《几何原本》第Ⅵ卷命题 8：如果在直角三角形中从直角到底边引垂线，则得到的两个三角形以及原三角形都是相似的三角形。(欧几里得．几何原本．兰纪正，朱恩宽译．西安：陕西科学技术出版社，2003：161.)

的直径 AB 与直径上的线段 AG 的乘积等于 AD 的平方①。再作从点 E 到线段 AC 之垂线 EH，则由《几何原本》第三卷命题三，点 H 是线段 AC 的中点。连接 ED，角 BAC 的度量等于圆弧 CB 的一半，而圆弧 CB 的一半等于角 BED 的度量，所以角 DEG 与角 BAC 相等，又角 H 与角 G 是直角，线段 ED 与线段 AE 相等，所以三角形 AHE 与三角形 EGD 全等。故 AH 边等于 EG 边，而 AH 等于 AC 的一半，AG 等于 AE 与 EG 之和，即 AG 等于半径与 AC 的一半之和，所以半径与 AC 的一半之和与直径的乘积表示的面积等于 AD 的平方所表示的面积。由一条直线上的两条线段的乘积表示的面积，与这一条直线上的一条线段与另一条线段的一半的乘积所表示面积之和，等于第三条线段的平方所表示的面积②，所以直径与二倍的 EG 的乘积所表示的面积，即直径与 AC 的和与半径的乘积所表示的面积等于 AD 的平方，这就是我们所要证明的结果③。

---

① 《几何原本》第 VII 卷命题 19。（欧几里得. 几何原本. 兰纪正，朱恩宽译. 西安：陕西科学技术出版社，2003：213.）如果四个数互相成比例，则第一个数与第四个数的乘积等于第二个数与第三个数的乘积，反之，如果第一个数与第四个数的乘积等于第二个数与第三个数的乘积，则这四个数互相成比例，即如果 $\frac{A}{B} = \frac{C}{D} \Leftrightarrow A \times D = B \times C$。看来阿尔·卡西把这个命题用得不太恰当，这里，因 $\triangle ADB$ 与 $\triangle AGD$ 相似，所以对应边成比例，$\frac{AD}{AB} = \frac{AG}{AD}$，故 $AD^2 = AB \times AG$。

② 因 $AD^2 = AB \times AG$，又 $EG = AH = \frac{1}{2}AC$ 且 $AG = AE + EG = \frac{1}{2}(AB + AC)$，所以 $AB \times AG = AB \times AE + AB \times \frac{1}{2}AC = AD^2$，这就是阿尔·卡西所说的："由一条直线上的两条线段的乘积表示的面积与这一条直线上的一条线段与另一条线段的一半的乘积所表示面积之和，等于第三条线段的平方所表示的面积。"

③ $AD^2 = AB \times AG = \frac{1}{2}AB \times (AB + AC)$。

阿尔·卡西在上面证明的命题主要用在本书第四部分以后的计算中，令圆弧 $AC = \alpha$，直径为 d，圆弧 AC 所对的弦记为"弦 α"则阿尔·卡西在上面证明的命题如下：

$$(d + 弦\alpha) \times \frac{d}{2} = \left[弦\left(\alpha + \frac{180° - \alpha}{2}\right) \right]^2$$

当 $\alpha = 2\varphi$，$d = 2r = 2$ 时，上式相当于下面的三角函数公式：

$$\sin\left(45° + \frac{\varphi}{2}\right) = \sqrt{\frac{1 + \sin\varphi}{2}}$$

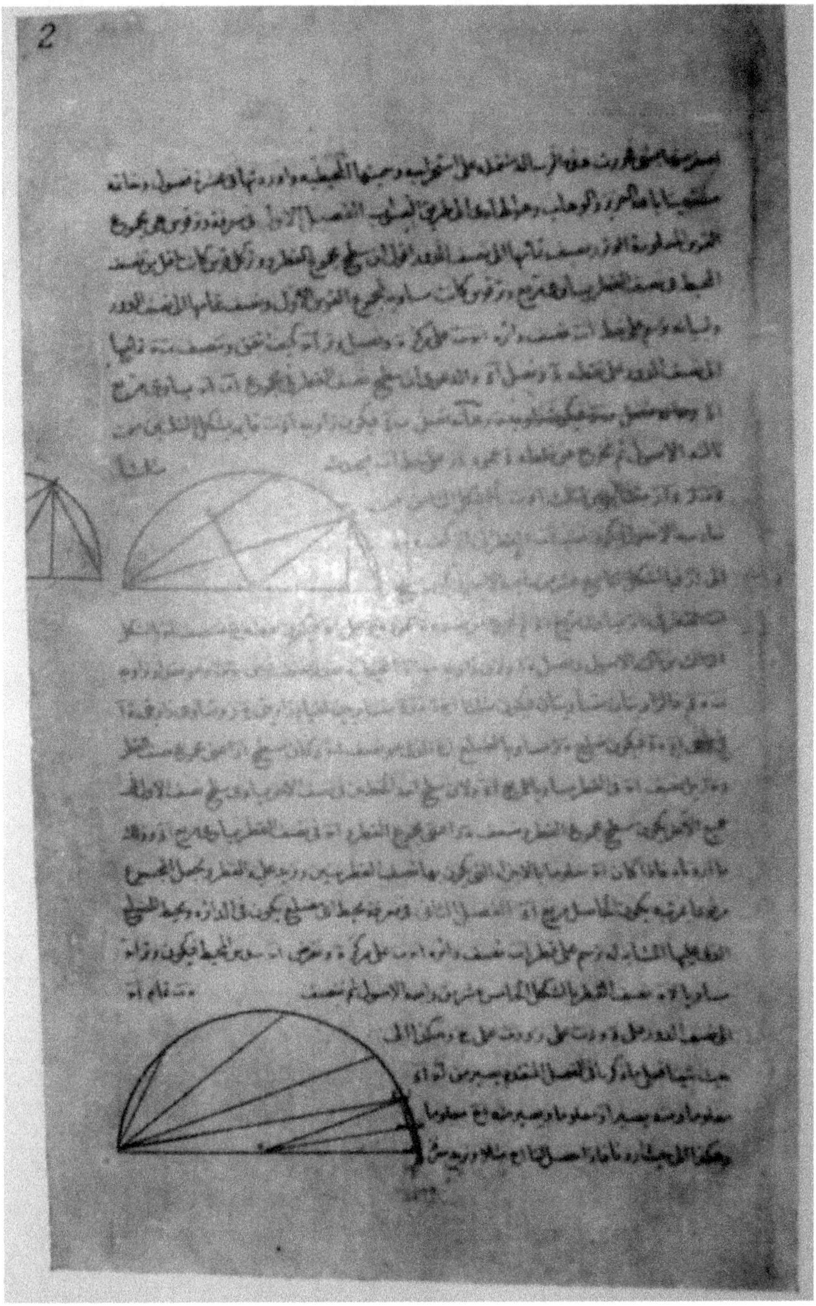

سيرجع خط موضع غربت هو ن از بد الدائرة على توازي و... حبها الصفيحة و از ج نها او الخط... شبيها بآخر الحرم و الوعلة و خط العدد الاول الخط الصفي... القسم الاول...

[Arabic manuscript text continues with geometric diagrams of semicircles containing line segments]

如果弦 AC 是以六十为半径的圆弧所对的弦，则把它与直径相加后得到和的数位，应该按照六十进制数系①提升，这时得到的结果等于 AD 的平方。

第二部　论确定圆内接任意多边形的周长和圆外切相似多边形的周长

我们以 AB 为直径，以线段 AB 的中点 E 为圆心作半圆 ACB，并假设圆弧 AC 等于全圆周的六分之一，则由《几何原本》第四卷命题十五，弦 AC 等于 AE，即 AC 等于半径②，然后把圆弧 AC 的相对于半圆周的余圆弧 BC 二等分，其分点为 D，把圆弧 BD 二等分，其分点为 G，把圆弧 GB 二等分，其分点为 H，依次继续下去。按照第一部所述的方法，由已知弦 AC 可求出弦 AD，由得到的弦 AD 又可求出弦 AG，由得到的弦 AG 又可求出弦 AH，依次类推。假设我们已确定了弦 AH，我们想求出弦 BH，由《几何原本》第三卷命题三十，角 AHB 是直角，由新娘定理③，AB 的平方等于 AH 的平方与 BH 的平方之和，于是从直径的平方中减去 AH 的平方，得弦 BH 的平方。然后把圆弧 BH 二等分，其分点为 F，连接 EF，线段 EF 在点 I 把弦 BH 二等分，在点 F 作圆的切线 FL 和 FK，这时切线 KL 与 EF 在点 F 互相垂直，连接 EH 并把它延长到点 L，同理把线段 EB 延长到点 K，

---

① 阿尔·卡西在本书中基本上采用六十进制数系，把六十进制分数整数部分的个位称为度（gradus），其小数部分从 $\frac{1}{60}$ 一直到 $\frac{1}{60^{19}}$ 分别用阿拉伯语中的序数词来称呼，其实他的这样称呼来源于拉丁语，本人在译成中文时，为了让数位的位数容易看出，从第五位起使用了汉语中的序数词，它们与拉丁语中称呼的对比如下：

gradus	minuta	sekunda	tertia	quarta	quinta	sexta	septima	octava	nona	detima	undetima
度	分	秒	分秒	毫秒	第五位	第六位	第七位	第八位	第九位	第十位	第十一位
1	$\frac{1}{60}$	$\frac{1}{60^2}$	$\frac{1}{60^3}$	$\frac{1}{60^4}$	$\frac{1}{60^5}$	$\frac{1}{60^6}$	$\frac{1}{60^7}$	$\frac{1}{60^8}$	$\frac{1}{60^9}$	$\frac{1}{60^{10}}$	$\frac{1}{60^{11}}$

duodetima	tridetima	quatuordetima	quindetima	sextdetima	septendetima	octodetima	nondetima
第十二位	第十三位	第十四位	第十五位	第十六位	第十七位	第十八位	第十九位
$\frac{1}{60^{12}}$	$\frac{1}{60^{13}}$	$\frac{1}{60^{14}}$	$\frac{1}{60^{15}}$	$\frac{1}{60^{16}}$	$\frac{1}{60^{17}}$	$\frac{1}{60^{18}}$	$\frac{1}{60^{19}}$

另外，他把整数部分的数位从度位起向左分别称为升位、二次升位、三次升位等（见：第98页）。

② 《几何原本》第四卷命题15。（欧几里得．几何原本．兰纪正，朱恩宽译．西安：陕西科学技术出版社，2003：115.）圆内接正六边形的画法。

③ 见：第333页法则四十六和注③。

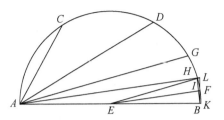

这时线段 KL 与弦 BH 平行,而 BH 是圆内接多边形之边,KL 是圆外切的相似多边形之边,这里三角形 EKF 与三角形 ELF 全等,同理三角形 EBI 与三角形 EHI 全等,[三角形 EBI 与三角形 EKF 相似,同理三角形 EIH 与三角形 EFL 相似①]。所以线段 EI 对半径 EF 之比等于 BI 对 FK 之比,该比值又等于 BH 对 KL 之比,于是 EI 对延长的部分 IF 之比等于弦 BH 对外切线段 KL 之比,圆内接多边形的所有边也具有类似关系,而外切多边形的一条边 KL 位于内接多边形的一条边 BH 的外面,线段 EI 等于线段 AH 的一半,由于角 H 与角 I 是直角,角 A 是圆弧 BH 所对的圆周角,角 A 等于圆弧 BF 所对的圆心角 BEF,所以三角形 AHB 与三角形 EIB 相似。圆弧 BF 等于圆弧 BH 的一半,线段 EB 等于线段 AB 的一半,所以线段 EI 等于线段 AH 的一半②,于是如果线段 EI 与线段 BH 是已知的,则由上面所说的比例关系,我们就能够求出其他的量,这样无论是圆内接多边形的周长还是

---

① 从阿尔·卡西所提到的两对三角形的全等性,即 △EKF ≅ △LEF 以及 △EBI ≅ △EHI,不能推出比例关系 $\frac{EI}{EF} = \frac{BI}{KF} = \frac{BH}{KL}$,所以中括号内的论断本人加以补充。

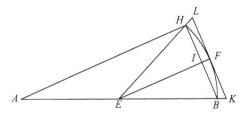

② 因 ∠BAH = ∠BEI,所以 EI//AH,故 △BEI 与 △BAH 相似,有 $\frac{EB}{AB} = \frac{EI}{AH} = \frac{1}{2}$,因此 $EI = \frac{1}{2}AH$。

外切多边形的周长，我们都可以求出来，这就是我们想得到的结果①。

第三部　论为了得到与圆的周长之差小于马鬃之粗的多边形周长，应把上面提到的圆周几等分以及计算到几位［六十进制］数

须知：直径是地球的直径六十万倍圆的周长也是地球赤道周长的六十万倍，具体数据如下：

度	一千六百六十六又三分之二倍的赤道周长②
分	约等于二十七又四分之三倍③
秒	如果赤道周长为八千法尔仓，则约等于三千七百零四法尔仓④
分秒	约六十二法尔仓⑤
毫秒	约一又十乘三分之一法尔仓⑥
第五	约二百零六手肘⑦
第六	约三又三分之一手肘⑧
第七	一又三分之一伊斯巴，即四十八马鬃之粗⑨
第八	等于马鬃之粗的五分之四⑩，甚至比它还小

---

① 由上面的比例得：$KL = \frac{BH}{EI} \times EF = r \times \frac{BH}{EI}$。其中，$BH = \sqrt{AB^2 - AH^2} = \sqrt{4r^2 - AH^2} = AH\sqrt{\left(\frac{2r}{AH}\right)^2 - 1}$，$EI = \frac{1}{2}AH$，所以外切多边形的边长等于 $KL = r \times \frac{BH}{EI} = 2r\sqrt{\left(\frac{2r}{AH}\right)^2 - 1}$。其中，$AH$ 可重复应用《圆周论》第一部（第 425~428 页）中所述的方法求出，这样圆内接多边形的边长与外切多边形的边长之比为：$\frac{BH}{KL} = \frac{AH}{2r}$。在这里，阿尔·卡西为了在后面算出圆周率打下了基础。

② 直径是地球直径的 60 万倍，圆的周长是赤道周长的 60 万倍，1 度圆心角所对的弧是 1 度圆心角所对的赤道上的弧的大。$1666\frac{2}{3}$ 倍（$600000 \div 360 = 1666\frac{2}{3}$）。

③ 一分圆心角所对的弧比一分圆心角所对的赤道上的弧大。$600000 \div 360 \div 60 = 27.77777 \approx 27\frac{3}{4}$ 倍。

④ 如果赤道周长为 8000 法尔仓，则一秒圆心角所对的弧比一秒圆心角所对的赤道上的弧大。
$600000 \times 8000 \div 360 \div 60 \div 60 = 3703.7037 \approx 3704$ 倍（法尔仓）

⑤ 一分秒圆心角所对的弧比一分秒圆心角所对的赤道上的弧大。
$600000 \times 8000 \div 360 \div 60 \div 60 \div 60 = 61.7283 \approx 62$ 倍（法尔仓）

⑥ $600000 \times 8000 \div 360 \div 60 \div 60 \div 60 \div 60 = 1.0333333 \approx 1\frac{1}{10 \times 3}$ 倍（法尔仓）。

⑦ $600000 \times 8000 \div 360 \div 60 \div 60 \div 60 \div 60 \div 60 = 0.01722222167$ 倍（法尔仓）$= 206$ 倍（手肘）。

⑧ $206 \div 60 = 3.433333 \approx 3\frac{1}{3}$ 倍（手肘）。

⑨ $3\frac{1}{3} \div 60 \times 24 = 1.33333 = 1\frac{1}{3}$（伊斯巴）$= 1\frac{1}{3} \times 36 = 48$ 倍（马鬃之粗）。

⑩ $48 \div 60 = \frac{4}{5}$ 倍（马鬃之粗）。

当周长等于三百六十时，就得到上面的结果，如果周长等于三百七十七又小数部分，则它的第八位比马鬃之粗的五分之四小很多①。所以如果我们能够求出两个多边形的周长，使它们的相差小于第八位的一马鬃之粗，则它们之间的误差当然小于一马鬃之粗，特别是每一个多边形的周长与实际圆周之差更是如此。

内接多边形的周长与位于它外面的外切相似多边形的周长之比，等于圆心到[内接多边形]边的中点之距与该距离与延长部分之和的比，即等于圆心到边的中点之距与半径之比，又因这里的边是一条弦，所以圆弧的中点到边中点的线段就是矛头②，这些你们都知道。

因半径对圆周长之比比六分之一小三分之一乘七分之一乘六分之一③。所以无论内接多边形的边数是多少，把每一边的弓轴④延伸到半径时需要补充的部分[矛头]与该弓轴之比小于或更小于第八位的六分之一，大于或更大于三分之一乘七分之一乘六分之一，即这个比值大于或更大于第九位的八⑤。因为每一边所对弧的余圆弧的弦等于圆心到边之高的二倍，所以，每一边所对弧的余圆弧的弦小

---

① 如果我们把圆半径取为60，则圆的周长等于 $2\times 60\times 3\frac{1}{7}=377\frac{1}{7}$，由此看来周长等于360，就相当于取 $\pi=3$，即 $2\times 60\times 3=360$。这有可能是巴比伦人把圆周的 $\frac{1}{360}$ 称为1度的原因之一，在阿拉伯文手稿中把377误写成366。

② 在这里阿尔·卡西叙述内接多边形的周长与外切多边形的周长之间的关系，假设内接多边形的边为 a，圆心到边的高为 h，外切多边形的边为 A，圆心到外切多边形边的高等于半径 r，由三角形的相似性，有 $\frac{a}{A}=\frac{h}{r}$，它们的周长也有相同的关系，即由 $P=nA$，$p=na$，得 $\frac{p}{P}=\frac{h}{r}$，由比例的性质，有 $\frac{p}{P-p}=\frac{h}{r-h}$，若把矛头取为 $r-h=s$，则 $\frac{p}{P-p}=\frac{r-s}{s}$。矛头（弓轴）见：《算术之钥》第四卷第四章第一部第182页注①。

③ 假设周长为 C，半径为 r，则 $6<\frac{C}{r}<6\frac{2}{7}$，有 $\frac{1}{6}>\frac{r}{C}>\frac{7}{44}$，故 $\frac{1}{6}-\frac{7}{44}=\frac{1}{132}<\frac{1}{3}\times\frac{1}{7}\times\frac{1}{6}=\frac{1}{126}$。另外，这个不等式等价于 $3<\frac{C}{2r}<3\frac{1}{7}$，即周长与直径之比大于3小于 $\frac{22}{7}$。

④ 见：第182页注①。

⑤ 这里阿尔·卡西所说的"每一边的弓轴延伸到半径时需要补充的部分与该弓轴之比"是指 $\frac{IF}{EI}=\frac{r-h}{h}$（见：注②），如果 $P-p=\frac{r}{60^8}$，则 $\frac{P-p}{p}=\frac{\frac{r}{60^8}}{p}$，因由多边形周长近似等于圆的周长，所以 $\frac{P-p}{p}=\frac{\frac{r}{60^8}}{p}\approx\frac{\frac{r}{60^8}}{C}=\frac{1}{60^8}\times\frac{r}{C}$，其中，$\frac{1}{6}>\frac{r}{C}>\frac{7}{44}$，而 $\frac{r}{C}>\frac{7}{44}>\frac{8}{60}$，故 $\frac{P-p}{p}\approx\frac{1}{60^8}\times\frac{r}{C}>\frac{1}{60^8}\times\frac{8}{60}=\frac{8}{60^9}$。另外，又有 $\frac{P-p}{p}\approx\frac{1}{60^8}\times\frac{r}{C}<\frac{1}{60^8}\times\frac{1}{6}$，所以 $\frac{8}{60^9}<\frac{P-p}{p}<\frac{1}{60^8}\times\frac{1}{6}$，由等式 $\frac{P-p}{p}=\frac{r-h}{h}$，得 $\frac{8}{60^9}<\frac{r-h}{h}<\frac{1}{60^8}\times\frac{1}{6}$。这说明，矛头与弓轴之比大于第九位的8，小于第八位的 $\frac{1}{6}$。

于直径与第九位的十六倍圆心到边的高之差①。所以，直径平方与弦平方之差小于四倍且提升一位后第九位的十六，即小于第七位的一与第八位的四之和，所以它的平方根不超过八毫秒，即每边的长度不超过八毫秒，即弦不超过八毫秒②。

如果我们把圆周的三分之一重复除以二直到二十八次，得到第五位的五、第六位的四十七以及圆弧的其他小数部分。当全圆周等于三百六十度时，得到的分数写在下表内：

[圆内接] 三角形的边数连续乘二③					
次数	五次升位	四次升位	三次升位	二次升位	升位	边数
0						3
1						6
2						12
3						24
4						48
5					1	36
6					3	12
7					6	24
8					12	48

① 因 $AH = 2EI = 2h$（见：第 429 页图），所以 $\frac{8}{60^9} < \frac{r-h}{h}$，得 $2h < 2r - \frac{16}{60^9}h$。

② 阿尔·卡西把不等式 $2h < 2r - \frac{16}{60^9}h$ 换成近似等式 $2h \approx 2r - \frac{16}{60^9}$，这样 $2s = 2r - 2h \approx \frac{16}{60^9}$，所以他得到了下面的估计式：$BH = \sqrt{(2r)^2 - AH^2} = \sqrt{4r^2 - (2h)^2} = \sqrt{4r^2 - (2r-2s)^2} = \sqrt{8rs - 4s^2}$ $< \sqrt{4 \cdot r \cdot 2s} \approx \sqrt{4 \cdot 60 \cdot \frac{16}{60^9}} = \sqrt{\frac{64}{60^8}} = \sqrt{\frac{1}{60^7} + \frac{4}{60^8}} = \frac{8}{60^4}$。在阿拉伯文手稿中把八毫秒误写成七毫秒。

③ 这个表的十进制表示如下：

次数	边数	次数	边数	次数	边数	次数	边数
0	3	8	768	16	196608	24	50331648
1	6	9	1536	17	393216	25	100663296
2	12	10	3072	18	786432	26	201326592
3	24	11	6144	19	1572864	27	402653184
4	48	12	12288	20	3145728	28	805306368
5	96	13	24576	21	6291456		
6	192	14	49152	22	12582912		
7	384	15	98304	23	25165824		

续表

[圆内接] 三角形的边数连续乘二						
次数	五次升位	四次升位	三次升位	二次升位	升位	边数
9					25	36
10					51	12
11				1	42	24
12				3	24	48
13				6	49	36
14				13	39	12
15				27	18	24
16				54	36	48
17			1	49	13	36
18			3	38	27	12
19			7	16	54	24
20			14	33	48	48
21			29	7	37	36
22			58	15	15	12
23		1	56	30	30	24
24		3	53	1	0	48
25		7	46	2	1	36
26		15	32	4	3	12
27		31	4	8	6	24
28	1	2	8	16	12	48

很显然这个圆弧的弦小于七毫秒，因为当圆周为三百六十，直径为一百二十时，任何圆弧的弦都不超过圆弧的七分之一的三分之一①，所以我们应把圆内接多边形的边数取为八亿零五百三十万零六千三百六十八，升位后 [六十进制表示] 得：1 2 8 16 12 48②。

---

① 因为圆内接多边形的边长为：$2r\sin\frac{\alpha}{2} \leq 2r \times \frac{\alpha}{2} = r\alpha = 60 \times \frac{\pi\alpha}{180} = \frac{\pi\alpha}{3} = \frac{\alpha}{3}\left(3 + \frac{1}{7}\right) = \alpha + \frac{1}{7} \times \frac{1}{3} \times \alpha$，所以 $\left|2r\sin\frac{\alpha}{2} - \alpha\right| \leq \frac{1}{7} \times \frac{1}{3}\alpha$。

② 在阿拉伯文手稿中多处把 805306368 误写成 800335168，我在译成中文时把它们都改正。

整数（度）	分	秒	分秒	毫秒	把圆周的三分之一连续除二							
					第五位	第六位	第七位	第八位	第九位	第十位	第十一位	第十二位	第十三位
120													
60													
30													
15													
7	30												
3	45												
1	52	30											
0	56	15											
	28	7	30										
	14	3	45										
	7	1	52	30									
	3	30	56	15									
	1	45	28	7	30								
	0	52	44	3	45								
		26	22	1	52	30							
		13	11	0	56	15							
		6	35	30	28	7	30						
		3	17	45	14	3	45						
		1	38	52	37	1	52	30					
		0	49	26	18	30	56	15					
			24	43	9	15	28	7	30				
			12	21	34	37	44	3	45				
			6	10	47	18	52	1	52	30			
			3	5	23	39	26	0	56	15			
			1	32	41	49	43	0	28	7	30		
			0	46	20	54	51	30	14	3	45		
				23	10	27	25	45	7	1	52	30	
				11	35	13	42	52	33	30	56	15	
				5	47	36	51	26	16	45	28	7	30

附 录

这个数的最大数位是五次升位，这说明我们在求内接多边形一条边的长度时，其分数部分的第十三位也不能忽视，这样内接多边形一条边的长度与该数（五次升位的数）相乘，得到周长的被忽视的部分也不超出第八位的一，因为五次升位与第十三位的乘积就等于第八位①。

如果（正805306368边形的）边长的第一位小于七毫秒，最后一位是第十三位，则把小于七毫秒的数与第十三位相乘，得到的乘积小于第十七位上的七②。所以，与这一条边的平方相等的平方差也应小于这个数③。因此在求余圆弧的弦时，无论是从什么样的数起，使运算进行到得到平方差的第一位（最高位）小于这个数为止（小于第十七位上的七）。这样在求内接多边形的边长时，用前两部中所述的方法，把余圆弧的弦连续计算到第十八位，才能够求出正1 2 8 16 12 48边形的[满足条件的]周长。

第四部　论　运　算

边长为十的正六边形内接于直径等于二十的圆周，把边长与直径相加得三十，即十与二十相加得三十，把它提升一位后得三百④。再把三百的平方根与二十相加，把得到的和再提升一位，再取它的平方根⑤，并把得到的平方根与二十相加，得到的和提升一位，再取它的平方根，等等。这样的运算一直进行到二十八次为止。

同时，第一次的运算程序结束之后，再开始进行第二次的运算程序，另外，我

---

① 这里，因为 $60^5 \times \dfrac{1}{60^{13}} = \dfrac{1}{60^8}$，且 $1\ 2\ 8\ 16\ 12\ 48 = 1 \times 60^5 + 2 \times 60^4 + 8 \times 60^3 + 16 \times 60^2 + 12 \times 60 + 48 = 805306368$，而圆内接正 1 2 8 16 12 48 边形（正805306368边形）的周长等于一条边的长度与该边数的乘积，所以如果我们求出一条边的长度精确到小数部分第13位，则得到的周长精确到六十进制小数第8位。

② 如果 $\dfrac{a}{60^4} < \dfrac{7}{60^4}$，则 $\dfrac{a}{60^4} \times \dfrac{1}{60^{13}} = \dfrac{a}{60^{17}} < \dfrac{7}{60^{17}}$。

③ $BH^2 = (2r)^2 - AH^2 < \dfrac{7}{60^{17}}$（见：第 429 页图）。

④ $AD^2 = AB \times AG = \dfrac{1}{2}AB \times (AB + AC) = r \times (2r + AC) = 10 \times (20 + 10) = 300$，$AD = 10\sqrt{3}$。

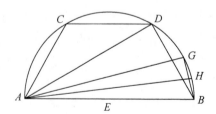

⑤ $AG^2 = \dfrac{1}{2}AB \times (AB + AD) = r \times (2r + AD) = 10 \times (20 + \sqrt{300}) = 100 \times (2 + \sqrt{3})$，$AG = 10 \times \sqrt{2 + \sqrt{3}}$。

们每进行两三次运算，应用准数来验证计算的正确性，把乘积的平方根自乘，把两三次运算得到的余数加到下一个乘积，如果计算正确，则得到的和应等于原数①。

为了确定计算中没有出现任何差错，应及时验证得到结果的正确性；否则，这些差错会越来越大。

为了避免出现繁多的数位，在计算过程中可舍去不必要的一些数位。

我们已发现了开平方根以及求根平方的较简单的方法。

为了让读者确信这些计算的正确性，并给读者一个计算模板，在这一部分中用表形式给出了所进行的计算过程。

				运算一：计算圆周的三分之一圆弧所对的弦，即圆周的六分之一弧的余圆弧所对的弦②																	
	一次升位		度	分	秒	分秒	毫秒	第五位	第六位	第七位	第八位	第九位									
	1		43	55	22	58	27	57	56	0	44	25									
标准	二次升位	一次升位	度	分	秒	分秒	毫秒	第五位	第六位	第七位	第八位	第九位	第十位	第十一位	第十二位	第十三位	第十四位	第十五位	第十六位	第十七位	第十八位
	3 1 2 1	0 56	0 49					1 1	49 47	48 23	49 13	59 44	53 24	34 53	47 51	7 52	9 45	35 54
		3 3	11 9	40	25			2 2	25 25	36 29	15 26	18 9	40 51	55 9	14 6	23 25	41 2
			1 1	19 16	35 12	28	4			6 3	43 27	8 50	49 45	46 56	7 55	58 55	39 52
54				3 3	22 20	31 55	56 3	28	4			3 3	15 13	18 59	3 22	49 53	12 8	2 12	47 8
11					1 1	36 33	52 31	31 50	56 40	24	9			1 1	18 16	40 12	56 36	3 50	50 52	39 30
6						3 3	20 17	41 27	15 13	35 39	51 4	12	9			2 2	28 25	19 29	12 32	58 9	9 51
24							3 3	14 13	1 59	56 22	46 53	47 8	51 11	16	16		2 2	49 46	40 16	48 36	17 46
36								0	2 2	33 32	53 25	39 13	39 41	43 45	44 0	58	8		3 3	24 20	11 55	31 4
																			32	3 16	16 29
13									1 1	28 26	85 36	57 9	58 8	43 43	1 18	51 16	27 40	44 36	50	25
											1	49	48	49	59	53	34	47	7	35
34											3	27	50	45	56	55	55	52	28	25
	第十位	第十一位	第十二位	第十三位	第十四位	第十五位	第十六位	第十七位	第十八位	正确											
	31	42	1	56	22	42	48	58	57												

---

① 为了验证求根运算的正确性，对已求的根进行平方运算并把59作为准数来验证（见：第47页正文和注①）。

②阿尔·卡西的算法（见：第436页图、注④⑤）：首先 $AD = 10\sqrt{3}$，$AG = 10\sqrt{2+\sqrt{3}}$，$AH =$

续表

	一次升位 1	度 43	分 55	秒 22	分秒 58	毫秒 27	第五位 57	第六位 56	第七位 0	第八位 44	第九位 25						
标准	二次升位	一次升位	度	分	秒	分秒	毫秒	第五位	第六位	第七位	第八位	第九位	第十位	第十一位	第十二位	第十三位	第十四位	第十五位	第十六位	第十七位	第十八位
33						3	27	50	45	56	55	55	52	0	44		
							3	27	50	45	56	55	55	52	0		
51					3	27	50	45	56	55	54	56			3	27	50	45
56						3	27	50	45	56	54	57			3	27	50	45	56
31				3	27	50	45	56	27					3	27	50	45	56	55
5					3	27	50	44	58					3	27	50	45	56	55	55
43			3	27	50	22						3	27	50	45	56	55	55	52
25		3	26	55								3	27	50	45	56	55	55	52	1
	2	43							3	27	50	45	56	55	55	52	1	28
	1								3	27	50	45	56	55	55	52	1	28	50
												0 48	38 41	34	
											0	0 22	42 30	34 6	24 44	53 0	10 21	16
			用平方运算来验证						0	0 1	56 40	15 8	46 20	38 10	30 15	17 24	36 46	56 24
								0	0 31	42 30	0 6	43 0	51 55	20 20	8 32	4 21	40 16	36 18	21 54
							0	0 44	25 17	22 55	13 28	38 25	30 15	0 24	22 0	54 58	8 25	9 12	54 20	40 54
						0	0 56	0 0	31 40	32 20	28 9	55 10	11 29	22 58	40 18	36 54	0 0	27 57	53 52	12 16	20
					0	0 27	57 40	40 51	8 51	0 20	0 0	16 0	8 42	24 32	10 11	13 15	57 29	39 27	54 39	0 12	56 0	0 0
				0	0 22	48 41	19 34	21 24	52 45	15 20	20 59	32 54	0 8	0 0	19 0	48 41	23 48	45 23	28 20	56 0	0 0	0 30	1 48
	0	0 43	55 30	15 25	46 20	53 10	10 21	9 16	54 26	55 5	6 25	25 39	12 53	0 12	0 0	41 0	4 18	0 0	0 18	22 20	44 12	17 55
		44 44	35 35	4 4	47 47	25 25	57 57	31 31	57 57	53 53	55 55	2 2	55 55	3 3	51 51	59 59	59 59	43 43	50 50	16 16	34 34
	1	30	49	50	25	8	4	56	4	12	9	54	9	52	16	0	0	32	16 3	10 16	25 27	
	3	0	0	0	0	0	0	0	0	0	0	0	0	0	0	0	0	0	0	0	0

$10\sqrt{2+\sqrt{2+\sqrt{3}}}$，…故余圆弧所对弦的计算公式为：$C_{i+1} = r \times \sqrt{2+C_i}$。其中，$C_i$ 是第 3×2^i 个多边形的边所支撑圆弧相对于半圆周的余圆弧所对的弦之长，所以 $C_1 = AD = r\sqrt{3}$、$C_2 = AG = r\sqrt{2+\sqrt{3}}$、$C_3 = AH = r\sqrt{2+\sqrt{2+\sqrt{3}}}$ 等，阿尔·卡西一直计算到 C_{28} 为止。另外，他用标准数 59 来验证所算出的每一个根的正确性（见：第 42 页正文、第 43 页注①和第 92 页注①）。阿拉伯文原著中每一个根的计算过程占满了一张，共 28 张，译注者在译成中文时，把前两张和后两张按全文译成中文，把其余 24 张中的标题和每一张中所做运算的最后结果译成了中文。下一页是上面一张的后续，双横线的下面是为了验证开方的正确性所做的平方运算，位于最左边一列的数据是该数所在行的数据之和，除以 59 后得到的余数，最上面一行的数据是 $\sqrt{3}$ 的值，其下面第三行的数就是要开方的数，我们从上面可以看出，阿尔·卡西把 $\sqrt{3}$ 的值一直计算到小数点后的 19 位（六十进制）。

$$\sqrt{3} = 1\ 43\ 55\ 22\ 58\ 27\ 57\ 56\ 0\ 44\ 25\ 31\ 42\ 1\ 56\ 22\ 42\ 48\ 58\ 57$$

如果我们把它的前 6 位转换成十进制数，则得到

$$\sqrt{3} \approx 1.4355\ 22\ 58\ 27\ 57 = 1 + \frac{43}{60} + \frac{55}{60^2} + \frac{22}{60^3} + \frac{58}{60^4} + \frac{27}{60^5} + \frac{57}{60^6} = 1.732050807$$

由此我们可以看出，阿尔·卡西给出的 $\sqrt{3}$ 值，至少小数点后的 20 位正确，在没有任何计算工具的那些年代用手动计算得到这样的准确值，是让人难以相信，阿尔·卡西确实是一名优秀的计算能手。

另外，我们注意到，阿尔·卡西为了得到 $\sqrt{3}$ 的更准确的值，首先把被开方的 3 提升两位，得到 3×60^2，再算出 $\sqrt{3 \times 60^2}$ 的值，由于 $\sqrt{3 \times 60^2} = 60 \times \sqrt{3}$，所以把得到的结果下降一位，于是他把 3 写在二次升位一列，而得到的结果从升位一列开始。这样位于上面的数据是 $60\sqrt{3}$（见：第 66~69、96~100 页）。

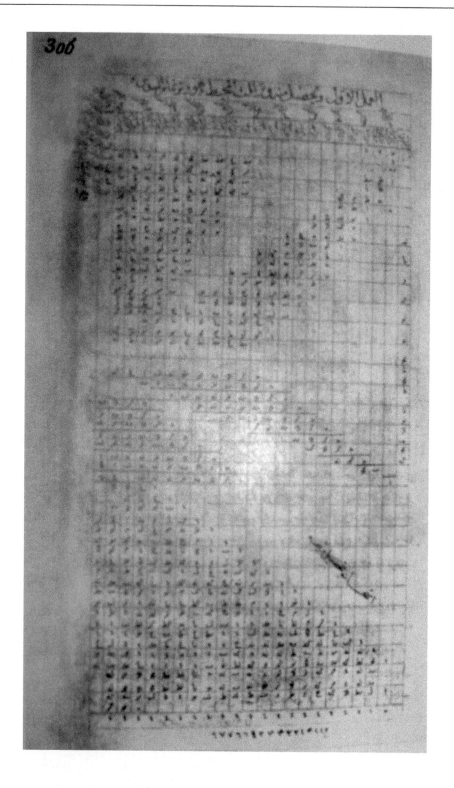

运算二：计算圆周的六分之一的一半圆弧的余圆弧所对的弦，即计算圆周的十二分之一圆弧的余圆弧所对弦的长度

一次升位 1	度 55	分 54	秒 39	分秒 57	毫秒 25	第五位 2	第六位 41	第七位 7	第八位 56	第九位 38	第十位 3

标准	二次升位	一次升位	度	分	秒	分秒	毫秒	第五位	第六位	第七位	第八位	第九位	第十位	第十一位	第十二位	第十三位	第十四位	第十五位	第十六位	第十七位	第十八位	第十九位
	31①	43	55	22	58	27	57	56	0	44	25	31	42	1	56	22	42	48	58	57		
	2									12	17	11	47	3	43	46	39	36	56			
	2	40	25							11	35	27	59	44	30	16	6	47	39	48		
55		3	30							35	43	49	19	13	30	32	49	16	12			
		3	27	48	36					34	46	23	59	13	30	48	20	22	19			
12			2	34	22					57	25	19	59	59	44	28	53	13				
			2	30	40	37	21			54	5	30	38	47	41	15	11	42				
57			3	41	50	36					3	19	49	21	3	13	41	31				
			3	40	13	51	0	9			3	17	2	55	55	36	34	33	35			
10			1	36	45	55	51				2	46	25	16	26	39	7	36				
			1	36	35	33	17	40	25		2	46	8	21	16	17	53	51				
43				10	22	34	4					16	55	10	21	13	45					
				7	43	38	39	40	4			15	27	17	19	39	20					
19				2	38	55	24	10	51	38		1	27	53	1	34	25					
				2	38	24	42	36	28	13	12	1	25	0	5	18	6					
50					30	41	34	23	24	49	55		1	52	56	16	19					
					27	2	45	19	23	50	37	34	49	2	50	0	10	36				
34					3	38	49	4	0	59	17	47	53		2	56	5	43				
					3	36	22	6	35	10	45	0	45	56	16							
34					2	27	1	25	48	32	47	7	52	42								
					2	26	49	14	36	43	43	24	6	3	20	4						
44						12	11	11	49	3	43	46	39	56								
					3	51	49	19	54	50	5	22	15	52	38							

第十位 3	第十一位 9	第十二位 14	第十三位 51	第十四位 43	第十五位 4	第十六位 22	第十七位 44	第十八位 46	正确

① 位于这一行的数据是 $(2+\sqrt{3}) \times 60^2$ 的值。这样，该表是计算 $\sqrt{(2+\sqrt{3}) \times 60^2} = 60 \times \sqrt{2+\sqrt{3}}$ 的过程。

续表

28						3	51	49	19	54	50	5	22	14	56	
24						3	51	49	19	54	50	5	22	7		
35					3	51	49	19	54	50	4	41	3	51	49	19	54
51					3	51	49	19	54	50	2		3	51	49	19	54	50
24				3	51	49	19	54	25			3	51	49	19	54	50	5
1				3	51	49	18	57			3	51	49	19	54	50	5	22
23			3	51	48	39				3	51	49	19	54	50	5	22	15
48		3	50	54					3	51	49	19	54	50	5	22	15	53
	2	55						3	51	49	19	54	50	5	22	15	53	16
1							3	51	49	19	54	50	5	22	15	53	16	3
									0	0	44							
										0	22	40	20					
								0	4	20	10	39	36					
							0	46	3	40	19	48	28	36				
							0	51	39	25	3	36	14	18	42			
						0	14	46	45	38	42	2	36	20	54			
					0	9	12	50	45	54	27	57	3	48	9			
					0	3	8	15	12	36	33	9	40	51	1	40		
				0	38	2	45	8	6	9	6	48	27	17	55	0		
				0	56	34	50	2	42	5	51	13	18	21	15	1	26	
			0	7	51	20	34	12	1	57	8	33	5	50	1	42	29	
			0	41	6	25	50	24	24	42	2	51	3	45	0	28	34	51
			0	2	37	35	6	18	36	24	36	6	1	15	0	18	9	34	6
			0	25	1	50	36	54	4	3	53	12	15	50	0	6	6	9	1	18
		0	57	22	55	1	48	26	39	6	39	23	20	1	16	2	3	1	3	13
	0	39	52	15	22	30	1	18	36	57	2	55	1	52	25	58	0	21	8	24
	0	54	35	45	51	18	16	15	1	54	17	5	0	14	38	16	4	26	2	48	6
0	55	49	30	35	6	37	3	23	45	0	50	1	22	4	47	6	32	35	28	1	54
	56	44	47	11	1	18	0	55	47	0	15	48	46	57	40	56	28	19	48	25	0
	56	44	47	11	1	18	0	55	47	0	15	48	46	57	40	56	28	19	48	25	0
0	1	50	25	48	36	25	21	54	0	10	25	0	4	28	1	0	49	52	16 2	24 56	4 5	0 44
	3	43	55	22	58	27	57	56	0	44	25	31	42	1	56	22	42	48	58	57	0	0

附　录

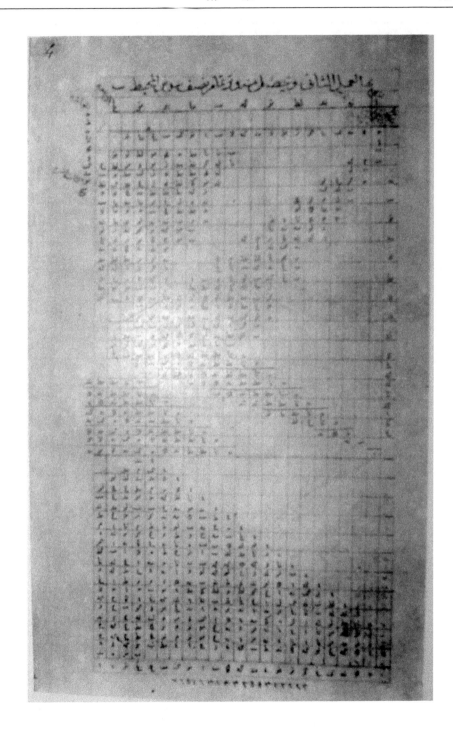

运算三：计算圆周的六分之一的四分之一圆弧的余圆弧所对的弦，即计算圆周的二十四分之一圆弧的余圆弧所对弦的长度

1 58 58 24 10 48 24 30 46 47 22 13 4 44 26 38 36 37 48 27

运算四：计算圆周的四十八分之一圆弧的余圆弧所对弦的长度

1 59 44 35 3 17 25 14 26 3 12 39 10 10 28 33 45 47 32 16

运算五：计算圆周的九十六分之一圆弧的余圆弧所对弦的长度，即 1 36 分之一

1 59 56 8 42 6 26 35 40 40 17 55 44 14 58 19 34 54 29 34

运算六：计算圆周的一百九十二分之一圆弧的余圆弧所对弦的长度，即 3 12 分之一

1 59 59 2 10 17 40 37 1 18 16 54 32 35 27 38 48 41 50 24

运算七：计算圆周的三百八十四分之一圆弧的余圆弧所对弦的长度，即 6 24 分之一

1 59 59 45 32 33 32 54 1 54 51 41 6 50 27 35 53 38 54 49

运算八：计算圆周的七百六十八分之一圆弧的余圆弧所对弦的长度，即 12 48 分之一

1 59 59 56 23 8 19 57 33 17 31 8 29 4 41 15 7 13 12 11

运算九：计算圆周的一千五百三十六分之一圆弧的余圆弧所对弦的长度，即 25 36 分之一

1 59 59 59 5 47 4 47 8 29 50 15 57 23 28 51 40 19 11 12

运算十：计算圆周的三千零七十二分之一圆弧的余圆弧所对弦的长度，即 51 12 分之一

1 59 59 59 46 26 46 11 1 11 51 41 51 14 21 59 25 0 45 19

运算十一：计算圆周的六千一百四十四分之一圆弧的余圆弧所对弦的长度，即 1 42 24 分之一

1 59 59 59 56 36 41 32 42 25 44 25 52 26 23 47 47 39 26 5

运算十二：计算圆周的 3 24 48 分之一圆弧的余圆弧所对弦的长度

1 59 59 59 59 9 10 23 10 25 40 15 52 4 24 9 57 49 14 52

运算十三：计算圆周的 6 49 36 分之一圆弧的余圆弧所对弦的长度

1 59 59 59 59 47 17 35 47 35 44 42 3 15 53 31 50 58 28 25

运算十四：计算圆周的 13 39 12 分之一圆弧的余圆弧所对弦的长度

1 59 59 59 59 56 49 23 56 53 53 39 8 38 38 47 2 24 44 3

续表

运算十五：计算圆周的 27 18 24 分之一圆弧的余圆弧所对弦的长度	
1 59 59 59 59 59 12 20 59 13 28 15 19 31 30 58 12 8 17 28	
运算十六：即计算圆周的 54 36 48 分之一圆弧的余圆弧所对弦的长度	
1 59 59 59 59 59 48 5 14 48 22 3 14 24 14 41 49 38 3 27	
运算十七：计算圆周的 1 49 13 36 分之一圆弧的余圆弧所对弦的长度	
1 59 59 59 59 59 57 1 18 42 5 30 46 23 1 17 47 11 42 30	
运算十八：计算圆周的 3 38 27 12 分之一圆弧的余圆弧所对弦的长度	
1 59 59 59 59 59 15 19 40 31 22 41 27 26 25 31 47 7 33	
运算十九：计算圆周的 7 16 54 24 分之一圆弧的余圆弧所对弦的长度	
1 59 59 59 59 59 48 49 55 7 50 40 21 20 25 30 45 28 53	
运算二十：计算圆周的 14 33 48 48 分之一圆弧的余圆弧所对弦的长度	
1 59 59 59 59 59 57 12 28 46 57 40 5 58 9 26 55 39 51	
运算二十一：计算圆周的 29 7 37 36 分之一圆弧的余圆弧所对弦的长度	
1 59 59 59 59 59 59 18 7 11 44 25 1 19 25 3 14 48 34	
运算二十二：计算圆周的 58 15 15 12 分之一圆弧的余圆弧所对弦的长度	
1 59 59 59 59 59 59 49 31 47 56 6 15 19 50 48 24 22 59	
运算二十三：计算圆周的 1 56 30 30 24 分之一圆弧的余圆弧所对弦的长度	
1 59 59 59 59 59 59 57 22 56 59 1 33 49 57 40 23 19 33	
运算二十四：计算圆周的 3 53 1 0 48 分之一圆弧的余圆弧所对弦的长度	
1 59 59 59 59 59 59 59 20 44 14 45 23 27 29 54 59 24 30	
运算二十五：计算圆周的 7 46 2 1 36 分之一圆弧的余圆弧所对弦的长度	
1 59 59 59 59 59 59 59 50 11 3 41 20 51 52 21 14 27 2	
运算二十六：计算圆周的 15 32 4 3 12 分之一圆弧的余圆弧所对弦的长度	
1 59 59 59 59 59 59 59 57 32 45 55 20 12 58 5 18 35 15	

续表

运算二十七：计算圆周的 3 1 4 8 6 2 4 分之一圆弧的余圆弧所对弦的长度

一次升位		度	分	秒	分秒	毫秒	第五位	第六位	第七位	第八位	第九位	
1		59	59	59	59	59	59	59	59	59	23	
标准	二次升位	一次升位	度	分	秒	分秒	毫秒	第五位	第六位	第七位	第八位	第九位	第十位	第十一位	第十二位	第十三位	第十四位	第十五位	第十六位	第十七位	第十八位

标准	二次升位	一次升位	度	分	秒	分秒	毫秒	第五位	第六位	第七位	第八位	第九位	第十位	第十一位	第十二位	第十三位	第十四位	第十五位	第十六位	第十七位	第十八位	
3		59	59	59	59	59	59	59	57	32	45	55	20	12	58	5	18	35	15			
3	59						59	56	0								0	1				
								1	32	45	55	20	12	58	5	18	34					
								1	31	59							59	22	49			
								0	45								34	52	11			
									43								59	46		18	1	
									1								52	24		31	59	
									1	51								59		25	38	
										3								25		6	21	
										3	19							59		58	58	
										0								25		7	23	
										0	12											
											0											
											0	56										
												2										
												2	4									
													1									
													1	16								
														2								
														2	32							

第十位	第十一位	第十二位	第十三位	第十四位	第十五位	第十六位	第十七位	第十八位	正确
11	28	50	3	14	31	19	38	43	

续表

									2			
								4	0			
								4	0			
							4	0				
						4	0					
					4	0						
					3	59					59	58
				3	59					59	58	46
			3	59					59	58	46	11
		3	59					59	58	23		
		3	59	59	59	59	59	59	58	59		
								38				
							19	37	22	22	22	
						31	18	41	18	18	19	
					44	30	29	48	48	48	49	
				3	13	46	16	16	16	16	19	
				50	2	57	11	11	11	11	11	
			28	49	10	13	13	13	13	13	13	
		11	27	32	5	5	5	5	5	5	5	
	23	10	49	17	17	17	17	17	17	17		
	22	37	48	48	48	48	48	48	48		11	
	22	22	22	22	22	22	22	22		4	13	
	46	22	17	40	6	29	12	39	15	36	52	55
	46	22	17	40	6	29	12	39	15	36	52	55
3	59			59	56	0			0	1	8	49	2
										2	52	25	8
3	59			59	57	32	45	55	20	12	58	5	18	35	15	0	0

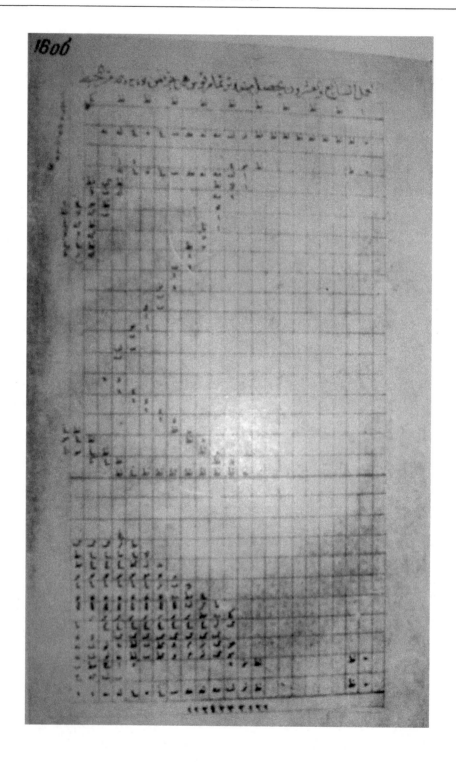

附　录　　　　　　　　　　　　　　　　　　　　　　・449・

运算二十八：计算圆周的					1 2 8 16 12 48			分之一圆弧的余圆弧所对弦的长度			
一次升位	度	分	秒	分秒	毫秒	第五位	第六位	第七位	第八位	第九位	
1	59	59	59	59	59	59	59	59	59	50	
标准	二次升位	一次升位	度	分	秒	分秒	毫秒	第五位	第六位	第七位	第八位	第九位	第十位	第十一位	第十二位	第十三位	第十四位	第十五位	第十六位	第十七位	第十八位

标准	二次升位	一次升位	度	分	秒	分秒	毫秒	第五位	第六位	第七位	第八位	第九位	第十位	第十一位	第十二位	第十三位	第十四位	第十五位	第十六位	第十七位	第十八位
	3	59	59	59	59	59	59	59	59	23	11	28	50	3	14	31	19	38	43		
	3	59						59	56	0							0	1			
								3	23	11	28	50	3	14	31	19	37			
								3	19	59							59	1	40		
									3	11							38	41	20	59	49
									3	7	59							59	44		3
										3	28							41	35	3	11
										3	27	59							59	44	11
											0	50							35	18	58
												47								59	56
												2								19	2
												2	0							0	0
													3								
													3	12						19	
														2							
														2	28						
															3						
															3	16					
																3					
																3	36				

第十位	第十一位	第十二位	第十三位	第十四位	第十五位	第十六位	第十七位	第十八位	正确
47	52	12	30	48	37	49	54	40	

续表

																	2		
																	4	0	
																4	0		
															4	0			
														4	0				
													4	0					
												3	59						59
											3	59						59	41
										3	59						59	40	47
									3	59						59	58	50	
								3	59	59	59	59	59	59	59	58	59		
																	54		
															49	53	6	6	6
															37	48	11	4	4	4
														48	36	23	12	12	12
													30	47	12	49	49	49	50
												11	29	30	17	17	17	17	17
											52	11	48	18	18	18	18	18	18
										47	51	8	20	20	20	20	20	20	20
									50	46	19	4	4	4	4	4	4	4	4
									49	10	57	57	57	57	57	57	57		44
									49	49	49	49	49	49	49	49		39	10
								1	41	35	44	25	1	37	15	39	47	9	52	2
								1	41	35	44	25	1	37	15	39	47	9	52	2
3	59							59	56	0							0	1	41	40	37
																		2	41	35	19
59								59	23	11	28	50	3	14	31	19	36	43	0	0

从直径的平方减去弦的平方得到边长的平方，结果如下：

| 0 | 0 | 0 | 0 | 0 | 0 | 0 | 0 | 0 | 0 | 36 | 48 | 31 | 9 | 56 | 45 | 28 | 40 | 21 | 17[①] |

---

① 这就是圆内接正 3×2^{28} 边形边长的平方 $a_{28}^2 = (2r)^2 - C_{28}^2$ 的值，即从直径的平方减去弦的平方就得到边长的平方（见：第 430 页注①）。

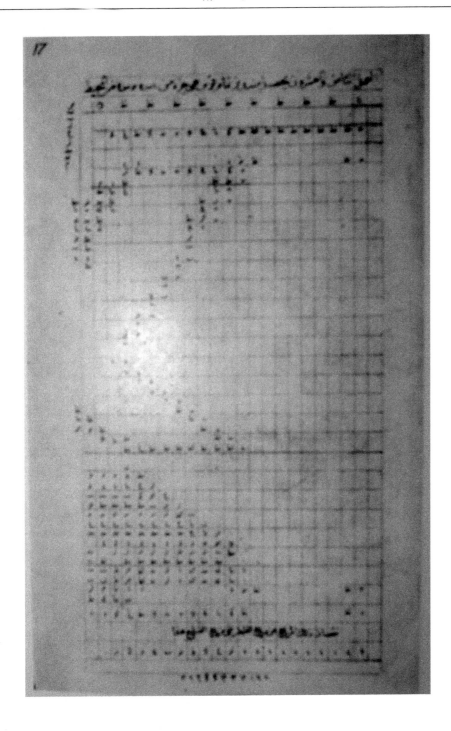

第五部　确定圆内接正 1、2、8、16、12、48 边形的边长

运算二十八中得到边长平方的开方算法①如下。

毫秒 6	第五位 4		第六位 1		第七位 14		第八位 59		第九位 36		第十位 14	第十一位 33 第十二位 36 第十三位 49 第十四位 25 正确
第八位	第九位	第十位	第十一位	第十二位	第十三位	第十四位	第十五位	第十六位	第十七位	第十八位		
36	48	31	9	56	45	28	40	21	17			
36												
0												
	48	16										
		15										
		12	8	1								
			3	1	55							
			2	49	52	31	16					
			12	3	14	12						
			11	55	54	26	30	1				
				7	19	46	10	20				
				7	16	49	29	59	9	36		
					2	56	40	21	7	24		
					2	49	52	34	59	48	51	16
						6	47	46	7	35	8	44
						6	40	25	22	29	33	51
							7	20	45	5	34	53
							7	16	49	29	59	31
								3	55	35	35	22
								3	50	32	47	30

① 在这一部中将求出在第四部的运算二十八中得到数据 a_{28}^2 的平方根，即将求出圆内接正 3×2^{28} 边形的边 a_{28} 之长。

附　录　　　　　　　　·453·

续表

毫秒 6	第五位 4	第六位 1		第七位 14				第八位 59		第九位 36		第十位 14	第十一位 33 第十二位 36 第十三位 49 第十四位 25 正确
	第八位	第九位	第十位	第十一位	第十二位	第十三位	第十四位	第十五位	第十六位	第十七位	第十八位		
										5	2	47	52
									12	12 8	2 2	2 29	30 59
								12	12 8	2 2	29 59	59 12	12 14
							12	12 8	2 2	29 28	58 59	36	
						12	12 8 1	2	14				
		12	4										
6										1	54		
						3		3 18	36 2	1 24	16 0	19	
				3		1 36	24 6	2 56	12 0	0 33	36 8	4 24	26 19
		1		5 24	34 3	2 56	24 0	0 36	14 3	7 16	42 32	35 27	24 21
0	0 24	6 0	0 11	56 0	0 14	57 13	8 46	24 35	13 84	46 8	19 24	48 8	
	24 24	7 7	34 34	57 57	51 51	5 5	51 51	9 9	55 55	10 10	34 34	26 26	
0	36	0	16	0	1	3	16	58	1	21 5	36 2	3 47	12 56
0	36	48	31	9	56	45	28	40	21	17	0	0	0

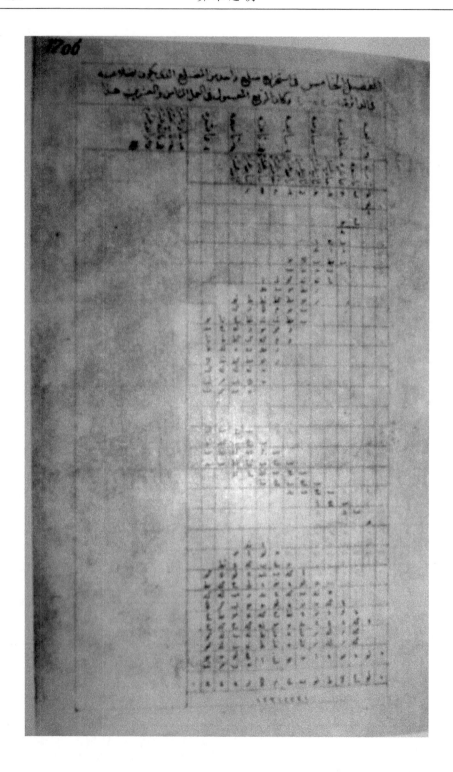

第六部 论确定圆内接和外切相似正 805306368 边形的周长

把第五部中通过开方运算得到的边长与边数 1 2 8 16 12 48 相乘，当圆的直径等于一百二十时，得到圆内接正 1 2 8 16 12 48 边形的周长[①]。

被乘数		6	4	1	14	59	36	14	33	36	19	25	
	乘数	毫秒	第五位	第六位	第七位	第八位	第九位	第十位	第十一位	第十二位	第十三位	第十四位	
五次升位	1	6	4	1	14	59	36	14	33	36	19	25	
四次升位	2		12	8	2	29	59	12	29	17	12	38	50
三次升位	8		0	48 0	0 32	8 1	7 52	52 4	1 48	52 7	4 4	48 2	3 32
二次升位	16			1	36 1	0 4	16 3	15 44	44 9	3 36	44 8	9 48	36 5
升位	12				1	12 0	0 48	12 2	11 48	48 7	2 12	48 6	7 36
数	48					4 3	48 12	0 11	48 12	47 28	12 48	11 26	12
乘积		6	16	59	28	1	34	51	46	14	49	46	
		升位	整数	分	秒	分秒	毫秒	第五位	第六位	第七位	第八位	第九位	

这个结果应小于圆的周长，就像第三部中所述，内接多边形的周长对与它相似的外切多边形周长与内接多边形周长之差的比值，等于运算二十八中得到根的

[①] 圆内接正 3×2^{28} 边形的周长等于 $P_{28} = 3 \times 2^{28} a_{28}$。其中，$a_{28}$ 是上面的运算二十八中得到数据 $a_{28}^2 = (2r)^2 - C_{28}^2$ 的平方根。

一半对多余部分之比①，该根的一半如下：

度	分	秒	分秒	毫秒	第五位	第六位	第七位	第八位	第九位	第十位	第十一位	第十二位	第十三位	第十四位	第十五位	第十六位	第十七位	第十八位
59	59	59	59	59	59	59	59	59	55	23	56	6	15	24	18	54	57	20
位于上一行的数据就是弦长的一半，而位于这一行的数据就是从半径减去弦长的一半后得到的差②。									4	36	3	53	44	35	41	5	2	40

在上面构成比例的四个数中第二个数是未知的，因第一个数的首位是升位，第四个数的首位是第九位，所以这两个数乘积的首位是第八位，把得到的乘积除以第三个数，得到商的数位可取到第九位，因此我们可以放弃位于第九位以后的数位上的数字，这样我们可以扔掉很多数位上的数字。这时上面所述比例写成

---

① 令圆心到内接多边形的每边之高为 h，即 $EI = h$，阿尔·卡西所说的多余部分为线段 FI，因此 $FI = r - h$，另外 $EI = h = \frac{1}{2}AH$，所以多余部分 $FI = r - h = r - \frac{1}{2}AH$，又令内接和外切多边形的周长分别为 p 和 P，由第364页注①，有 $\frac{p}{P-p} = \frac{h}{r-h}$，所以圆内接和外切正 3×2^{28} 边形的周长 p_{28} 和 P_{28} 与对应的弦 C_{28} 之间的比例关系为：$\frac{p_{28}}{P_{28} - p_{28}} = \frac{\frac{1}{2}C_{28}}{r - \frac{1}{2}C_{28}}$。其中，$r - \frac{1}{2}C_{28}$ 就是多余部分，在正 3×2^{28} 边形中 $h = \frac{1}{2}C_{28}$，而在运算二十八中得到的数据就是 C_{28} 的平方。

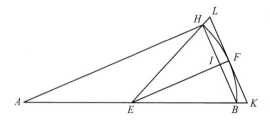

② 表中最下面一行的数据是 $\frac{1}{2}C_{28}$ 的值，中间行的数据是 $r - \frac{1}{2}C_{28}$ 的值，这样由 p_{28}、$\frac{1}{2}C_{28}$、$r - \frac{1}{2}C_{28}$ 以及上面的比例可求出 $P_{28} - p_{28}$ 的值，因此圆外切多边形的周长为 $P_{28} = (P_{28} - p_{28}) + p_{28}$。

6 17对未知数之比，等于六十对 4 36（第十位）之比①，第一个数与第四个数相乘，得到的积下降一位，得第九位上的二十九，再把得到的第九位上的二十九与圆内接多边形的周长相加，得到圆外切多边形的周长②。

升位	度	分	秒	分秒	毫秒	第五位	第六位	第七位	第八位	第九位
6	16	59	28	1	34	51	46	14	50	15

这个值应大于圆的周长，如果圆的直径等于一百二十，则圆外切多边形的周长与圆内接多边形的周长之差等于第九位上的二十九，所以当圆周等于三百六十时，圆内外多边形的周长之差小于第九位上的二十九。就像在第三部中所述，当圆的直径等于地球直径的六十万倍时，周长值的第八位上的数字一小于马鬃之粗的五分之四，该数值等于大麦籽粒的平均之厚的六分之一，所以这两个圆周之差等于第九位上的二十九，就相当于小于马鬃之粗的五分之二③。由于在上面所说的两个周长中的一个周长小于圆的实际周长，而另一个大于圆的实际周长，但它们的相差小于马鬃之粗的五分之二，所以我们把这两个多边形周长之差的一半加到较小的周长上，同时从较大的周长中减去它，或者最好把较小周长的第九位上数补充到六十，即把第九位上的十四加到较小周长的第九位上数，同时舍去较大周长的

---

① $\frac{1}{2}C_{28} = 59\ 59\ 59\ 59\cdots \approx 60, r - \frac{1}{2}C_{28} = 4\ 36\ 3\cdots \approx 436$（见：上表），把 $\frac{p_{28}}{P_{28} - p_{28}} = \frac{\frac{1}{2}C_{28}}{r - \frac{1}{2}C_{28}}$ 可写成 $\frac{6\ 17}{P_{28} - p_{28}} = \frac{60}{4\ 36(十位)}$。其中，$p_{28} = 6\ 16\ 59\ 28\ 1\cdots \approx 617$（见：本页表）。

② 这里，$P_{28} - p_{28} = \frac{(617) \times (436(十位))}{60} \approx 29(第九位)$，所以 $P_{28} = (P_{28} - p_{28}) + p_{28}$。

③ 因 $\frac{1}{60^8} < \frac{4}{5}$ 马鬃之粗，所以 $\frac{29}{60^9} = \frac{29}{60} \times \frac{1}{60^8} < \frac{29}{60} \times \frac{4}{5} = \frac{29}{30} \times \frac{2}{5} < \frac{2}{5}$ 马鬃之粗。

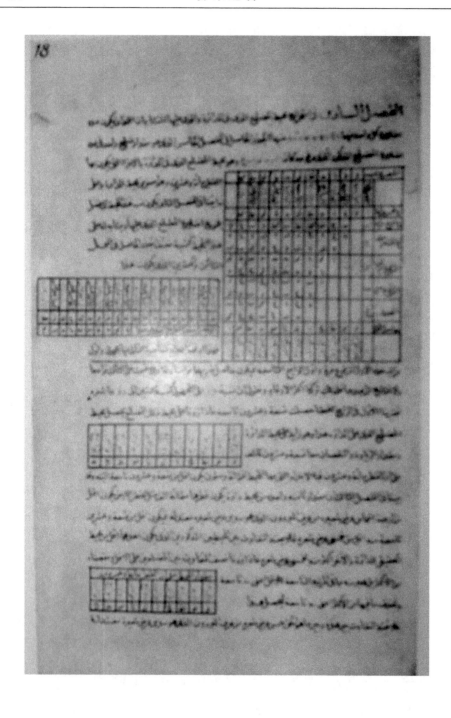

第九位上的数，即舍去第九位上的十五，则得到下面的结果①：

直径为一百二十的圆周长									
升为	度	分	秒	分秒	毫秒	第五位	第六位	第七位	第八位
6	16	59	28	1	34	51	46	14	50

这个周长与圆的实际周长之差不过马鬃之粗的五分之一②，即不超过大麦籽

---

① 阿尔·卡西在确定圆内接正多边形的周长 p_{28} 和外切正多边形的周长 P_{28} 时进行一次取整运算，而得到的 p_{28} 或 P_{28} 作为圆周长的一个近似值，这样如果圆的半径为60，则上面得到的数据是 120π 的一个近似值，所以当圆的半径为1时，上面得到的数据是 2π 的提升一位后的值，所以把上面得到的值除以60或下降一位，就得到 2π 的六十进制值。

17世纪的数学家斯利姆（W. Chellem, 1621年）和基奥基尼斯（H. Giugens, 1654年）发现了计算圆周长的更方便更准确的方法，即用近似公式 $C \approx \dfrac{P_n + 2p_n}{3}$ 来求出圆周的近似值，它们的方法如下。

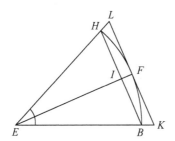

令 $\varphi_n = \dfrac{\pi}{n}$，则 $a_n = 2r\sin\varphi_n$，$A_n = 2r\tan\varphi_n$，$p_n = 2nr\sin\varphi_n$，$P_n = 2nr\tan\varphi_n$，再由

$$\frac{P_n - C}{C - p_n} = \frac{2nr\tan\varphi_n - 2\pi r}{2\pi r - 2nr\sin\varphi_n} = \frac{\tan\varphi_n - \dfrac{\pi}{n}}{\dfrac{\pi}{n} - \sin\varphi_n} = \frac{\tan\varphi_n - \varphi_n}{\varphi_n - \sin\varphi_n} \approx \lim_{n\to\infty} \frac{\tan\varphi_n - \varphi_n}{\varphi_n - \sin\varphi_n} = 2$$

得 $C \approx \dfrac{P_n + 2p_n}{3}$，用这一公式来计算圆周时，不需要把多边形的边数增加到像阿尔·卡西计算得那么多，就能得到相当准确的周长值，但需要计算正弦和正切的具有充分准确性的近似值。（Рудио Ф, Бернштейна С Н. О квадратуре круга. С приложением теории вопроса. Москва-Ленинград：ГТТИ, 1934：55-59.）

② 令上表中给出的圆周长为 C_{28}，圆的实际周长为 C，则由上面知，$C_{28} = p_{28} + \dfrac{14}{60^9}$，或 $C_{28} = P_{28} - \dfrac{15}{60^9}$，且 $\dfrac{1}{60^8} < \dfrac{4}{5}$ 马鬃之粗。另外，显然有，$p_{28} < C < P_{28}$，因此 $C - C_{28} < P_{28} - C_{28} = P_{28} - P_{28} + \dfrac{15}{60^9} = \dfrac{15}{60^9} = \dfrac{15}{60} \times \dfrac{1}{60^8} < \dfrac{1}{4} \times \dfrac{4}{5} = \dfrac{1}{5}$ 马鬃之粗，或者 $C_{28} - C < C_{28} - p_{28} = p_{28} + \dfrac{14}{60^9} - p_{28} = \dfrac{14}{60^9} < \dfrac{15}{60^9} < \dfrac{15}{60} \times \dfrac{1}{60^8} < \dfrac{1}{4} \times \dfrac{4}{5} = \dfrac{1}{5}$ 马鬃之粗，所以无论如何，有 $|C_{28} - C| < \dfrac{1}{5}$ 马鬃之粗。

粒平均之厚的六分之一，这就是我们想要证明的结果。

我用下面的两行诗来表达上面得到的结果：

vā iāb nāt kāh ā lād nā mu fā- iād nu
*Muhitun haicu nicfu - l-kut ri cinu*①

诗意：　　　　6 16 59 28 1 34 51 46 14 50
　　　　　　　半径为六十的圆周长

如果我们把圆的半径取为一，则圆周长还是等于上面得到的数，不过要把数位下降一位，即升位变成度位，度位变成分位，等等，一直到第八位变成第九位，这时得到的数据与实际圆周之差不超过第九位的一，更准确的说法是不超过第九位的四分之一②。为了使大多数人计算弦长的方法和它们编制的表上数据保持一致，我们在上面把半径取为六十。其实，如果我们把半径取为一，则弦的数

---

① 这首诗的第一行是用阿拉伯字母来表示从上面得到周长的值，即把周长的上述值用"阿布贾"（"驻马拉"）算法书写，要大声朗读，第二行表示第一行的意义，即"半径为六十的圆周长"之意，如果把这首诗译成汉语，相当于：

六、十六、五十九、二十八、一、三十四、五十一、四十六、十四和五十，
这就是圆的周长，假设该圆的半径为六十。

阿布贾数字	对应的希腊字母	对应的拉丁字母	表示的数字	阿布贾数字	对应的希腊字母	对应的拉丁字母	表示的数字
ا alif	α alfa	a	1	س cin	ξ kci	x	60
ب bā	β beta	b	2	ع ain	o omikran	o	70
ج jim	γ gamma	c	3	ف fā	π pi	p	80
د dāl	δ delta	d	4	ص cād			90
ه hā	ε epsilon	e	5	ق kāf		q	100
و vāv		f	6	ر rā	ρ ro	r	200
ز zā	ζ dzeta	g	7	ش shin	σ cigma	s	300
ح hā	η eta	h	8	ت tā	τ tau	t	400
ط tā	θ teta		9	ث cā			500
ي iā	ι iota	i	10	خ hā			600
ك kāf	χ kappa	k	20	ذ dāl			700
ل lām	λ lambda	l	30	ض dād			800
م mim	μ miu	m	40	ظ zā			900
ن nūn	ν niu	n	50	غ gāin			1000

② $C_{28} - C < C_{28} - p_{28} = p_{28} + \frac{14}{60^{10}} - p_{28} = \frac{14}{60^{10}} < \frac{15}{60} \times \frac{1}{60^9} = \frac{1}{4} \times \frac{1}{60^9}$。

据也不改变，改变的是它的数位，为了用圆周对半径之比来求出圆周或用圆周来求出圆周对半径之比提供方便，当半径为一时，用表形式给出了圆周对半径之比与各个数乘积的六十进制值，该表如下：

倍数	升位	比值与数乘积的[度位]	乘积的分位	秒	分秒	毫秒	第五位	第六位	第七位	第八位	第九位
\multicolumn{12}{c}{当半径为一时，周长对半径之比的倍数表①}
1	0	6	16	59	28	1	34	51	46	14	50
2		12	33	58	56	3	9	43	32	29	40
3		18	50	58	24	4	44	35	18	44	30
4		25	7	57	52	6	19	27	4	59	20
5		31	24	57	20	7	54	18	51	14	10
6		37	41	56	48	9	59	10	37	29	0
7		43	58	56	16	11	4	2	23	43	50
8		50	15	55	44	12	38	54	9	58	40
9	0	56	32	55	12	14	13	45	56	13	30
10	1	2	49	44	40	15	48	37	42	28	20
11		9	6	54	8	17	23	29	28	43	10
12		15	23	53	36	18	58	21	14	58	0
13		21	40	53	4	20	33	13	1	52	50
14		27	57	52	32	22	8	4	47	27	40
15		34	14	51	0	23	42	56	33	42	30
16		40	31	51	28	25	18	48	19	57	20
17		46	48	50	56	26	52	40	6	12	10
18		53	5	50	24	28	27	31	52	27	0
19	1	59	22	49	52	30	2	23	38	41	50
20	2	5	39	49	20	31	37	15	24	56	40
21		11	56	48	48	33	12	7	11	11	30
22		18	13	48	16	34	46	58	57	26	20
23		24	30	47	44	36	21	50	43	41	10
24		30	47	47	12	37	56	42	29	56	0
25		37	4	46	40	39	31	34	16	10	50
26		43	21	46	8	41	6	26	2	25	40
27		49	38	45	36	42	41	17	48	40	30
28	2	55	55	45	4	44	15	9	34	55	20
29	3	2	12	44	32	45	51	1	21	10	10
30	3	8	29	44	0	47	25	53	7	25	0

---

① 表中给出的数据是 $n \times 2\pi$ ($n = 1, 2, 3, \cdots, 60$) 的值。

续表

倍数	升位	比值与数乘积的[度位]	乘积的分位	秒	分秒	毫秒	第五位	第六位	第七位	第八位	第九位
31	3	14	46	43	28	49	0	44	53	39	50
32		21	3	42	56	50	35	36	39	54	40
33		27	20	42	24	52	10	28	26	9	30
34		33	37	41	52	53	45	20	12	24	20
35		39	54	41	20	55	20	11	58	39	10
36		46	11	40	48	56	55	3	44	54	0
37		52	28	40	16	58	29	55	31	8	50
38	3	58	45	39	45	0	4	47	17	23	40
39		5	2	39	13	1	39	39	3	38	30
40	4	11	19	38	41	3	14	30	49	53	20
41		17	36	38	9	4	49	22	36	8	10
42		23	53	37	37	6	24	14	22	23	0
43		30	10	37	5	7	59	6	8	37	50
44		36	27	36	33	9	33	37	54	52	40
45		42	44	36	1	11	8	49	41	7	30
46		49	1	35	29	12	43	41	27	22	20
47	4	55	18	34	57	14	18	33	13	37	10
48	5	1	35	34	25	15	53	24	59	52	0
49		7	52	33	53	17	28	16	46	6	50
50		14	9	33	21	19	3	8	32	21	40
51		20	16	32	49	20	38	0	18	36	30
52		26	43	32	17	22	12	52	4	51	20
53		33	0	31	45	23	47	43	51	6	10
54		39	17	31	13	25	22	35	37	21	0
55		45	34	30	41	26	57	27	23	35	50
56		51	51	30	9	28	32	19	9	50	40
57	5	58	8	29	37	30	7	10	56	5	30
58	6	54	25	29	5	31	42	2	42	20	20
59		10	42	28	33	33	16	54	28	35	10
60	6	16	59	28	1	34	51	46	14	50	0

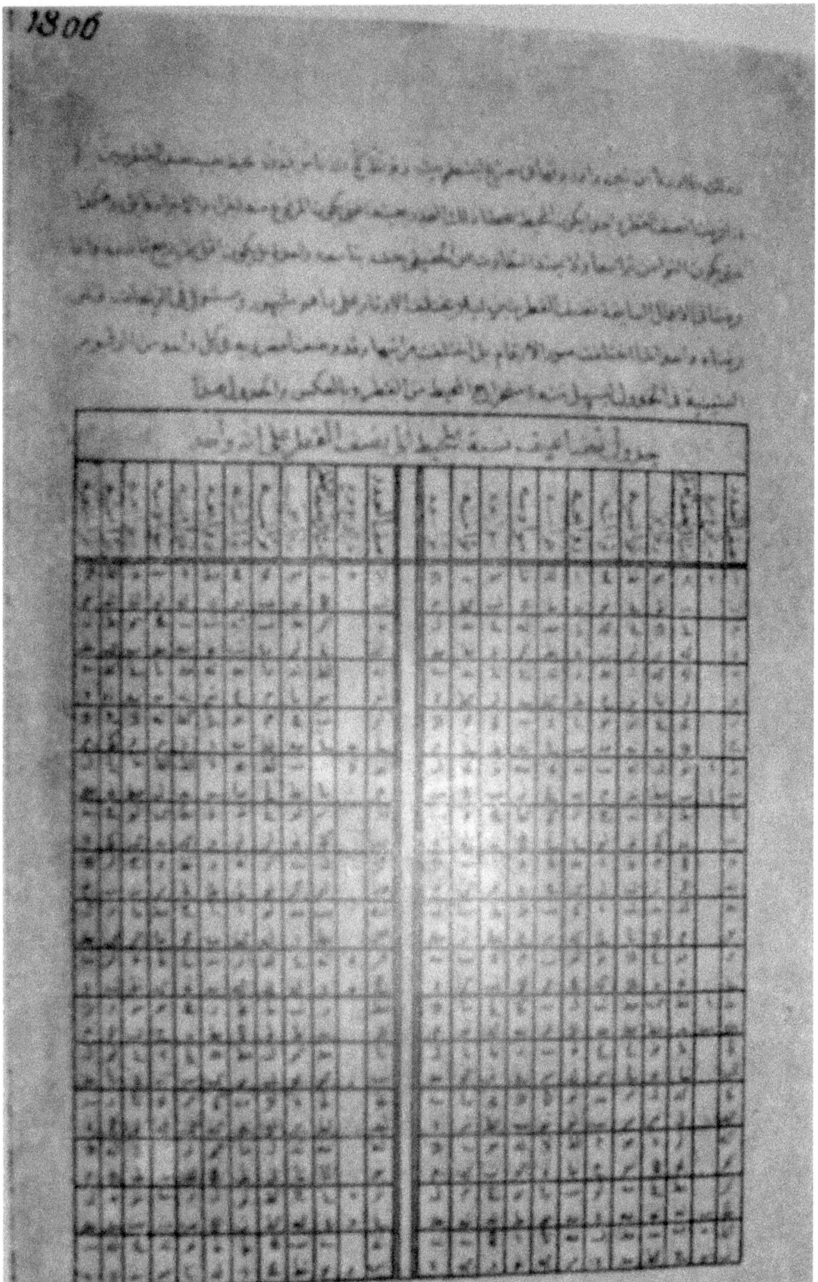

1806

جدول أقطار موقع تسعة كواكب باسم القطر الأوسط أو واحد

第七部　论在上述运算中位于后面数位上的那些小分数的忽视及其意义

须知：因为在上面的运算过程中，位于后面数位上的那些小分数不够进位，所以舍去那些数位上的小分数并不影响最后得到结果的最后数位上的数。

事实上，我们在运算一中得到数据的最后一位上补充了二十，所以在运算一中的最后一位取为五十七，即在第十九位后剩下的余数为 3 16 27，如果我们用它除以两个平方之差，即用它除以 3 27 50 45，就得到 56 40，所以我们补充二十并取整为 57[①]。同样在运算二中得到数据的最后一位上补充三十二，但它在第十八位上，如果我们从运算二中的余数 2 56 5 中减去它，就得到 2 55 45，再用它除以两个平方之差，即用它除以 3 51 49，得到的商为 45 28，所以我们补充了三十二并取整为 46，于是在第十九位上补充了三十二。按照这一方法来计算，运算三中的最后一位上补充了六，运算四中的最后一位上舍去了十五，运算五中补充二十八，运算六中补充十五，运算七中舍去二十二，运算八中补充六，运算九中补充二十四，运算十中舍去十八，运算十一中补充四，运算十二中舍去十二，运算十三中补充五，运算十四中补充十六，运算十五中补充十七，运算十六中舍去九，运算十七中舍去十六，运算十八中舍去八，运算十九中补充三，运算二十中补充十七，运算二十一中补充十四，运算二十二中舍去二十七，运算二十三中舍去三，运算二十四中舍去一，运算二十五中舍去十八，运算二十六中舍去十五，运算二十七中舍去十，运算二十八中舍去二十六。把它们都用在下面所求根的第十九位和所求平方的第十八位上，这些数量中的最后七个数是被舍去的数，在运算二十八中所求弦平方的第十八位上已补充了十，从直径平方减去弦的平方后，得到平方差的第十七位，是十七，就是把第十八位上十舍去后才得到。我们把平方差的平方根的最后一位取为二十五，就是把第十五位上的五十二补充后才得到，乘积的最后一位是四十六，即周长的第九位是四十六，就是把第十位上的五十四补充后才得到，因此最好把多边形边长的最后一位取为二十四，而圆内接多边形周长的最后一位取为四十五，我们把内接多边形的第九位上添补了十四，而舍去了外切多边形的第九位上的十五。

我在上面讲的相当陋俗，是因为想说明，在每次运算中补充或舍去位于最后一位上的分数，对于圆周长的第九位上数的影响并不大。为了避免抄书时出现差错，我们把这些数据写入表内，该表如下：

---

① 因 57−（56 40）= 0 20 20，所以给 56 40 补充 20 后就得到 57。

附　录

每次运算中在末位上补充或舍去的数		
运算次序	被忽视的数量	补充或舍去
1	20	补充
2	32	补充
3	6	补充
4	15	舍去
5	28	补充
6	15	补充
7	22	舍去
8	6	补充
9	24	补充
10	18	舍去
11	4	补充
12	12	舍去
13	5	补充
14	16	补充
15	17	补充
16	9	舍去
17	16	舍去
18	8	舍去
19	3	补充
20	17	补充
21	14	补充
22	27	舍去
23	3	舍去
24	1	舍去
25	18	舍去
26	15	舍去
27	10	舍去
28	26	舍去
弦平方，平方差的平方根	10	补充
	52	补充
圆周	54	补充

第八部　半径为一的周长值转换成印度数字

周长等于半直径的六倍，还带有直到第九位的小数部分，我们将这些小数部分转换成以十为分母的小数，这时它的以五次重复的一千为分母的部分，大于第九位上的一，但多余部分也不超过第十位的一半①，为了给使用者提供方便，我们分别把这个值与从一到九的数字的乘积写入表内，该表如下：

周长对半直径之比的倍数表②															
整数		小数													
十位	半径的倍数	千分之一，重复五次	一千，重复四次			一千，重复三次			千千			千			数字
			百位	十位	个位	百位	十位	个位	百位	十位	个位	百位	十位	个位	
零	六	二	八	三	一	八	五	三	零	七	一	七	九	五	八	六	五	
0	6	2	8	3	1	8	5	3	0	7	1	7	9	5	8	6	5	1
1	2	5	6	6	3	7	0	6	1	4	3	5	9	1	7	3	0	2
1	8	8	4	9	5	5	5	9	1	1	5	3	8	7	5	9	5	3
2	5	1	3	2	7	4	1	2	2	8	7	1	8	3	4	6	0	4
3	1	4	1	5	9	2	6	5	3	5	8	9	3	2	5	5		5
3	7	6	9	9	1	1	8	4	3	0	7	7	5	1	9	0	6
4	3	9	8	2	2	9	7	1	5	0	2	5	7	1	0	5	5	7
5	0	2	6	5	4	8	2	4	5	7	4	3	6	9	2	0	8
5	6	5	4	8	6	6	6	4	6	1	2	7	8	9
6	2	8	3	1	8	5	3	0	7	1	7	9	5	8	6	5	0	10

---

① 阿尔·卡西在这里给出了 2π 的准确到17位的近似值，即他把 2π 的值用以 10^{16} 为分母分数表示，阿尔·卡西称 $10^{3 \times m}$ 为 m 次重复的1000，在这里，他所说的准确程度相当于上面给出的六十进制数系统中的值

$$\frac{1}{10^{16}} - \frac{1}{60^9} < \frac{1}{2} \times \frac{1}{60^{10}}$$

阿尔·卡西得到的结果为 $2\pi \approx 6.2831853071795865$，其所有数位上的数字都是正确的，这样阿尔·卡西第一次突破中国数学家祖冲之保持了近千年的准确到七位数的记录。阿尔·卡西另一个重大贡献是，他第一次在世界范围内把十进制分数的小数部分与整数部分加以区别，即把十进制分数的整数部分称为度，其小数部分分别称为十进制分、十进制秒等，或整数部分与小数部分用不同的颜色来书写（见：第78页注②）。

数学家罗米尼（见：Adriaan van Roomen. Ideae mathematicae sive methodus polygonorum qua laterum, perimetrorum et arearum cujuscunque polygoni investigandorum ratio exactissima et certissima una cum circuli quadratura continetur, London；Antwerp, 1593.）1593年通过计算圆内接正 2^{30} 边形的周长来得到了阿尔·卡西给出的上述值，后来他又于1615年得到了圆周率的准确到第32位的值。1873年尚克斯（William Shanks, 1812~1882年）得到了准确到第708位的近似值。

② 阿尔·卡西在这里误写成"周长与直径之比"，这应该是周长与半径之比。

须知：分数左边的第二个数字二，相对于六是分位上的数字，它表示位于分位上的整数二，分位上的十才构成一度，为了方便起见，我们把这个数位称为十进制分位，而它右边的八是位于秒数位上的数字，我们称它为十进制秒，八后面数位上的三是位于分秒数位上的数字，我们称它为十进制分秒，依此类推，这就是所谓的天文学家算法，这种算法是以最简单的数为分母。例如，一以及一些零构成的数为分母并使用印度数字，这种方法是被我们发现的，每一个数字在表上的位置与该分数的数位完全一致。

我们用从左到右书写的两行诗来表示这些数字①：

ya- baḥtjā ḥaḥdji caz za taḥ hayahu
muḥitun li-kiṭrin huya cnāni minhu,

（诗意：62831853071795865
直径为二的圆周长）

波斯文：shāsh vā do hāsht vā ce iek hāsht vā pānj vā ce cefrā bāhāft vā iekrā
[hāft] vā noh pānj vā hāsht vā shāsh pānj āct

诗意：六与二、八与三、一与八、五与三、零与七与一、七与九、五与八、六与五，这就是一切。

第九部 论以上两张表中的算法

如果半径的度量为手肘、法尔仓或者其他的度量单位，则把该数据用驻马拉数字或用印度数字书写，其中哪一种写法方便，就用哪一个来书写，并且与周长对半直径之比相乘。为此从表中的最高数位起相乘，得到的积写在适当的位置上，然后与下一个数位相乘，得到的积写在上面得到积的下面且下降一位的位置上，然后再与下一个数位相乘，得到的积写在上面得到积的下面且下降一位的位置上，等等，一直到与所有数位上的数乘完为止。再把得到的所有乘积相加，并舍去超出对齐于最后一个数位的部分，如果对计算结果准确性的要求不高或较小的圆，则可舍去对齐于最后几个数位的部分，得到的结果就是与半直径的度量相同度量的圆周长，无论半径的最高数位上的数是零或其他非零数，得到乘积的最高数位比半径的最高数位至多高一位。例如，如果半径的最高数位是四次升位，则得到乘积的最高数位至多五次升位；如果半径的最高数位是毫秒，则得到乘积的最高数位至多是分秒；如果半径的最高数位是十千［一万］，则得到乘积的最高数位至多是百千［十万］；如果半径的最高数位是十进制分秒，则得到乘积的

---

① 上两行诗是用阿拉伯字母来表示在上面得到周长的值，这与第六部相似，但用十进制表示的周长值，下两行诗是用波斯文书写周长值中的每一个数字。

最高数位至多是十进制秒。用驻马拉数字表示数的数位从右到左的方向下降,而用印度数字表示数的数位从左到右的方向下降。

例子:我们想求出半径为六十五万零八百四十四又八分之一手肘或法尔仓的圆周长,其写法如下:

驻马拉数字①					
整数部分				小数部分	
三次升位	二次升位	升位	手肘或法尔仓	分	秒
3	0	47	24	7	30

用驻马拉数字进行运算												
三次升位	3	0	18	50	58	24	4	44	35	18	44	35
二次升位	0		0		0						0	0
升位	47			4	55	18	34	57	14	18	33	13	37
手肘或法尔仓	24				2	30	47	47	12	37	56	42	30
分	7					0	43	58	56	16	11	4	2
秒	30						3	8	29	49	0	47	26
乘积,即圆周		0	18	55	56	14	14	36	28	15	26	17	35
		三次升位	二次升位	升位	手肘或法尔仓	分	秒	分秒	毫秒	第五位	第六位	第七位

---

① 阿尔·卡西把十进制数 $650844\frac{1}{8}$ 转换成六十进制数,即

$$650844\frac{1}{8} = 3 \times 60^3 + 0 \times 60^2 + 47 \times 60 + 24 + \frac{7}{60} + \frac{30}{60} = 3\ 0\ 47\ 24\ 7\ 30。$$

印度数字

整数部分						小数部分		
十万位	万位	千位	百位	十位	个位	十进制分	十进制秒	十进制分秒
6	5	0	8	4	4	1	2	5

用印度数字进行运算

		千千位	百千位	十千位	千位	百位	十位	个位	十进制分	十进制秒	十进制分秒	十进制毫秒	第五位	第六位	第七位	第八位	第九位	第十位	第十一位
百千位	6	3	7	6	9	9	1	1	1	8	4	3	0	7	7	5	1	9	0
十千位	5		3	1	4	1	5	2	2	6	5	3	5	8	9	7	9	3	2
千位	0			0	0														0
百位	8				5	0	2	6	5	4	8	2	4	5	7	4	3	6	7
十位	4					2	5	1	3	2	7	4	1	2	2	8	7	1	8
个位	4						2	5	1	3	2	7	4	1	2	2	8	7	2
十进制分	1							0	6	2	8	3	1	8	5	3	0	7	2
十进制秒	2								1	2	5	6	6	3	7	0	6	1	4
十进制分秒	5									3	1	4	1	5	9	2	6	5	4
乘积，即圆周		4	0	8	9	3	7	4	2	4	3	4	6	4	1	5	4	1	9

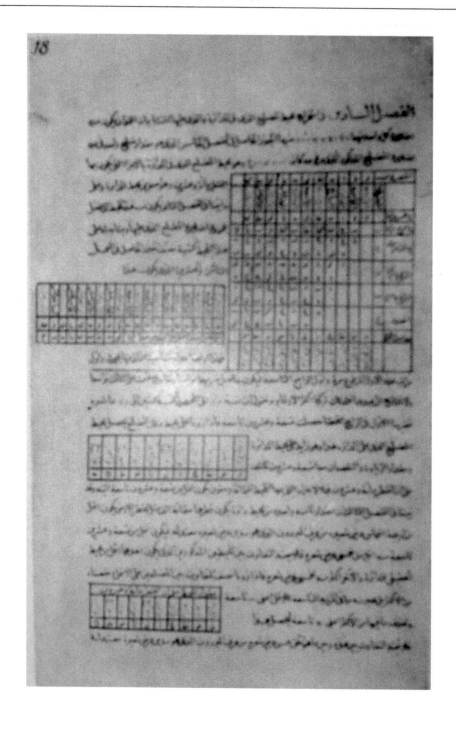

附　录

整数部分: 若有必要,我们可把这些小数写成六重千的二,五重千的四百四十等,一直到分母上的四百三十四等,一直到最后一个数位为止。进位二分,十进制四秒,十进制三分秒,十进制毫秒等,十进制四毫秒等,一直到最后一个数位为止。

小数部分

另一种方法:用印度数字从右边数位起进行运算,其数位从左到右的方向提升并写成一个数位接着一个数位,一个写在另一个的下面

数位名称																	
乘积,即圆周长																	
百千位[十万位]	十千位[万位]	千位	百位	十位	个位	十进制分	十进制分秒	十进制分秒									
6	5	0	8	4	4	1	2	5									

				千,重复六位	千,重复五次		十进制毫秒	十进制第五位	十进制第六位	十进制第七位	十进制第八位	十进制第九位	十进制第十位	十进制十一位	十进制十二三位	十进制十四位	十进制十五位	十进制十六七位	十进制十八位

	千千	百千	十千	千	百	十	个											
	千	百	十	个														

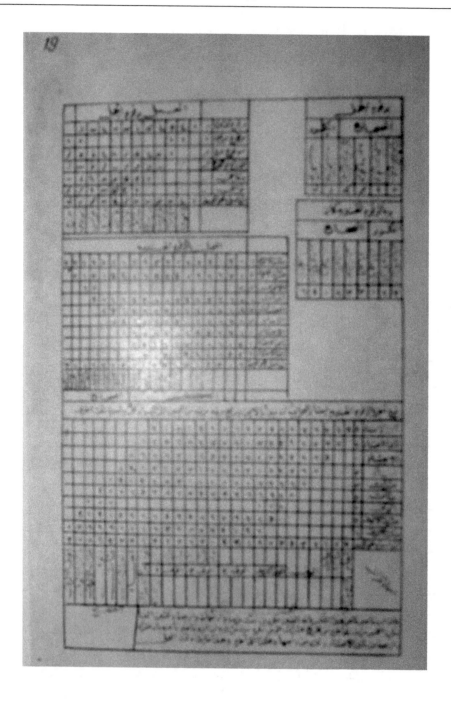

最好把位于后面几个数位上的数字扔掉,并只保留我们所需要的数位有影响的那些数位上数字。例如,度量单位是法尔仓,我们不愿意舍去乘积中的伊斯巴,因为一伊斯巴等于一法尔仓的四分之三分秒或约等于十进制第五位的三分之一①,所以我们在六十进制小数中保留到毫秒位或十进制小数中保留到第六位,而位于后面的数位都扔掉,就可得到所要求的结果。

如果已知较小的圆,如圆的半直径为一百二十七又二分之一手肘,其算法如下:

整数部分	1	0	6	2	8	3	2
	2		1	2	5	6	6
	7			4	3	9	8
	5				3	1	4
小数部分		0	8	0	1	1	0
	整数部分				小数部分		

得到八百零一又十分之一手肘,这就是该圆的周长。

如果周长是已知的,我们想求出该圆的直径,则把周长值除以周长与直径之比。为此,先把已知的周长值写入表之内,然后在倍数表中查找小于周长值,但接近周长值的最大数②,如果所求的最大数所在行的最高数位上有个零,则把周长值所在行的最高数位上也写个零。即如果用驻马拉数字进行运算,则把一个零写在这些驻马拉数字的最右边,如果用印度数字进行运算,则把一个零写在这些印度数字的最左边,并把所求的最大数也写在周长值(被除数)的下面,使得零与零对齐,然后按顺序书写接下来的其他数字。即按顺序书写表中所查找的数据,这时应把周长值与表中所查找数的对应数位对齐,称这些数据所在的行为[第一]商行,把所求的最大数所对应的倍数写在商行的左边,然后从上行数据中减去下行数据,得到的余数写在它们的下面,使余数的最高数位与周长值最高数位的下一个数位对齐,甚至最高数位上的数为零也是如此,然后在倍数表中查找不超过该余数的最大数,并把它写在已位于下一个商行内余数的下面,并从上面的余数中减去得到数据的对应数字,把所求的最大数所对应的倍数写在下一个商行内。如果是驻马拉数字,写在商行的左边;如果是印度数字,写在商行的右

---

① 因为,1 法尔仓 = 2000 卡萨巴,1 卡萨巴 = 6 手肘,1 手肘 = 24 伊斯巴,所以 1 伊斯巴 = $\frac{1\ \text{法尔仓}}{288000}$ = $\frac{3}{4} \times \frac{1}{60^3}$ 法尔仓 = $\frac{3}{4}$ 分秒 × 法尔仓 ≈ $\frac{1}{3} \times \frac{1}{10^5}$ 法尔仓 = $\frac{1}{3}$ × 第五位 × 法尔仓。

② 见:"当半径为一时,周长与半径之比的倍数表"(第 461~462 页)、"周长对半直径之比的倍数表"(第 466 页)。

边。如果余数的最高数位上数字比位于它上面数据的最高数位上数字只偏低一位，则无论最高数位上数字是零还是非零数字，一律按上述方法进行运算。如果不是偏低一位，而是偏低多于一位，则把它写在位于商行数据中，这些多于数位后面的接下来数位对齐的数位上，即这些多于数位上的零或非零数字后面的接下来数位对齐的数位上，余数最高数位的降低相对于位于它上面的数据而言，把余数的下面写出一列，或指定数量的零，使第一个一列数的最高位与余数的最高位对齐，甚至最高数位上的数为零也是如此，第二个一列数的最高位与比余数的最高位低一位的数位对齐，第三个一列数的最高位与比余数的最高位低二位的数位对齐，等等。一直到运算结束为止。然后我们又一次把得到的余数写在这些零的下面，并与上面的余数对齐，尽管没有必要这样做，但为了避免出现差错最好是这样做。然后按照上述方法在倍数表中查找最大数，并且从余数中减去它，如此继续下去，最后在商行中得到的数据就是我们所要求的商。如果有必要，把商的数据写在运算表中所求商的对面。

例子：周长的手肘值等于我们在上面作为直径来取的数值，想求出这个圆的直径，算法如下：

商行	用驻马拉数字进行运算						
二次升位 28	查找的圆周	3 2	0 55	47 55	24 45	7 4	30 44
升位 46	得到的余数	4 4	51 49	39 1	2 35	46 29
手肘 25	得到的余数			2 2	37 37	27 4	17 47
分 3	得到的余数				0 0	22 18	30 51
秒 35	得到的余数					3	39

1906

[十进制]

十万位 1	查找的圆周	00	66	52	08	83	41	48	15	23	51
万位 0	得到的余数			20	20	50	20	50	50	90	40
千位 3	得到的余数			21	28	58	24	59	55	95	46
百位 5	得到的余数				33	61	74	61	05	39	83
十位 8	得到的余数					55	30	42	46	45	55
个位 5	得到的余数						33	11	74	91	06
十进制分 0	得到的余数								30	70	40
十进制秒 6	得到的余数								33	7	4

第十部 论确定被学者们通常使用的数据与我们得到的数据之间的差别

须知：掌握这门科学的学者把周长取为三又七分之一倍的直径，所以周长等于半直径的六又七分之二[1]。如果我们把这些数据用驻马拉数字书写，并求出我们所得到的数据与上述数据之间的差别，则该差别如下：

周长对半径之比，被学者们所接受的数据[2]	6	17	8	34	12	8	34	17	8	34
我们得到的数据	6	16	59	28	1	34	51	46	14	50
它们之间的差别	0	0	9	6	10	33	42	30	53	44

由此我们得到：当半直径等于三千六百手肘时，它们的周长之间的差别约等于九又十分之一手肘[3]，《献给可汗的礼物》一书的作者认为恒星带[黄道带]的半直径等于地球半直径的七万零七十三又二分之一倍，如果我们把周长与直径

---

[1] $2\pi r = 3\frac{1}{7} \times 2r = 6\frac{2}{7} \times r$。

[2] 阿尔·卡西所说的"被学者们所接受的数据"是指：$2\pi = 2 \times 3\frac{1}{7} = 6\ 17\ 8\ 34\ 17\ 8\ 47\ 36$，但这个数据与阿尔·卡西在上面给出的数据之间有一定的误差。

[3] $3\frac{1}{7} \times 2 \times 3600 - 6.28318530 \times 3600 = 9.10435 \approx 9\frac{1}{10}$。

之比取为三又七分之一，则它的周长等于地球半径的四十四万零四百六十二倍①。如果我们按"我们得到的数据"来计算黄道带的周长，则它们之间的差别等于一百七十七倍的地球半径还有小于四分之一的分数部分。

有关数据②	7	439822	97
	7	439	82
	3	18	85
小数部分	5	3	14
乘积		440284	78
《礼物》中的数据		440462	
它们之间的差别		177	

这样一度圆心角所对的黄道带上的圆弧约等于地球的半直径，但其准确的值只有真主才知道③。由此可见：把半直径与六度十七分相乘得到的积，相对于直径与三又七分之一相乘得到的积来说，更接近实际结果并且容易计算④。

总结　论艾布·瓦法和阿布·热依汗（阿尔·比鲁尼）所犯错误的证明

《大成》第一卷的第一段这样写道⑤：已知 ABC 是直径 ADC 上的半圆，其圆心为 D，线段 BD 垂直于直径，用点 E 平分 DC 并连接 BE，取 EG 等于 BE 并

---

① 《献给皇帝的礼物》是指伊朗天文学家库提坝顶-阿尔·西拉孜（Kutbaddin-al-Shirazi, 1236~1311年）的作品，若地球的半径为 r，则西拉孜认为黄道带的半径为 $70073\frac{1}{2}r$，由此算出的黄道带的周长等于 $2 \times 3\frac{1}{7} \times 70073\frac{1}{2}r = 440462r$。

② 这一行的数据是运算 6.28318530 × 70073.5 的结果，具体算法如下：
$$6.283185307179 \times 70000 = 439822.97$$
$$6.283185307179 \times 70 = 439.82$$
$$6.283185307179 \times 3 = 18.85$$
$$6.283185307179 \times 0.5 = 3.14$$

③ 一度圆心角所对的弧长为：440284.78 ÷ 360 ≈ 1223 法尔仓，阿尔·卡西把地球的直径取为 2485 法尔仓，所以一度圆心角所对的弧长约等于地球的半径。

④ 因为 2π 的值大于阿尔·卡西得到的值，小于 $2 \times 3\frac{1}{7} = \frac{44}{7}$，即 $(616\ 592\ 8\cdots) < 2\pi < \frac{44}{7} = (617\ 834\cdots)$，而 $(616\ 592\ 8\cdots) < (617) < \frac{44}{7} = (617\ 834\cdots)$，所以取 $2\pi = 617$，则得到的周长值比较接近实际周长值，而且容易计算，这相当于取 $2\pi = 617 = 6 + \frac{17}{60} = 6 + 0.283333 = 6.28333\cdots$，即取 $\pi \approx 3.14165$。

⑤ 《大成》是亚历山大后期最富创造性的数学家和天文学家托勒密（Ptolemy, 约公元 100~170 年）的天文学名著《天文学大成》的简称，在这里阿尔·卡西一字一句抄写了《大成》第1卷第10章命题1。

连接 BG，则 DG 等于内接正十边形的边长，而 BG 等于内接正五边形的边长。

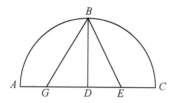

因点 E 是线段 CD 的中点，DG 是 CD 的同向延长线，由《几何原本》第Ⅱ卷命题六，由 CD 与 DG 之和构成的线段 CG 与 DG 的乘积与 DE 的平方之和等于 EG 的平方①，即等于 BE 的平方。对消其中的共同部分 ED 的平方之后，得到 CG 与 DG 的乘积构成的面积等于 DB 的平方，即等于 CD 的平方，这样线段 CG 通过点 D 被分成内外两个部分，所以整个线段与其较短部分的乘积等于较长部分的平方②。由《几何原本》第六卷命题十七，DG 对 CD 之比等于 CD 对 CG 之比③，由《几何原本》第四卷命题十五，其中，较长的线段 CD 就是六分之一圆弧所对的弦④，由《几何原本》第十三卷命题十二的解析，较短的线段 DG 就是十分之一圆弧所对的弦⑤，由《几何原本》第十三卷命题十三，线段 BG 就是 [六分之一圆弧和十分之一圆弧] 两条圆弧所对的弦，所以它就是五分之一圆弧所对的弦⑥。

线段 CG 是圆内接正五边形一条边相对于半圆弧的余弧所对的弦，即半圆周的十分之三弧段所对的弦，在上面可看出，弦的平方与余弧所对弦的平方等于直

---

① 《几何原本》第Ⅱ卷命题 6，$CG \times DG + DE^2 = EG^2$，这相当于公式：$(a+b) \times b + \left(\dfrac{a}{2}\right)^2 = \left(\dfrac{a}{2}+b\right)^2$。（欧几里得. 几何原本. 兰纪正，朱恩宽译. 西安：陕西科学技术出版社，2003：50.）

② 因 $CG \times DG + DE^2 = EG^2 = BE^2 = DB^2 + DE^2$，有 $CG \times DG = DB^2 = CD^2$。

③ 见：第 332 页法则四十五。

④ 《几何原本》第Ⅳ卷命题 15（欧几里得. 几何原本. 兰纪正，朱恩宽译. 西安：陕西科学技术出版社，2003：115-116.）圆内接正六边形的画法（见：第 425~428 页）。

⑤ 该命题是《几何原本》中文译本中的命题 9（见：第 XIII 卷）。（欧几里得. 几何原本. 兰纪正，朱恩宽译. 西安：陕西科学技术出版社，2003：606-607.）设 $DG = a$，圆的半径为 R，则把 $CG \times DG = DB^2 = CD^2$ 可写成：$(a+R) \times a = R^2$，整理得：$a^2 + aR - R^2 = 0$，从中解出 a，得 $a = \dfrac{\sqrt{5}-1}{2}R = 2R\sin\dfrac{180}{10}$，这说明 $DG = a$ 是圆内接正十边形的边长。

⑥ 因 $BG = \sqrt{a^2 + R^2} = R\sqrt{\left(\dfrac{\sqrt{5}-1}{2}\right)^2 + 1} = \dfrac{\sqrt{10-2\sqrt{5}}}{2}R = 2R\sin\dfrac{180}{5}$，这说明 BG 是圆内接正五边形的边长。

径平方，即 BG 的平方与 CG 的平方之和等于直径的平方①，因直径平方等于半径平方的四倍，而 CG 的平方等于半径 CD 的平方加 DG 的平方加由 CD 与 DG 的乘积所产生面积的二倍，又因 BG 的平方等于 BD 的平方与 DG 的平方之和，所以 CG 的平方与 BG 的平方之和等于二倍的半径平方加二倍的 DG 的平方加由 CD 与 DG 的乘积所得到面积的二倍。但在上面看出，半径的平方等于由 CG 与 DG 的乘积所得到的面积，即等于由 CD 与 DG 的乘积所得到的面积与 DG 的平方之和②，所以由 CD 与 DG 的乘积所得到面积的二倍与 DG 的平方二倍之和等于半径平方的二倍，即 DG 的平方与 CG 的平方之和等于半径平方的四倍，即 BG 的平方与 CG 的平方之和等于直径的平方。因此，如果 BG 是圆内接四边形的边，则 CG 是全圆周的十分之三弧段所对的弦③，这就是我们想得到的结果。

托勒密在《大成》第一卷命题三中证明："在半圆上的两条圆弧中，从由第一条弧的余弧所对的弦与第二条弧的余弧所对弦的乘积得到的面积中减去由第一条弧所对的弦与第二条弧所对弦的乘积得到的面积等于由直径与夹在这两条弧之间的弧所对弦的乘积得到的面积。"④该书中的命题四是："由第一条弧所对的弦与第一条弧、另外一条弧之和所对弦的乘积得到的面积，与由第一条弧的余弧所对的弦与夹在这两条弧之间弧所对弦的乘积得到的面积之和，等于直径与夹在这

---

① 因 $CG^2 + BG^2 = (R + DG)^2 + DG^2 + R^2 = R^2 + 2R \times DG + DG^2 + R^2 + DG^2 = 2R^2 + 2DG \times CG = 4R^2$，这说明线段 CG 垂直于线段 BG，即 $\angle CGB$ 是直径所对的圆周角，而 BG 是圆内接正五边形的边，所以 CG 是圆内接正五边形一条边相对于半圆弧的余圆弧所对的弦。

② $CD^2 = CG \times DG = (CD + DG) \times DG = CD \times DG + DG^2$。

③ 见：注①。

④ 托勒密的命题三：若 $ABCD$ 是圆内接四边形，则 $AC \times BD - AB \times CD = AD \times BC$，即若 $ABCD$ 是圆内接四边形，则两条对角线长的乘积等于两对边长乘积之和，$AC \times BD = AD \times BC + AB \times CD$（图一），由这一命题，托勒密得到了三角函数公式 $\sin(\alpha - \beta) = \sin\alpha\cos\beta - \cos\alpha\sin\beta$。由上面等式及图二，得 $BC = \dfrac{AC \cdot BD - AB \cdot CD}{AD}$，若令 $\angle AOC = 2\alpha$，$\angle AOB = 2\beta$，则 $\angle ADB = \beta$，$\angle CAO = \dfrac{1}{2}(\pi - 2\alpha) = \dfrac{\pi}{2} - \alpha$，且 $AB = AD\sin\beta$，$BD = AD\cos\beta$，$CD = AD\cos\alpha$，$AC = AD\sin\alpha$，$\dfrac{BC}{2} = OB\sin\left(\dfrac{2\alpha - 2\beta}{2}\right) = R\sin(\alpha - \beta)$，$BC = AD\sin(\alpha - \beta)$，把得到的 AB、AC、AD、BD、BC、CD 的值代入上式，得 $\sin(\alpha - \beta) = \sin\alpha\cos\beta - \cos\alpha\sin\beta$。

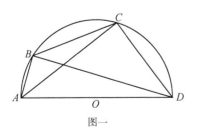

图一

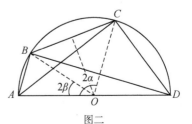

图二

两条弧之间的弧与第一条弧之和所对弦的乘积得到的面积"①。如果圆弧所对弦的平方加上由直径的部分线段与直径的乘积得到的面积，则得到结果的二倍等于直径的平方②。

掌握了这些法则之后，为了验证艾布·瓦法算出的半度圆弧所对弦的值有误，我们先计算一又二分之一度圆弧所对弦的值，再求出半弦的值，并且与艾布·瓦法算出的值进行核对，然后说明他在计算上所犯的错误，具体算法如下。

---

① 托勒密的命题四相当于公式：$AB \times BE + BC \times BD = AC \times AD$，由于 $AB = AD\sin\alpha$，$BD = AD\cos\alpha$，$BC = CE\sin\beta$，$BE = CE\cos\beta$，$AC = AD\sin(\alpha+\beta)$，把它们都代入上式，得 $\sin(\alpha+\beta) = \sin\alpha\cos\beta + \cos\alpha\sin\beta$（图一）。

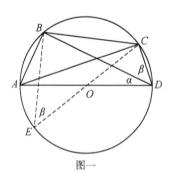
图一

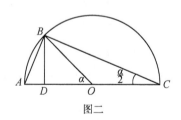
图二

② 这里所述的公式相当于：$2AB^2 + 2AC \times OD = AC^2$，又因为 $AB = AC\sin\frac{\alpha}{2}$，$OD = OB\cos\alpha$，代入前式，得 $2\sin^2\frac{\alpha}{2} + \cos\alpha = 1$，即 $\sin\frac{\alpha}{2} = \sqrt{\frac{1-\cos\alpha}{2}}$（图二）。托勒密利用这些公式，以及一些已知的特殊角（如60°，72°等）的弦长，逐步地推算出了他的整个正弦表。

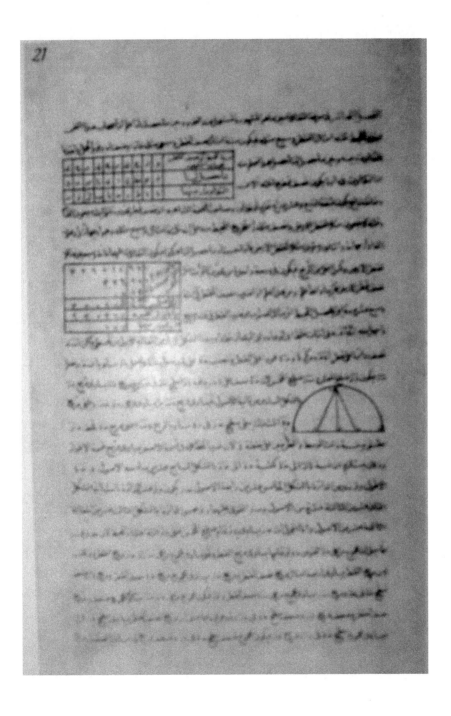

算法说明	二次升位	升位	度为	分位	秒位	分秒	毫秒	第五位	第六位	第七位	第八位
半直径平方的四分之五倍，即半直径的平方与它的四分之一之和①	1	15									
它（得到和）的根，即内接正十边形边长与四分之一直径之和，即 EG②	0	1	7	4	55	20	29	39	6	54	20
从中减去直径的四分之一，得到正十边形的边长，即 DG③	0	0	37	4	55	20	29	39	6	54	20
它 [DG] 的平方与半径的平方之和等于内接正五边形的边长平方④	1	22	55	4	39	30	20	53	0	40	0
内接正五边形边长，即 BG⑤	0	1	10	32	3	13	44	21	54	54	55
线段 CG 是圆周的十分之三圆弧所对的弦，它的余圆弧（相对于半圆周）是圆周的五分之一圆弧⑥	0	1	37	4	55	20	29	39	6	54	20

---

① $\frac{5}{4}R^2 = R^2 + \frac{1}{4}R^2$。这里，阿尔·卡西把半径取为 60，所以

$$R^2 + \frac{1}{4}R^2 = 60^2 + \frac{60^2}{4} = 60^2 + 15 \times 60 = 1(二次升位)15(升位)$$

② 因为 $DE^2 + DB^2 = BE^2 = EG^2$，（见：第 478 页图），所以 $R^2 + \frac{R^2}{4} = \frac{5}{4}R^2 = EG^2$，故 $EG = \frac{\sqrt{5}}{2}R$。其中，$\frac{\sqrt{5}}{2} = 1.118033989 = 1\ 7\ 4\ 55\ 20\ 29\cdots$ 由于 $R = 60$，所以得到的结果应提升一位，而 EG 等于直径的四分之一与内接正十边形的边长之和。

③ $DG = \sqrt{BG^2 - R^2} = \left(\frac{\sqrt{5}-1}{5}\right)R = 0.6180339887 = (0\ 37\ 4\ 55\ 20\cdots)R$，它就是所谓的黄金数。

④ $DG^2 + R^2 = BG^2$，而 BG 是内接正五边形的边长（见：第 478 页图）。
$BG^2 = DG^2 + R^2 = \left(\frac{\sqrt{5}-1}{2}\right)^2 R^2 + R^2 = \left[\left(\frac{\sqrt{5}-1}{2}\right)^2 + 1\right]R^2 = 1.381966011 = (1\ 22\ 55\ 4\ 39\ 30\cdots)R^2$。

⑤ $BG = \sqrt{DG^2 + R^2} = R\sqrt{\left(\frac{\sqrt{5}-1}{2}\right)+1} = 1.175570505 = (1\ 10\ 32\ 3\ 13\cdots)R$。

⑥ $CG = DG + R = \left(\frac{\sqrt{5}-1}{2} + 1\right)R = 1.618033989 = (1\ 37\ 4\ 55\ 20\cdots)R$。

续表

圆周的三分之一圆弧所对的弦,即圆周的六分之一弧的余圆弧所对的弦,我们已在第四部中算过①	0	1	43	55	22	58	27	57	56	0	44
由六分之一正弦与五分之一余弦所得到的面积②	1	37	4	55	20	29	39	6	54	20	0
由五分之一正弦与六分之一余弦所得到的面积③	2	2	10	7	56	1	47	58	39	33	50
它们之间的差④	0	25	5	12	35	32	8	51	45	13	50
把它除以直径,得三分之一圆弧的十分之一部分,即十二度圆弧所对弦的长度⑤	0	0	12	32	36	17	46	4	25	52	37
它(十二度圆弧所对弦)的平方⑥	0	2	37	20	14	11	20	19	37	39	52
从直径的平方中减去它(十二度圆弧所对弦的平方),得到168度圆弧所对弦的平方⑦	3	57	22	39	45	48	39	40	22	20	8

---

① 见:第369页表。

② $2R\sin\left(\dfrac{180}{6}\right) \times 2R\cos\left(\dfrac{180}{5}\right) = 4R^2\sin30 \times \cos36 = 1.618033989R^2 = (1\ 37\ 4\ 55\ 20\ 29\cdots)R^2$。

③ $2R\sin\left(\dfrac{180}{5}\right) \times 2R\cos\left(\dfrac{180}{6}\right) = 4R^2\sin36 \times \cos30 = 2.036147842R^2 = (2\ 2\ 10\ 7\ 56\ 1\cdots)R^2$。

④ $4R^2\sin6° = 4R^2\sin(36-30) = 4R^2(\sin36\cos30 - \sin30\cos36) = (0\ 25\ 5\ 12\ 35\cdots)R^2$。

⑤ $2R\sin6° = 2R\sin\dfrac{180}{30} = 0.2090569265 = (00\ 12\ 32\ 36\ 17\cdots)R$。

⑥ $(2R\sin6°)^2 = 0.04370479853R^2 = (0\ 2\ 37\ 20\ 14\cdots)R^2$。

⑦ $4R^2 - (2R\sin6°)^2 = 4R^2\cos^26° = 3.956295201R^2 = (3\ 57\ 22\ 39\ 45\cdots)R^2$。

续表

它（168度圆弧所对弦的平方）的平方根①	0	1	59	20	33	27	31	40	36	15	34
得到的根与直径相加，得到的结果提升一位，再取它的平方根，得到圆周的174度圆弧所对的弦长②		1	59	50	7	57	32	27	1	7	10
得到的根与直径相加，得到的结果提升一位，再取它的平方根，得到圆周的177度圆弧所对弦长③		1	59	57	31	57	51	48	7	9	7
用同样的方法，得到178度30分圆弧所对的弦长④		1	59	59	22	59	22	14	35	8	41

---

① $2R\cos6° = 1.989043791R = (0\ 1\ 59\ 20\ 33\ 27\cdots)R$。

② $\sqrt{(2R+2R\cos6°)R} = R\sqrt{2+2\cos6°} = 1.99725907R = (1\ 59\ 50\ 7\ 57\cdots)R$。这里的算法如下：在直角三角形——$\triangle BCE$中，$\angle BCE = \dfrac{\alpha}{2}$，$\cos\dfrac{\alpha}{2} = \dfrac{CE}{CB}$，而$CE = AE = AO\sin\alpha = R\sin\alpha$，所以$BC = \dfrac{CE}{\cos\dfrac{\alpha}{2}} = \dfrac{2R\sin\dfrac{\alpha}{2}\cos\dfrac{\alpha}{2}}{\cos\dfrac{\alpha}{2}} = 2R\sin\dfrac{\alpha}{2}$，又$BC = AB = 2R\sin\dfrac{\alpha}{2}$，$AB^2 = 4R^2\sin^2\dfrac{\alpha}{2} = 2R^2(1-\cos\alpha)$，所以$BD = \sqrt{AD^2 - AB^2} = \sqrt{4R^2 - 2R^2(1-\cos\alpha)} = \sqrt{2R^2 + 2R^2\cos\alpha} = R\sqrt{2+2\cos\alpha}$。如果$\alpha = 6°$，即$R\sqrt{2+2\cos6°}$，则弦$BD$是圆弧$AB$的余圆弧所对的弦，而$AB$是$6°$的圆弧所对的弦，所以$BD$是$180°-6° = 174°$的圆弧所对的弦。

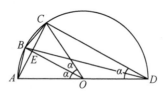

③ $\sqrt{(2R+R\sqrt{2+2\cos6°})R} = R\sqrt{2+\sqrt{2+2\cos6°}} = 1.99931465R = (1\ 59\ 57\ 31\ 57\ 51\cdots)R$。这里，$2+2\cos6° = 4\cos^23°$，所以$R\sqrt{2+\sqrt{2+2\cos6°}} = R\sqrt{2+2\cos3°}$，由注①知，$R\sqrt{2+2\cos3°}$是$180°-3° = 177°$圆弧所对的弦长。

④ $R\sqrt{2+\sqrt{2+\sqrt{2+2\cos6°}}} = 1.999828655R = (1\ 59\ 59\ 22\ 59\ 22\ 14\cdots)R$。由注①、注②知，$R\sqrt{2+\sqrt{2+\sqrt{2+2\cos6°}}} = R\sqrt{2+\sqrt{2+2\cos3°}} = R\sqrt{2+2\cos\left(\dfrac{3}{2}\right)°}$，所以这里算出的结果是：$180°-\left(\dfrac{3}{2}\right)° = 178°30'$圆弧所对的弦长。

说明										
在上面得到的 177 度圆弧所对弦与直径相加，得到的和提升一位，再从直径的平方减去得到的结果，得到一又二分之一度圆弧所对弦的平方①	0	0	2	28	2	8	11	52	50	53
它的平方根就是一又二分之一度圆弧所对的弦长②	0	0	1	34	14	42	19	1	57	12

注：对于表内非数字的零，我们用红色书写，目的是将这些零与运算中出现的零加以区别③

---

① $4R^2 - R^2\left(2 + \sqrt{2 + \sqrt{2 + 2\cos 6°}}\right) = 0.0006853500489 R^2 = (0\ 2\ 28\ 2\ 8\ 11\ \cdots)R^2$，从直径的平方减去 $178°30'$ 圆弧所对弦的平方，得到 $1°30'$ 圆弧所对弦的平方。

② $R\sqrt{4 - \left(2 + \sqrt{2 + \sqrt{2 + 2\cos 6°}}\right)} = (0.02617919114)R = (1\ 34\ 14\ 42\ 19\ 1\ 57\ 12)R$，这就是 $\left(\frac{3}{2}\right)°$ 圆弧所对的弦长。

③ 这里，阿尔·卡西所说的"非数字的零"是指位于最高数位上且表示空位的零。例如，本页表最下面的一行数为 0 0 1 34 14 42 19 1 57 12，其中，最左边数位上的两个零，就是阿尔·卡西所谓的"非数字的零"，因为这两个零，一方面不影响这个数，另一方面也不是运算中出现的零，是为了看得出后面有效数位上数字的数位而直接添补的零，所以阿尔·卡西为了把这些零与有效数字加以区别而红色书写。又因为我们手上的阿拉伯文抄稿是原抄稿的黑白照片，所以在图片上看不出这些零的颜色（见：第 486 页图）。

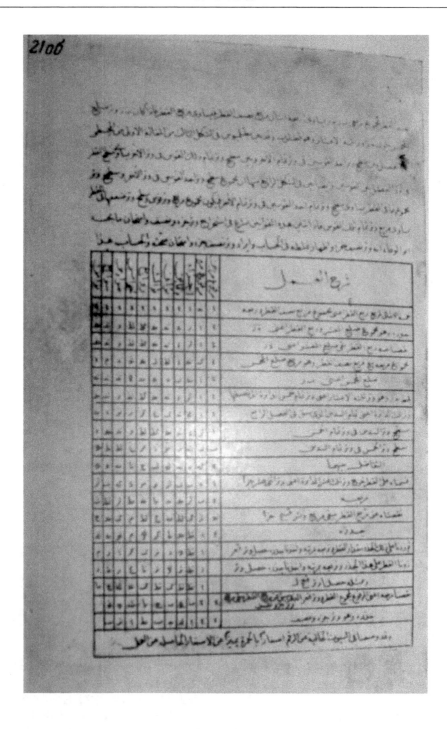

附　录

算法说明	算法一：按照艾布·瓦法的算法，一又二分之一度圆弧所对的弦长									算法二：按照我们的算法，一又二分之一度圆弧所对的弦长										
	二次升位	升位	度位	分位	秒位	毫秒	第五位	第六位	第七位	二次升位	升位	度位	分位	秒位	毫秒	第五位	第六位	第七位	第八位	
如果已知二分之一度圆弧所对的弦①	0	0	0	31	24	54	55			0	0	0	31	24	56	58	35	58	41	47
它的平方②	0	0	0	16	26	8	20	52	31	0	0	0	16	26	57	15	2	9	46	
从直径平方中减去它，得到它的余弧所对弦的平方③	3	59	59	43	33	51	39	7	29	3	59	59	43	33	2	44	57	50	14	

① 这里的数据是 $2\times60\times\sin(0.25)° = \sin\left(\dfrac{1}{4}\right)°$，即二分之一度圆弧所对的弦长，即 $AB = 2\times60\times\sin(0.25)° = 0.5235971142 = 0\ 31\ 24\ 56\ 58\ 35\ 58\ 41\ 47$。这个值与艾布·瓦法给出的值之间确实有差别。

② $AB^2 = (2\times60\times\sin 0.25°)^2 = 0.274153938 = 0\ 16\ 26\ 57\ 15\ 2\ 9\ 46$。

③ $BC^2 = (AC)^2 - AB^2 = (2R)^2 - (2R\times\sin 0.25°)^2 = (120)^2 - (120\times\sin 0.25°)^2 = 14399.72585 = 3\ 59\ 59\ 43\ 33\ 2\ 44\ 57\ 50\ 14$。

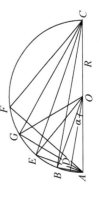

·488·　算术之钥

续表

算法说明	算法一：按照艾布·瓦法的算法，一又二分之一度圆弧所对的弦长									算法二：按照我们的算法，一又二分之一度圆弧所对的弦长									
	二次升位	升位	度位	分位	秒位	毫秒位	第五位	第六位	第七位	二次升位	升位	度位	分位	秒位	毫秒位	第五位	第六位	第七位	第八位
余孤所对的弦①	0	1	59	59	55	15	53	41	11		1	59	59	55	53 15	37	0	47	26
从已知弧的余弦所对弦的平方减去已知弧所对弦的平方，得到由直径与二倍弧的余弧所对弦的乘积得到的面积②	3	59	59	27	6	43	18	14	58	3	59	59	27	6	5 29	55	40		28
把它除以直径，得到二倍弧的余弧所对的弦长③	0	1	59	59	43	33	51	39	7		1	59	59	43	33 2	44	57	50	14
它的平方④	3	59	58	54	12	19	10	29	59	3	59	58	54	12	15 30	25	59	27	
从直径平方减去它，得到二倍弧所对弦的平方⑤	0	0	1	5	47	40	2	49	30	0	0	1	5	47	44 29	34	0	33	

① $BC = \sqrt{AC^2-AB^2} = 119.9988577 = 1\ 59\ 59\ 55\ 53\ 15\ 37\ 0\ 47\ 26$。

② $BC^2-AB^2 = \left(2R\cos\dfrac{\alpha}{2}\right)^2-\left(2R\sin\dfrac{\alpha}{2}\right)^2 = 2R\times 2R\cos\alpha = 2R\times EC$，所以 $2R\times EC = BC^2-AB^2 = 14399.4517 = 3\ 59\ 59\ 27\ 6\ 5\ 29\ 55\ 40\ 26$。

③ $EC = \dfrac{BC^2-AB^2}{2R} = \dfrac{14399.4517}{120} = 119.9954308 = 1\ 59\ 59\ 43\ 33\ 2\ 44\ 57\ 50\ 14$。

④ $EC^2 = (119.9954308)^2 = 14398.90341 = 3\ 59\ 58\ 54\ 12\ 15\ 30\ 25\ 59\ 27$。

⑤ $AE^2 = (2R)^2-EC^2 = 1.096587123 = 1\ 5\ 47\ 44\ 29\ 34\ 0\ 33$。

续表

算法说明	算法一：按照艾布·瓦法的算法，一又二分之一度圆弧所对的弦长										算法二：按照我们的算法，一又二分之一度圆弧所对的弦长										
	二次升位	升位	度位	分位	秒位	分秒	毫秒	第五位	第六位	第七位	二次升位	升位	度位	分位	秒位	分秒	毫秒	第五位	第六位	第七位	第八位
它的平方根,得到二倍弧所对的弦长①	0	0	1	2	49	49	40	38	42	4	0	0	1	2	49	51	48	0	25	27	14
由已知弧所对的弦与二倍弧所对的乘积得到的面积②	0	0	0	32	53	51	9	3	13	51	0	0	0	32	53	53	22	25	38	44	3
由已知弧的余弧所对的弦与二倍弧的余弧所对的乘积得到的面积③	3	59	59	18	52	40	38	19	7	39	3	59	59	18	52	37	51	35	56	7	31
差(上面得到的两个面积之差)④	3	59	58	45	58	49	29	15	53	48	3	59	58	45	58	44	29	10	17	22	56
把它除以直径,得到三倍弧所对的弦长⑤	0	1	59	59	22	59	24	44	37	57	0	1	59	59	22	59	22	14	35	8	41

① $AE = \left(\sqrt{1.096587123} = 1.047180559 = 1\ 2\ 49\ 51\ 48\ 0\ 25\ 27\ 14\right.$。

② $AB \times AE = 0.5483026564 = 0\ 32\ 53\ 53\ 22\ 25\ 38\ 44\ 3$。

③ $EC \times BC = 14399.31462 = 3\ 59\ 59\ 18\ 52\ 37\ 51\ 35\ 56\ 7\ 31$。

④ $EC \times BC - AB \times AE = 14398.76632 = 3\ 59\ 58\ 45\ 58\ 44\ 29\ 10\ 17\ 22\ 56$。

⑤ $GC = \dfrac{EC \times BC - AB \times AE}{2R} = 2R \times \left(\cos\dfrac{1}{2} \cos\dfrac{1}{4} - \sin\dfrac{1}{2}\sin\dfrac{1}{4}\right) = 120 \times \cos\dfrac{3}{4} = 119.9897193 = 1\ 59\ 59\ 22\ 59\ 22\ 14\ 35\ 8\ 41$。

续表

算法说明	算法一：按照艾布·瓦法的算法，一又二分之一度圆弧所对的弦长									算法二：按照我们的算法，一又二分之一度圆弧所对的弦长									
	二次升位	升位	度位	分位	秒位	毫秒位	第五位	第六位	第七位	二次升位	升位	度位	分位	秒位	毫秒位	第五位	第六位	第七位	第八位
它的平方①	3	59	57	31	58	48	15	17	18	3	59	57	31	51	48	7	9	7	
从直径平方减去它，得到三倍弧所对弦的平方②	0	0	2	28	1	11	44	42	42	0	0	2	28	2	8	11	52	50	53
所以[半度圆弧的]三倍弧所对的弦长③	0	0	1	34	14	7	59	49	35	0	0	1	34	14	42	19	1	57	12

① $GC^2 = 14397.53274 = 3\ 59\ 57\ 31\ 57\ 51\ 48\ 7\ 9\ 7$。

② $AC^2 = AC^2 - CG^2 = (2R)^2 - CG^2 = \left[2R\sin\left(\dfrac{3}{4}\right)\right]^2 = 2.467260176 = 2\ 28\ 2\ 8\ 11\ 52\ 50\ 53$。

③ $AC = 2R\sin\left(\dfrac{3}{4}\right) = 1.570751469 = 1\ 34\ 14\ 42\ 19\ 1\ 57\ 12$，这样 AC 是 $\left(1\dfrac{1}{2}\right)°= \left(\dfrac{3}{2}\right)°= (1.5)°$ 弧所对的弦长。

二度圆弧所对弦长的确定

在算法二中，位于第七行的数据就是二度弧的余弧所对弦的平方①	3	59	58	54	12	15	30	25	59	27	
如果把［上面］得到的值下降一位并从中减直径的值，得到二度弧的余弧所对的弦长②	0	1	59	58	54	12	15	30	25	59	27
它的平方③	3	59	55	36	50	14	10	48	21	7	51
从直径平方减去它，得到二度弧所对弦的平方④	0	0	4	23	9	15	49	11	38	52	9
它的平方根就是二度弧所对弦的准确值⑤	0	0	2	5	39	26	22	29	28	32	25

我们在上述表中算法一部分的最下面得到了一条弦长，根据艾布·瓦法的算法该弦的值应等于三倍的半度圆弧所对弦的长度 1 34 14 39 7 59，但是该值小于一又二分之一度圆弧所对的弦长，即比我们在前一个表中得到的弦长 1 34 14 42 19 1 小三分秒十一毫秒以及其他小数⑥。由此我们可以看出，实际弦的值与艾布·瓦法所求的二分之一度圆弧所对弦的值之差约等于上面误差的三分之一⑦，因此，由此值（二分之一度圆弧所对的弦长）推算出的圆周长是错误的⑧。

---

① 见：第 487 页图，第 488 页表中第 6 行，这里所说的是弦 EC 的平方，即 EC^2 = 3 59 58 54 12 15 30 25 59 27。

② 因 $2\cos^2\alpha = \cos2\alpha + 1$，而 $\cos\alpha = \dfrac{EC}{2R}$，$\cos2\alpha = \dfrac{FC}{2R}$，所以 $2 \times \dfrac{EC^2}{(2R)^2} = \dfrac{FC}{2R} + 1$，由此得到 $\dfrac{EC^2}{R} - 2R = FC$，阿尔·卡西取 $R = 60$，$\alpha = \left(\dfrac{1}{2}\right)^\circ$，这样 $\dfrac{EC^2}{R} - 2R = FC = 120\cos1^\circ = 119.9817234 = 1\ 59\ 58\ 54\ 12\ 15\ 30\ 25\ 59\ 27$。

③ $FC^2 = (120\cos1^\circ)^2 = 14395.6139545375 = 3\ 59\ 55\ 36\ 50\ 14\ 10\ 48\ 21\ 7\ 51$。

④ $(2R)^2 - FC^2 = AF^2$，而
$$AF^2 = (120)^2 - 14395.61395 = 4.3860454625 = 4\ 23\ 9\ 45\ 49\ 11\ 38\ 24$$

⑤ $AF = \sqrt{4.3860454625} = 2.09428877247 = 2\ 5\ 39\ 26\ 22\ 29\ 28\ 25\ 41$，即弦 AF 是二度圆心角所对弧的弦，这样我们可以得到一度角的正弦值，即 $\sin1^\circ = \dfrac{AF}{2R} = \dfrac{2.09428877247}{120} = 0.01745240643725$。

⑥ $(1\ 34\ 14\ 42\ 19\ 1\ 57\ 12) - (1\ 34\ 14\ 39\ 7\ 59\ 49\ 35) = 0\ 0\ 0\ 3\ 11\ 27\ 37$。

⑦ $120 \times \sin0.25^\circ - (31\ 24\ 55\ 54\ 55) = 0\ 0\ 13\ 40\ 58\ 41\ 51 \approx \dfrac{1}{3}(0\ 0\ 0\ 31\ 12\cdots)$。

⑧ 由于 0.5°圆弧所对的弦长与 720 的乘积等于圆内接正 720 边形的周长，虽然圆内接正 720 边形的周长接近于圆周长，但它毕竟是小于圆周长，而艾布·瓦法得到的 0.5°圆弧所对的弦长小于阿尔·卡西得到的值，如果由艾布·瓦法得到的值算出的圆内接正 720 边形的周长作为圆周长的近似值，则与实际周长值的差别大一些，所以阿尔·卡西认为这样得到的圆周长是错误。实际上把艾布·瓦法得到的 0.5°圆弧所对弦的值化成十进制数，有 $\dfrac{31}{60} + \dfrac{24}{60^2} + \dfrac{55}{60^3} + \dfrac{54}{60^4} + \dfrac{55}{60^5} = 0.5235922004$，所以圆内接正 720 边形的周长等于 $0.5235922004 \times 720 = 376.9863843$，由此得到的圆周率为 $\pi \approx \dfrac{376.9863843}{120} = 3.141553202$，而阿尔·卡西得到的圆周率为 $\pi \approx 3.141592654$，这样我们可以看出艾布·瓦法所取的圆周率准确到小数部分的第四位，是完全满足一般计算问题的要求。

上表算法二部分最下面得到的数据恰好等于一又二分之一度圆弧所对的弦长，这说明算法二部分中作为二分之一度圆弧所对弦的值所取数据是正确的。

阿布·热依汗（又称阿尔·比鲁尼）由 2 5 39 43 36（二度圆弧所对的弦长）出发算出了圆内接正多边形的周长，显然他算出的结果也不正确，因为他取的值比准确值大十七分秒十四毫秒，但他在自己编制的表中所取的一度角的正弦是正确的，即二度圆弧所对弦的一半值是完全正确的①。

这就是我们在《圆周论》中想要叙述的最后一部分内容，在赋予一切的真主的帮助下完成《圆周论》一书，感谢真主——两个世界②之主。

---

① 这里 2 5 39 43 36 是二度圆弧所对的弦长，但阿尔·卡西算出的二度圆弧所对的弦长为：2 5 39 26 22 29 28 25 41（见：第491页表），因此它们之差为：(2 5 39 43 36) − (2 5 39 26 22⋯) = 0 0 0 17 14。这里 $AB = 2R\sin\dfrac{\alpha}{2}$，而 $AC = R\sin\dfrac{\alpha}{2}$，当 $\alpha = 2°$，$R = 60$ 时，$AB = 120\sin1° = 2.094288772 = 2 5 39 26 22 29\cdots \sin1° = \dfrac{AC}{R} = \dfrac{AB}{2R} = 0.01745240644 = 0 1 2 49 43\cdots$ 阿尔·比鲁尼在自己的《马苏德规律》一书中把 $\sin1°$ 的值取为 0 1 2 49 43 11 14。

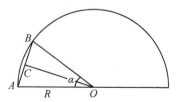

② 两个世界：人类生存的世界和人类灭亡以后的世界。

附录 II 译注者补充 I 论《算数之钥》中第四类球形穹顶的测量[①]

依里哈木·玉素甫

第一部 第四类球形穹顶的表面积与直径平方之比的计算

一、按照阿尔·卡西叙述的方法来计算第四类球形穹顶的表面积对直径平方之比

我们从《算术之钥》第四卷第九章（见：第202、219页）的叙述可知，阿尔·卡西在计算球形穹顶的表面积和体积时，首先在穹顶的表面上画出以穹顶顶点为心的一族同心圆周，使每两个相邻圆周之间的距离相等，然后把最上面的部分近似地看成圆锥，而把其他部分近似地看成圆台，再分别计算这些圆锥和圆台的侧面积和体积，最后把得到的结果相加，就得到整个球形穹顶的表面积和体积的近似值，当然得到表面积和体积的准确程度依赖于同心圆周数量，数量越多近似程度越好。显然在没有微积分概念的当时，这是一种相当了不起的想法。

下面我们按照阿尔·卡西的叙述（见：第202、219页），求出球形穹顶的表面积和体积分别对直径平方与直径立方之比的近似值。

首先球形穹顶的顶点与顶点最近圆形载面之间的部分可近似看成是一个圆锥，设该圆锥的母线为 $FF_1 = l$，则 l 是定点到最近圆周的距离，如果该圆锥的底面圆半径为 r_1，则由圆锥的侧面积的公式，有

$$S_1 = \pi\, r_1\, l$$

其余每两个相邻圆周之间的部分都可看成是近似圆台，这些近似圆锥和近似圆台的母线为

$$F_0 F_1 = F_1 F_2 = F_2 F_3 = \cdots = F_{n-1} F_n = l \tag{1}$$

[①] 阿尔·卡西在《算术之钥》第四卷第九章给出了五种阿拉伯风格弓形门和球形穹顶的设计方法，遗憾的是，他只给出弓形门的表面积和体积的具体计算过程，并没有给出球形穹顶的表面积和体积的具体计算过程，只用文字叙述了用初等方法来计算其中第四类球形穹顶表面积和体积的基本思路，并直接给出了球形穹顶表面积、体积分别与其直径平方、直径立方之比的近似值。本人作为《算术之钥》的译注者，对这一点做一些补充说明。

其中，$F_0 = F$，$F_n = A$，如果这些园台的上下底面半径分别为 r_i（$i = 1, 2, 3, \cdots, n$），则它们的侧表面积分别为
$$S_i = \pi\, l(r_{i-1} + r_i) \quad (i = 2, 3, 4, \cdots, n)$$
这样球形穹顶的内表面积近似地等于
$$S \approx \sum_{i=1}^{n} S_i \tag{2}$$
当然分解得越细，准确度越好［图一（a）］。

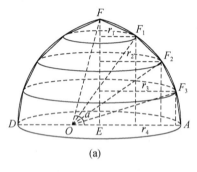
(a)

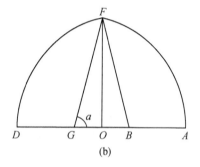
(b)

图一

因为阿尔·卡西用第四类弓形门的弓形部分按照它的高度旋转一周才得到了上面的球形穹顶［图一（a）］，所以由第四类弓形门的设计图［图一（b）］，有 $FG = FB = AG = R$，$OG = \dfrac{1}{4}R = p$，在直角三角形 FOG 中，有 $\cos\alpha = \dfrac{OG}{FG} = \dfrac{1}{4}$，$\alpha = \angle OGF = 75.522\,487\,814\,070\,1°$，把圆心角 α 分成相等的 n 个小角，每一个 $\left(\dfrac{\alpha}{n}\right)$。圆弧所对应的弦都相等，它们分别等于位于顶部的圆锥和其他圆台的母线 $F_{i-1}F_i = l(i = 1, 2, 3, \cdots, n)$，在三角形 $F_{i-1}GF_i$ 中，由余弦定理
$$l^2 = R^2 + R^2 - 2R^2 \cos\dfrac{\alpha}{n} = 2R^2 \times \left(1 - \cos\dfrac{\alpha}{n}\right) \tag{3}$$
令 $p = \dfrac{1}{6}(AD)$，且把 $R = \dfrac{2}{3}(AD) = 4p$ 代入式（3），再取平方根，得
$$l = 4p\sqrt{2\left(1 - \cos\dfrac{\alpha}{n}\right)} = 8p\sin\dfrac{\alpha}{2n} \tag{4}$$
由阿尔·卡西的叙述可知：
$GF = GF_{i-1} = GF_i = R = 4p$，$ON = r_{i-1}$，$\angle AGF_{i-1} = \beta = \dfrac{n-i+1}{n}\alpha$，$OG = p$，在三角形 GNF_{i-1} 中（图二），有 $GN = GF_{i-1}\cos\beta = 4p\cos\dfrac{n-i+1}{n}\alpha$，所以
$$r_{i-1} = GN - OG = 4p\cos\dfrac{n-i+1}{n}\alpha - p = p\left(4\cos\dfrac{n-i+1}{n}\alpha - 1\right) \quad (i = 2, 3, \cdots, n) \tag{5}$$

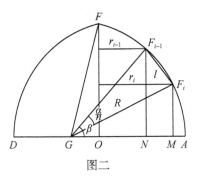

图二

同理可得

$$r_i = p\left(4\cos\frac{n-i}{n}\alpha - 1\right) \quad (i = 1, 2, 3, \cdots, n) \tag{6}$$

所以球形穹顶的内表面积的近似值为

$$S \approx \pi\, lr_1 + \pi\, l\sum_{i=2}^{n}(r_{i-1} + r_i)$$

$$= \pi l\left[r_1 + \sum_{i=2}^{n}(r_{i-1} + r_i)\right]$$

$$= 8\pi \cdot p \cdot \sin\frac{\alpha}{2n} \cdot \left\{p\left(4\cos\frac{n-1}{n}\alpha - 1\right) + \sum_{i=2}^{n}\left[p\left(4\cos\frac{n-i+1}{n}\alpha - 1\right) + p\left(4\cos\frac{n-i}{n}\alpha - 1\right)\right]\right\}$$

$$= 32\pi \cdot p^2 \cdot \sin\frac{\alpha}{2n} \cdot \left[\cos\frac{n-1}{n}\alpha + \frac{1-2n}{4} + \sum_{i=2}^{n}\left(\cos\frac{n-i+1}{n}\alpha + \cos\frac{n-i}{n}\alpha\right)\right]$$

$$= 64\pi \cdot p^2 \cdot \sin\frac{\alpha}{2n} \cdot \left(\frac{5-2n}{8} + \sum_{i=1}^{n-1}\cos\frac{i}{n}\alpha\right)$$

这样球形穹顶的内表面积与直径平方之比为

$$\frac{S}{(AD)^2} \approx \left(\frac{4}{3}\right)^2 \pi \cdot \sin\frac{\alpha}{2n} \cdot \left(\frac{5-2n}{8} + \sum_{i=1}^{n-1}\cos\frac{i}{n}\alpha\right) \tag{7}$$

当 n 分别等于 6，7，8… 时，由关系式 (7) 得到下面的数据：

当 $n = 6$ 时，$\dfrac{S}{(AD)^2} = 1.769\,187\,947\,642\,929 = 1\ 46\ 9\ 4\ 35\ 48\ 5\ 13\ 42\ 28$；

当 $n = 7$ 时，$\dfrac{S}{(AD)^2} = 1.773017553109172 = 1\ 46\ 22\ 51\ 47\ 29\ 17\ 51\ 41\ 26$；

当 $n = 8$ 时，$\dfrac{S}{(AD)^2} = 1.775504264704761 = 1\ 46\ 31\ 48\ 55\ 16\ 14\ 3\ 55\ 17$；

当 $n = 9$ 时，$\dfrac{S}{(AD)^2} = 1.777209669339158 = 1\ 46\ 37\ 57\ 17\ 18\ 52\ 41\ 15\ 58$；

$\vdots$

当 $n = 200$ 时,$\dfrac{S}{(AD)^2} = 1.783620820660163 = 1\ 47\ 1\ 2\ 5\ 50\ 8\ 43\ 14\ 5$。

由此可见阿尔·卡西在上面给出的数据对应于 $n = 8$ 的情形(见:第268页表)。

二、用定积分的方法来计算球形穹顶表面积对直径平方之比的准确值

在图一 (b) 中,以 DA 为 x 轴,以 OF 为 y 轴,以点 O 为原点建立直角坐标系,由于"图一 (a)"是由图一 (b) 中的曲边三角形 OAF 绕 y 轴旋转一周形成,所以可用微积分中旋转体的侧面积公式来计算该球形穹顶的表面积。

由图三可知,圆弧 FA 是以点 $G\,(-p,\,0)$ 为圆心,以 $GA = 4p$ 为半径的圆周的一部分,所以该圆弧的方程为:$(x+p)^2 + y^2 = (4p)^2$,从中解出 x,得 $x = \pm\sqrt{16p^2 - y^2} - p$,因为圆弧 FA 始终位于 y 轴的右边,所以方程中的根号取正值,这样我们得到以 y 为自变量的如下方程:

$$x = \varphi(y) = \sqrt{16p^2 - y^2} - p \qquad (8)$$

另外,我们知道微积分中平面图形绕 y 轴旋转所形成旋转体的侧面积公式为:

$$S = 2\pi \int_c^d \varphi(y) \cdot \sqrt{1 + [\varphi_y(y)']^2}\, dy \qquad (9)$$

其中,$c = 0$,$d = OF$,在三角形 GOF 中,由勾股定理,有

$$OF = \sqrt{(GF)^2 - (GO)^2} = \sqrt{16p^2 - p^2} = \sqrt{15}\,p$$

又式 (7) 中函数的导数为 $\varphi'(y) = -\dfrac{y}{\sqrt{16p^2 - y^2}}$,所以球形穹顶的内表面积为

$$S = 2\pi \int_0^{\sqrt{15}p} (\sqrt{16p^2 - y^2} - p) \cdot \sqrt{1 + \dfrac{y^2}{16p^2 - y^2}}\, dy$$

$$= 2\pi \int_0^{\sqrt{15}p} (\sqrt{16p^2 - y^2} - p) \cdot \dfrac{4p}{\sqrt{16p^2 - y^2}}\, dy$$

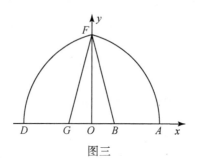

图三

$$=8\pi p\int_0^{\sqrt{15}p}\left(1-\frac{p}{\sqrt{16p^2-y^2}}\right)dy$$

$$=8\pi p\left(\int_0^{\sqrt{15}p}dy-\int_0^{\sqrt{15}p}\frac{p}{\sqrt{16p^2-y^2}}dy\right)$$

$$=8\pi p^2\left[\sqrt{15}-\arcsin\left(\frac{\sqrt{15}}{4}\right)\right]$$

把 $p=\frac{1}{6}AD$ 代入上式,得

$$S=\frac{2\pi}{9}(AD)^2\left(\sqrt{15}-\arcsin\frac{\sqrt{15}}{4}\right)$$

于是球形穹顶内侧表面积与直径(球形穹顶内侧底面直径)平方之比的准确值为:

$$\frac{S}{(AD)^2}=\frac{2\pi}{9}\left(\sqrt{15}-\arcsin\frac{\sqrt{15}}{4}\right)$$

所以,

$$\frac{S}{(AD)^2}=1.78363383569727=1\quad 47\quad 1\quad 4\quad 54\quad 30\quad 38\quad 17\quad 30\quad 35$$

而阿尔·卡西得到的十进制结果为 1.775,而六十进制结果为 1　46　32(见:第 268 页表)。

第二部　球形穹顶的体积与直径立方之比的算法

一、按照阿尔·卡西叙述的方法来计算球形穹顶的体积对直径立方之比

阿尔·卡西把球形穹顶的顶点与第一个圆周之间的部分看成是一个圆锥[图一(a)],其顶点到最近圆周的距离 h_1 就是该圆锥的母线,如果该圆锥的底面圆半径为 r_1,则由求圆锥的体积公式,有

$$V_1\approx\frac{1}{3}\pi r_1^2 h_1 \tag{10}$$

其余的部分都看成是近似圆台,这些近似圆锥和近似圆台的母线为类似于(1)式,如果它们的高是 h_i,$(i=2,3,\cdots,n)$,则由圆台的体积公式(图四)可得

$$V_{i+1}=\frac{1}{3}\pi h_{i+1}(r_i^2+r_i\cdot r_{i+1}+r_{i+1}^2),\quad (i=1,2,\cdots,n-1) \tag{11}$$

于是球形拱顶的体积

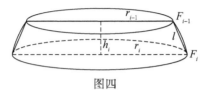

图四

$$V \approx \sum_{i=1}^{n} V_i = V_1 + \sum_{i=2}^{n} V_i = \frac{1}{3}\pi r_1^2 h_1 + \frac{1}{3}\pi \sum_{i=1}^{n-1} h_{i+1}(r_i^2 + r_i \cdot r_{i+1} + r_{i+1}^2)$$

当然分解越细准确度越好。

由式 (4) ~式 (6)，得到第 i 个圆台的高 h_i：

$$h_i = \sqrt{l^2 - (r_i - r_{i-1})^2}$$

$$= \sqrt{\left(8p\sin\frac{\alpha}{2n}\right)^2 - \left[p\left(4\cos\frac{n-i}{n}\alpha - 1\right) - p\left(4\cos\frac{n-i+1}{n}\alpha - 1\right)\right]^2}$$

$$= 8p\sqrt{\sin^2\frac{\alpha}{2n} - \sin^2\frac{2n-2i+1}{2n}\alpha \cdot \sin^2\frac{\alpha}{2n}}$$

$$= 8p \cdot \sin\frac{\alpha}{2n} \cdot \cos\frac{2n-2i+1}{2n}\alpha \quad (i=1,2,3,\cdots,n)$$

其中，h_1 表示圆锥之高，所以球形穹顶的体积为

$$V \approx \frac{1}{3}\pi r_1^2 h_1 + \frac{1}{3}\pi \sum_{i=2}^{n} h_i(r_{i-1}^2 + r_{i-1} \cdot r_i + r_i^2)$$

$$= \frac{8}{3}\pi p^3 \left(4\cos\frac{n-1}{n}\alpha - 1\right)^2 \cdot \sin\frac{\alpha}{2n} \cdot \cos\frac{2n-1}{2n}\alpha$$

$$+ \frac{8}{3}\pi p^3 \sum_{i=2}^{n} \sin\frac{\alpha}{2n} \cdot \cos\frac{2n-2i+1}{2n}\alpha \left[\left(4\cos\frac{n-i+1}{n}\alpha - 1\right)^2\right.$$

$$\left. + \left(4\cos\frac{n-i+1}{n}\alpha - 1\right) \cdot \left(4\cos\frac{n-i}{n}\alpha - 1\right) + \left(4\cos\frac{n-i}{n}\alpha - 1\right)^2\right]$$

$$= \frac{128}{3}\pi p^3 \sin\frac{\alpha}{2n}\left\{\left(\cos\frac{n-i}{n}\alpha - \frac{1}{4}\right)^2 \cdot \cos\frac{2n-1}{2n}\alpha\right.$$

$$+ \sum_{i=2}^{n} \cos\frac{2n-2i+1}{2n}\alpha\left[\left(\cos\frac{n-i+1}{n}\alpha - \frac{1}{4}\right)^2\right.$$

$$\left.\left. + \left(\cos\frac{n-i+1}{n}\alpha - \frac{1}{4}\right) \cdot \left(\cos\frac{n-i}{n}\alpha - \frac{1}{4}\right) + \left(\cos\frac{n-i}{n}\alpha - \frac{1}{4}\right)^2\right]\right\}$$

$$= \frac{512}{3}\pi p^3 \sin\frac{\alpha}{2n}\left[\sin^2\frac{2n-1}{2n}\alpha \cdot \sin^2\frac{1}{2n}\alpha \cdot \cos\frac{2n-1}{2n}\alpha\right.$$

$$+ \sum_{i=2}^{n} \cos\frac{2n-2i+1}{2n}\alpha\left(\sin^2\frac{2n-i+1}{2n}\alpha \cdot \sin^2\frac{i-1}{2n}\alpha\right.$$

$$\left.\left. + \sin\frac{2n-i+1}{2n}\alpha \cdot \sin\frac{i-1}{2n}\alpha \cdot \sin\frac{2n-i}{2n}\alpha \cdot \sin\frac{i}{2n}\alpha + \sin^2\frac{2n-i}{2n}\alpha \cdot \sin^2\frac{i}{2n}\alpha\right)\right]$$

所以球形穹顶的体积与直径立方之比为

$$\frac{V}{(AD)^3} \approx \frac{1}{3} \cdot \left(\frac{4}{3}\right)^3 \pi \sin\frac{\alpha}{2n} \Big[\sin^2\frac{2n-1}{2n}\alpha \cdot \sin^2\frac{1}{2n}\alpha \cdot \cos\frac{2n-1}{2n}\alpha$$
$$+ \sum_{i=2}^{n} \cos\frac{2n-2i+1}{2n}\alpha \Big(\sin^2\frac{2n-i+1}{2n}\alpha \cdot \sin^2\frac{i-1}{2n}\alpha$$
$$+ \sin\frac{2n-i+1}{2n}\alpha \cdot \sin\frac{i-1}{2n}\alpha \cdot \sin\frac{2n-i}{2n}\alpha \cdot \sin\frac{i}{2n}\alpha$$
$$+ \sin^2\frac{2n-i}{2n}\alpha \cdot \sin^2\frac{i}{2n}\alpha\Big)\Big]$$

当 n 分别等于 4, 5, 6, … 时, 由上面得到的公式, 分别得到下面的数据:

当 $n = 4$ 时, $\frac{V}{(AD)^3} = 0.302250119597379 = 0\ 18\ 6\ 1\ 32\ 59\ 56\ 7\ 1$;

当 $n = 5$ 时, $\frac{V}{(AD)^3} = 0.306054778090213 = 0\ 18\ 21\ 47\ 49\ 55\ 26\ 34\ 37\ 10$;

当 $n = 6$ 时, $\frac{V}{(AD)^3} = 0.308134164696009 = 0\ 18\ 29\ 16\ 58\ 46\ 28\ 3\ 25\ 4$;

当 $n = 7$ 时, $\frac{V}{(AD)^3} = 0.309392287251394 = 0\ 18\ 33\ 48\ 44\ 2\ 34\ 0\ 3\ 37$;

当 $n = 8$ 时, $\frac{V}{(AD)^3} = 0.310210598240181 = 0\ 18\ 36\ 45\ 29\ 21\ 11\ 29\ 38\ 5$;

当 $n = 9$ 时, $\frac{V}{(AD)^3} = 0.310772422231250 = 0\ 18\ 38\ 46\ 50\ 35\ 31\ 37\ 16\ 19$;

⋮

当 $n = 15$ 时, $\frac{V}{(AD)^3} = 0.312128738688203 = 0\ 18\ 43\ 39\ 48\ 27\ 12\ 14\ 12\ 31$;

⋮

当 $n = 200$ 时, $\frac{V}{(AD)^3} = 0.312889010893471 = 0\ 18\ 46\ 24\ 1\ 34\ 52\ 14\ 44\ 55$。

由此可见, 阿尔·卡西给出的 0 18 23 秒 (六十进制)、0.306 (十进制) 值大于 $n = 5$ 的值, 小于 $n = 6$ 的值 (见: 第 268 页表)。

二、用定积分方法来计算球形穹顶的体积对直径立方之比

因为我们所要求的球形穹顶是由图五中的曲边三角形 AOF 绕着 y 轴旋转一周所形成的, 所以可用微积分中旋转体的体积公式来计算它的体积, 即可用公式

$$V = \int_c^d \pi \cdot [\varphi(y)]^2 dy, \quad c \leq y \leq d \tag{12}$$

来计算它的体积, 而我们在计算求球形穹顶侧面积的时已经得到了曲线式

(8),即

$$x = \varphi(y) = \sqrt{16p^2 - y^2} - p, \quad 0 \leqslant y \leqslant \sqrt{15}p, \quad c = 0, \quad d = \sqrt{15}p$$

把它们代入式 (12),有

$$V = \int_0^{\sqrt{15}p} \pi \cdot (\sqrt{16p^2 - y^2} - p)^2 dy$$

$$= \pi \int_0^{\sqrt{15}p} (17p^2 - y^2 - 2p\sqrt{16p^2 - y^2}) dy$$

$$= 11\sqrt{15}\pi \cdot p^3 - 16\pi \cdot p^3 \cdot \arcsin\frac{\sqrt{15}}{4}$$

$$= \pi p^3 \left(11\sqrt{15} - 16\arcsin\frac{\sqrt{15}}{4}\right)$$

$$= \frac{\pi}{6^3}(AD)^3 \left(11\sqrt{15} - 16\arcsin\frac{\sqrt{15}}{4}\right)$$

所以球形穹顶的体积与直径立方之比为

$$\frac{V}{(AD)^3} = \frac{\pi}{6^3}\left(11\sqrt{15} - 16\arcsin\frac{\sqrt{15}}{4}\right)$$

所以

$$\frac{V}{(AD)^3} \approx 0.312\ 893\ 314\ 956\ 478 = 0\quad 18\quad 46\quad 24\quad 57\quad 21\quad 42\quad 36\quad 34\quad 1$$

附录Ⅲ 译注者补充Ⅱ 关于阿尔·卡西在总结部分中给出的证明以及一些数据的说明[①]

依里哈木·玉素甫

我们从第410~412页表中的算法可知,阿尔·卡西从圆内接正10边形的边长起,一直计算到圆心角为 $\left(\frac{3}{2}\right)°$ 的正弦值,这相当于3°圆弧所对弦长的一半(当 $R=1$ 时)。位于第415~417页的表实际上是并排的两张表。其中,位于左边的表被命名为"算法一",位于右边的表被命名为"算法二"。算法一第一行内的数据是艾布·瓦法给出的 $\left(\frac{1}{2}\right)°$ 圆弧所对的弦长;算法二第一行内的数据是阿尔·卡西本人给出的 $\left(\frac{1}{2}\right)°$ 圆弧所对的弦长,即相当于 $\left(\frac{1}{4}\right)°$ 圆心角正弦值的二倍,为了让读者直接比较,阿尔·卡西把相同运算的结果写在这两张并排表中的对应位置上。就像阿尔·卡西所说,艾布·瓦法给出的 $\left(\frac{1}{2}\right)°$ 圆弧所对的弦长与阿尔·卡西给出的相同角度圆弧所对的弦长之间有一些差别,艾布·瓦法给出的值为 0 31 24 55 54 55,阿尔·卡西给出的值为 0 31 24 56 58 35 58 41 47,它们之间的相差为:0 0 0 1 3 40 58 41 47,把它化成十进制小数为 0.00000491381,由此可见:他们给出的 $\left(\frac{1}{2}\right)°$ 圆弧所对的弦长值直到小数部分(十进制)的第五位相同。然后他们从 $\left(\frac{1}{2}\right)°$ 圆弧所对弦长的一半算起,一直计算到得到3°圆弧所对弦长的一半,即 $\left(\frac{3}{2}\right)°$ 角的正弦值,他们得到的正弦值分别为:1 34 14 39 7 59 49 35(艾布·瓦法),1 34 14 42 19 1 57 12(阿尔·卡西),这两个值之差为:0 0 0 3 11 2 7 37,这相当于十进制小数 0.00001474038959。

阿尔·卡西为了证明艾布·瓦法给出的 $\left(\frac{1}{2}\right)°$ 圆弧所对的弦长有误,在并排

[①] 阿尔·卡西在总结部分中证明:艾布·瓦法给出的 $\left(\frac{1}{2}\right)°$ 圆弧所对的弦长和阿尔·比鲁尼给出的圆内接正多边形的周长是错误的。他在证明过程中参考了 $\left(\frac{1}{2}\right)°$ 圆弧所对的弦长,但没有给出计算该弦长的具体算法。本人作为《圆周论》的译者,对这一点做一些补充说明。

的两张表中同时从 $\left(\frac{1}{2}\right)°$ 圆弧所对弦长的不同值算起,一直计算到得到 $\left(\frac{3}{2}\right)°$ 弧所对的弦长,然后比较算法一中的数据与算法二中对应的数据,指出这两种数据之间有差别,从而证明了艾布·瓦法在计算上犯了错误。

本人认为,艾布·瓦法的算法没有任何错误,只是他得到的值与阿尔·卡西得到的值有些差别,是因为艾布·瓦法得到值的精确度不如阿尔·卡西得到值的精确度高,这很可能是艾布·瓦法在计算过程中所取小数部分的位数比阿尔·卡西所取的位数少一些,才导致得到值的精确度不如阿尔·卡西得到的结果。本人在翻译本书的过程中,用13位精确度的多功能计算器来重新计算本书中的几乎所有的题,发现我手上的计算器的精确度不如阿尔·卡西的手动计算的精确度。例如,阿尔·卡西计算 2π 的整个过程是28张表,每一张表译成中文,内容都会很多。本人在《圆周论》译文中,给出了前两张和后两张的全文译文,还给出了中间24张表的最后结果。另外,阿尔·卡西为了得到他自己想要的精确度,每一张表中得到的结果是六十进制数系中的20位数,然后把不影响精确度的那些数位都扔掉,最后给出 2π 的值是六十进制的十位数,对精确度要求如此严格的阿尔·卡西来说,显然不满意艾布·瓦法给出的结果。

本人通过研究其他阿拉伯学者文献(如比鲁尼的《马苏德规律》、兀鲁伯的《新天文表》等)中的相关内容后补充了以下几点。

第一部 论《圆周论》中 $\left(\frac{3}{2}\right)°$ 圆弧所对弦长的算法

已知 ABC 是直径 ADC 上的半圆周,其圆心为 D,线段 BD 为直径 AC 的垂直平分线,点 E 是线段 CD 的中点,取点 G,使 $EG=BE$,连接 BG(图一)。

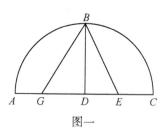

图一

由 $DG = \dfrac{\sqrt{5}-1}{2}R = 2R\sin\left(\dfrac{180}{10}\right)° = 2R\sin 18°$,$BG = \dfrac{\sqrt{10-2\sqrt{5}}}{2}R = 2R\sin\left(\dfrac{180}{5}\right)° = 2R\sin 36°$ 知,线段 DG 为圆内接正十边形的边长,线段 BG 为圆内接正五边形的边长,而线段 CG 为圆内接正五边形的一条边所对弧段相对于半圆周的余弧段所对的弦,也就是半圆周的五分之三弧段所对的弦,即

$$CG = BE + \frac{1}{2}R = \frac{\sqrt{5}+1}{2}R = 2R\cos\left(\frac{180}{5}\right)° = 2R\cos 36°$$

线段 CD 为圆内接正六边形的边长，即半圆周上三分之一度弧段所对的弦：$2R\sin\left(\frac{180}{6}\right)° = 2R\sin 30° = R$。

又因为半圆周的三分之一弧段的余弧段为半圆周的三分之二弧段，所以半圆周的三分之一弧段的余弧段所对的弦长为 $2R\cos\left(\frac{180}{6}\right)° = 2R\cos 30° = \sqrt{3}R$。

由上面得到的数据，阿尔·卡西得到

$$2R\sin\left(\frac{180}{5}\right)° \cdot 2R\cos\left(\frac{180}{6}\right)° - 2R\sin\left(\frac{180}{6}\right)° \cdot 2R\cos\left(\frac{180}{5}\right)° = 4R^2\sin 6°$$

把它除以直径（$R=1$），得到 12°圆弧所对的弦长：

$$2\sin 6° = \frac{\sqrt{30-6\sqrt{5}}-\sqrt{5}-1}{4} = 0.209056926535306943 = 0\ 12\ 32\ 36\ 17\ 46\ 4\ 25\ 52\ 37$$

由此得到 12°圆弧相对于半圆周的余弧所对弦长，即 168°圆弧所对的弦长为

$$2\cos 6° = 1.989043790736546674 = 1\ 59\ 20\ 33\ 27\ 31\ 40\ 36\ 15\ 34$$

在图二中，设 $\angle ADC = \angle AOB = \angle BOC = 6°$，$R=1$，因 $AC = 2\sin 6°$ 是 12°圆弧所对的弦，$CD = 2\cos 6°$ 是 168°圆弧（12°圆弧的余弧）所对的弦，所以 174°圆弧所对的弦长为

$$BD = 2\cos 3° = \sqrt{2+2\cos 6°} = 1.997259069509147747 = 15\ 95\ 07\ 57\ 32\ 27\ 17\ 40$$

同样，177°圆弧所对的弦长为

$$ED = 2\cos\left(\frac{3}{2}\right)° = \sqrt{2+\sqrt{2+2\cos 6°}} = 1.99931464995111456 = 15\ 95\ 73\ 15\ 75\ 14\ 87\ 97$$

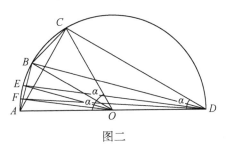

图二

又 178.5°圆弧所对的弦长为

$$FD = 2R\cos\left(\frac{3}{4}\right)°$$
$$= R\sqrt{2+\sqrt{2+\sqrt{2+2\cos 6°}}}$$
$$= 1.999828655148014064$$

$$=15\ 95\ 92\ 25\ 92\ 21\ 43\ 58\ 41$$

从而二分之三度圆弧所对的弦长为（见：第 482~485 页表）：

$$AF = \sqrt{(2R)^2 - \left(2R\cos\left(\frac{3}{4}\right)°\right)^2}$$

$$= R\sqrt{2 - \sqrt{2 + \sqrt{2 + 2\cos 6°}}}$$

$$= 0.02617919114268888 = 0\ 1\ 34\ 14\ 42\ 19\ 1\ 57\ 12$$

第二部 艾布·瓦法给出的半度圆弧所对弦长和阿尔·卡西的证明

中亚数学家艾布·瓦法（Abu'l-Wafa，940~997年）曾经编制过间隔为 10 分的正弦和余弦表①，其中给出了 $2R\sin\left(\frac{1}{4}\right)° = 0\ 0\ 31\ 24\ 55\ 54\ 55$ 值（$R=1$），这相当于半度圆弧所对弦的长度。比艾布·瓦法晚几个世纪，阿尔·卡西求得该弦长为 $0\ 0\ 31\ 24\ 56\ 58\ 35\ 58\ 41\ 47$。因阿尔·卡西本人得到的值与艾布·瓦法给出的值之间有一定的差别，所以阿尔·卡西为了证明艾布·瓦法给出的值有误，它在自己的《圆周论》一书中分别从艾布·瓦法给出的值和他本人得到的值出发，逐步算出了二分之三度圆弧所对的弦长，并把得到的结果与他在上面得到的结果相比较，从而得出艾布·瓦法给出的值有误的结论。阿尔·卡西的算法如下：

在图三中，已知圆弧 $AB = BE = EG$，$\angle ACB = \frac{\alpha}{2}$。若 $\alpha = \left(\frac{1}{2}\right)°$，$R=1$，则 $AB = 2R\sin\left(\frac{1}{4}\right)°$ 就是半度圆弧所对的弦，阿尔·卡西把该弦长的不同值写在第 487 页表第三行之内（阿尔·卡西把相同运算的不同结果写在同行之内），而 $BC = 2\cos\left(\frac{1}{4}\right)°$ 是弧段 AB 的（相对于半圆周）余弧 BGC 所对的弦。

因 AB，BC 是已知的，所以，由 $BC^2 - AB^2 = (2R)^2 \left[\cos^2\left(\frac{1}{4}\right)° - \sin\left(\frac{1}{4}\right)°\right] = 2R\cos\left(\frac{1}{2}\right)° = 2R \cdot EC$，得到

$$EC = 2R\cos\left(\frac{1}{2}\right)° = \frac{BC^2 - AB^2}{2R} = 1.99992384612834258 = 1\ 59\ 59\ 43\ 33\ 24\ 45\ 7\ 50\ 14$$

式中，$EC = 2R\cos\left(\frac{1}{2}\right)°$ 是弧段 ABE 的余弧 EGC 所对的弦长。由此得到弧段 ABE

---

① 李文林. 数学史教程. 北京：高等教育出版社；海德堡：施普林格出版社，2000：119.

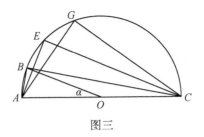

图三

所对的弦为

$$AE = \sqrt{(2R)^2 - EC^2} = 2R\sin\left(\frac{1}{2}\right)° = 0.017453070996747\,87 = 0\ 1\ 2\ 49\ 51\ 48\ 0\ 25\ 27\ 14$$

由于 AB，BC，AE，EC 是已知的，所以由 $EC \times BC - AB \times AE = (2R)^2[\cos\left(\frac{1}{2}\right)°\cos\left(\frac{1}{4}\right)° - \sin\left(\frac{1}{2}\right)°\sin\left(\frac{1}{4}\right)°] = (2R)\left(2R\cos\left(\frac{3}{4}\right)°\right) = 2R \times GC$ 得到

$$GC = 2R\cos\left(\frac{3}{4}\right)° = \frac{EC \times BC - AB \times AE}{2R} = 1.99982865514801406$$

$$= 1\ 59\ 59\ 22\ 59\ 22\ 14\ 35\ 8\ 41$$

这是弧段 GC 所对的弦长。因此弧段 AG 所对的弦长为

$$AG = 2R\sin\left(\frac{3}{4}\right)° = \sqrt{(2R)^2 - CG^2} = 2R\sqrt{1 - \cos^2\left(\frac{3}{4}\right)°} = 0.026179191142688881$$

$$= 0\ 0\ 1\ 34\ 14\ 42\ 19\ 1\ 57\ 12$$。这就是 $\left(\frac{3}{2}\right)°$ 圆弧所对的弦长。

第三部 阿尔·卡西求二分之一度圆弧所对弦长的过程分析

阿尔·卡西从圆内接正五边形、正十边形和正六边形的边长出发得到 $\left(\frac{3}{2}\right)°$ 圆弧所对弦长的计算过程，而第 487~490 页表是艾布·瓦法和阿尔·卡西本人给出的半度圆弧所对弦长出发计算 $\left(\frac{3}{2}\right)°$ 圆弧所对弦长的计算过程。

虽然阿尔·卡西在第 485~488 页表中使用了半度圆弧所对的弦长，但他没有给出得到该弦长的具体算法。译注者从玛里亚木-茄雷比（Mariyam Qelebi）[①] 和兀鲁伯克[②] 等中亚学者作品中得到如下的线索。

---

① Suter H. Die Mathematiker und Astronomen der Araber und ihre Werke. Duestchland: Leipzig, 1900.

② Улугбек. "Зидж" Новые Гурагановы астрономические Таблицы. Ташкент. Издате лст " фан " Академии Наук Республики Узбекистан. 1994: 303-306.

首先以点 O 为圆心（图四），以 R 为半径，作小于半圆周的弧 $ABCD$，使弧 AB、BC、DC 相等，连接 AD、OA，并以 OA 为直径，作半圆周 $AEGHO$ 并连接 AC、OB、EH，因 $AB = BC = CD$，所以也有 $AE = EG = GH$，在

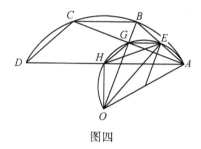

图四

直角三角形 AGB 中，由勾股定理，有
$$AG^2 = AB^2 - BG^2 \tag{1}$$
又直角三角形 AGO 中，有
$$AG^2 = OA^2 - OG^2 = R^2 - (R - GB)^2 = 2R \times BG - BG^2 \tag{2}$$
由式（1）和式（2）得，$AB^2 = 2R \cdot BG$，从而得
$$BG = \frac{AB^2}{2R} \tag{3}$$
把式（3）代入式（1），得
$$AG^2 = AB^2 - \frac{AB^4}{4R^2} \tag{4}$$

另外，由托勒密（Ptolemy，约公元 100~170 年）定理，即所有圆内接凸四边形的对边乘积之和等于它的对角线的乘积[1]，在圆内接四边形 $AEGH$ 中，有 $AG \times HE = AE \times HE + GE \times AH$，又因 $HE = AG$，$HG = AE$，所以有
$$AG^2 = AE^2 + AH \times AE \tag{5}$$
由式（4）和式（5）得
$$AE^2 + AH \times AE = AB^2 - \frac{AB^4}{4R^2} \tag{6}$$
再把 $AB = 2AE$ 代入式（6），并整理，得
$$AH = 3AE - \frac{4AE^3}{R^2} \tag{7}$$
令 $\angle AOE = \alpha$，则把 $AE = R\sin\alpha$，$AH = R\sin3\alpha$ 代入式（7），得到下面的三倍角公式：
$$\sin3\alpha = 3\sin\alpha - 4\sin^3\alpha \tag{8}$$
在式（8）中，若令 $\sin\alpha = x$，则得到三次方程 $\sin3\alpha = 3x - 4x^3$，即

---

[1] 李文林．数学史教程．北京：高等教育出版社；海德堡：施普林格出版社，2000：62．

$$x = \frac{4x^3 + \sin 3\alpha}{3} = \frac{x^3 + \frac{\sin 3\alpha}{4}}{\frac{3}{4}} \tag{9}$$

若在式 (9) 中，令 $q = \frac{\sin 3\alpha}{4}$，$p = \frac{3}{4}$，则得方程

$$x = \frac{x^3 + q}{p} \tag{10}$$

若令 $\alpha = \left(\frac{1}{4}\right)°$，则 $q = \frac{\sin\left(\frac{3}{4}\right)°}{4}$，这时式 (10) 的解应为 $x = \sin\left(\frac{1}{4}\right)°$，它就是半度圆弧所对弦长的一半（$R=1$），所以半度圆弧所对的弦长为 $2R\sin\left(\frac{1}{4}\right)°$。

阿尔·卡西在上面已求出了 $\left(\frac{3}{2}\right)°$ 圆弧所对的弦长为

$$2\sin\left(\frac{3}{4}\right)° = 0.02617919114268888 = 0\ 0\ 1\ 34\ 14\ 42\ 19\ 1\ 57\ 12$$

所以

$$\sin\left(\frac{3}{4}\right)° = 0.01308959557134444 = 0\ 0\ 47\ 7\ 21\ 9\ 30\ 58\ 35\ 55\ 35$$

于是

$$q = \frac{\sin\left(\frac{3}{4}\right)°}{4} = 0.00327239889283611 = 0\ 0\ 11\ 46\ 50\ 17\ 22\ 44\ 38\ 58\ 54。$$

这样式 (10) 的系数是已知的，关键的问题就是求三次方程——式 (10) 的解。我们从兀鲁伯克的《新天文表》一书中得到如下的线索[①]。

若假设式 (10) 的解为 $x = a_1 + a_2 + a_3 + \cdots$ 形式，则我们分别把每一个 a_1，a_2，a_3，$\cdots$ 求出来，再把得到的值相加。

若把式 (10) 中的 q 除以 p 时，得到商的整数部分为 a_1，其余数为 b，则得 $\frac{q}{p} = a_1 + \frac{b}{p}$，即 $q = a_1 p + b$，把它代入式 (10)，得

$$x = a_1 + \frac{x^3 + b}{p} \tag{11}$$

为了求出 a_2，令 $x_1 \approx a_1$，并把它代入式 (11) 右边 x 的位置，得 $a_1 + \frac{a_1^3 + b}{p}$。其中，$a_1^3 + b$ 除以 p 时，得到商的整数部分为 a_2，余数为 c，得 $a_1^3 + b = a_2 p + c$，

[①] Улугбек. "Зидж" Новые Гурагановы астрономические Таблицы. Ташкент. Издате лст "фан" Академии Наук Республики Узбекистан. 1994：303-306.

即 $b = a_2 p + c - a_1^3$，把它代入式（11），得

$$x = a_1 + a_2 + \frac{c + x^3 - a_1^3}{p} \qquad (12)$$

为了求出 a_3，令 $x_2 \approx a_1 + a_2$，并把它代入式（12）右边 x 的位置，得 $a_1 + a_2 + \dfrac{c + (a_1 + a_2)^3 - a_1^3}{p}$。其中，$c + (a_1 + a_2)^3 - a_1^3$ 除以 p 时，得到商的整数部分为 a_3，余数为 d，得 $c + (a_1 + a_2)^3 - a_1^3 = a_3 p + d$，即 $c = a_3 p + d + a_1^3 - (a_1 + a_2)^3$，把它代入式（12），得

$$x = a_1 + a_2 + a_3 + \frac{d + x^3 - (a_1 + a_2)^3}{p} \qquad (13)$$

为了求出 a_4，令 $x_3 \approx a_1 + a_2 + a_3$ 并把它代入式（13）右边 x 的位置，得

$$a_1 + a_2 + a_3 + \frac{d + (a_1 + a_2 + a_3)^3 - (a_1 + a_2)^3}{p}$$

依次继续下去，由于 $a_1 \approx \dfrac{q}{p}$，$a_2 \approx \dfrac{a_1^3}{p}$，$a_3 \approx \dfrac{(a_1 + a_2)^3 - a_1^3}{p}$，$a_4 \approx \dfrac{(a_1 + a_2 + a_3)^3 - (a_1 + a_2)^3}{p}$，…

因此得到

$$x_1 = a_1 \approx \frac{q}{p}$$

$$x_2 = a_1 + a_2 \approx \frac{q + a_1^3}{p} = \frac{q + x_1^3}{p}$$

$$x_3 = a_1 + a_2 + a_3 \approx \frac{q + (a_1 + a_2)^3}{p} = \frac{q + x_2^3}{p}$$

$$\vdots$$

于是得到逐步接近方程根的一个迭代公式

$$x_n = \frac{q + x_{n-1}^3}{p} \qquad (14)$$

由于阿尔·卡西在上面已经得到了 $\sin\left(\dfrac{3}{4}\right)°$ 的值，所以 $q = \dfrac{\sin\left(\dfrac{3}{4}\right)°}{4}$，$p = \dfrac{3}{4}$ 都是已知常数，这样由式（14）可逐步算出 x_1，x_2，x_3，… 的值，即

$$x_1 = 0.00436319852378147 = 0\ 0\ 15\ 42\ 27\ 3\ 10\ 19\ 31\ 58\ 25$$

$$x_2 = 0.00436330927631190 = 0\ 0\ 15\ 42\ 28\ 29\ 17\ 35\ 44\ 11\ 19$$

$$\vdots$$

$$x_6 = 0.00436330928474657 = 0\ 0\ 15\ 42\ 28\ 29\ 17\ 59\ 20\ 53\ 22$$

$$x_7 = 0.00436330928474657 = 0\ 0\ 15\ 42\ 28\ 29\ 17\ 59\ 20\ 53\ 22$$

由此可以看出，上面迭代式的逼近速度相当快，第七步就已经达到了相当正确的程度，这样得

$$\sin\left(\frac{1}{4}\right)° = 0.00436330928474657 = 0\ 0\ 15\ 42\ 28\ 29\ 17\ 59\ 20\ 53\ 22$$

从而半度圆弧所对的弦长为

$$2\sin\left(\frac{1}{4}\right)° = 0.008726618569493141 = 0\ 0\ 31\ 24\ 56\ 58\ 35\ 58\ 41\ 47$$

这就是阿尔·卡西在第410页表算法二中所使用的半度圆弧所对的弦长。

注：阿尔·卡西所说的半度圆弧所对的弦长为 $2R\sin\left(\frac{1}{4}\right)°$，我们在上面的计算过程中把圆半径始终取为1，因此直接得到了 $2\sin\left(\frac{1}{4}\right)°$ 的值，而阿尔·卡西把圆的半径取为60，这样利用关系 $2\sin\left(\frac{1}{4}\right)° = \dfrac{2R\sin\left(\frac{1}{4}\right)°}{R}$，把阿尔·卡西得到的结果应除以60（即把六十进制小数的小数点向左移动一位），才使阿尔·卡西得到的结果与我们得到的结果一致。

第四部 二度圆弧所对的弦长与阿尔·比鲁尼的失误

中亚数学家阿尔·比鲁尼（Al-Biruni，973~1050年）在自己的《马苏德规律》一书中利用二次抽值法[①]求出二度圆弧所对的弦长为 0 2 5 39 43 36[②]，这相当于 $2\sin1°$ 的值（$R=1$）。阿尔·卡西在自己的《圆周论》一书中指出："阿尔·比鲁尼给出的该值是错误"。因为阿尔·卡西在第405~408页表中算出了174°圆弧所对的弦长为 $R\sqrt{2+2\cos6°}$，由此算出了6°圆弧所对的弦长，即6°圆弧所对的弦长为 $R\sqrt{2-2\cos6°}$，这相当于（$R=1$）：

$$2\sin3° = 0.10467191248588766 = 0\ 6\ 16\ 49\ 75\ 98\ 56\ 29\ 40$$

由此得到 $\sin3° = 0.05233595624294383 = 0\ 3\ 8\ 24\ 33\ 59\ 34\ 28\ 15$，再把 $q = \dfrac{\sin3°}{4}$，$p = \dfrac{3}{4}$ 代入式（14），并且逐步计算，得到下列数据：

$$x_1 = \frac{p}{q} = \frac{\sin3°}{3} = 0.017445318747647944 = 0\ 1\ 2\ 48\ 11\ 19\ 51\ 29\ 24\ 56$$

$$x_2 = \frac{q}{p} + \frac{4}{3} \times x_1^3 = 0.017452397805531901 = 0\ 1\ 2\ 49\ 43\ 43\ 20\ 53\ 37$$

$$\vdots$$

[①] 见：李文林. 数学史教程. 北京：高等教育出版社；海德堡施普林格出版社，2000：119.
[②] 见：阿尔·比鲁尼，马苏德规律（阿拉伯文手稿），308页.

$$x_9 = \frac{q}{p} + \frac{4}{3} \times x_8^3 = 0.017452406437283511 = 0\ 1\ 2\ 49\ 43\ 11\ 14\ 44\ 16\ 26$$

由此得

$$\sin 1° = 0.017452406437283511 = 0\ 1\ 2\ 49\ 43\ 11\ 14\ 44\ 16\ 26$$

所以二度圆弧所对的弦长为

$$2 \times \sin 1° = 0.034904812874567025 = 0\ 2\ 5\ 39\ 26\ 22\ 29\ 28\ 32\ 52$$

这就是阿尔·卡西在第491页表中给出的二度圆弧所对弦长。

我们从上面可以看出，阿尔·比鲁尼给出的值的确是从第五位起与阿尔·卡西给出的值不同，但阿尔·比鲁尼在自己的《马苏德规律》一书中把 $\sin 1°$ 的值取为 0 1 2 49 43 11 14，这与阿尔·卡西给出的值一致，由此我们可以看出，阿尔·比鲁尼在计算 $\sin 1°$ 的二倍时出现了失误，阿尔·卡西在《圆周论》中也特别强调了阿尔·比鲁尼的这一失误①。

第五部　论式（10）解的存在性

众所周知，阿尔·卡西计算圆周率的值准确到小数点后的 16 位，创造了当时的世界纪录，我们又在上面看到，他计算一些特殊角的正弦值准确到小数点后的 16 位，也创造了当时的世界纪录。

阿尔·卡西通过解三次方程——式（10）来得到一些特殊角的正弦值，显然三次方程至少有一个实根，但该根位于数轴上的何处？阿尔·卡西所求的根是否位于该三次方程根的存在范围之内？为此，令

$$f(x) = x - \frac{x^3 + q}{p} = x - \frac{1}{p}x^3 - \frac{q}{p} \tag{15}$$

把 $p = \frac{3}{4}$ 的代入式（15），有

$$f(x) = x - \frac{4}{3}x^3 - \frac{4q}{3} \tag{16}$$

因 $f'(x) = 1 - 4x^2$，故由解方程 $1 - 4x^2 = 0$，得到该函数的两个驻点 $x_1 = -\frac{1}{2}$，$x_2 = \frac{1}{2}$，由于在区间 $\left(-\frac{1}{2}, \frac{1}{2}\right)$ 内始终有 $f'(x) > 0$，于是函数在区间 $\left(-\frac{1}{2}, \frac{1}{2}\right)$ 内严格单调增加。另外，因 $\frac{4q}{3} = \frac{1}{3}\sin\left(\frac{3}{4}\right)° < \frac{1}{3}$，所以 $f(0) = -\frac{4q}{3} < 0$，$f\left(\frac{1}{2}\right) = \frac{1}{2}$

---

① 见：第492页正文和注①。

$-\dfrac{1}{6} - \dfrac{4q}{3} > \dfrac{1}{2} - \dfrac{1}{6} - \dfrac{1}{3} = 0$，这说明函数(16)在区间$[0, \dfrac{1}{2}]$上严格单调增加，而且区间两个端点上的函数值为异号，所以函数(16)在开区间$\left(0, \dfrac{1}{2}\right)$内存在唯一零点，由于

$$\sin\left(\dfrac{1}{4}\right)° = 0.004363309284746570 \in \left(0, \dfrac{1}{2}\right)$$

所以阿尔·卡西恰好求出了式（10）在开区间$\left(0, \dfrac{1}{2}\right)$内的唯一根。

参考文献

阿尔·比鲁尼. 马苏德规律（阿拉伯文手稿）.
阿尔·花拉子米. 2008. 算法与代数学. 依里哈木·玉素甫, 武修文, 编译. 北京: 科学出版社.
阿尔·卡西. 1967. 算术之钥（阿拉伯文）. 开罗: 石印本.
李文林. 1998. 数学珍宝. 北京: 科学出版社.
李文林. 2000. 数学史教程. 北京: 高等教育出版社; 海德堡: 施普林格出版社.
梁宗巨. 1981. 世界数学史简编. 沈阳: 辽宁人民出版社.
欧几里得. 2003. 几何原本. 兰纪正, 朱恩宽, 译. 西安: 陕西科学技术出版社.
依里哈木·玉素甫. 2007. 数学中一些概念的来源. 乌鲁木齐: 新疆科学技术出版社.
Abdu'r Rahman al-Khazini. 1940. Kitāb Mīzān al-Hikma. India: (Hyderabad edition) Dairatu'l-Ma'arf Press. 1359.
Al-Kāshī. 1956. Ключ Арифметики. Розенфельд Б А, Юшкевич А П, Москва: Государственное издательство технико-теоретической литературы.
Cajori E. 1924. A History of Elementary Mathematics. New York: The Macmillan Company.
Cantor M. 1907. Vorlesungen über Geschichte der Mathematik. Heidelberg: Leipzig Press.
Chakrabarti G. 1933. Growth and development of permutations and combinations inIndia. Bull. Calcutta: Calcutta Math. Soc., 24.
Clair-Tisdall W S. 1902. Modern Persian Conversation-Grammar. London: Heidelberg Press.
Kennedy E S. 1951. A Fifteenth Century Lunar Eclipse Computer. Script Math. 17 (1/2).
Luckey P. 1918. Einführung in die Nomographie. Dueschland: Leipzig, Berlin, B. G. Teubner.
Luckey P. 1950. Die Rechenkunst b. Masud al-Kāshī mit Rükblichen und die ältere Geschichte des Rechnens. Bicsbaden.
Mieli A. 1939. La science arabe et son role dans l'evolution scientifique mondiale. Leiden: Brill.
Mikami Y. 1913. The Development of Mathematics in China and Japan. Leipzig: Teubner Verlag.
Needham G, Ling Wang. 1959. Science and civilization in China. vol. 3. Mathematics and the sciences of the heavens and the earth. Cambridge University Press.
Neugebauer O. 1951. The Exact Sciences in Antiquity. Copenhagen: Published by Ejnar Munksgaard.
Paul L. 1953. Der Lehrbrief über den Kreisumfang (ar-Risala al-Muhitiya). Berlin: Berlin Akademie-Verlag.
Sanford V. 1930. A Short History of Mathematics. London: Houghton Mifflin.
Singh A N. 1936. On the use of series in Hindu mathematics. Vol. 1. Chicago: The University of Chicago Press.
Smith D E. 1923. History of Mathematics (Vol. I). Boston: Ginn and Company.
Suter H. 1900. Die Mathematiker und Astronomen der Araber und ihre Werke. Reprint der Ausgabe Leipzig: Teubner.
Suter H. 1912. Die Abhandlung über die Ausmessung des Paraboloides von Ibn al-Haitham. Bibliotheca

Mathematica Leipzig: 3. Folge.

The Aryabhatiya of Aryabhatta. 1930. An Ancient Indian Work on Mathematics and Astronomy. Trans. by Clare W E. Chicago: University of Chicago Press.

Trattaty d'Aritmetica de Baldassare Boncompagni. 1857. Algoritmi de Numero Indorum, Ioanni Hispaleensis Liber Algorizmi de Pratica Arismetrice, Roma.

Tropfke J. 1921. Geschichte der Elementar Mathematik. 7 vol. 2nd ed. Berlin-Leibzig (de Gruyter).

Vogel K. 1936. Beiträge zur griechischen Logistik. München: S. B. Math.-nat. Abt. Bayer.

Vogel K. 1954. Die Practica des Algorismus Ratisbonensis. Schriftenreihe zur bayerischen Landesgeschichte, Band 50. München.

Zeuthen H G, Meyer R. 2010. Geschichte Der Mathematik Im XVI und xvii Jahrhundert. Deutsche Ausgabe Unter Mitwirkung Des Verfassers Besorgt (1903) Deutschland: Kessinger Publishing.

Zeuthen H G. 1896. Geschichte der Mathematik im Altertum und Mittelalter. Kopenhagen: Verlag von Andr. Fred. Host & Son in Kopenhagen.

Архимеда. 1823. Две книги о шаре и цилиндре, Измерение круга и леммы. Перевод Петрушевского Ф. Санкт-петербург : В типографии Депертамента народного просвещения.

Бобынин В В. 1886. Очерки истории развития физико-математических знаний в России. XVII столетие. Вып. I. Москва: Изд-во редакции журнала "Физико-математические науки в настоящем и прошедшем".

Выгодский М Я. 1941. Арифметика и Алгебра в Древнем Мире. Москва-Ленинград: Государственное издательство технико-теоретической литературы.

Выгодский М Я. 1941. Арифметика и Алгебра в древнем Мире. Москва-Ленинград: Издательство Огиз. Гос. изд-во технико-теорет. лит.

Выгодский М Я. 1948. Историко-математические исследования ("Начала" Евклида). Москва-Ленинград.

Попов Г Н. 1932. Исторические задачи по Елементарной Математике. Москва-Ленинград: Государственное технико-теоретическое издательство.

Рудио Ф, Бернштейна С Н. 1934. О квадратуре круга. С приложением теории вопроса. Москва-Ленинград: ГТТИ.

Рыбкин Г Ф, Юшкевич А П. 1953. Историко-математические исследования (6, 1953). Москва Ленинград: Государственное издательство технико-теоретической литературы.

Улугбек. 1994. "Зидж" Новые Гурагановы астрономические Таблицы. Ташкент. Издате лст "фан" Академии Наук Республики Узбекистан.

Юсупов Н. 1933. Очерки по ИстоРии рАзвития арифметики на Ближнем Востоке. Казань.

Юшкевич А П. 1954. Арифметический трактат Мухаммеда бен Муса ал-Хорезми. Москва: Труды Института Истории Естествознания и Техники. Вып. 1.

Юшкевич А П. 1955. О достижениях Китайских Ученых в Области Математики. Москва: Историко Математические Исследования. Вып. VIII.

Яакупоф A. 1980. Улугбек газиниси (乌兹别克文). Ташкант: Адабияат-санат Наширяатй.